普通高等院校
网络与新媒体专业系列教材

Basics
of Big Data
Analysis

大数据分析基础

罗茜　编著

清華大学出版社
北　京

内 容 简 介

本书是传媒专业的研究方法类课程教材，具体介绍了大数据分析的基本原理、主要方法、技术操作、研究应用以及常见工具，系统讲解了从数据收集到分析、挖掘的全套研究流程。本教材聚焦于传播学科与大数据科学的交叉领域，旨在拓宽相关专业学生的学术视野，提供更加丰富和精确的研究工具。

本教材共分 10 章，分别介绍了在计算传播学研究中常用的大数据方法。第 1 章主要介绍了大数据的获取方法，第 2 章至第 10 章分别介绍了文本分析、情感分析、聚类分析、主题模型、机器学习、自动文本分析、社会网络分析、语义网络分析、虚拟仿真等具体的大数据分析方法。

本教材将研究方法与研究案例相结合，内容丰富，难易适中，注重系统性、科学性、实用性、时代性和引导性，既可作为传媒专业及交叉学科教师、研究生、本科生、大中专院校学生的教学、实践与研究资料，又可作为传媒从业者、市场营销人员和社会科学研究者等读者的参考读物。

本书提供课件，请扫描封底二维码获取。

图书在版编目 (CIP) 数据

大数据分析基础 / 罗茜编著 . -- 北京 : 清华大学出版社 , 2024. 10. -- (普通高等院校网络与新媒体专业系列教材). -- ISBN 978-7-302-67413-9

Ⅰ. TP274

中国国家版本馆 CIP 数据核字第 2024N55W53 号

责任编辑：施 猛 王 欢
封面设计：常雪影
版式设计：方加青
责任校对：马遥遥
责任印制：刘海龙

出版发行：清华大学出版社
网 址：https://www.tup.com.cn，https://www.wqxuetang.com
地 址：北京清华大学学研大厦 A 座　**邮 编：**100084
社 总 机：010-83470000　**邮 购：**010-62786544
投稿与读者服务：010-62776969，c-service@tup.tsinghua.edu.cn
质 量 反 馈：010-62772015，zhiliang@tup.tsinghua.edu.cn
印 装 者：三河市龙大印装有限公司
经 销：全国新华书店
开 本：185mm×260mm　**印 张：**21.25　**字 数：**441 千字
版 次：2024 年 10 月第 1 版　**印 次：**2024 年 10 月第 1 次印刷
定 价：69.00 元

产品编号：099467-01

普通高等院校网络与新媒体专业系列教材
编　委　会

序　言

当今世界，媒介融合趋势日益凸显，移动互联网的快速普及和智能媒体技术的高速迭代，特别是生成式人工智能(artificial intelligence generated content，AIGC)推动着传媒行业快速发展，传媒格局正在发生深刻的变革，催生了新的媒体产业形态和职业需求。面对这一高速腾飞的时代，传统的人文学科与新兴的技术领域在“新文科”的框架下实现了跨界融合，使得面向智能传播时代的网络与新媒体专业人才尤为稀缺，特别是在“新文科”建设和“人工智能+传媒”的教育背景下，数字智能技术的飞速发展使得社会对网络与新媒体专业人才的需求呈几何级增长。

教育部于2012年在本科专业目录中增设了网络与新媒体专业，并从2013年开始每年批准30余所高校设立专业，招生人数和市场需求在急速增长，但网络与新媒体专业的教材建设却相对滞后，教材市场面临巨大的市场需求和严重的供应短缺，亟需体系完备的专业教材。2022年春天，受清华大学出版社的热情邀约，苏州大学传媒学院联合中国科学技术大学、西安交通大学、中国人民大学、北京师范大学等多所网络与新媒体专业实力雄厚的兄弟院校，遴选各校教学经验丰富的一线学者共同组成系列教材编写团队，旨在开发一套系统、全面、实用的教材，为全国高等院校网络与新媒体专业人才培养提供系统化的教学范本和完善的知识体系。

苏州大学于2014年经教育部批准设立网络与新媒体专业，是设置网络与新媒体专业较早的高校。自网络与新媒体专业设立至今，苏州大学持续优化本科生培养方案和课程体系，已经培养了多届优秀的网络与新媒体专业毕业生。

截至2024年初，“普通高等院校网络与新媒体专业系列教材”已签约确认列选22本教材。本系列教材主要分为三个模块，包括教育部网络与新媒体专业建设指南中的绝大多数课程，全面介绍了网络与新媒体领域的核心理论、数字技术和媒体技能。模块一是专业理论课程群，包括新媒体导论、融合新闻学、网络传播学概论、网络舆情概论、传播心理学等课程，这一模块将帮助学生建立起对网络与新媒体专业的基本认知，了解新媒体与传播、社会、心理等领域的关系。模块二是数字技术课程群，包括数据可视化、大数据分析基础、虚拟现实技术及应用、数字影像非线性编辑等课程，这一模块将帮助学生掌握必备的数据挖掘、数据处理分析以及可视化实现与制作的技术。模块三是媒体技能课程群，包括网络直播艺术、新媒体广告、新媒体产品设计、微电影剧本创作、短视频策划实务等课程，这一模块着重培养学生在新媒体环境下的媒介内容创作能力。

本系列教材凝聚了众多网络与新媒体领域专家学者的智慧与心血，注重理论与实践相结合、教育与应用并重、系统知识与课后习题相呼应，是兼具前瞻性、系统性、知识性和实操性的教学范本。同时，我们充分借鉴了国内外网络与新媒体专业教学实践的先进经验，确保内容的时效性。作为一套面向未来的系列教材，本系列教材不仅注重向学生传授专业知识，更注重培养学生的创新思维和专业实践能力。我们深切希望，通过对本系列教材的学习，学生能够深入理解网络与新媒体的本质与发展规律，熟练掌握相关技术与工具，具备扎实的专业素养和专业技能，在未来的媒体岗位工作中能熟练运用专业技能，提升创新能力，为社会做出贡献。

最后，感谢所有为本系列教材付出辛勤劳动和智慧的专家学者，感谢清华大学出版社的大力支持。希望本系列教材能够为广大传媒学子的学习与成长提供有力的支持，日后能成为普通高等院校网络与新媒体专业的重要教学参考资料，为培养中国高素质网络与新媒体专业人才贡献一份绵薄之力！

2024年5月10日于苏州

前　言

在智能传播时代，人们的日常生活深深嵌入网络之中，几乎所有的社会互动和个体活动都在某种程度上留下了数字踪迹。在线上，从信息搜索、购物消费到媒体互动；在线下，从外出旅行、学习培训到娱乐活动，产生的所有信息都以数据形式被记录并存储，从而形成庞大而复杂的数据生态系统，构成全面而多元的基础信息库。这些行为数据具有丰富性和实时性，正在改变社会科学研究范式，并催生了“计算社会科学”这一研究领域。

大数据时代的崛起，为社会科学研究者提供了新的研究方法和研究途径，研究者能够更加深入地挖掘庞大而又复杂的信息流，揭示其中蕴含的规律，预判未来的发展趋势。从信息采集、处理到知识提取，大数据技术以前所未有的广度、深度以及收集和分析数据的能力，改变了我们获取信息的方式，更为我们理解社会现象提供了全新的认知途径。大数据时代给社会科学研究者带来了前所未有的机遇，提高了理论创新的可能性，但也给社会科学研究者带来了巨大的挑战。数据的庞大、多样和实时性既要求社会科学研究者掌握先进的数据处理和分析技能，又要求社会科学研究者发展新的理论框架和方法论，从而更深刻、全面地理解和解释这些数据。这就对传媒专业的学生培养提出了新的要求。在海量信息时代，传统的研究方法已经不能满足高效处理庞大数据集的需求，传媒专业的学生需要掌握并能运用先进的计算方法，从庞杂的媒体数据中提炼出有价值的信息，以便开展新闻报道、深度分析、广告投放、公关策略优化等实务工作。此外，传媒专业的学生还应能在理论层面理解大数据改变信息生产和传播的过程，从而推动传媒研究趋向于数据驱动，为学科的深度发展创造新的契机。

本书是传媒专业的研究方法类课程教材，一方面侧重技术细节，致力于用浅显和简单的语言介绍复杂的计算方法；另一方面侧重计算方法在新闻传媒研究中的实际应用，以便于读者学习如何将计算方法应用于社会实践和理论创新。本书以大数据分析技术为线索，每章介绍一种方法，包括大数据的获取、文本分析、情感分析、聚类分析、主题模型、机器学习、自动文本分析、社会网络分析、语义网络分析、虚拟仿真等。除了“第1章 大数据的获取”以外，其他章的编写思路都是先介绍技术原理，再通过数据案例介绍技术操作流程，最后选取若干篇研究案例，介绍相关技术原理在新闻传播学研究中的主要应用。

本教材的知识框架和知识内容基于本人的课堂教案，感谢我的学生蔡文怡、赖咏晴校对教材内容并进行格式调整，感谢我的学生文湘婧、王皎(第1章)、陈辰(第2章)、杨雅坤(第3章)、王昱瑾(第4章)、蔡文怡(第5章)、赖咏晴(第6章)、董晨曦和吴洋洋(第7章)、凌觐如(第8章)、耿珂欣(第9章)、张金(第10章)帮助收集资料并凝聚成初稿。

此次书稿得以成书出版，还得益于苏州大学传媒学院给予的大力支持和我的导师清华大学沈阳教授提供的宝贵指导意见，在此表示衷心的感谢。

限于作者水平，书中不足之处在所难免，敬请读者批评指正。反馈邮箱：shim@tup.tsinghua.edu.cn。

罗茜

2023年12月

目　录

第1章　大数据的获取

人类记录社会和自然现象始于远古时代的结绳记事。随着科学技术的发展以及社会的进步，数据的数量持续增长，特别是自18世纪60年代工业革命以来，计算机和互联网的出现催生了存储、分析、查询数据技术，为人们高效处理结构化数据提供了更多可能性。如今，全球数据量呈现爆炸式增长，大数据时代悄然而至。

维基百科将大数据定义为利用常用软件工具来获取、管理和处理数据所耗时间超过可容忍时间的数据集[1]。国际咨询公司IDC定义了大数据的4V特征[2]，即数据规模(volume)大、数据种类(variety)多、数据要求处理速度(velocity)快、数据价值(value)密度低。大数据时代的到来，意味着数据将连续、动态地更新，当前的数据量已超出传统方法和技术手段所能处理的范围。因此，我们需要不断学习新的数据获取方法，以便从庞大的数据集中挖掘出有价值的指标和信息。掌握了大数据的获取方法是在大数据时代中快速提取数据并实现数据价值的关键。

1.1　大数据获取方式

获取大数据是开展大数据分析的前提，那么，我们应该如何获取大数据呢？通常情况下我们可以采取两种方式，分别是网络公开数据获取以及网络爬虫获取。

1.1.1　网络公开数据获取

获取网络公开数据的方法有两种：一是通过搜索引擎查询数据，当我们无法预知数据来源时，使用搜索引擎是最直接的方式；二是通过公开的数据源和数据分享站点获取数据，这种方式通常用于正式研究或获取官方数据。公开数据通常由政府、企业或其他组织提供并向社会公众开放，这些数据可以自由获取和使用。下面介绍一些常用的数据源。

1. 政府公开数据

1) 国内

(1) 中国国家数据 https://data.stats.gov.cn/easyquery.htm?cn=A01

如图1-1所示，中国国家数据作为国内权威的数据平台，集中了各个行业领域的海

---

[1]　Big data.http://en.wikipedia.org/wiki/Big_data.

[2]　Benjamin Woo World wide Big Data Technology and Services 2012–2015 Forecast，2012-05.

量数据资源，包括经济、财政、社会、文化、科技等领域。其中绝大部分数据来自政府部门、大型企业和知名机构，并得到严格审核和认证。例如，国内生产总值(GDP)、我国年度粮食产量等数据均可以通过该网站获取。

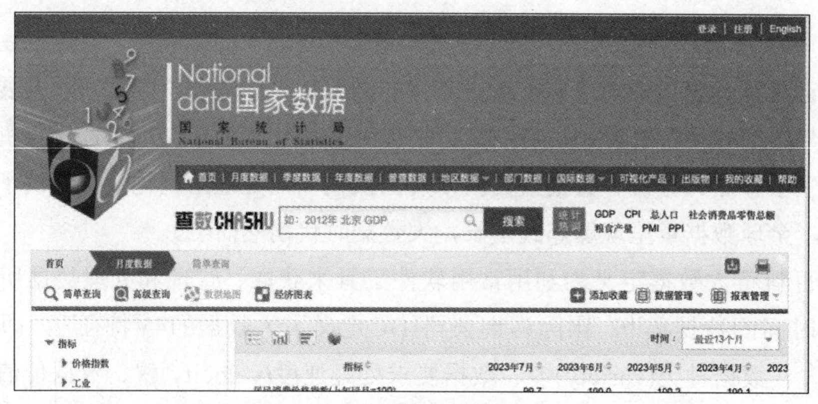

图1-1　中国国家数据主页

(2) 中国统计年鉴 http://www.stats.gov.cn/sj/ndsj/

中国统计年鉴隶属于国家统计局，是国家统计局政务公开透明的平台。国家统计局承担组织、领导和协调全国统计工作的职能，并将其调查、收集、检测、整理、统计的数据通过中国统计年鉴公开，内容覆盖人口、国民经济核算、价格、固定资产投资等方面以及农业、工业、建筑业等行业。国家统计局每年都会通过统计年鉴收录上一年全国和各省、自治区、直辖市的经济和社会等各方面的大量统计数据，以及历史重要年份和近二十年的全国主要统计数据。中国统计年鉴是我国最全面、最具权威性的综合统计年鉴。

(3) CNNIC http://www.cnnic.net.cn/

CNNIC(China Internet Network Information Center，中国互联网网络中心)，是经国家主管部门批准，于1997年6月3日组建的管理和服务机构，行使国家互联网络信息中心的职责。每年CNNIC都会发布《中国互联网络发展状况统计报告》，发布时间为8月末。

(4) 城市开放数据。城市开放数据并非某个公开数据网站的明确名称，每个省、市及县级政府都会通过网站来公开与该地区相关的数据，我们可以从不同省、市、县级的政府官网中获取数据。例如，通过江苏省人民政府网站(http://www.js.gov.cn/col/col33688/index.html)，我们可以获取江苏省的相关公开数据。

2) 国际

(1) 世界银行 https://data.worldbank.org.cn/

世界银行成立于1945年，是国际三大金融机构之一。世界银行免费提供世界各国的公开发展数据，例如某国的GDP、人口、国际债务等数据。

(2) 世界不平等数据 https://wid.world/zh/data-cn/

该数据库收集了全球不平等指标，数据源自各大组织、机构及个人，涵盖不同国家和地区的宏观经济、环境、政治和社会领域的不平等指标。

(3) 全球贸易数据 https://comtrade.un.org/

如图1-2所示，全球贸易数据主要提供全球各个国家和地区之间进出口、经济贸易及全球贸易总量等数据。

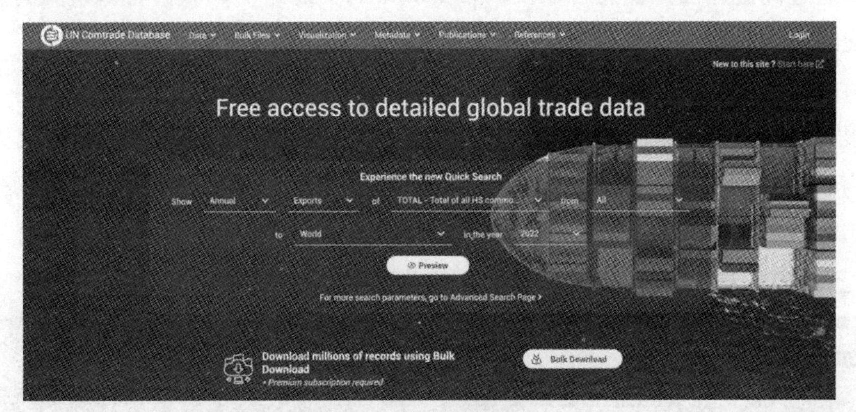

图1-2　全球贸易数据主页

(4) 环球金融数据 https://globalfi nancialdata.com/

环球金融数据提供150多个国家的历史和当前的金融、经济数据，包括利率、汇率、股票市场指数、商品价格，以及来自世界各主要市场的股票、债券和票据的总回报率等长期数据。

(5) WTO数据 https://www.wto.org/english/res_e/res_e.htm

WTO数据自1948年开始统计数据，主要提供货物贸易和服务贸易两方面的数据信息，涵盖贸易流量、商品贸易、服务贸易、国际投资和知识产权等方面。

(6) 联合国数据 http://data.un.org/

如图1-3所示，联合国数据主要提供联合国成员国的重要数据，涵盖各个国家的政治、经济、人口、交通、能源等方面。

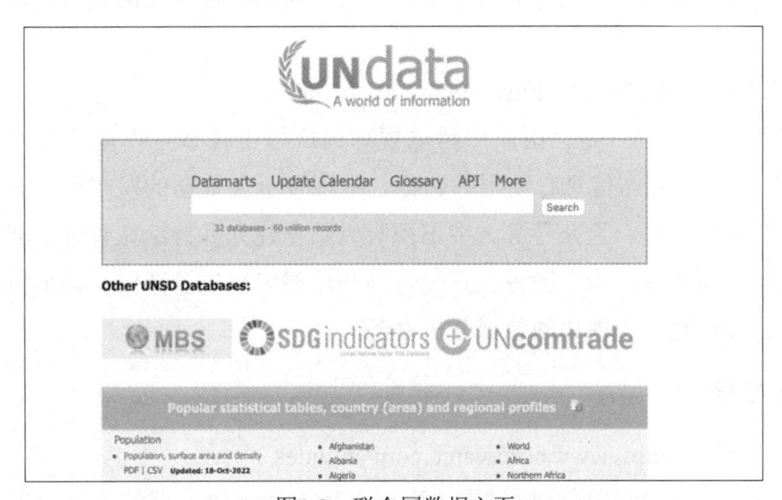

图1-3　联合国数据主页

2. 交通出行数据

(1) 高德地图 https://report.amap.com/diagnosis/index.do

高德地图成立于2002年，是中国领先的数字地图内容、导航和位置服务解决方案提供商。通过高德地图，我们可以获取各个城市的交通路况、城市与城市间的交通情况对比等交通出行数据。

(2) 百度迁徙 https://qianxi.baidu.com/

百度迁徙于2014年春运期间由百度推出，旨在通过百度地图定位可视化大数据，汇报国内春节期间人口迁徙情况。如图1-4所示，这一工具能够帮助我们获取我国人口流动、实时航班以及交通状况等相关数据。

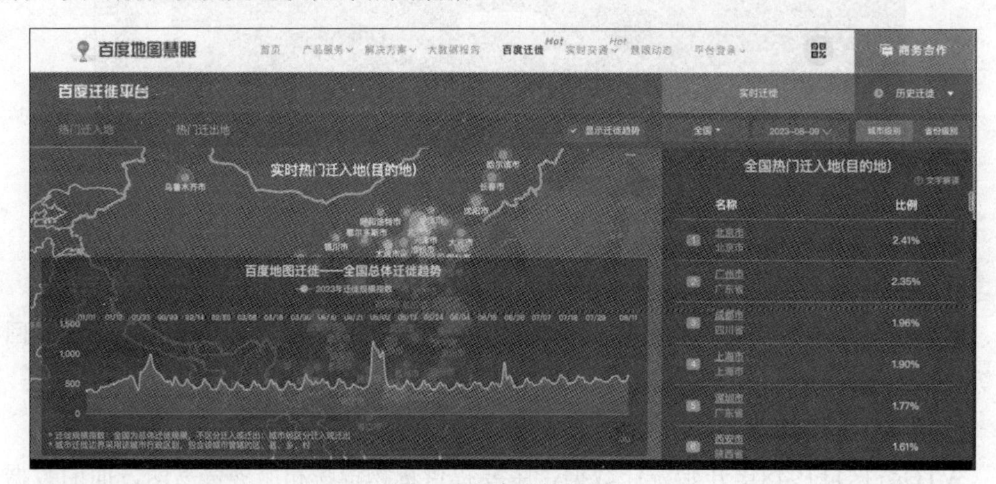

图1-4　百度迁徙页面

3. 影视娱乐数据

(1) 酷云收视率 https://www.ky.live/pc.html

酷云收视率主要提供观众观看特定电视频道、电影或电视剧的人数占总观众的比例等数据。

(2) 中国视听大数据(CVB) http://www.cavbd.cn/

“中国视听大数据”是“国家广播电视总局广播电视节目收视综合评价大数据系统”(CVB系统)对外发布信息时使用的名称。中国视听大数据的发布渠道有官方网站、新浪微博、微信公众号、百家号等。中国视听大数据建立并持续完善基于88项核心指标的多维度数据分析体系，为全国各级宣传管理和广播电视主管部门、播出机构、制作机构等用户提供多样化、个性化的数据分析服务。

4. 行研数据

(1) 阿里研究院 http://www.aliresearch.com/cn/index

如图1-5所示，阿里研究院提供有关电商、数字生活等领域的趋势数据报告，这些报告大多与阿里巴巴集团的相关业务有关。

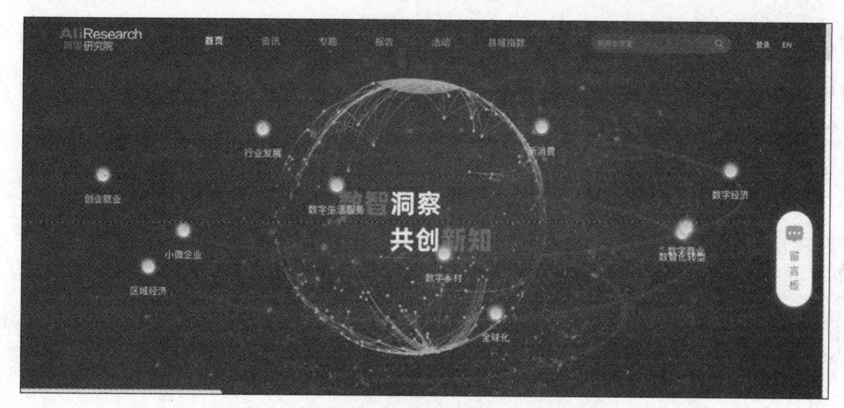

图1-5　阿里研究院页面

(2) 腾讯调研云 https://research.tencent.com/

腾讯调研云是腾讯旗下的平台，主要发布与腾讯相关的数据报告。

(3) 艾瑞网 http://report.iresearch.cn/

艾瑞网是由艾瑞咨询打造的新经济门户站点，公开了艾瑞咨询集团多年来深入互联网及电信相关领域的研究成果，融合更多行业资源。

(4) 艾媒网 https://www.iimedia.cn/#shuju

艾媒网隶属于无线市场调研机构——艾媒市场咨询。如图1-6所示，用户可以搜索房地产、IT互联网、金融、人工智能、新零售、游戏、音乐、教育等各个行业的信息。

图1-6　艾媒网页面

(5) 易观分析 https://www.analysys.cn/

易观分析是易观国际推出的商业信息服务平台，该平台基于新媒体经济发展研究成果，提供结构化产业信息数据，涵盖网上零售、个人移动应用、银行创新业务、新媒体、互动娱乐、运营商新业务、终端等方面。

5. 社交媒体数据

(1) 微博数据中心 http://data.weibo.com/datacenter/recommendapp/?sudaref=www.baidu.com&display=0&retcode=6102

如图1-7所示，微博数据中心主要提供新浪微博平台的分析数据，包括各个账号的微博发布情况和粉丝情况等。这些数据可用于粉丝分析、评论内容分析、粉丝互动分析以及相关行业账号分析等。

图1-7　微博数据中心页面

(2) 清博智能 http://www.gsdata.cn/

清博智能是我国新媒体大数据平台，专注于舆论大数据和人工智能服务，可提供新闻门户网站、论坛、微信、微博、贴吧等社交平台的舆论数据。

6. 指数数据

(1) 百度指数 http://index.baidu.com/v2/index.html#/

百度指数依托于百度海量网民的行为数据，是一个数据分享平台。该平台可使用网页搜索和新闻搜索的海量数据，分析不同关键词在过去一段时间内的“用户关注度”和“媒体关注度”。

(2) 谷歌趋势 https://trends.google.com/trends/

谷歌趋势是Google公司建立的一个基于用户搜索行为的数据平台，如图1-8所示。该平台通过分析谷歌搜索引擎每天数十亿的搜索数据，提供不同时期某一关键词或者话题在谷歌搜索引擎中的搜索频率及相关统计数据。这些数据可用于市场研究、受众分析和产品营销方向确定等。许多学术研究所需的数据都来源于谷歌趋势。

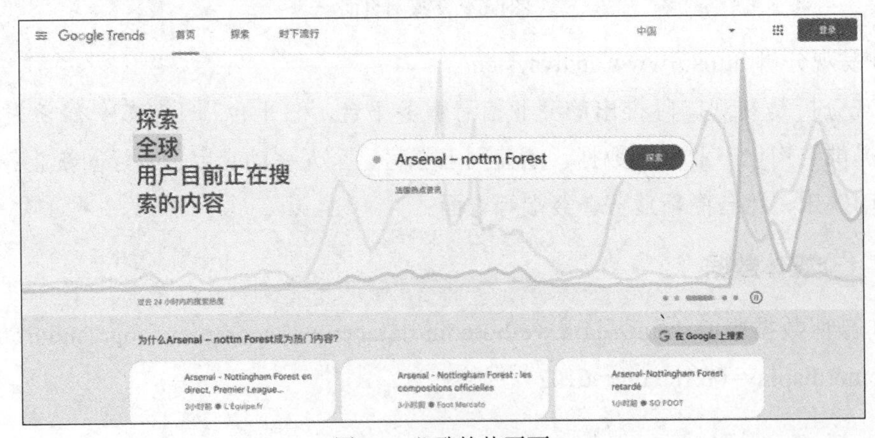

图1-8　谷歌趋势页面

7. 汇总数据

(1) 大数据导航 http://hao.199it.com/

大数据导航汇集了国内外多个大数据网站和工具资源站的数据源和数据库。它定期更新并分享高质量的大数据资讯，涵盖政府数据、企业数据、社会数据等。

(2) 谷歌公共数据浏览器 https://datasetsearch.research.google.com/

谷歌公共数据浏览器是谷歌公司推出的一款数据可视化工具，它收集来自世界银行、欧盟统计局、美国劳工统计局和美国人口普查局等多个数据提供方的数据。

1.1.2 网络爬虫获取

网络爬虫(web crawler)又称为网络蜘蛛(web spider)或Web信息采集器，它是一种自动下载网页的计算机程序或自动化脚本，是搜索引擎的重要组成部分[1]。通常情况下，网络爬虫从一个称为“种子集”的URL集合开始运行，首先将这些URL全部存入一个有序的待爬行队列中，然后按照一定的顺序从队列中提取URL并下载所指向的页面，最后分析页面内容，提取新的URL并存入待爬行队列中。重复以上过程，直至待爬行队列为空或满足某个爬行终止条件，这一过程称为网络爬行(web crawling)[2]。如果将数据分析比作炼石油，爬虫的主要目的就是挖石油，以便进行下一步的处理工作。

1. 网络爬虫的作用

网络爬虫的价值其实就是数据的价值。网络爬虫常被用于获取一手网络数据，它免去了人工复制和粘贴的烦琐，实现了数据获取的快速和高效。在传统的人工获取数据的过程中，用户需要手动打开浏览器，提交请求，复制有价值的数据，粘贴并保存。网络爬虫作为循环的自动化程序，只需模拟浏览器发送请求，就能自动提取有价值的数据，然后将数据存入数据库或者文件中。这种方式缩短了数据获取时间，提升了数据获取的持续性，扩大了数据获取的容量。

2. 网络爬虫的基础知识

1) URL

URI(uniform resource identifier)是用于标识资源的标准标识符[3]。URL(uniform resource locator，统一资源定位器)是URI的一种具体形式。URL不仅能标识一个资源，还能指明如何定位这个资源。比如，https://www.Google.com/就是一个URL，用户通过

[1] Abukausar M，Dhaka V，Kumar S S. Web crawler：a review[J]. International Journal of Computer Applications，2013，63(2)：31-36.

[2] 秦雅琴，马玲玲. 网络爬虫技术在交通信息获取中的应用综述[J]. 武汉理工大学学报，2020，44(3)：456-461.

[3] Berners Lee T，Fielding R，Masinter L. Uniform Resource Identifiers(URI)：Generic Syntax.RFC2396，August 1998. http://www.ietf.org/rfc/rfc2396.txt.

该URL可以进入谷歌搜索页面。

2) HTML

HTML(hyper text markup language，超文本标记语言)[1] 是一种用于创建网页的标准标记语言。用户可以使用HTML来建立自己的Web站点，HTML在浏览器上运行，并由浏览器解析。

(1) HTML的基本结构。HTML的基本结构如图1-9所示。

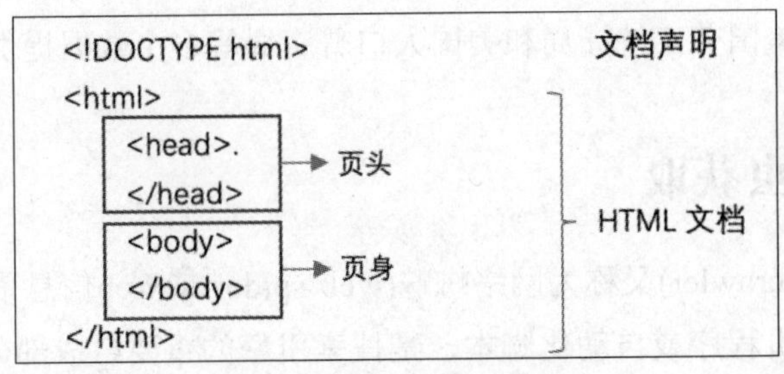

图1-9 HTML的基本结构

以下为HTML的基本示例。

```
<!DOCTYPE html>
<!-- doc===document文档  type===类型  html==文件类型
  作用：声明文档类型：HTML页面文件
-->
<html>
<!-- 超文本标记语言：所有的标签都需要放在html标签内部-->
<head>
    <!-- 头部：网页的头部 -->
    <meta charset="UTF-8">
        <!-- 定义字符编码格式  H5遵循的编码格式：utf-8 -->
    <title>我的第一个页面</title>
        <!-- 标题：网页的标题 -->
</head>
<body>
    <!-- 主体：网页的主体 -->
        <h1>这里是标题</h1>
        <p>网页的文字内容</p>
<!-- <h1> 与 </h1> 之间的文本被显示为标题
    <p> 与 </p> 之间的文本被显示为段落 -->
</body>
</html>
```

(2) HTML标签。在HTML中，一个网页通常以<html>开始，以</html>结束。HTML标签是由元素组成的，它们主要用于标记内容的不同模块，以及为这些模块赋予

[1] 张月琳，姚卓英，陈滢. Internet网络中的WWW系统及HTML语言[J]. 东南大学学报，1996.

含义。HTML标签通常使用尖括号包围，例如<html>和</html>，这两个标签表示一个HTML文件的开始和结束。

HTML标签有两种形式，一种是成对出现的标签，另一种是自闭合标签。无论是哪种标签，都不应包含空格。尽管不是所有开始标签都需要相应的结束标签，但最好还是两者都提供，这有助于提高网页的可读性和可维护性。如果开始标签和结束标签之间没有内容，那么可以将它们写成自闭合标签，例如
。下面介绍常用的HTML标签和相关属性。

① <p></p>：段落标签，用于定义网页中的文本段落，段落之间可自动换行。属性align可用于定义段落中文本的水平对齐方式。

②
：换行标签，用于在行与行之间创建换行，它是一个自闭合标签。

③ <h1> 到 <h6>：标题标签，用于定义不同级别的标题。<h1>表示一级标题，级别最高，字号最大；<h6>表示六级标题，级别最低，字号最小。

④ <blockquote>：块引用标签，可用于包含块级元素，而不仅仅是纯文本。

⑤ <img>：图片标签，用于插入图像。例如，属性src用于指定图像源文件；alt用于设置图像加载失败时的替代文本；width和height用于设置图像的宽度和高度；border用于指定图像边框样式；align用于设置图像在垂直方向上的对齐方式。

⑥ <a>：超链接标签，用于创建超链接。例如，属性href用于指定链接目标地址；target用于指定链接如何在浏览器中打开；_self表示在当前页面打开；_blank表示在新的空白窗口中打开。

示例：<a href="http://baidu.com" target="_blank"></a>

(3) HTML元素。HTML文档由一系列元素(elements)组成，这些元素可以用来包围不同部分的内容，以特定的方式呈现或工作。简单来说，元素=起始标记(begin tag)+元素属性+元素内容+结束标记(end tag)。起始标签包含元素名称，被尖括号包围，表示元素从这里开始生效。结束标签与起始标签类似，只是在元素名称前加上斜杠，表示元素的结束。

(4) HTML属性。HTML元素通常拥有属性，属性=属性值+属性名。属性提供有关元素的额外信息，这些信息不会在实际内容中显示出来。属性始终以名称和值的形式出现，例如name="value"。这些属性一般出现在元素的开始标签中，它们可以用于提供附加信息。属性可以分为全局属性(适用于所有元素)和局部属性(仅适用于特定元素)两种类型。

(5) HTML DOM。HTML DOM(文档对象模型)定义了访问和操作HTML文档的标准方法。在HTML DOM中，一切事物都被视为节点，DOM将HTML文档表示为节点树的形式，以树结构表示HTML文档，如图1-10所示。

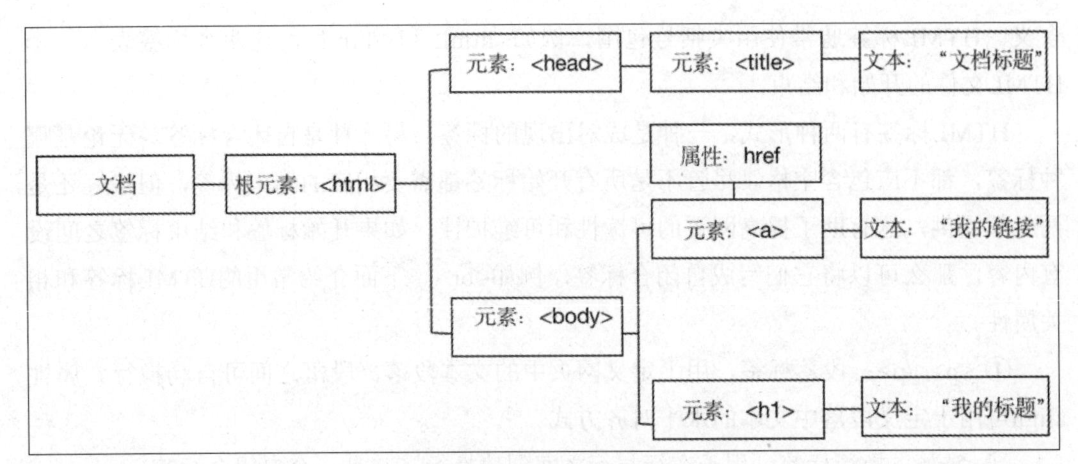

图1-10 HTML DOM tree

(6) HTML DOM节点树。根据W3C的HTML DOM标准，HTML文档中的所有内容都是节点。除文档节点外的每个节点都有父节点，大部分元素都有子节点。分享同一个父节点的节点是同辈，即兄弟节点。

整个文档是一个文档节点，每个HTML元素是元素节点，HTML元素内的文本是文本节点，每个HTML属性是属性节点，注释是注释节点。HTML DOM将HTML文档视作树结构，这种结构被称为节点树。所有HTML元素(节点)均可被创建、修改或删除。

节点树中的节点之间存在层级关系。父节点(parent)、子节点(child)和同胞节点(sibling)等术语用于描述这些关系。父节点拥有子节点。同级的子节点被称为同胞(兄弟或姐妹)。在节点树中，顶端节点被称为根(root)。除了根节点之外，每个节点都有父节点，一个节点可拥有任意数量的子节点。节点树中各节点之间的关系如图1-11所示。

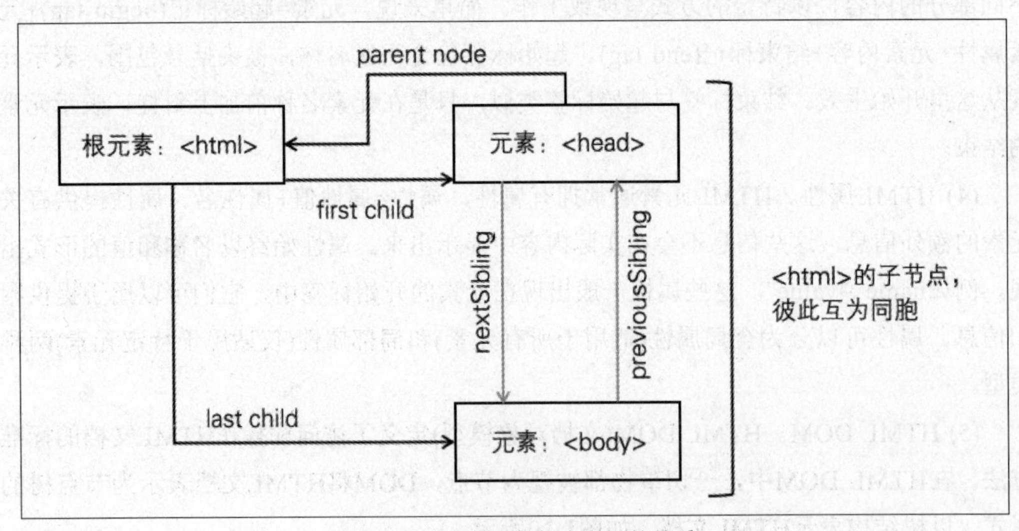

图1-11 节点树中各节点之间的关系

3) 正则表达式

正则表达式(regular expression)是一种文本模式，又称为规则表达式，它是由普通字符(例如，字母a到z)和特殊字符(称为“元字符”)组成的。正则表达式用于描述、匹配符合某种语法规则的文本字符串，通常用于检索、替换那些符合某个模式(规则)的文本[1]。正则表达式是一种强大的工具，它使用单个字符串来描述、匹配符合某种语法规则的字符串集合。正则表达式主要有以下4个用途。

(1) 搜索。正则表达式可用于在文档、源代码、日志等文本数据中查找匹配特定模式的文本。例如，用户可以使用正则表达式来搜索日志文件，以查找特定日期的日志条目。

(2) 验证。正则表达式可用于测试字符串是否符合特定的模式或格式，用户可使用正则表达式来验证输入的数据。例如，用户可以使用正则表达式验证电子邮件地址、电话号码、日期或密码是否符合预期的格式。

(3) 替换文本。正则表达式可用于将文本中的特定模式替换为其他内容，从而提高数据清洗和格式化的工作效率。例如，用户可以使用正则表达式来替换文本中的所有URL链接，或将电话号码的一部分替换为隐藏字符等。

(4) 提取。正则表达式可以基于模式匹配从字符串中提取子字符串，从文本中提取特定信息。例如，用户可利用正则表达式在网页内容中提取所有链接或抓取特定标签中的数据。

对于静态文本的简单搜索和替换操作，用户使用传统的文本查找和替换方法即可，而正则表达式的真正优势在于其具有灵活性，它能够处理动态文本，允许用户定义复杂的模式，以适应各种不同的情况，从而使文本处理更加强大和高效。

3. 主要爬虫工具

在新闻传播领域，针对社交媒体的研究不胜枚举，例如，对社交媒体上话题讨论度和影响力等的分析。通常，研究者需要对社交媒体上的原始数据进行挖掘和分析。数据是数据分析工作的核心，研究者要获取数据，通常需要使用不同类型的爬虫工具。目前，常见的爬虫工具大致可以分为爬虫软件和爬虫程序两类。爬虫软件包括GooSeeker、八爪鱼采集器、火车采集器等，爬虫程序主要使用Python、Java、R等编程语言开发。

1) 爬虫软件

(1) GooSeeker(集搜客)。GooSeeker是一款用于网页信息和数据爬取的数据软件，它可以在语义标注和结构化转换的基础上，实现网页信息和数据的抓取。相较于其他爬虫软件，即使在免费的情况下，GooSeeker也能执行几乎所有爬虫任务。作为一款简单易用的网页信息抓取软件，GooSeeker可以提取网页中的文字、图表、超链接等多种元

---

[1] 张长富，黄中敏. javascript动态网页编程实例手册[M].北京：海洋出版社，2005.

素，还提供数据挖掘攻略、行业资讯等功能。

GooSeeker的功能主要分布在客户端和官方网站上，如图1-12所示。GooSeeker的客户端采用浏览器布局，被形象地命名为“爬虫浏览器”。用户可以借助其内置的MS谋数台与DS打数台功能，通过可视化点击和确定采集规则等方式，对目标数据进行采集。除了客户端，GooSeeker的官方网站还提供一系列辅助功能，本章第1.2节将详细介绍GooSeeker在网络爬虫方面的应用。

图1-12　GooSeeker网页版页面

(2) 八爪鱼采集器。八爪鱼采集器是一款全网通用的互联网数据采集器[1]，它可以模拟用户浏览网页的行为，通过简单的页面点选，生成自动化采集流程，将网页数据转化为结构化数据，并存储到Excel或数据库中。八爪鱼采集系统的核心是一个自主研发的分布式云计算平台，该平台能在很短的时间内，从各种不同的网站或网页中轻松获取大量规范化数据。它能帮助那些需要从网页获取信息的用户实现数据的自动化采集、编辑和规范化，从而使用户摆脱对人工搜索和收集数据的依赖，降低信息获取成本，提高效率。综合来看，八爪鱼采集器是一款较为流行的爬虫软件，即使用户不懂编程，也能轻松抓取数据。八爪鱼采集器页面如图1-13所示。

图1-13　八爪鱼采集器页面

[1]　吴涛. 巧用八爪鱼采集器开展政务公开审计[J]. 审计月刊，2019(11)：32-33.

(3) 火车采集器。火车采集器(locoy spider)是一款网页抓取工具，它专门用于采集网站信息，包括文字、图片等内容，并支持多线程操作[1]。火车采集器被广泛应用于各大主流文章系统和论坛系统，是目前用户数量最多的互联网数据抓取、处理、分析和挖掘软件之一。它不受限于网页和内容的类型，同时支持分布式采集，因此具有较高的效率。然而，与其他工具相比，火车采集器的使用门槛较高，需要用户具备一定的网页和HTTP协议等方面的知识，深入了解工具操作流程，因此用户需要一些时间来熟悉操作方法。火车采集器页面如图1-14所示。

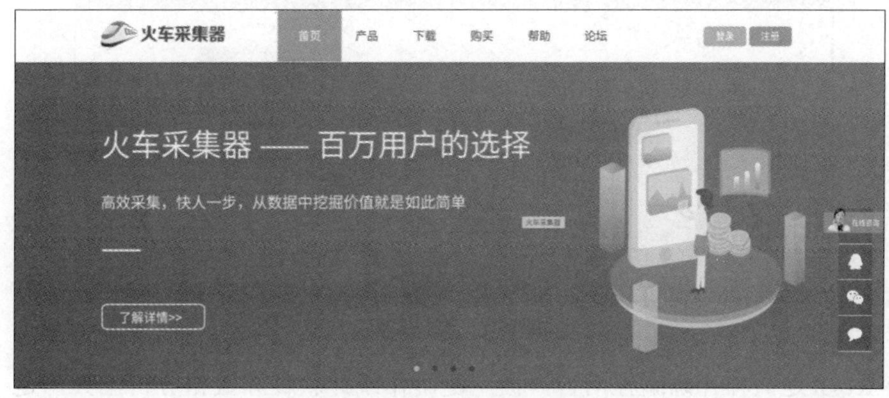

图1-14　火车采集器页面

2) 爬虫程序

(1) Python。Python是一种面向对象、解释型、通用、开源的脚本编程语言。它是目前最受欢迎的编程语言之一，广泛应用于Web开发、数据分析、人工智能、科学计算、桌面应用、游戏开发等多个领域[2]。Python是一种动态语言，因此更适合初学者，相较于Java、C、C++等其他编程语言，Python更简单，更容易上手。此外，Python具有很高的语言兼容性，代码相对简洁，因此经常被用作网络爬虫的主要工具。Python页面如图1-15所示，本章第1.3节将详细介绍Python在网络爬虫方面的应用。

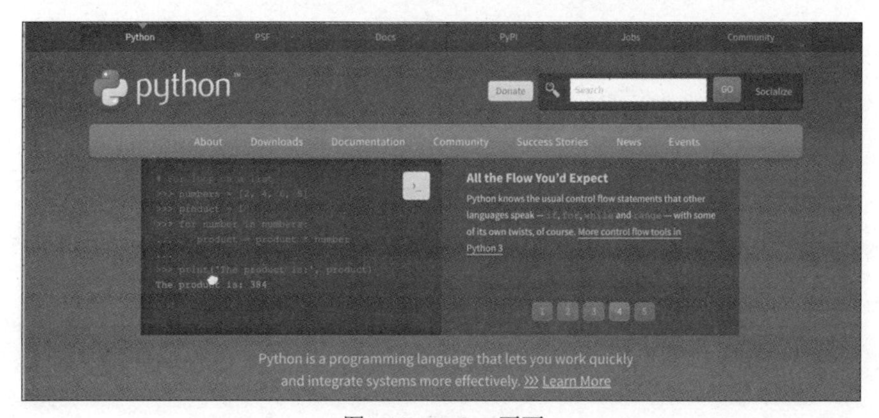

图1-15　Python页面

---

[1]　火车采集器. 信息数据采集论坛[EB/OL]. [2014-04-10]. http://bbs.locoy.com/.

[2]　钱程，阳小兰，朱福喜. 基于Python的网络爬虫技术[J]. 黑龙江科技信息，2016 (36) .

(2) Java。Java是世界上应用最广泛的编程语言之一，由Sun Microsystems在20世纪90年代开发。作为一种通用型语言，Java主要应用于网站后台开发、Android应用程序开发、大数据开发和客户端程序开发等。从Web应用程序到移动应用程序再到批处理应用程序，Java几乎涉及软件开发的每个领域[1]。在网络数据爬取方面，Java拥有众多高质量的爬虫库，但与其他工具相比，它的应用成本较高且较为复杂，因此越来越少的人将Java作为网络爬虫的首选工具。Java页面如图1-16所示。

图1-16　Java页面

(3) R。R是一种开源编程语言，被广泛用作统计软件和数据分析工具，是一种高级的统计、计算和可视化语言[2]。R语言是基于统计数据而创建的，因此它在数据分析师、数据科学家和统计学家群体中广受欢迎，它是仅次于Python的第二大数据科学编程语言。目前，R主要用于数据分析、绘图、数据挖掘和矩阵计算等领域。在网络数据爬取方面，丰富的模块和优雅直观的图表功能是其一大优势。R有两种获取数据的方式，一种方式是使用RCurl包和XML包，首先获取网页代码，然后解析HTML代码；另一种方式是使用rvest包，这种方式更加方便快捷。R页面如图1-17所示。

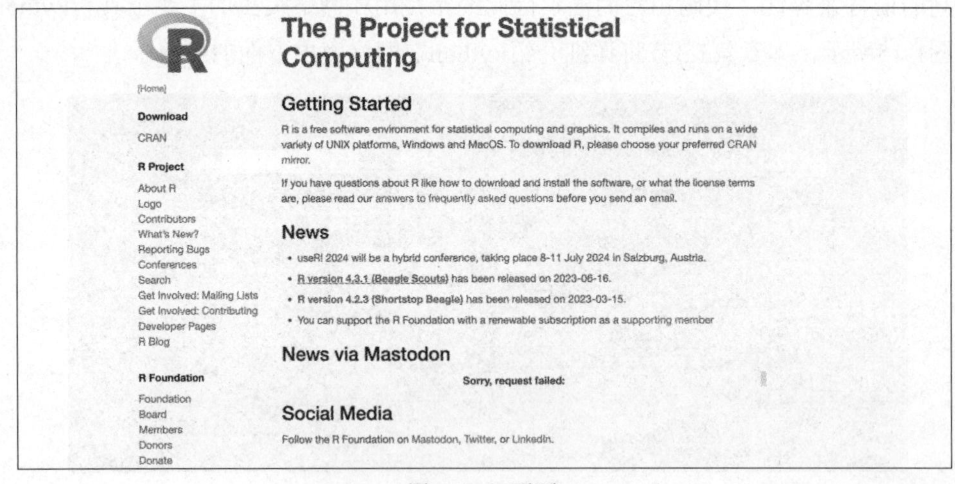

图1-17　R页面

[1] 冯键. Internet上开发软件的编程语言——Java编程语言[J]. 科技进步与对策，2001，18(7)：142-143.

[2] 王斌会. 多元统计分析及R语言建模[M]. 广州：暨南大学出版社，2010.

1.2 使用GooSeeker获取网络数据

网络爬虫是解决数据获取问题的有力工具，然而，数据爬取过程往往涉及编程，对用户的计算机技能水平有一定要求，导致普通用户难以在短时间内掌握爬虫方法。GooSeeker降低了数据获取的门槛，且简单易用，是众多不擅长编写复杂代码但渴望获取数据的用户的首选入门工具，特别适合初学者。

1.2.1 GooSeeker简介

GooSeeker的开发始于2007年，它是国内最早的网络爬虫工具之一。GooSeeker是一款基于云计算架构的网页数据提取工具包[1]，可以根据用户设定的规则自动抓取网页数据，包括文本、图片、表格、超链接等多种网页元素，并能按照一定的结构输出提取结果文件(通常为XML文件)。

GooSeeker的操作非常简单，软件内置丰富的模板资源，用户可一键抓取所需数据。相较于其他更专业的爬虫软件，GooSeeker更像一个具备数据采集功能的浏览器。在具体操作中，用户通过简单的鼠标拖拽操作就能生成爬虫程序，无须具备编程知识，只要了解和熟悉相关操作方法即可。

1.2.2 GooSeeker的优势与应用

1. GooSeeker的优势

GooSeeker融合了实用性和易用性，拥有强大的功能且免费，有独立的网络爬虫浏览器，用户可以免费爬取数十个网站数据，也可以付费请技术人员帮忙设置规则。在操作层面， GooSeeker主要具有两大优势。

(1) 直观点选，海量采集。使用GooSeeker，用户通过鼠标点选就能轻松进行数据采集，打破了专业技术背景的限制。GooSeeker具备强大的并发抓取功能，适用于处理大规模数据的场景。无论是处理动态网页还是静态网页、选择ajax还是html、抓取文本还是图片，GooSeeker都能应对自如，无须依赖其他软件，实现一站式采集。

(2) 文本分词和标签化。GooSeeker能自动进行文本分词，构建特征词库，并将文本标签化，从而生成特征词对应表。这个过程有助于多维度的量化计算和分析。用户可以利用这一功能迅速掌握行业动态，深入理解政策，从而把握市场机遇。

---

[1] 刘蓓琳，张琪. 基于购买决策过程的电子商务用户画像应用研究[J]. 商业经济研究，2017(24)：49-51.

2. GooSeeker的应用

近年来，GooSeeker已成功将互联网内容结构化和语义化技术应用于金融、保险、电信运营、电信设备制造、零售、电商、旅游、教育等各个行业。GooSeeker围绕自身核心产品，由一系列软件组件为各行业提供大数据解决方案，在不同领域有不同的应用。

(1) 内容聚合。GooSeeker将各个领域的信息汇聚起来并自动分类管理，从而形成行业垂直信息聚合平台。例如，金融和财经信息的汇总和管理。

(2) 市场情报与竞争分析。GooSeeker能分析零售市场中的竞争要素，包括定价、货架布局、促销活动、库存管理、品牌影响等，这有助于用户从电商网站提供的数据中获取竞争信息。

(3) 消费者洞察和品牌分析。GooSeeker通过聚合和挖掘消费者互动信息，研究消费者对产品的期望、产品与市场的契合度、品牌态度、品牌感知、品牌差距等，有助于更深入地展现品牌在市场中的表现。

(4) 商机发掘。将GooSeeker用于商圈分析，可确定最佳开店地点；将GooSeeker用于企业画像，可挖掘B2B销售机会；将GooSeeker用于需求分析，可确定潜在用户。GooSeeker通过提供多样化的数据解决方案，帮助用户解决核心问题。

1.2.3 GooSeeker的操作步骤

1. 下载与安装

用户可以从官方网站下载安装包，下载地址为 https://www.gooseeker.com/。如图1-18所示，选择“下载爬虫”，按提示操作即可。软件安装完成后，新用户需要在GooSeeker网站上注册账号，以便之后登录软件。

图1-18　GooSeeker下载页面

2. 制作与采集

(1) 打开MS谋数台。

(2) 输入目标网站的网址，按规则命名主题。

① 在MS谋数台的网址栏输入想要爬虫抓取的网页网址，按“Enter”键进行加载，用户可以在MS谋数台下方的浏览器窗口看到页面。

② 页面加载完后，在右边“工作台”中的“命名主题”下方的“主题名”栏，输入自定义的主题名，单击旁边的“查看”按钮，测试主题名是否已被占用。若提示“该名可以使用”，则命名成功。

(3) 新建整理箱。

① 单击右方的工作台中的“创建规则”按钮，再单击“新建”按钮，在弹出的窗口中输入想要命名的整理箱，例如命名为“列表”。

② 在整理箱中添加抓取内容。右击整理箱名称选择“添加—包含”，例如先添加“xxx”；继续添加则右击“xxx”，选择“添加—其后”，添加“yyy”等名称。

需要注意的是，整理箱中必须有一个是关键内容，用户需要选择一个抓取内容，将其设为关键内容，例如把“xxx”勾选为“关键内容”。

(4) 进行内容映射。

① 用户在浏览器窗口中单击想要获取的内容，例如单击“xxx”区域，这时MS谋数台会自动定位到HTML节点的位置(DIV节点)。

② 展开节点，找到“xxx”对应的text标签。

③ 右击这个text标签，选择“内容映射—xxx”。

④ 采用相同步骤，完成“yyy”的内容映射。

(5) 使用样例复制。如果用户需要抓取相同结构的数据，例如微博评论，更便捷的方法是使用样例复制，以下是抓取微博评论的示例步骤。

① 用户单击整理箱名称，即“列表”。

② 勾选右侧方的“启用”，开启样例复制功能。

③ 分别找到第一条评论和第二条评论对应的节点。

④ 右击第一条评论对应节点，选择“样例复制映射—第一个”。

⑤ 右击第二条评论对应节点，选择“样例复制映射—第二个”。在此过程中，用户可以单击右侧的“测试”按钮对当前的规则进行测试，检验结果是不是自己想要抓取的内容。

(6) 创建记号线索。在抓取数据过程中，用户可能需要对网页进行翻页。要解决翻页问题，需要创建一个“记号线索”。

① 单击右方工作台中的“爬虫路线”。

② 单击“新建”并勾选“记号线索”，创建记号线索。

③ 勾选“连续翻页”，这表示在执行抓取任务时，爬虫可以在同一个DS打数台窗口内抓取完成当前页面，之后直接跳到下一个页面进行抓取。

④ 由于翻页后将继续使用当前规则进行抓取，用户不需要更改目标主题名。

⑤ 右击网页上的“下一页”，找到定位节点，选择“翻页映射—作为翻页区—线索1”进行线索定位映射。

⑥ 右击网页上的“下一页”，找到定位节点，选择对应的text节点创建线索映射，右击text标签，选择“翻页映射—作为翻页记号”。

(7) 保存规则。在MS谋数台右侧单击“存规则”，这样用户就可以使用创建好的规则进行数据抓取。如果用户要搜索已保存的规则，可以在MS谋数台的“搜规则”工作台中输入已创建的规则名称进行搜索。

3. 数据抓取

(1) 打开DS打数台，在搜索框中输入所要使用的规则主题名。

(2) 右击主题名，在弹出的菜单中选择“统计线索”，可以看到有多少个线索等待抓取，线索就是网址。

(3) 单击“单搜”，DS打数台开始自动进行数据抓取工作，并会将结果以XML的格式存储下来。

(4) 如提示“没有线索了，可添加新线索或者激活已有的线索”，则说明线索已经采集完一遍。这时如果用户需要再次采集，可以右击主题名，选择“线索管理—激活所有线索”；如果要采集其他相同结果的网页，则选择“添加”，再把多个网址复制添加，就可以进行“批量采集”。

(5) 在DS打数台中，单击“爬虫群—启动”。

(6) 选择“会员中心—规则管理—我的规则”，单击“导入数据”，用户可以直接导入XML数据。

(7) 导出数据，页面显示导出成功后，即可下载。

本节提供案例：使用GooSeeker抓取豆瓣电影数据，请读者扫描二维码获取。

案例：使用GooSeeker抓取豆瓣电影数据

1.3 使用Python获取网络数据

Python广泛应用于新闻传播学领域，它可以协助从业者更好地理解受众兴趣、优化内容制作、评估内容效果以及把握舆论态势。在新闻传播学研究中，研究者可以通过Python从各种数据源中提取、整理和分析数据，从更广阔的视角了解新闻传播现象。在大数据获取的过程中，使用Python来获取相关数据成为一个极其重要的环节。

1.3.1 Python和PyCharm介绍

Python是一种功能强大、具有解释性和交互性、面向对象的第四代计算机编程语言。它是由荷兰人Guido van Rossum(吉多·范罗苏姆)于20世纪80年代末设计开发的，Guido van Rossum于2005年加入Google，继续领导和参与Python语言每一个版本的设计和开发工作[1]。Python这个称呼源自Guido van Rossum钟爱的电视剧*Monty Pyhton's Flying Circus*(《蒙提·派森的飞行马戏团》)。

Python代码相对复杂，且编写效率不高，通常需要借助PyCharm这个工具。PyCharm是一种专门为Python语言提供支持的集成开发环境(integrated development environment，IDE)，由JetBrains (一家捷克的软件开发公司)开发，它拥有一套强大的工具集，提供调试、语法高亮、项目管理、代码跳转、智能提示、自动完成等众多功能[2]，能够帮助开发者更好地理解和编写Python代码，显著提高编程效率。

Python和PyCharm相辅相成，为研究者获取、清洗、整理数据等提供了便利。Python作为一种代码解释器，可以将Python代码翻译成计算机能够明确理解的指令，因此，通过PyCharm编写Python程序时，需要Python解释器的支持。

1.3.2 Python的优势和适用领域

Python以其简单易学、可跨平台操作、拥有丰富的第三方库和庞大而活跃的生态系统等特点，赢得了众多研究者和科研工作者的喜爱，应用领域不断扩大。接下来，本节将简要介绍Python的优势和适用领域。

1. Python的优势

(1) 简单易学。Python采用清晰简洁的语法，易于理解和学习。初学者可以从基础的“hello world”程序开始，逐步深入学习相关语言特性和字符串操作等内容。

(2) 跨平台操作。Python可以在多个操作系统上运行，包括Windows、macOS等。这意味着用户可以在不同的系统平台上开发和运行Python程序，增强了灵活性和可移植性。

(3) 丰富的库和生态系统。Python拥有庞大的社区支持，提供大量的第三方库和工具，用户能够快速解决各种问题、完成各种任务。例如，Pandas库用于数据分析和处理，提供高效的数据结构和数据分析工具；Requests库用于发送HTTP请求；Matplotlib库用于数据可视化等。这些库大大提高了开发效率。

(4) 应用广泛。Python在人工智能、机器学习等领域非常流行，它提供了丰富的第三方库和框架支持。同时，Python广泛应用于Web开发、网络爬虫、数据分析等任务，

---

[1] 肖旻，陈行. 基于Python语言编程特点及应用之探讨[J]. 电脑知识与技术，2014，10(34)：8177-8178.

[2] 郭建军，林丽君，何泽仁，等. 基于Python语言的按键脚本开发工具[J]. 科技创新导报，2019，16(23)：140-141.

具备广阔的发展前景。

2. Python的应用领域

Python是一种高级编程语言，具有简单易学、可读性强、通用性强的特点，广泛应用于商业、Web开发、人工智能、传播学等领域。

(1) 在商业领域，Python可以基于NumPy、Pandas等第三方库进行数据处理和分析，帮助企业从大量数据中提取有价值的信息，为商业合作提供数据预测和决策支持。例如，在电商在线评论中引入文本情感分析，有助于用户判断产品评论的情感倾向，以情感倾向为基础建立情感指数，从总体、店铺、月度等维度展开分析，用户能够更细致地了解电商在线评论中的情感倾向[1]。

(2) 在Web开发领域，Python的Web框架(如Django和Flask)可使Web应用程序的开发更加快速、高效。许多企业使用Python来构建电子商务网站、社交媒体平台、内容管理系统等应用。

(3) 在人工智能领域，Python具备的TensorFlow、Keras和PyTorch等工具，可用于机器学习和深度学习。企业可以借助这些工具来开发和部署各种应用，包括推荐系统、图像识别和自然语言处理等。

(4) 在传播学研究中，Python可以用于数据清洗、文本分析、情感分析、社交媒体数据分析等任务。例如，Python的Pandas库提供高效的数据处理工具，可用于清洗和整理数据；自然语言处理库支持文本分析和情感分析，有助于研究者从文本数据中提取关键信息和理解言论。Python还可用于从社交媒体平台(如微博和Twitter)获取海量数据，并加以分析。

在新媒体时代，Python作为重要的大数据获取技术，为研究者提供了极大的便利。因此，了解和掌握基本的Python知识对于相关领域的研究者和从业者来说至关重要。

1.3.3 Python和PyCharm的下载安装

1. Python的下载安装

(1) 安装Python。下载地址为https://www.python.org/。Python官网下载界面如图1-19所示，用户安装成功后，界面会显示“setup was successful”。

(2) 验证安装环境变量是否配置成功。用户可以使用快捷键Win+R，在弹出的窗口中输入cmd，单击“确定”，如图1-20所示。在命令提示符窗口中输入Python，按Enter键，随后出现如图1-21所示的页面，说明Python环境变量配置成功。由于版本不同，解释器版本内容显示可能会有所差异，用户可根据自己安装的版本来验证。

---

[1] 刘玉林，菅利荣. 基于文本情感分析的电商在线评论数据挖掘[J]. 统计与信息论坛，2018，33(12)：119-124.

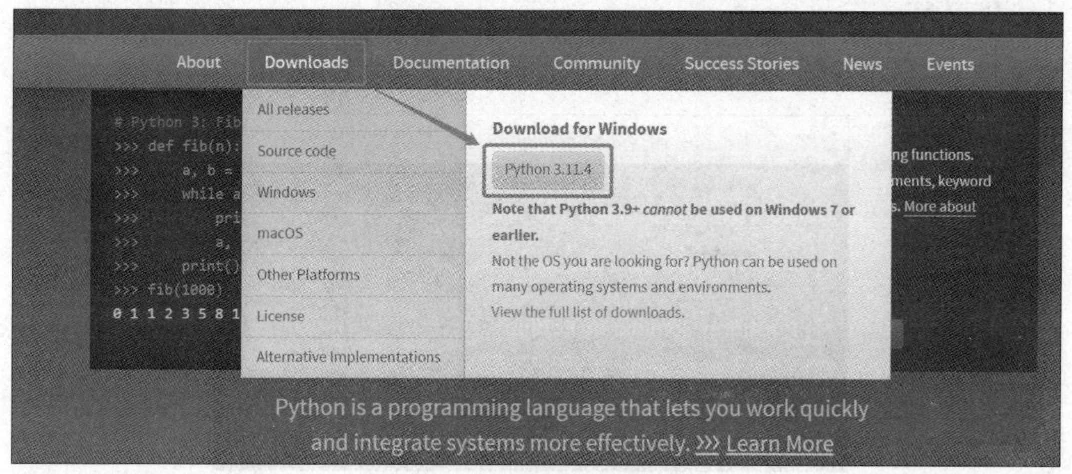

图1-19　Python官网下载界面

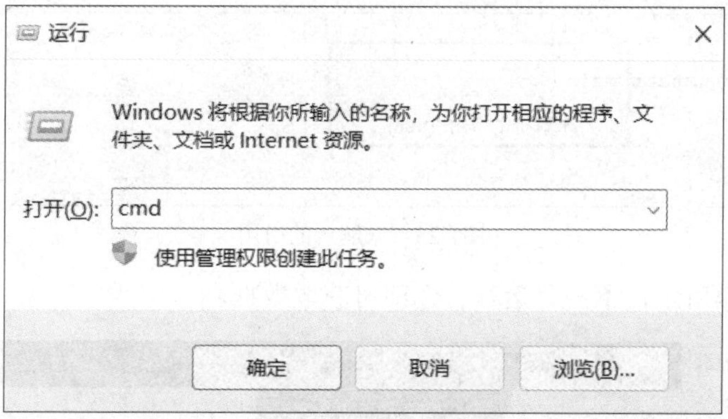

图1-20　使用快捷键Win+R后弹出的窗口

图1-21　Python验证窗口

2. PyCharm的下载安装

(1) 安装PyCharm。用户需要安装PyCharm来打开相关代码，下载地址为www.jetbrains.com/zh-cn/pycharm/download。Pycharm安装界面如图1-22所示。

(2) 根据实时界面设置安装环境。PyCharm在运行中会出现“No module named ××××”的提示，或在其右上方窗口显示红色波浪线，以此告知用户未安装某软件包，如图1-23所示。这时，需要用户手动安装Python库。手动安装这个库主要有四种方法：直接在PyCharm里单击“安装软件包×××”，或在PyCharm的file—setting—Python解释器里搜索安装；在cmd里安装；通过Anaconda Prompt安装；直接复制其他用户装好的库。

图1-22　PyCharm安装界面

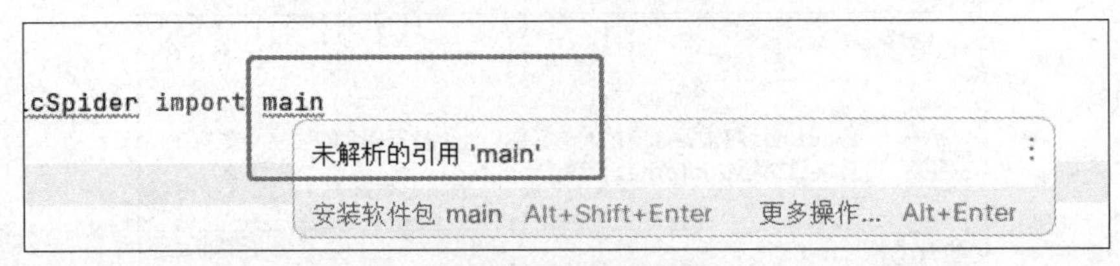

图1-23　未解析的引用

(3) 如图1-24所示，单击“运行”，即可获取数据。

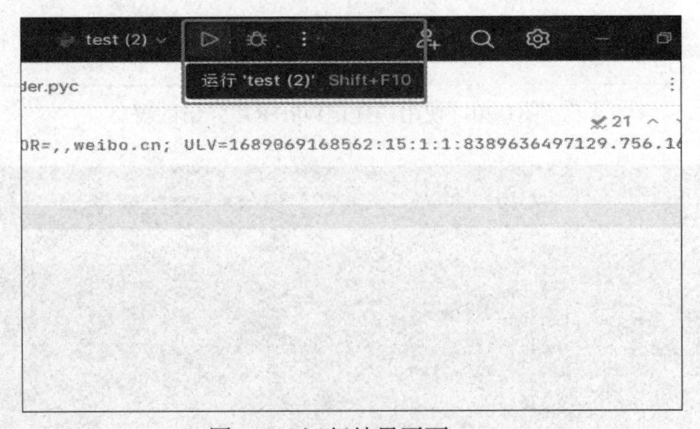

图1-24　运行结果页面

1.3.4　Python和PyCharm的使用步骤

1. Python的使用步骤

用户完成Python开发环境的安装后，就可以着手开发Python程序。下面以编写Python程序“hello world”为例介绍Python的应用方法。“hello world”是一个基本程序，用于打印输出“hello world”到屏幕上，以下为具体步骤。

(1) 如图1-25所示，打开命令提示符程序。

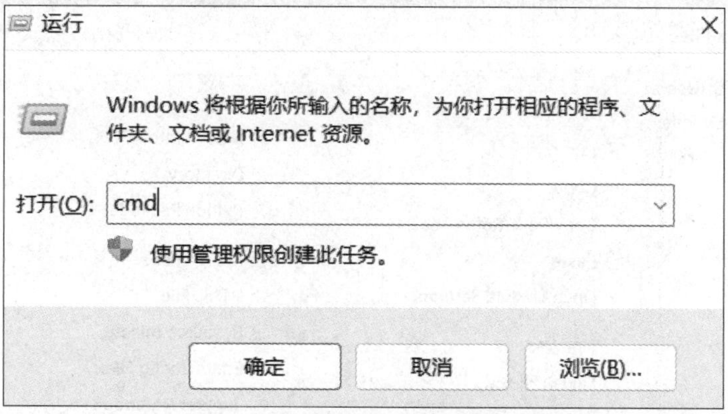
运行
Windows 将根据你所输入的名称，为你打开相应的程序、文件夹、文档或 Internet 资源。
打开(O): cmd
使用管理权限创建此任务。
确定
取消
浏览(B)...

图1-25　打开命令提示符程序的界面

(2) 输入print(“hello world”)，按Enter键。print代表“打印、输出”，代码含义为引号内的内容。用户按Enter键后，如图1-26所示，当窗口显示“hello world”，表明该Python程序已编写完成。

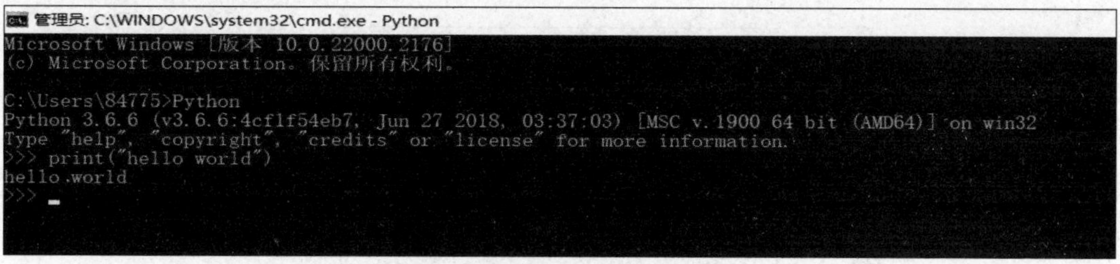
管理员: C:\WINDOWS\system32\cmd.exe - Python
Microsoft Windows [版本 10.0.22000.2176]
(c) Microsoft Corporation。保留所有权利。
C:\Users\84775>Python
Python 3.6.6 (v3.6.6:4cf1f54eb7, Jun 27 2018, 03:37:03) [MSC v.1900 64 bit (AMD64)] on win32
Type "help", "copyright", "credits" or "license" for more information.
>>> print("hello world")
hello world
>>>

图1-26　打印输出“hello world”

注意：输入代码中使用的符号时，应切换至英文输入状态，否则会出现如图1-27所示的错误。

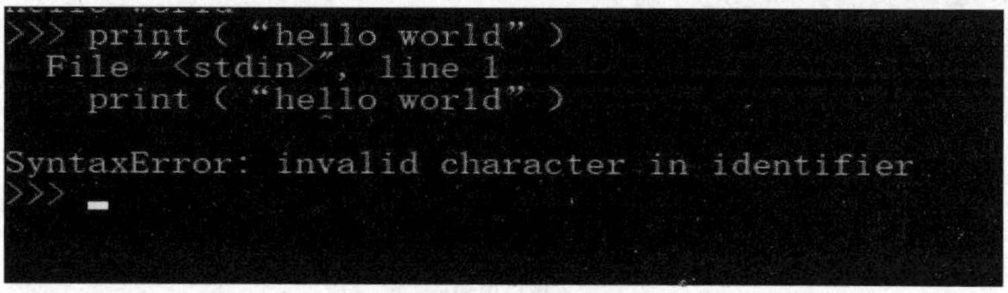
>>> print (“hello world”)
File "<stdin>", line 1
print (“hello world”)
SyntaxError: invalid character in identifier
>>>

图1-27　错误示例

2. PyCharm的使用步骤

(1) 如图1-28所示，在左侧的“Project Files”中找到Python安装路径文件夹，右击“Python File”，创建文件并按Enter键。

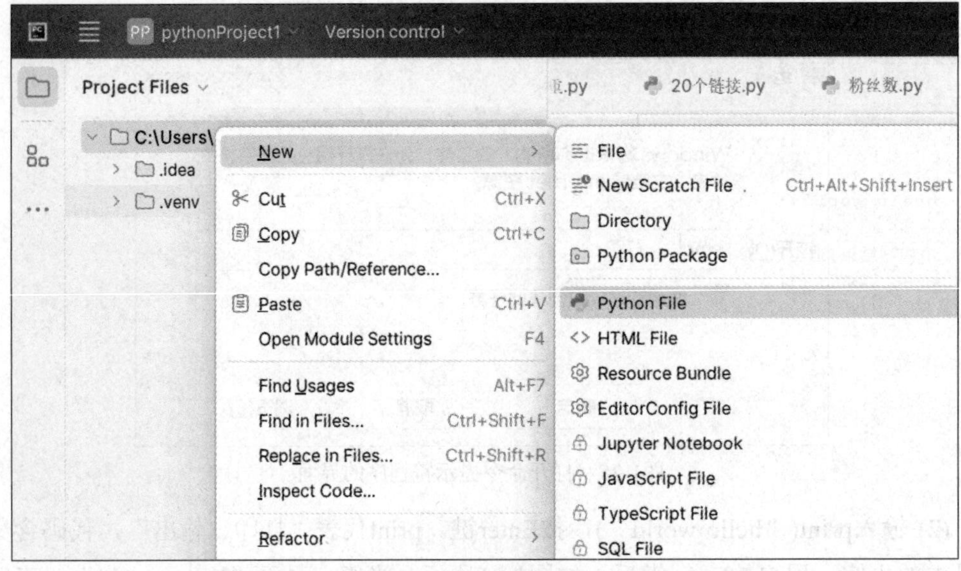

图1-28　创建文件

(2) 如图1-29所示，编写代码，以上文的“hello world”为例。

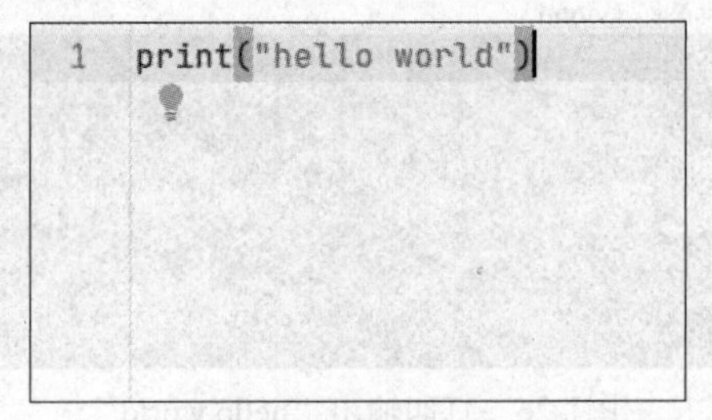

图1-29　编写代码

(3) 如图1-30所示，单击右键，选择“运行‘Python test’(U)”，开始运行代码。

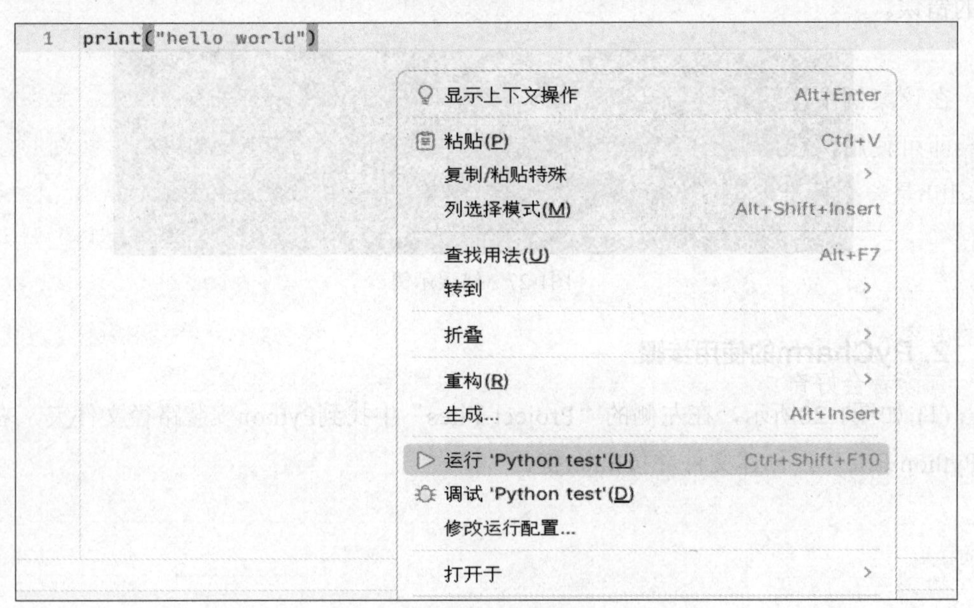

图1-30　运行代码

(4) 如图1-31所示，运行窗口显示的相关内容表示程序执行成功。

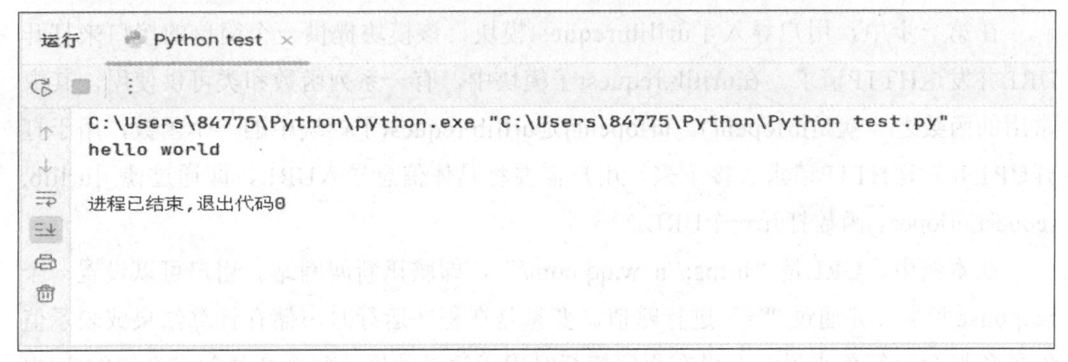

图1-31　运行结束

1.3.5　使用Python爬取网络数据的步骤

在Python编程中，要完成特定任务通常需要经历一系列步骤，包括明确编程目标、设计算法或逻辑、编写代码、测试运行以及后续的优化和维护。本节将通过一个简单的网页数据爬取示例来演示Python编程的相关步骤。

1. 导入模块

用户需要导入相关模块(module)，这些模块可以帮助用户快速实现某些功能。可以将模块看作一个大工具包，每个工具包中都有各种工具供用户使用，进而实现各种功能。

在Python中，用户要使用模块，需要使用import语句将模块导入到当前的代码中。导入的语法为：[from 模块名] import [模块|类|函数|][as 别名]。这里需要注意的是，“[]”在语法中表示“可选”的意思，即from内容和as内容可以省略。

在该案例中，需要导入urllib模块。urllib模块是Python标准库的一部分，无须额外安装即可使用，它提供URL处理功能。但仅仅通过import urllib是解决不了问题的，因为urllib是一个标准库模块，它还包含一系列子模块，例如urllib.request、urllib.parse、urllib.error、urllib.robotparser等，用于处理URL请求、URL解析、URL错误和机器人协议等。用户可以通过使用urllib.request来进一步打开URL并发送HTTP请求，获取URL返回的内容。

有读者会好奇：这里的“.”有什么作用？可以省去吗？答案是不可以。用户需要通过“.”来确定层级关系，例如urllib.request表明用户用到的是urllib的request子模块。

接下来就可以编写第一部分代码，导入用户所需要的模块。

```
import urllib.request
```

2. 将信息传入URL

在第一步中，用户导入了urllib.request模块，该模块提供一个简单的接口来打开URL并发送HTTP请求。在urllib.request子模块中，有一系列函数和类可供使用，其中常用的函数之一就是urlopen()。urlopen()是urllib.request子模块中的一个函数，用于打开URL并发送HTTP请求。接下来，用户需要将具体信息导入URL，即通过使用urllib.request.urlopen()函数打开一个URL。

在本例中，URL是“https://new.qq.com/”，即腾讯新闻网站。用户可以设置一个response变量，并通过“=”进行赋值。变量是在程序运行时，储存计算结果或表示值的抽象概念。简单来说，变量在程序运行时用于记录数据。每个变量都有存储的值(内容)，称为变量值。每个变量都有名称，称为变量名，也就是变量本身。将变量值(内容)赋予用户自定义的变量名，需要用到“=”。“=”表示赋值，即将等号右侧的值赋予左侧的变量。变量的定义格式为“变量名=变量值”。

接下来，用户可以进行第二步代码写作，将信息传入URL。

```
response=urllib.request.urlopen("https: //new.qq.com/")
```

3. 使用函数抓取网页内容

打开URL后，即可读取网页内容。在Python中，读取网页内容的下一步是使用read()函数。之前用户使用urllib.request.urlopen()函数打开了URL，这个函数返回一个HTTP Response对象。用户可以使用read函数来读取这个响应对象的内容。用户通过调用response.read()获取网页内容(这里的“.”是Python中的点运算符，用于调用对象方法或访问对象属性)，并通过decode('utf-8')将内容转换为UTF-8编码的字符串。

这里需要大致说明函数和UTF-8的基础内容。

(1) 函数。函数是指组织好的、可重复使用的、用来实现特定功能的代码段。使用函数可以提高程序的复用性，减少重复性代码，提高开发效率。Python中的函数主要有三类，即内置函数、标准库函数和自定义函数。内置函数是由Python解释器提供的，无须导入任何模块即可直接使用，例如print()、len()、read()等。标准库函数是指模块中的函数，Python标准库中包含许多模块，每个模块都提供多个函数和类供用户使用，例如上文中的urllib.request.urlopen()。自定义函数是指Python允许用户自定义的函数，通过def关键字，用户可以在程序中定义函数，以便调用函数执行特定的任务。

(2) UTF-8(unicode transformation format-8-bit)。这是一种用于表示unicode字符的可变长度字符编码方式。unicode是一种字符集，它包含世界上几乎所有的字符，包括各种语言字符、符号、表情等。

在这里，将“response.read().decode('utf-8')”赋值给自定义变量content。

```
content=response.read().decode('utf-8')
```

4. 打印输出

完成以上步骤后，打印输出内容即可。

```
print(content)
```

以下是上述过程的完整代码。

```
import urllib.request
response=urllib.request.urlopen("https: //new.qq.com/")
content=response.read().decode('utf-8')
print(content)
```

到这里，一个基础的代码就编写完成了。代码编写完成后，用户需要完成程序运行、调试、更新与维护等后续操作。

本节提供案例：使用Python获取新浪微博数据，请读者扫描二维码获取。

案例：使用Python获取新浪微博数据

本章小结

本章主要探讨了大数据获取的重要性及方法。随着大数据时代的到来，数据从简单的处理对象开始转变为一种基础性资源，获取大数据成为利用数据资源的首要步骤。本章介绍了常见的两种数据获取方法，即网络公开数据获取及网络爬虫获取。

第1.1节简单概括网络爬虫的概念、作用、相关基础知识等，根据爬虫软件和爬虫程序的分类，介绍了常见的网络爬虫工具。为了便于读者进一步熟悉和掌握大数据获取的基本技术，第1.1节分别从两类爬虫工具中选择GooSeeker与Python进行简要介绍，第1.2节、1.3节对此进行详细说明。第1.2节介绍了GooSeeker的作用及主要应用领域，详细讲解了下载安装与操作步骤，展示了通过GooSeeker获取豆瓣电影数据的步骤。第1.3节介绍了Python和PyCharm的下载安装，展示了简单的网页数据爬虫操作。此外，本章还通过获取新浪微博“元宇宙”数据的案例，向读者展示网络爬虫技术的实际运用步骤，旨在抛砖引玉，启发读者，在日后的实际应用中不断精进操作能力。

获取大数据的网络爬虫工具多种多样，每个网站抓取的代码也各不相同，但背后的原理是相通的，为此需要辨析与掌握URL、HTML、正则表达式等相关的基础知识。学习并掌握网络爬虫技术，研究者和从业者可以更好地获取和利用网络数据，为新闻传播研究及实践提供有力支持。

核心概念

(1) 网络爬虫。网络爬虫又称为网络蜘蛛或Web信息采集器，是一种自动下载网页的计算机程序或自动化脚本，是搜索引擎的重要组成部分。

(2) URL。URL是URI的一种具体形式。URI是用于标识资源的标准标识符。URL不仅能标识一个资源，还能指明如何定位这个资源。URL由3部分组成，包括资源类型、存放资源的主机域名以及资源文件名。

(3) HTML。HTML是一种用于创建网页的标准标记语言。标准的HTML文件都具有一个基本的整体结构。在HTML中，一个网页从<html>开始，然后以</html>结束。HTML中的标签由元素组成，主要用于标记内容模块，同时也可以用来表明元素内容的意义。

(4) HTML DOM。HTML DOM(文档对象模型)定义了访问和操作HTML文档的标准方法。在HTML DOM中，一切事物都被视为节点，DOM将HTML文档表示为节点树形式，文档中的所有内容都是节点，每个节点(除文档节点外)都有父节点，大部分元素都有子节点，具有相同父节点的节点是同辈，也就是兄弟节点。

(5) 正则表达式。正则表达式是一种文本模式，又称为规则表达式，它是由普通字符和特殊字符组成的。正则表达式用于描述、匹配符合某种语法规则的文本字符串，通常用于检索、替换符合某个模式(规则)的文本。

(6) Python。Python是一种面向对象、解释型、通用、开源的脚本编程语言。它是目前最受欢迎的编程语言之一，广泛应用于Web开发、数据分析、人工智能、科学计算、桌面应用、游戏开发等多个领域。

思考题

(1) 什么是正则表达式？它与网络爬虫有什么关系？它在网络爬虫中起什么作用？

(2) 根据你所掌握的知识列举抓取新浪微博数据的方法。

(3) 运用GooSeeker采集京东网页中关于笔记本电脑的详细信息，包括标题、价格、评价数量、商品名称、显卡类别、裸机重量、屏幕尺寸、处理器等。翻页数量为5。

(4) 在案例“使用Python获取新浪微博数据”中，为什么需要找到网页的cookies内容？

(5) 请自行编写一段简单的代码，获取人民网首页的数据。

(6) 请使用Python的微博关键词爬虫工具，爬取关键词为“数字分身”的微博内容。

第2章　文本分析

2.1　文本分析概述

随着互联网的普及和科学技术的进步，大数据时代来临。人们在日常生活中产生了大量的文本数据，主要来自社交媒体、新闻、博客、评论、邮件等。这些文本数据规模巨大，具有形式多样、价值密度低、数据关系复杂等特点。海量的无结构化文本数据被广泛生成并储存，导致人工操作内容分析的难度越来越大。计算机作为强大的工具，能够通过高效、精准的算法代码进行文本分析，为处理大数据的文本信息提供了新的可能性，这项技术也吸引了传播学者的关注。

2.1.1　文本分析的概念

文本分析(text analysis)是社会科学研究领域一种常用的研究方法，它是信息处理和知识发现的重要手段之一，被人们用于从文本中提取结构化信息。文本泛指由数字、文字、图像等一系列符号构成的信息结构体。文本无处不在，涉及各个学科，文学作品、报刊文章、政策文件、用户评论等，都可以构成文本[1]。由于文本通常以个人、机构、政府等名义发布，其语义不可避免地反映发布者的立场、观点、偏好和价值取向，学术界常用文本分析的方法对各个领域的问题和现象进行研究。

文本分析是自然语言处理(natural language processing，NLP)最为基础和最为广泛的应用之一。它作为自然语言处理的基本方法，致力于将非结构化的文本数据转化为结构化数据，迈出了让机器理解人类语言的第一步。近年来，随着计算机技术的发展，各类文本分析工具日益成熟，研究者可以从大量语料中提取有意义的信息，深入开展分析和预测。文本分析被广泛应用于舆情分析、用户分析以及内容创作领域，特别是数据类内容创作。例如，一家电子产品公司发布了新款智能手机后，可能会分析用户在社交媒体上发布的评论。这些评论涉及使用体验、功能、外观等方面。通过文本分析，公司可以了解用户对产品的整体满意度及产品优缺点，有助于后续的产品改进、市场推广，以便更好地满足用户需求。

在大数据时代，文本分析对象不再局限于单一文本，该技术还能处理海量文本数据，为企业、政府、学术界等提供更全面的信息和更加准确、可靠的决策依据。在传播

[1]　白净. 文本分析如何应用到数据类内容创作中[J]. 新闻与写作，2022(2)：105-109.

学研究中，文本分析技术可用于解析社交媒体数据以及新闻报道和用户评论等信息，从中提取有价值的见解和洞察，从而更加精准有效地实现信息传播的预期目标。

通过前文的简单介绍，相信读者对文本分析已经有了基本认识。具体而言，文本分析是指对文本数据或语料库内的语料进行分析，最终提取出关键词、词向量等各种信息的计算机技术。一些文献也将这一领域的相关技术纳入自然语言处理预训练技术的一部分[1]。文本分析的目标是从大量非结构化的文本集合中挖掘信息、发现知识，以获得高质量和可操作的数据。同时，文本分析也是一个跨学科的交叉研究领域，涉及机器学习、自然语言处理、统计学等多个领域的知识和方法[2]。

2.1.2 文本分析的对象

文本分析的对象是非结构化或半结构化的文本集合。分析目的在于通过一系列自然语言处理操作，从根本上把所有的非结构化或半结构化的文本数据转化为结构化数据，以便从海量文本中抽取出大量具有核心意义的数据或信息。

1. 结构化数据

结构化数据也称为定量数据，是能够用数据或统一的结构来表示的信息，如数字、符号。这些数据已经按照一定规则组织在数据库等存储库中，用户可以通过有效的分析和处理方法(如SQL表)访问其元素。常见的结构化数据有信用卡号码、日期、财务金额、电话号码、地址、产品名称等。

2. 非结构化数据

非结构化数据指没有预定义的结构或模型，或未以预定义方式组织的数据。传统的关系型数据库无法直接存储和管理这类数据，因为它们缺乏明确的格式和组织，难以通过简单的行和列来表示。非结构化数据的处理和分析相对复杂，难以适用传统计算方法，需要借助自然语言处理、图像识别、音频处理等先进技术，以及大数据存储和分析平台。常见的非结构化数据有文本、图像、音频、视频等。

3. 半结构化数据

半结构化数据介于结构化数据和非结构化数据之间，既包含结构化字段，又包含非结构化的文字内容。例如，微博数据包含标签、时间、作者、转赞评数量等结构化字段，同时还有非结构化的文字内容，这类文本就属于半结构化数据。常见的半结构化数

---

[1] Berger J，Humphreys A，Ludwig S，et al. Uniting the tribes：Using text for marketing insight[J]. Journal of Marketing，2020，84(1)：1-25.

[2] 张伦. 计算传播学导论[M]. 北京：北京师范大学出版社，2018.

据有XML文档、JSON文档、E-mail、新闻等[1]。

2.1.3　文本分析的流程

文本分析可以分为解析数据、搜索检索和文本挖掘三大部分。解析数据旨在将非结构化数据处理成结构化数据，为后续分析提供便利。将文本数据转化为计算机可以理解的结构化数据是文本分析的核心目标。搜索检索主要是指识别结构化数据中的关键字、主题以及相关性等，以便快速找到文本中的关键信息，方便后续的分析和应用。在搜索检索的基础上，用户根据识别出的关键字、主题等进一步挖掘感兴趣的内容并将其展示出来，这就是文本挖掘的主要工作。文本分析的基本流程包括语词切割、词性标注、关键词提取以及文本向量化[2]。

1. 语词切割

在这一环节，研究者需要将文本拆分成词语的形式，以便计算机对每个词语进行处理和分析。英文分词任务非常简单，研究者只需根据空格依次拆分即可。相较于英文分词，中文分词任务则复杂很多。中文分词有多种算法，根据词典进行分词的方法主要有正向最大匹配法、逆向最大匹配法、双向最大匹配法；基于统计结果进行分词的方法有*N*元语法(*N*-gram)模型和隐马尔可夫模型(hidden Markov model，HMM)等。

2. 词性标注

词性标注即根据语境及语词基本含义为切分出的每个语词标注语词性质。根据不同的研究目的，研究者可以仅选择具有实际含义的名词、动词、形容词等进行后续的语义和情感分析，而忽略助词、字符串、代词、介词、连词、助词等。这样做能有效减少数据集的维度，从而提高相应文本分析算法的效率。

3. 关键词提取

关键词在文档中起着概括中心内容的重要作用，通常用于计算机系统标引论文内容特征、信息检索，可以为读者提供便利的检阅途径。关键词提取是文本挖掘的一个分支，它是文本检索、文档比较、摘要生成、文档分类和聚类等文本挖掘研究的基础性工作。从算法的角度来看，关键词提取算法主要有两类，即无监督关键词提取方法和有监督关键词提取方法[3]。

---

[1] Atkinson-Abutridy J. Text Analytics：An Introduction to the Science and Applications of Unstructured Information Analysis[M]. CRC Press，2022.

[2] 张伦. 计算传播学导论[M]. 北京：北京师范大学出版社，2018.

[3] 肖刚，张良均. Python中文自然语言处理基础与实战[M]. 北京：人民邮电出版社，2022.

4. 文本向量化

文本向量化就是将文本表示成一系列能够表达文本语义的向量，也就是将信息数值化，从而便于研究者进行分析。按照向量化的粒度，可以将其分为以字为单位、以词为单位和以句为单位的向量表达[1]。

2.1.4 文本分析的应用

文本分析与人工智能、机器学习、自然语言处理、数理统计等密切相关。目前，文本分析在社交媒体实时监控、网络舆情分析、电商平台用户评论分析、垃圾邮件识别与过滤、科技文献分析等方面有着广阔的应用前景。下面介绍文本分析的一些主要应用。

1. 词频分析

词频分析(word frequency analysis)是对文本数据中重要词汇出现的次数进行统计分析的方法。它的基本原理是通过词汇出现频次的变化，来确定热点及判断其变化趋势[2]。

2. 文本摘要

文本摘要旨在将文本或文本集合转换为包含关键信息的简短摘要。按照输入类型，可将文本摘要分为单文档摘要和多文档摘要。按照输出类型，可将文本摘要分为抽取式摘要和生成式摘要。按照有无监督数据，可将文本摘要分为有监督摘要和无监督摘要[3]。本章主要关注单文档、抽取式、生成式和有监督摘要。

3. 文本分类

文本分类和文本聚类是自然语言处理任务中的基础性工作，是解决文本信息过载问题的重要环节，其目的是对文本资源进行整理和归类。在文本分类环节，研究者按照每一类文本子集合共有的特性，将文本集合归纳出分类模型，再按照该模型将其他文本迁移到已有类中，最终实现文本的自动分类[4]。文本分类常采用机器学习中的朴素贝叶斯、决策树、逻辑回归和支持向量机等算法。

4. 文本聚类

文本聚类将文本集合分为若干个簇，要求同簇的文本相似度高，而不同簇的文本相

[1] 肖刚，张良均. Python中文自然语言处理基础与实战[M]. 北京：人民邮电出版社，2022.

[2] 田丹，刘奕杉，王玉琳. 热点分析类文章的文献计量分析——以词频分析方法为例[J]. 情报科学，DOI：10.13833/j.cnki.is.2017.08.061，2017，35(8)：164-169.

[3] Nallapati R，Zhai F，Zhou B. Summarunner：A recurrent neural network based sequence model for extractive summarization of documents[C]//Proceedings of the AAAI conference on artificial intelligence，2017，31(1).

[4] 肖刚，张良均. Python中文自然语言处理基础与实战[M]. 北京：人民邮电出版社，2022.

似度低，从而挖掘整个数据集的综合布局[1]。文本聚类常采用K-means算法、DBSCAN算法、凝聚层次聚类法等，本书第4章将会详细介绍具体原理及方法。

5. 文档主题生成模型

LDA(latent Dirichlet allocation，潜在狄利克雷分配)是一种文档主题生成模型，也称为三层贝叶斯概率模型，它包含词、主题和文档三层结构。LDA主题模型主要用于推测文档的主题分布，研究者可以将文档集中的每篇文章的主题以概率分布的形式进行主题聚类或文本分类[2]。本书第5章将会详细介绍主题模型。

6. 情感分析

文本情感分析(sentiment analysis)又称为情感倾向性分析或意见挖掘，是从用户意见中提取信息的过程[3]，通过对文本、音频和图像等进行分析以获取用户的观点、看法、态度和情感。情感分析主要用于话题监控、舆情分析。本书第3章将会详细介绍情感分析。

2.2　文本规范化

文本规范化是文本分析的一个关键步骤，任何一种文本分析算法都需要基于结构化文本。文本规范化是文本分析的重要前提，它可以使文本能够更好地被计算机处理和分析。文本规范化主要包括以下内容。

2.2.1　词语切割

词语切割即分词，它是文本分析的第一步，分词的准确度直接影响后续的词性标注、句法分析、词向量以及文本分析的质量。分词主要分为两类：一类是可以直接利用空格进行切分的英文分词；另一类是需要借助工具实现的中文分词。

1. 英文分词

在英文语句中，单词之间以空格作为分隔符；在英文段落中，语句之间通过标点进行分隔。因此，研究者可以直接利用空格进行分词处理，利用标点进行分句处理。本节将详细介绍如何使用Python中常见的第三方库——NLTK(natural language toolkit)来进行英文分词。

1) NLTK简介

NLTK是研究者在处理语料库、分类文本以及分析语言结构等多项操作中最常遇

[1] 杨维忠，陈胜可，刘荣. SPSS统计分析从入门到精通[M]. 4版. 北京：清华大学出版社，2011：4.

[2] 张晨逸，孙建伶，丁轶群. 基于MB-LDA模型的微博主题挖掘[J]. 计算机研究与发展，2011，48(10)：1795-1802.

[3] 陈龙，管子玉，何金红，等. 情感分类研究进展[J]. 计算机研究与发展，2017，54(6)：1150-1170.

到的包。NLTK具有处理分词、词性标注(part-of-speech tag，POS-tag)、命名实体识别(named entity recognition，NER)、句法分析(syntactic parsing)等各项自然语言处理领域的功能[1]。NLTK为分词提供了各种有用的接口，比如word_tokenize、sent_tokenize等。

2) 通过pip install nltk 安装NLTK

安装NLTK的命令界面如图2-1所示。

```
C:\windows\system32\cmd.exe
Microsoft Windows [版本 10.0.19044.1826]
(c) Microsoft Corporation。保留所有权利。

C:\Users\26613>pip install nltk
Requirement already satisfied: nltk in d:\anaconda\lib\site-packages (3.7)
Requirement already satisfied: tqdm in d:\anaconda\lib\site-packages (from nltk) (4.64.0)
Requirement already satisfied: regex>=2021.8.3 in d:\anaconda\lib\site-packages (from nltk) (2022.3.15)
Requirement already satisfied: joblib in d:\anaconda\lib\site-packages (from nltk) (1.1.0)
Requirement already satisfied: click in d:\anaconda\lib\site-packages (from nltk) (8.0.4)
Requirement already satisfied: colorama in d:\anaconda\lib\site-packages (from click->nltk) (0.4.4)

C:\Users\26613>
```

图 2-1　安装NLTK的命令界面

NLTK安装成功后，还需下载数据包，用户可通过在Pycharm中输入如下命令来下载NLTK数据包。

```
import nltk
nltk.download()
```

单击“运行”，在弹出的窗口中选择需要下载的文件，如图2-2所示，设置好下载路径(一般放置在C盘的nltk_data文件夹中)，单击“Download”。

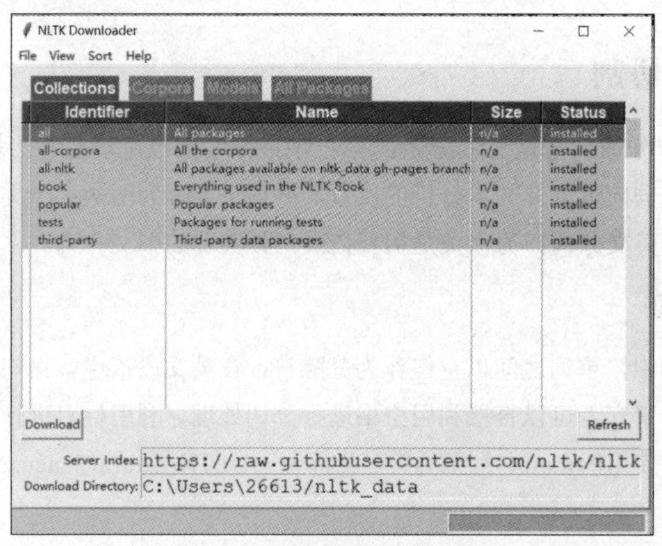

图 2-2　可供下载的NLTK数据包

数据包下载完成后，还需检验是否安装成功，运行以下代码。

[1] Bird S，Klein E，Loper E. Natural language processing with Python:analyzing text with the natural language toolkit[M]. "O'Reilly Media，Inc."，2009.

```
from nltk.book import*
```

若出现如图2-3所示的运行结果，则表示数据包安装成功。

```
D:\pythonProject学习\venv\Scripts\python.exe D:/pythonProject学习/Pycharm.py
*** Introductory Examples for the NLTK Book ***
Loading text1, ..., text9 and sent1, ..., sent9
Type the name of the text or sentence to view it.
Type: 'texts()' or 'sents()' to list the materials.
text1: Moby Dick by Herman Melville 1851
text2: Sense and Sensibility by Jane Austen 1811
text3: The Book of Genesis
text4: Inaugural Address Corpus
text5: Chat Corpus
text6: Monty Python and the Holy Grail
text7: Wall Street Journal
text8: Personals Corpus
text9: The Man Who Was Thursday by G . K . Chesterton 1908

Process finished with exit code 0
```

图 2-3　数据包安装完成界面

3) 使用NLTK进行英文分词

英语文本基本是由标点符号、空格和单词组成的，因此用户根据空格和标点符号就可以将词语分割成数组。

以“This song is very nice! I loved it when I was a kid.”为例，用户可以从NLTK库中导入sent_tokenize，利用符号实现分句[1]。

```
from nltk import sent_tokenize
sentences = "This song is very nice! I loved it when I was a kid."
sentence = sent_tokenize(sentences)
print(sentence)
```

运行代码后，输出结果如下所示。

```
['This song is very nice!', 'I loved it when I was a kid.']
```

从NLTK库中导入word_tokenize，利用空格实现分词。

```
from nltk import word_tokenize
paragraph = " This song is very nice! I loved it when I was a kid."
words = word_tokenize(paragraph)
print(words)
```

[1]　代码参考https://blog.csdn.net/sk_berry/article/details/105240317

运行代码后，输出结果如下所示。

```
['This', 'song', 'is', 'very', 'nice', '!', 'I', 'loved', 'it', 'when', 'I',
'was', 'a', 'kid', '.']
```

4) 相关参数说明

在代码中，tokenize是NLTK的分词包，其中的函数可以识别英文词汇和标点符号，对文本进行分句或分词处理。

其中，sent_tokenize为tokenize分词包中的分句函数，返回文本的分句结果，调用方式为：sent_tokenize(text，language='english')。而word_tokenize是tokenize分词包中的分词函数，返回文本的分词结果，调用方式为：word_tokenize(text，language='english')。

2. 中文分词

相较于英文分词，中文分词任务复杂很多。这是因为中文句子中的词语没有明显间隔，无法依次断开。更重要的是，中文文本缺乏明显的词性形态标记，会出现“歧义链”，无法按照既有词典进行匹配。因此，中文分词需要更复杂的算法来实现。

以“下雨天留客天留我不留”这个句子为例，存在多种可能的分词方式，形成了“歧义链”：

下雨/天留客/天留/我不留。

下雨天/留客/天留我/不留。

下雨天留客/天留我不/留。

下雨天/留客天/留我不/留。

在上面的句子中，字词之间没有明确的间隔，存在多种不同的分词方式，形成了复杂的“歧义链”。为了解决中文分词的歧义问题，中文分词算法通常会通过统计模型、规则匹配或两者结合的方法，找到最合适的分词方式。

中文分词主要有两种方法，即基于词典的方法和基于统计的方法。

1) 基于词典的分词

基于词典的分词是指按照一定规则将待分析文本中的汉字串与词典中的词条进行匹配，如匹配成功，则进行切分；如匹配失败，则进行调整或者重新选择，如此反复循环即可。常见的基于词典的分词方法有正向最大匹配法、逆向最大匹配法和双向最大匹配法。

(1) 正向最大匹配法。正向最大匹配法是指从待分词文本中的指定字开始，从前往后寻找最长字符串，然后在词典中查找是否有一样的字符串，若匹配成功，则切分该字符串并继续寻找下一个最长字符串；若匹配失败，则删去该字符串的最后一个字符，然后继续在词典中查找，以此类推，直至找到待分词文本中的全部词。

设L表示最大词长，D表示分词词典，算法描述为：从待切分语料中按正向取长度为L的字符串str；把str与D中的词从左往右相匹配，若匹配成功，则认为该字符串为词，继续匹配剩余文本；若匹配不成功，依次删去str的最后一个字符，直至匹配成功。

例如："大数据分析课程是三课时"，词典为{"大数据分析""课程""课时"}，最长字符串的长度是5，运用正向最大匹配法的步骤如下所述。

① 切分待分词文本的前5个字符"大数据分析"，与词典进行匹配，匹配成功。

② 根据词典，判定"大数据分析"为词，继续切分剩余文本的前5个字符"课程是三课"，与词典进行匹配，匹配不成功。

③ 删去"课程是三课"的最后一个字符，得到"课程是三"，与词典匹配，匹配不成功。

④ 删去"课程是三"的最后一个字符，得到"课程是"，与词典匹配，匹配不成功。

⑤ 删去"课程是"的最后一个字符，得到"课程"，与词典匹配，匹配成功。此时，将文本划分为"大数据分析""课程"。

⑥ 继续切分剩余文本"是三课时"，与词典匹配，匹配不成功。

⑦ 删去最后一个字符，得到"是三课"，与词典匹配，匹配不成功。

⑧ 删去最后一个字符，得到"是三"，与词典匹配，匹配不成功。

⑨ 删去最后一个字符，得到"是"，与词典匹配，匹配成功，得到单字"是"。此时，将文本划分为"大数据分析""课程""是"。

⑩ 继续切分剩余文本"三课时"，与词典匹配，匹配不成功。

⑪ 删去最后一个字符，得到"三课"，与词典匹配，匹配不成功。

⑫ 删去最后一个字符，得到单字"三"，与词典匹配成功。此时，将文本划分为"大数据分析""课程""是""三"。

⑬ 继续切分剩余文本"课时"，与词典匹配，匹配成功。

通过运用正向最大匹配法，该文本的分词结果是"大数据分析""课时""是""三""课时"。

(2) 逆向最大匹配法。与正向最大匹配法原理相反，逆向最大匹配法是指从后往前查找待分词文本中的最长字符串，然后在词典中查找是否有一样的字符串，若匹配成功，则切分该字符串，并继续寻找下一个最长字符串；若匹配失败，则删去该字符串的最后一个字符，然后继续在词典中查找，以此类推，直至找到待分词文本中的全部词。

设L表示最大词长，D表示分词词典，算法描述为：从待切分语料中按逆向取长度为L的字符串str；把str与D中的词从右往左相匹配，若匹配成功，则认为该字符串为词，继续匹配剩余文本；若匹配不成功，依次删去str的前一个字符，直至匹配成功。

(3) 双向最大匹配法。双向最大匹配法基于正向和逆向最大匹配法，对分词结果进一步处理，比较两个结果，从中筛选出切分次数更少的结果作为最后的切分结果。

2) 基于统计的分词

基于词典的中文分词容易受到歧义问题和未登录词(out-of-vocabulary word，OOV word)的影响，而基于统计的分词方法能有效解决这些问题。

基于统计的分词方法的原理很简单。在一段文本中，如果相邻的字经常一起出现，那么它们很可能是一个词。这样，分词的准确率就会更高。该方法主要通过统计相邻字出现的频率来衡量词的可信度，能够更好地处理歧义问题和未登录词问题。

虽然基于统计的方法有很多优点，比如适应性强，可以解决复杂的语言问题，但同样存在一些缺点。它依靠大量的语料库进行分词，计算过程复杂，所以分词速度不可避免地会受到影响。

采用基于统计的分词方法时，首先建立统计模型，然后根据模型来划分语句、计算分词概率，最终完成分词任务。常见的基于统计的分词方法有N元语法(N-gram)模型和隐马尔可夫模型(hidden Markov model，HMM)。

(1) N元语法(N-gram)模型。N-gram模型是一种基于统计语言模型的算法，N表示N个词语，通过N个词语出现的概率判断句子的结构。设s为一连串按特定顺序排列的词，那么$s=\omega_1$，ω_2，ω_3，…，ω_i，s的概率就记为$P(\omega_1, \omega_2, \omega_3, \cdots, \omega_i)$。该模型基于马尔可夫假设，第$N$个词的出现只与前面$N-1$个词相关，而与其他任何词都不相关，整句出现的概率就是各个词出现概率的乘积。这些概率可以通过从语料中统计N个词同时出现的次数来计算[1]。

当$N=1$时，为一元语法模型(unigram model)，它把句子拆分成一个一个的字，此时$P(S)$的计算公式为

$$P(\omega_1, \omega_2, \omega_3, \cdots, \omega_i)=P(\omega_1)P(\omega_2)P(\omega_3)\cdots P(\omega_i)$$

当$N=2$时，为二元语法模型(Bi-gram)，即每个单词出现的概率只与前一个单词有关，此时$P(S)$的公式为

$$P(\omega_1, \omega_2, \omega_3, \cdots, \omega_i)=(\omega_1)(\omega_2|\omega_1)(\omega_3|\omega_2)\cdots(\omega_i|\omega_{i-1})$$

当$N=3$时，为三元语法模型(Tri-gram)，即每个单词出现的概率只与前两个词(N^-1)和(N^-2)有关，$P(S)$的计算公式为

$$P(\omega_1, \omega_2, \omega_3, \cdots, \omega_i)=P(\omega_1)P(\omega_2|\omega_1)P(\omega_3|\omega_2|\omega_1)\cdots P(\omega_i|\omega_{i-1}|\omega_{i-2})$$

实践中，研究者常用的是Bi-gram(二元语法模型)和Tri-gram(三元语法模型)。

条件概率是指计算某个随机事件在给定的其他事件已经发生时的发生概率[2]。在这里，条件概率也就是N-gram的模型参数，N-gram的模型参数可表示为

---

[1] Bird S，Klein E，Loper E. Natural language processing with Python：analyzing text with the natural language toolkit[M]. "O'Reilly Media，Inc."，2009.

[2] Gupta P，Pagliardini M，Jaggi M. Better word embeddings by disentangling contextual n-gram information[J]. arXiv preprint arXiv：1904.05033，2019.

$$P(\omega_1|\omega_{i-n+1}, \cdots, \omega_{i-2}, \omega_{i-1})=\frac{P(\omega_{i-n+1}, \cdots, \omega_{i-1}, \omega_i)}{P(\omega_{i-n+1}, \cdots, \omega_{i-2}, \omega_{i-1})}$$

(2) 隐马尔可夫模型。隐马尔可夫模型是一种关于时序的概率模型，它描述了一个隐藏的马尔可夫链生成一个不可观测的状态序列，然后根据这些状态生成一个可观测的随机序列的过程。在这个过程中，隐藏的马尔可夫链生成的序列被称为状态序列，而每个状态又生成一个观测，由此形成的观测序列也称为点数，可以将序列中的每个位置看作一个时刻。

换句话说，隐马尔可夫模型用来描述一个系统的状态随时间的变化，但研究者无法直接观测到这些状态，只能通过系统产生的观测序列来推断隐藏的状态序列。这种模型被用于很多应用中，比如语音识别、自然语言处理等，因为它能够对复杂的时序数据进行建模和分析。

隐马尔可夫模型由一个五元组构成，即状态值集合(StatusSet)、观察值集合(Observed Set)、初始状态分布(InitStatus)、转移概率矩阵(TransProbMatrix)、发射概率矩阵(EmitProbMatrix)[1]。

① 状态值集合。状态值集合为(B，M，E，S)。每个状态代表该字在词语中的位置，B(begin)表示该字是词语中的起始字，M(middle)表示该字为词语中的中间字，E(end)表示该字是词语中的结束字，S(single)表示单字成词。

② 观察值集合。观察值集合就是所有待分析汉字，包括标点符号组成的集合。在隐马尔可夫模型分词过程中，研究者输入的是观测值，输出的是状态值。

③ 初始状态分布。初始状态分布是指观察值集合中待分析的第一个字属于状态值集合(B，M，E，S)这四种状态的概率。默认的是，M和E不会出现在句首，即将其概率设置为0，在矩阵中为：−3.14e+100(需要取对数，方便转化为加法计算)。

④ 转移概率矩阵。转移概率矩阵表示假如前一个字的位置为A，那么后一个字的位置B属于(B，M，E，S)的概率各为多少。转移概率矩阵是一个4×4的矩阵，矩阵的横坐标和纵坐标顺序为BEMS × BEMS。矩阵含有约束条件，B后面只可能接M或者E，不可能接B或S；而M后面也只可能接M或者E，不可能接B或者S。

⑤ 发射概率分布。观察值取决于当前状态值。发射概率矩阵的行坐标和列坐标顺序是BEMS×汉字个数。

综合来看，使用隐马尔可夫模型解决的问题一般有两个特征：第一个特征是问题是基于序列的，如时间序列或状态序列；第二个特征是问题中有两类序列数据，一类序列数据是可以观测到的，即观测序列，而另一类序列数据不能被观察到，即隐藏状态序列，简称状态序列[2]。

---

[1]　李航. 统计学习方法[M].北京：清华大学出版社，2012.

[2]　李航. 统计学习方法[M].北京：清华大学出版社，2012.

3. 分词工具

在自然语言处理中，用于中文分词的工具有很多，相关软件有ROST、NLPIR (ICTCLAS)、FudanNLP等；在线应用有FudanNLP、Bosonnlp、NLPCN、SCWS、LTP等；程序源码有jieba、ICTCLAS、pynlpir、Stanford分词等。其中，使用jieba进行中文分词较为常见。一方面是因为jieba在准确性方面表现出色，它内置了大量的词典和规则，能够较好地处理中文文本中的歧义和未登录词问题；另一方面是因为它采用多种优化技术，分词高效快捷，适用于处理大规模文本数据。

1) jieba分词

jieba支持多种分词模式，包括精确模式、全模式、搜索引擎模式等，用户可以根据具体需求选择合适的分词模式。下面以句子“元宇宙是在虚拟的环境中搭建的‘现实世界’，人们利用数字分身在时间依然只能单向流动的世界中进行同步实时交互。”为例，演示不同分词模式的代码操作及效果。

(1) 精确模式。该模式可以把一段文本精确地切分成若干个中文单词，若干个中文单词之间经过组合，可以精确地还原为之前的文本。该模式适用于文本分析。使用精确模式进行分词时，需要设置参数cut_all为False。

```
import jieba
text ='元宇宙是在虚拟的环境中搭建的"现实世界"，人们利用数字分身在时间依然只能单向流
动的世界中进行同步实时交互。'
seg_list = jieba.cut(text, cut_all=False)
print('精确模式：', '/'.join(seg_list))
```

运行代码后，输出结果如下所示。

```
精确模式：元/宇宙/是/在/虚拟/的/环境/中/搭建/的/"/现实/世界/"/，/人们/利用/数字/
分身/在/时间/依然/只能/单向/流动/的/世界/中/进行/同步/实时/交互/。
```

(2) 全模式。该模式的特点是可以快速地将一段文本中所有可能的词语都扫描出来，文本会被尝试以所有可能的方式切分。这意味着一段文本可能会被切分成不同的模式，或者从不同的角度切分成不同的词语。然后，分词工具再将这些词语的信息组合起来。虽然全模式能够覆盖更多的可能性，但也可能会出现一些冗余，并且在一些情况下会导致歧义问题。

使用全模式分词，设置参数cut_all为True即可，分词工具会按照全模式的方式对文本进行分词处理。

```
import jieba
text ='元宇宙是在虚拟的环境中搭建的"现实世界"，人们利用数字分身在时间依然只能单向流
动的世界中进行同步实时交互。'
seg_list = jieba.cut(text, cut_all=True)
print('全模式：', '/'.join(seg_list))
```

运行代码后，输出结果如下所示。

```
全模式：元/宇宙/是/在/虚拟/的/环境/中/搭建/的/"/现实/世界/"，/人们/利用/数字/分身
/在/时间/依然/只能/单向/流动/的/世界/中/进行/行同/同步/实时/交互/。
```

(3) 搜索引擎模式。该模式在精确模式的基础上做了一些额外处理，主要是针对长词语。在搜索引擎模式下，分词工具会对已经切分的较长词语再次进行细分，以适应搜索引擎等应用的需求。

```
import jieba
text ='元宇宙是在虚拟的环境中搭建的"现实世界"，人们利用数字分身在时间依然只能单向流
动的世界中进行同步实时交互。'
seg_list = jieba.cut_for_search(text)
print('搜索引擎模式：', '/'.join(seg_list))
```

运行代码后，输出结果如下所示。

```
搜索引擎模式：元/宇宙/是/在/虚拟/的/环境/中/搭建/的/"/现实/世界/"/，/人们/利用/数
字/分身/在/时间/依然/只能/单向/流动/的/世界/中/进行/同步/实时/交互/。
```

除了上述3种模式，用户还可以控制是否使用隐马尔可夫模型识别新词。在中文分词中，隐马尔可夫模型用于控制是否识别新词，新词即词典中不存在的词。当将隐马尔可夫模型参数设置为True时，分词工具会利用隐马尔可夫模型来识别新词，即使这些词语在词典中没有出现过。隐马尔可夫模型通过分析文本中的上下文和字词之间的关系，尝试推断出可能的新词。

通过隐马尔可夫模型识别新词后再进行分词，隐马尔可夫模型默认为True，所以可以不设置。

```
import jieba
text = '元宇宙是在虚拟的环境中搭建的"现实世界"，人们利用数字分身在时间依然只能单向流
动的世界中进行同步实时交互。'
seg_list = jieba.cut(text, HMM=True)
print('分词结果：', '/'.join(seg_list))
```

运行代码后，输出结果如下所示。

```
分词结果：元/宇宙/是/在/虚拟/的/环境/中/搭建/的/"/现实/世界/"/，/人们/利用/数字/
分身/在/时间/依然/只能/单向/流动/的/世界/中/进行/同步/实时/交互/。
```

2) 调整词典

用户可以生成一个自定义词典，包含jieba分词自带字典中没有的词语，并将其添加到程序中。比如上文中“元宇宙”“数字分身”，未加载自定义字典时，使用精确

模式分词后，用户得到的结果是“元/宇宙”“数字/分身”，这样的结果不够准确。使用自定义词典，引用load_userdict()函数导入词典，用户就可以得到更为准确的结果。

通过输入自定义新词，比如“元宇宙”“数字分身”来建立“用户词典”。引用函数load_userdict()来加载自定义用户词典，用户词典与Python文件存放在同一个文件夹中。

```
import jieba
jieba.load_userdict("用户词典.txt")
```

继续运行代码，加载用户词典后再进行分词。

```
text ='元宇宙是在虚拟的环境中搭建的"现实世界"，人们利用数字分身在时间依然只能单向流动的世界中进行同步实时交互。'
seg_list = jieba.cut(text, cut_all=False)
print('精确模式：', '/'.join(seg_list))
```

运行代码后，输出结果如下所示。

```
精确模式：元宇宙/是/在/虚拟/的/环境/中/搭建/的/"/现实/世界/"/，/人们/利用/数字分身/在/时间/依然/只能/单向/流动/的/世界/中/进行/同步/实时/交互/。
```

3) 整篇文档进行jieba分词

用户将需要分词的文档命名为“元宇宙数据.txt”，并在同路径文件夹中建立“结果”文本文件。

引用函数load_userdict()来加载自定义词典。

```
import jieba
jieba.load_userdict('用户词典.txt')
```

读取文件，通过UTF-8进行解码。

```
fR = open('元宇宙数据.txt', 'r', encoding='UTF-8')
```

使用jieba分词，将中文文档输出结果保存在该“结果”文件中。

```
sent = fR.read()
sent_list =jieba.cut(sent, cut_all=False)
fW = open('结果.txt', 'w', encoding='UTF-8')
fW.write(' '.join(sent_list))
fR.close()
fW.close()
```

4) 其他分词方式

除以上分词方式，用户也可使用在线工具和软件等来进行文本分析。下面介绍两种常见的分词方式。

(1) 在线工具(LTP)。用户可以使用在线工具进行文本分析。输入网址http://ltp.ai/demo.html，导入需要分析的文本内容，单击“分析”，选择“篇章视图”，就可以进行分词、词性标注等操作，如图2-4所示。

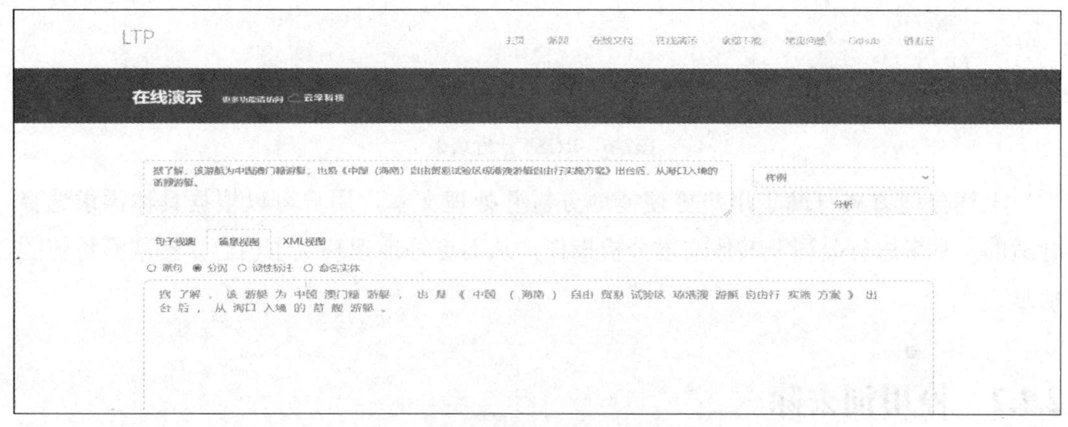

图2-4　使用在线工具(LTP)进行分词

(2) ROST软件。ROST是一款专注于新闻分析的应用软件，它集成诸多功能，可以用于词频分析、网站分析、聊天记录分析、微博分析等。如图2-5所示，在使用ROST软件时，用户需要导入待处理的文件，然后单击“分析”，在相应的文件夹下就会出现包含分词在内的各种处理结果，如图2-6所示。

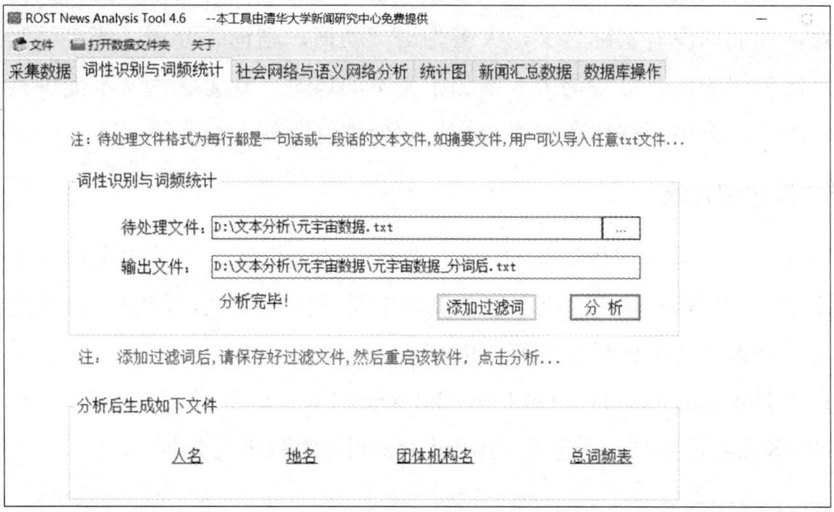

图2-5　ROST软件分析界面

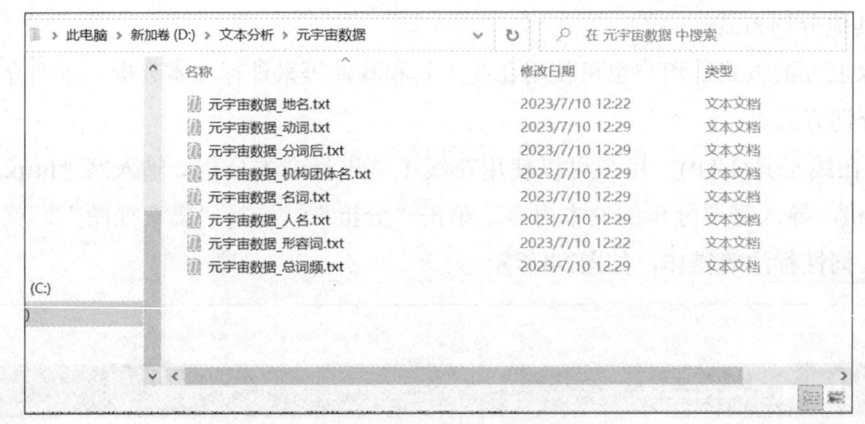

图2-6 ROST分析结果

上述分词方式有助于用户更便捷地分析并处理文本，用户可以根据具体需求选择合适的工具来进行分词及其他文本分析操作，从而更好地理解文本内容，提取有价值的信息。

2.2.2 停用词去除

对海量文本进行结构化处理的一个重要目的是减少冗余信息，从而节省计算机的存储空间，降低后续算法的复杂度。在人们的日常语言中，有一些词汇被广泛使用，这些词在许多篇章、句子中都会频繁出现(比如中文的“的”“地”“得”和英文的“a”“the”等)，这些词被称为停用词。

停用词大致分为两类：一类是人类语言中包含的功能词，这些功能词极其普遍，与其他词相比，功能词没有实际含义，大多为语气助词、副词、介词、连接词等；另一类是被人们广泛使用的词，这些词大大增加了文本的体量，却无法为文本提供具有区分效度的信息。因此，停用词往往在文本结构化预处理阶段就会被去除。

1. 英文停用词去除

在英语文本中，常见的停用词有“a”“the”“or”等。为了去除这些停用词，用户通常使用哈工大停用词表[1]，该表包含英语中常见的停用词，用户可以在文本处理过程中去除这些频繁出现但信息价值有限的词汇。

例如：“This song is very nice! I loved it when I was a kid.”。

利用NLTK去除停用词，首先引用word_tokenize函数进行分词[2]。

---

[1] 哈工大停用词表是由哈尔滨工业大学自然语言处理实验室发布的一个停用词表，旨在提供一份中文常用词汇表。该词表包含一些语言中没有实际含义的词汇，如“的”“了”“着”等。这些词语在文本分析过程中往往会对分析结果产生较大的干扰，因此通常会被排除在外。哈工大中文停用词库涵盖近800个中文常用词汇，采用现代语料库的统计方法进行筛选。

[2] 代码参考https://blog.csdn.net/sk_berry/article/details/105240317

```
from nltk import word_tokenize
from nltk.corpus import stopwords
paragraph = "This song is very nice! I loved it when I was a
kid.".lower()
words1 = word_tokenize(paragraph)
print('【NLTK分词结果：】')
print(words1)
```

其次，去除标点符号。

```
interpunctuations = [', ', '.', ': ', '; ', '?', '(', ')', '[', ']', '&', '
!', '*', '@', '#', '$', '%']
words2 = [word for word in words1 if word not in interpunctuations]
print('【NLTK分词后去除符号结果：】')
print(words2)
```

最后，设定停用词并去除。

```
stops = set(stopwords.words("english"))
words3 = [word for word in words2 if word not in stops]
print('【NLTK分词后去除停用词结果：】')
print(words3)
```

运行代码后，输出结果如下所示。

```
【NLTK分词结果：】
['this', 'song', 'is', 'very', 'nice', '!', 'i', 'loved', 'it', 'when', 'i',
'was', 'a', 'kid', '.']
【NLTK分词后去除符号结果：】
['this', 'song', 'is', 'very', 'nice', 'i', 'loved', 'it', 'when', 'i',
'was', 'a', 'kid']
【NLTK分词后去除停用词结果：】
['song', 'nice', 'loved', 'kid']
```

2. 中文停用词除去

当用户利用jieba进行中文分词时，句子中出现的词语都会被进行分词处理，而有些词语是没有实际意义的，在后续的关键词提取环节中，会增加工作量。比如“的”“了”“和”“是”“在”“有”“一”“我们”“他”“那些”等，这些词出现的频率很高，但在文本分析中通常没有实际意义，可能导致提取的关键词无效。所以在分词处理以后，可以引入停用词优化分词结果。常见的中文停用词表可以在网上下载，例如哈工大停用词表。

在Python中，可以将中文停用词存储在一个列表中，然后在分词后通过遍历文本并去除列表中的停用词来优化结果，从而减少无效词语的影响。

导入jieba库，加载中文停用词表“stopwords.txt”(这里采用哈工大停用词表)。

```
import jieba
stopwords_path = 'stopwords.txt'
with open(stopwords_path, 'r', encoding='utf-8') as f:
    stopwords = [line.strip() for line in f.readlines()]
```

使用jieba的精确模式进行分词并去除停用词。

```
text = '互联网是在网上建立起一个巨大的虚拟场景，关键在于如何对人进行连接，把全球所有人都链接起来，形成在地球之外的第二个世界。'
words = jieba.cut(text, cut_all=False)
clean_words = [word for word in words if word not in stopwords]
print(clean_words)
```

运行代码后，输出结果如下所示。

```
['互联网', '网上', '建立', '虚拟', '场景', '关键在于', '对人', '连接', '全球', '所有人', '链接', '地球', '之外', '第二个', '世界']
```

2.2.3 词干提取

词干提取(stemming)是一种文本预处理技术，旨在从单词中去除词缀，使得单词的基础形式(词干)可以被识别为同一单词的变体。这样做有助于将词语标准化，不必考虑词形变化[1]。例如，英文单词可能会有单复数的变形、将来时和过去时的变形，但在计算相关性时，应该将它们视为同一个单词。在这种情况下，“book”和“books”，“doing”和“done”都可以看作同一个词。提取词干的目的就是将词语还原成基础形式。

1. 英文

对于英文单词，常用的词干提取算法是Porter stemming，用户可通过NLTK导入Porter stemmer[2]。

[1] Sarkar D. Text analytics with python[M]. New York，NY，USA：Apress，2016.

[2] 代码参考https://blog.csdn.net/qq_33578950/article/details/130016376

```
import nltk
from nltk.stem import PorterStemmer
stemmer = PorterStemmer()
word_list = ['running', 'runner', 'ran', 'runs']
for word in word_list:
    print(f"Stemming '{word}' results in '{stemmer.stem(word)}'")
```

运行代码后，输出结果如下所示。

```
Stemming 'running' results in 'run'
Stemming 'runner' results in 'run'
Stemming 'ran' results in 'run'
Stemming 'runs' results in 'run'
```

Porter stemmer将所有单词都转换为它们的词干，但这并不总是符合语法规则，因为它只是应用了一些简单的规则和规律。在某些情况下，Porter stemmer可能会将不同的单词转换为相同的词干，或将相同的单词转换为不同的词干。因此，在提取词干时，需根据特定的应用场景和数据集来决定是否使用Porter stemmer。

2. 中文

中文的分词可以看作提取词干的过程。中文分词将句子划分为词语的序列，这些词语是语言中能够独立运用的最小语言单位。为了实现这一目标，用户通常会使用一些开源的中文分词工具，比如jieba分词、中科院的NLPIR等。这些工具能够根据中文语法规则和语料库来切分文本，实现较好的分词效果。

2.2.4 词形还原

词形还原(lemmatization)是指去除词缀以获得单词的原始形式，这个原始形式称为词元(lemma)或基本形式(base form)。与词干提取不同，词形还原会考虑单词的上下文语境和词性，因此得到的结果更加准确。词形还原的过程比词干提取更复杂，因为它涉及一个附加步骤，当且仅当该词元存在于词典中时，才能通过去除词缀形成单词的基本形式或词元。

以单词“running”为例，它是动词“run”的现在进行时态。在词形还原过程中，先去除词缀“ning”，将这个单词转换为它的词元或基本形式，即“run”，以使其更加准确地表示这个单词的本义。再以“better”为例，它是形容词“good”的比较级形式。通过词形还原，先去除词缀“er”，将其还原为基本形式“good”，以使其更加准确地表示这个单词的原始含义。

在Python的nltk模块中，WordNet提供了稳健的词形还原函数，用户可通过nltk中的word_tokenize函数将文本转换为单词列表。

```
import nltk
from nltk.stem import WordNetLemmatizer
nltk.download('wordnet')
wordnet_lemmatizer = WordNetLemmatizer()
text = "This song is very nice! I loved it when I was a kid."
tokens = nltk.word_tokenize(text)
result = []
```

根据每个单词的词性和上下文语境，将单词还原为它们的原始形式。

```
for token in tokens:
    result.append(wordnet_lemmatizer.lemmatize(token, pos='v'))
print(result)
```

运行代码后，输出结果如下所示。

```
['This', 'song', 'be', 'very', 'nice', '!', 'I', 'love', 'it', 'when', 'I',
'be', 'a', 'kid', '.']
```

在实际应用中，词形还原通常与停用词去除、词干提取等技术结合使用，以提高文本预处理的效果。

在中文中，词形变化比英文少，但是词语之间的组合方式比较灵活，同一个词可能会有多种不同的形态。中文的词形还原与英文略有不同，它通常指的是将词语的不同形态转换为它的原始形态。例如，将“吃饭了”和“吃了饭”都还原为“吃饭”。

2.2.5 词性标注

序列标注(sequence labeling)是指给定一个输入序列，使用模型为每个位置标注一个相应的标签，实现序列到序列的转换。这个步骤在自然语言处理中非常基础且常见，其子任务包括分词、命名实体识别和词性标注等[1]。其中，词性标注在自然语言处理中也属于基础性模块，为句法分析、信息抽取等工作打下基础。一般情况下，需要先对语句进行分词，然后再进行词性标注。

在词性标注过程中，会出现以下几个问题：一是一词多词性。统计发现，有些词在不同语境下可能具有不同的词性，这种现象称为“一词多词性”，其概率高达22.5%，而且常用的词往往更容易出现一词多词性现象。二是词性划分标准不统一。由于中文的词性较为复杂，目前还没有统一的词性标注规范，当前较为主流的是北大计算所词性标注集。三是未登录词问题。与分词类似，未登录词的词性标注也是一个较大的挑战。用

---

[1] 姚茂建，李晗静，吕会华，等. 基于BI_LSTM_CRF神经网络的序列标注中文分词方法[J]. 现代电子技术，2019，42(1)：95-99.

户无法通过查字典的方式获取未登录词的词性，可以采用基于统计的算法，例如隐马尔可夫模型等来解决。

1. 英文词性标注

NLTK英文词性标注如表2-1所示。

表2-1　NLTK英文词性标注

英文简写	英文全称	中文解释
CC	Coordinating Conjunctions	并列连词
CD	Cardinal Numbers	基数词
DT	Determiners	限定词(例如：the，a，an，this，every，each)
EX	Existence There	存在词汇there
FW	Foreign Words	外来语/词
IN	Prepositions and Subordinating Conjunctions	介词和从属连词
JJ	Adjectives	形容词
JJR	Comparative Adjectives	形容词比较级
JJS	Superlative Adjectives	形容词最高级
LS	List Item Markers	列表项标记(例如：1.，2.，a.)
MD	Modal Verbs	情态动词
NN	Common Nouns(singular or mass)	普通名词(单数或复数)
NNS	Common Nouns (plural)	普通名词(复数)
NNP	Proper Nouns (singular)	专有名词(单数)
NNPS	Proper Nouns (plural)	专有名词(复数)
PDT	Predeterminers	前置限定词(例如：both，all)
POS	Possessive Endings 's	以's结束的词(例如：he's，it's)
PRP	Personal Pronouns	人称代词(例如：i，me，my，you)
PRP$	Possessive Pronouns	物主代词
RB	Adverbs	副词
RBR	Comparative Adverbs	程度副词
RBS	Superlative Adverbs	副词最高级
RP	Particles	小品词
SYM	Symbols	符号
TO	to	单词to
UH	Interjection	感叹词
VB	Verbs (base form)	动词原形
VBD	Verbs (past tense)	动词(过去时态)
VBG	Verbs (gerund or present participle)	动词(动名词或现在分词)
VBN	Verbs (past participle)	动词(过去分词)
VBP	Verbs (non 3rd person singular present)	动词(非第三人称单数)
VBZ	Verbs (3rd person singular present)	动词(第三人称单数)

(续表)

英文简写	英文全称	中文解释
WDT	Wh-determiner	Wh开头的限定词
WP$	Possessive wh-pronoun	Wh开头代词的所有格
WRB	Wh-adverb	Wh开头的副词
#	Pound sign	英镑符
$	Dollar mark	美元符
“	Left hand side double or single quotations	左边是双引号或单引号
”	Right hand side double or single quotations	右边是双引号或单引号
,	Non-full stop break punctuation marks for the sentence	逗号
(	or LRB Left hand side brackets	左括号
)	or RRB Right hand side brackets	右括号
.	Full stop marks of sentences，including . (full stop)，? (question mark)，! (exclamation point).	句子结束符(包含英文句号，问号，感叹号)
:	Colon：and semi-colon；	冒号和分号

使用NLTK包的pos_tag(part-of-speech tagging)可以对已经进行分词、停用词去除的文本进行词性标注。以语句“what a fantastic song! ”为例，通过NLTK导入pos_tag函数，根据分词结果进行词性标注。

```
from nltk.tag import pos_tag
from nltk.tokenize import word_tokenize
text = ('what a fantastic song')
cutwords=word_tokenize(text)
print(cutwords)
print(pos_tag(cutwords))
```

运行代码后，输出结果如下所示。

```
['what', 'a', 'fantastic', 'song']
[('what', 'WP'), ('a', 'DT'), ('fantastic', 'JJ'), ('song', 'NN')]
```

2. 中文词性标注

中文词性标注表(以北大计算所词性标准集为例)如表2-2所示。

表2-2　北大计算所词性标注集

词性编码	词性名称	注解
Ag	形语素	形容词语素。形容词代码为a，语素代码为g，前面置以A
a	形容词	取英语形容词(adjective)的第一个字母
ad	副形词	直接作状语的形容词。形容词代码a和副词代码d合并在一起
an	名形词	具有名词功能的形容词。形容词代码a和名词代码n合并在一起
b	区别词	取汉字“别”的声母

(续表)

词性编码	词性名称	注解
c	连词	取英语连词(conjunction)的第一个字母
Dg	副语素	副词性语素。副词代码为d，语素代码为g，前面置以D
d	副词	取adverb的第二个字母，因其第一个字母已用于形容词
e	叹词	取英语叹词(exclamation)的第一个字母
F	方位词	取汉字“方”的声母
g	语素	绝大多数语素都能作为合成词的“词根”，取汉字“根”的声母
h	前接成分	取英语head的第一个字母
i	成语	取英语成语(idiom)的第一个字母
j	简称略语	取汉字“简”的声母
k	后接成分	
l	习用语	习用语尚未成为成语，有“临时性”，取“临”的声母
m	数词	取英语numeral的第三个字母，n、u已有他用
Ng	名语素	名词性语素。名词代码为n，语素代码为g，前面置以N
n	名词	取英语名词(noun)的第一个字母
nr	人名	名词代码n和人(ren)的声母合并在一起
ns	地名	名词代码n和处所词代码s合并在一起
nt	机构团体	名词代码n和“团”的声母t合并在一起
nz	其他专名	名词代码n和“专”的声母z合并在一起
o	拟声词	取英语拟声词(onomatopoeia)的第一个字母
p	介词	取英语介词(prepositional)的第一个字母
q	量词	取英语quantity的第一个字母
r	代词	取英语代词(pronoun)的第二个字母，因p已用于介词
s	处所词	取英语space的第一个字母
Tg	时语素	时间词性语素。时间词代码为t，在语素代码g前面置以T
t	时间词	取英语time的第一个字母
u	助词	取英语助词(auxiliary)的第二个字母
Vg	动语素	动词性语素。动词代码为V，在语素代码g前面置以V
v	动词	取英语动词(verb)的第一个字母
Vd	副动词	直接作状语的动词。动词和副词的代码合并在一起
Vn	名动词	具有名词功能的动词。动词和名词的代码合并在一起
W	标点符号	
x	非语素字	非语素字只是一个符号，字母x通常用于代表未知数和符号
y	语气词	取汉字“语”的声母
z	状态词	取汉字“状”的声母的首字母
Un	未知词	不可识别词及用户自定义词组。取英文Unknown前两个字母

一些常用工具如LTP、NLPIR和ROST都能完成中文词性标注的任务，这里不再赘述。现在，本节将重点介绍使用Python进行词性标注的方法。

jieba进行词性标注是基于规则和统计相结合的方法，在词性标注的过程中，词典匹配和HMM共同作用。具体来说，Jieba首先定义了一系列词性规则，然后运用这些规则对分词结果进行标注。如果一个词符合某个规则的特征，那么这个词就会被赋予相应的词性标签。

在Python中，用户可以使用jieba的pseg.cut函数命令来实现词性标注，无须额外编写命令[1]。

```
import jieba.posseg as pseg
sent="学生去教室上课。"
seg_list=pseg.cut(sent)
print(' '.join(['{0}/{1}'.format(w, t) for w, t in seg_list]))
```

运行代码后，输出结果如下所示。

```
学生/n 去/v 教室/n 上课/v 。/x
```

可以看到，例句中的“。”被标注为“x”，因为句号属于标点符号，所以会被标注为未知词性。为了尽可能地保证标注结果的准确性，用户需要不断完善词典。

2.2.6 词频统计与词云图制作

1. 词频统计

词频是指一个词在文本或者文件集中出现的次数。词频分析是通过统计一个词在文本中出现的频次，从而确定热点和变化趋势的一种方法。对文章进行词频统计，可以分析文章所属类型、是否满足特定要求等。在统计词频之前，通常需要对分词结果开展一些清理工作，例如停用词去除、词形还原。清理完成，用户就可以对剩余的词语做词频统计了。Counter是Python中collections库中的一个函数，可以用于统计列表元素出现的频率。用户可以调用内置collections库，使用其中的collections.Counter()函数进行词频统计。

```
import collections
songs = "I don't know what your dream is . I don't care how disappointing
it might have been "
word_list = songs.split()
print(dict(collections.Counter(word_list)))
```

运行代码后，输出结果如下所示。

[1] 代码参考https://blog.csdn.net/u013510838/article/details/81907121

```
{'I': 2, "don't": 2, 'know': 1, 'what': 1, 'your': 1, 'dream': 1, 'is':
1, '.': 1, 'care': 1, 'how': 1, 'disappointing': 1, 'it': 1, 'might':
1, 'have': 1, 'been': 1}
```

2. 词云图制作

得到词频信息之后，词云可对这类数据进行可视化。“词云”这一概念是由美国西北大学新闻学副教授、新媒体专业主任里奇·戈登(Rich Gordon)提出的，它是指一种可视化描绘单词或词语出现在文本中的频率的方式。它将单词或词语随机分布在词云图上，出现频率较高的单词或词语会以较大的字号显示，而出现频率较低的单词或词语则会以较小的字号显示。词云主要用于观察社交媒体网站上的热门话题或搜索关键字，通过视觉上的突出，形成“关键词云层”或“关键词渲染”，过滤掉大量文本信息，使浏览者对文本主旨一目了然。

在使用Python制作词云图时需要用到wordcloud库，这个库提供了丰富的参数，用户可以定制化地创建词云图，以满足不同需求。wordcloud库常用的参数如表2-3所示。

表2-3　wordcloud库常用的参数

参数	作用
font_path	字体路径。字体存于C:\Windows\Fonts目录。比如，中文可以使用黑体，其路径表示为“C:\Windows\Fonts\simhei.ttf”
width，height	画布的宽度和高度，单位为像素。若用户没设置mask值，使用默认值400×200
mask	mask：nd-array or none(default=none)，用于设定绘制模板
max_words	词云图中最多显示词的字数，可以设定一个值，让那些出现次数较少的词不显示
background_color	词云图背景色，默认为黑色，可根据需要调整
mode	当用户将其设置为“RGBA”且将background_color设置为“none”时可产生透明背景
max_font_size	字号最大值
min_font_size	字号最小值
scale	比例尺，用于放大画布的尺寸，一般使用默认值
margin	词间距，默认值为2

wordcloud库是专门用于根据文本生成词云的Python第三方库，关于该库的详细介绍可以访问https://amueller.github.io/word_cloud/。

在生成词云时，wordcloud默认会以空格或标点作为分隔符，对目标文本进行分词处理。因此，对于英文文本无须分词，可直接调用wordcloud库函数，并根据需要设置wordcloud参数(此处是英文文本，选择的字体路径是Anonymous.ttf)[1]。

[1]　代码参考https://blog.csdn.net/weixin_47282404/article/details/119916124

```
from wordcloud import WordCloud
txt =r"I like python. I am learning python. "
wc = WordCloud(font_path=r" C: \Windows\Fonts\ Anonymous.ttf ",
background_color="black")
wc.generate(txt)
wc.to_file(r"testcloud.png")
```

运行代码，得到的结果如图2-7所示。

图 2-7　调用wordcloud库函数生成词云图

词云图在科研中是比较常用的工具，用来可视化一些关键词信息等。用户除了可以使用Python绘制词云图之外，还可以使用其他简单方便的小工具，关于小工具的详细介绍，读者可扫描右侧二维码获取。

词云图小工具介绍

2.3　文本关键词提取

关键词在文本聚类、分类、摘要等应用中发挥着重要作用。关键词提取的目的是表达主旨，方便用户快速了解文本的核心主题。举例来说，新闻关键词标签可以帮助观众快速了解新闻主题；淘宝评论标签可以帮助买家快速了解产品评价；将某段时间多个博主的微博内容合并成一篇长文本并提取关键词，可以帮助研究者确定热点话题。

2.3.1　关键词提取方法的分类

关键词提取分为无监督和有监督两类。无监督关键词提取方法主要有基于统计特征的关键词提取(如TF、TF-IDF)、基于词图模型的关键词提取(如PageRank、TextRank)以及基于主题模型的关键词提取(如LDA)。有监督关键词提取方法主要有二分类模型、LTR(Learn to Rank)、Encoder-Decoder等。

无监督方法不需要人工标注，因此更快捷，但效果可能不如有监督方法精确；而有监督方法可以通过训练学习，调整多种信息对关键词判断的影响程度，效果更优，但人工成本高昂。目前，文本关键词提取主要采用适用性较强的无监督方法。

2.3.2 关键词提取算法

本节主要介绍三种无监督关键词提取算法，即TF-IDF、TextRank和主题模型算法。

1. TF-IDF算法

美国康奈尔大学教授杰拉德·索尔顿(Gerard Salton)在1971年发表文章*The SMART retrieval system—experiments in automatic document processing*，文中对TF-IDF及其变种的描述成为后续很多研究的参考。

TF-IDF即词频-逆文档频率，由词频(term frequency，TF)和逆文档频率(inverse document frequency，IDF)两部分组成。词频是指某个词在某篇文档中出现的频率，这个词出现的次数越多，词频就越高，其表达式为[1]

$$\text{词频(TF)}=\frac{\text{词}w\text{在文档中出现的次数}}{\text{文档的总词数}}$$

逆文档频率(IDF)是与词频(TF)相关联的权重，用于衡量词语的普遍重要性。简单来说，如果一个词只在小部分文档中出现，它的权重更大，因为它能更好地代表文章的主旨；如果一个词在大部分文档中都存在，它的权重就小，因为它缺乏代表性，不能准确地反映文章主旨。逆文档频率的表达式为

$$\text{逆文档频率(IDF)}=\log\left(\frac{\text{语料库的文档总数}}{\text{包含词}w\text{的文档数}+1}\right)$$

当一个词语在一篇文档中出现频率较高，且在其他文档中很少出现时，该词的TF-IDF值较高，因此被认为能较好地代表当前文档的主旨[2]。通过计算TF-IDF，用户可以根据词语的重要性对文本进行特征提取，从而在文本挖掘和信息检索中起到关键作用。TF-IDF的表达式为

$$\text{TF-IDF}=\text{TF}\times\text{IDF}$$

1) TF-IDF提取关键词的基本步骤

(1) 对待分析文本进行预处理操作，包括分词、停用词去除、词性标注等。

(2) 计算某一文档D_j中某一词语t_i的TF值。

(3) 计算词语t_i在整个语料中的IDF值。

(4) 根据TF值和IDF值得到词语t_i的TF-IDF值，并重复(2)～(4)步得到其他的TF-IDF值。

(5) 对关键词进行降序排列，将排序靠前的几个词作为关键词。

---

[1] Salton G. The SMART retrieval system—experiments in automatic document processing[M]. Prentice-Hall，Inc.，1971.

[2] Liu J，Shang J，Wang C，et al. Mining quality phrases from massive text corpora[C]//Proceedings of the 2015 ACM SIGMOD international conference on management of data，2015：1729-1744.

2) TF-IDF代码实现

使用jieba实现TF-IDF算法，设置关键词提取数量(这里设置的是提取前5个)[1]。

```
import jieba.analyse
jieba.load_userdict('用户词典.txt')
filename = "元宇宙数据.txt"
data = open(filename, 'rt', encoding='utf-8').read()
keywords =jieba.analyse.extract_tags(data, topK=5, withWeight=True,
allowPOS=())
print(keywords)
```

运行代码后，输出结果如下所示。

```
[('消博会', 0.5117379668304399),
('元宇宙', 0.3297866897351724),
('微博', 0.1847942657998811),
('海南', 0.17765406357251842),
 ('首届', 0.0954225629315957)]
```

TF-IDF在关键词提取过程中倾向于过滤掉常用词语，保留相对重要的词语。它实际上只考虑了词语的出现频次和出现的文档数量这两个方面，对文档内容的利用程度相对较低。如果能够利用更多信息进行关键词提取，将有助于提升关键词提取的效果。在实际应用中，用户可以结合实际情况调整算法，或者选择其他更适合特定任务的提取方法。

2. TextRank算法

TextRank算法是一种基于图的用于文本的排序算法，由谷歌的网页重要性排序算法——PageRank算法改进而来。TextRank利用文本词语间的共现信息(语义关系)来抽取关键词，并能够自动抽取文本的关键句子来生成文本摘要。TextRank算法的基本思想是将文本看作一个词的网络，该网络中的链接代表词与词之间的语义关系，TextRank算法将文本中的词视为网络上的节点，根据词与词之间的共现关系计算每个词的重要性。类似于PageRank算法中的有向边，TextRank算法将有向边改为无向边，从而更适用于解决文本的排序问题。TextRank算法公式为[2]

$$\mathrm{WS}(V_i)=(1-d)+d\times\sum_{V_j\in \mathrm{In} V_I}\frac{W_{ji}}{\sum\limits_{V_k\in \mathrm{Out}(V_j)} w_j k}\mathrm{WS}(V_j)$$

式中：$\mathrm{WS}(V_i)$表示句子i的权重；$\sum$表示每个相邻句子对本句子的贡献程度；W_{ji}表示两个句子的相似度；$\mathrm{WS}(V_j)$表示上次迭代出的句子j的权重；d是一个阻尼因子，可以设置

[1] 代码参考https://blog.csdn.net/u013069552/article/details/113181821

[2] Mihalcea R，Tarau P. Textrank：Bringing order into text[C]//Proceedings of the 2004 conference on empirical methods in natural language processing，2004：404-411.

为 0 和 1 之间的数值(表示某个词连接到其他词的概率)，一般为0.85。

1) TextRank算法提取关键词的基本步骤

(1) 对待分析文本进行预处理，包括分句、分词、停用词去除、词性标注等，保留名词、动词、形容词等特定词性的词作为候选关键词。

(2) 构建候选关键词图G=(V，E)，其中V为节点集，由候选关键词组成，并采用共现关系构造任意两点之间的边，当两个节点对应的候选关键词在长度为K的窗口中共现时才存在边，K表示窗口大小，即最多共现K个词汇。

(3) 根据公式迭代计算各节点的权重，直至收敛。

(4) 对节点权重进行降序排列，得到排名靠前的几个词作为关键词。

2) TextRank代码实现

用户需要提前在Pycharm中安装textrank4zh模块的工具包，还需要将networkx降级到3.0以下，具体操作方式是在cmd运行“pip install networkx==2.8”。TextRank提取关键词需要引用TextRank4Keyword函数[1]。

```
import codecs
from textrank4zh import TextRank4Keyword, TextRank4Sentence
import jieba
jieba.load_userdict('用户词典.txt')
text = codecs.open('元宇宙数据.txt', 'r', 'utf-8').read()
tr4w = TextRank4Keyword()
tr4w.analyze(text)
print('关键词：')
```

设置关键词提取数量，假设提取5个关键词，关键词最少为两个字。

```
for item in tr4w.get_keywords(num=5, word_min_len=2):
    print(item.word, item.weight)
    print()
```

运行代码后，输出结果如下所示。

```
关键词：
海南 0.01713529736081056
展品 0.007701340896115365
全球 0.005231617953375919
世界 0.005094745976953574
企业 0.004755010561807716
```

3. 主题模型算法

主题模型作为一种深度挖掘文本内在信息的建模方法，扮演着揭示文本内涵的关

[1]　代码参考https://blog.csdn.net/chengting0903/article/details/99623807

键角色，可帮助用户更全面、深入地理解文本内容。主题模型采用无监督机器学习技术，能够在文本的纷繁细节中寻找并呈现内在的语义结构。这些语义结构通常以在文档中出现相似单词和短语的形式出现，并且可以自动分组表示主题或呈现用户感兴趣的内容[1]。

主题建模和许多其他文本分析工具一样都是机器学习领域的产物。在机器学习领域，通常会有一类已知类型的案例和一类未知类型的案例[2]。研究者通常将已知类型的案例分为“训练集”和“测试集”，然后通过开发一个基于“训练集”的模型，对“测试集”进行预测并分类。以乔克斯和米蒙(Jockers & Mimno)在2013年的研究为例，他们使用监督主题模型(“监督”指的是基于已知类型的案例的模型)来识别19世纪匿名或使用笔名的小说作者的性别[3]。如今监督模型已经有了广泛的实际应用，比如网飞挑战，参赛者使用监督学习模型来提高网飞向用户推荐电影的能力[4]。

常见的主题模型算法包括潜在语义分析(latent semantic analysis，LSA)、概率潜在语义分析(probabilistic latent semantic analysis，PLSA)、潜在狄利克雷分配(latent Dirichlet allocation，LDA)等。本书主要介绍用LDA模型提取关键词的方法，LDA也称三层贝叶斯概率模型，包含词、主题和文档三层结构[5]，本书第5章将详细介绍其基本原理。

2.4 文本向量化

文本分析，顾名思义，就是对文本数据进行分析的过程，其核心任务是将文本数据量化。在自然语言处理中，文本数据通常是非结构化、杂乱无章的，而机器学习算法处理的数据往往需要有固定长度的输入和输出。因此，用户需要将文本数据转换为数值形式，比如向量。

文本向量化是指将文本表示成一系列能够表达文本语义的向量，也就是将信息数值化，从而便于分析。按照向量化的粒度，可以将其分为以字为单位、以词为单位和以句为单位的向量表达。文本向量化分为离散表示和分布式表示两种[6]。

---

[1] Atkinson-Abutridy J. Text Analytics：An Introduction to the Science and Applications of Unstructured Information Analysis[M]. CRC Press，2022.

[2] Alpaydin E. Introduction to machine learning[M]. MIT press，2020.

[3] Jockers M L，Mimno D. Significant themes in 19th-century literature[J]. Poetics，2013，41(6)：750-769.

[4] DiMaggio P. Adapting computational text analysis to social science (and vice versa)[J]. Big Data & Society，2015，2(2)：2053951715602908.

[5] Blei D M，Ng A Y，Jordan M I. Latent dirichlet allocation[J]. Journal of machine Learning research，2003，3(Jan)：993-1022.

[6] 肖刚，张良均. Python中文自然语言处理基础与实战[M]. 北京：人民邮电出版社，2022.

2.4.1　离散表示

离散表示是一种基于规则和统计的向量化方式，常用的方法有one-hot(独热表示)、词袋模型和TF-IDF。

1. one-hot

独热表示用一个长向量表示一个词，这个向量的维度是词表大小，它为每个类别创建一个新的二进制特征，对于每个样本，仅允许其中一个特征值为1(表示对应的类别存在)，而其余所有特征值均为0(表示对应类别不存在)。例如，如果一个特征是颜色，它有红、蓝、绿3个值，独热编码会将它们分别表示为[1，0，0]、[0，1，0]、[0，0，1]，这种编码方式能确保各个类别之间是相互独立且无序的。独热表示词向量构造简单，但面临数据稀疏性和维度灾难的问题。

以“小王喜欢读书，小红也喜欢”“小王也喜欢看电视”为例，我们对这两句话分词后构建字典，其中字典的键是词语，值是ID：{“小王”1，“喜欢”2，“读书”3，“小红”4，“也”5，“看”6，“电视”7}。

“小王”的独热表示就是[1，0，0，0，0，0，0]。

2. 词袋模型

词袋模型(bag of words，BOW)用一个向量表示一句话或者一个文本，不考虑文本中词与词之间的上下文关系，只考虑所有词的权重(与词在文本中出现的频次有关)，类似于将所有词装进一个袋子里，每个词都是独立的，不含语义信息[1]。

词袋模型每个维度上的数值代表对应的词出现在文本中的频次。词袋模型不考虑词的顺序，所以得到的向量不会遵循原有语句中词的顺序。

以“小王喜欢读书，小红也喜欢”“小王也喜欢看电视”为例，这两句话的向量表示为：[1，2，1，1，1，0，0] [1，1，0，0，1，1，1]。

独热表示与词袋模型的不同点在于，独热表示只考虑词是否在文本中出现，不考虑词频，而词袋模型需要考虑词频。

3. TF-IDF

TF-IDF用一个向量表示一句话或一个文本，实际上就是在词袋模型的基础上对词赋予TF-IDF的权值，表示该词在文本中的重要程度。

2.4.2　分布式表示

分布式表示(distributed representation)也称为词向量或词嵌入(word embedding)，

---

[1]　李航. 统计学习方法[M]. 北京：清华大学出版社，2012.

它是由杰弗里·辛顿(Geoffrey Hinton)于1986年在论文*Learning distributed representations of concepts*(《学习概念的分布式表示》)中提出的。分布式表示是指将词表示成一个定长的、连续的稠密向量[1]。常见的方法有基于矩阵、聚类和神经网络的分布表示。常用的模型有潜在语义分析(latent semantic analysis，LSA)模型、概率潜在语义分析(probabilistic latent semantic analysis，PLSA)模型、文档主题生成模型(主要为潜在狄利克雷分配，latent Dirichlet allocation，LDA)和Word2vec模型。本节重点介绍潜在语义分析模型和Word2vec模型。

1. 潜在语义分析模型

潜在语义分析是主题建模的基础技术之一，其核心思想是把文档—术语矩阵分解成相互独立的文档—主题矩阵和主题—术语矩阵。通过对词—文档共现矩阵进行奇异值分解(singular value decomposition，SVD)来获得主题、词表示、文档表示，其处理流程包括如下几步。

第一步：生成词—文档矩阵。

如果在词汇表中给出 m 个文档和 n 个词，可以构造一个 $m \times n$ 的矩阵 A，其中每行代表一个文档，每列代表一个词。在 LSA 的简单版本中，每一个条目可以直接视为第 j 个词在第 i 个文档中出现次数的原始计数。

第二步：LSA使用SVD对词—文档矩阵进行分解。

SVD可以看作从词—文档矩阵中发现的不相关的索引变量(因子)，将原来的数据映射到语义空间内。在词—文档矩阵中不相似的两个文档，可能在语义空间内比较相似。

奇异值分解的主要作用是简化数据，提取信息。构建词—文档矩阵A后，即可开始思考文本潜在的主题，但是词—文档矩阵可能非常稀疏，且噪声很大，在很大程度上非常冗余。为了找出能够捕捉词和文档关系的少数潜在主题，需要降低矩阵A的维度。线性代数中有一种奇异值分解技术可以分解矩阵奇异值，从而达到降维的目的，表达公式为

$$A_{mn} = U_{mn} \sum_{mn} V^T_{mn}$$

式中：U表示正交矩阵，m行m列，该矩阵的每一个列向量都是AA^T的特征向量；V表示正交矩阵，n行n列，该矩阵的每一个列向量都是A^TA的特征向量；Σ表示对角矩阵，m行n列，将A^TA或AA^T 的特征值开根号，得到的就是该矩阵主对角线上的元素，也可以将其看成矩阵A的奇异值。

第三步：对矩阵进行降维处理。

对于奇异值，按照惯例，通常降序排列Σ的元素，而奇异值拥有一种特征，它减少的速度特别快，通常前10%甚至1%的奇异值之和就占了全部奇异值之和的99%以上。也就是说，研究者可以用前面出现的k个奇异值和对应的左右奇异向量来近似描述矩阵(这

[1] Hinton G E. Learning distributed representations of concepts[C]//Proceedings of the eighth annual conference of the cognitive science society，1986(1)：12.

里的k比n要小得多)[1]。矩阵降维如表2-4所示，矩阵降维示意图如图2-8所示。

表2-4　矩阵降维

矩阵	别称	维度	计算方法
U矩阵	A的左奇异向量	m行m列	列由AA^T的特征向量构成，且特征向量为单位列向量
$\sum$矩阵	A的奇异值	m行n列	对角元素来源于AA^T或A^TA的特征值的平方根，按从大到小的顺序排列
V矩阵	A的右奇异向量	n行n列	列由A^TA的特征向量构成，且特征向量为单位列向量

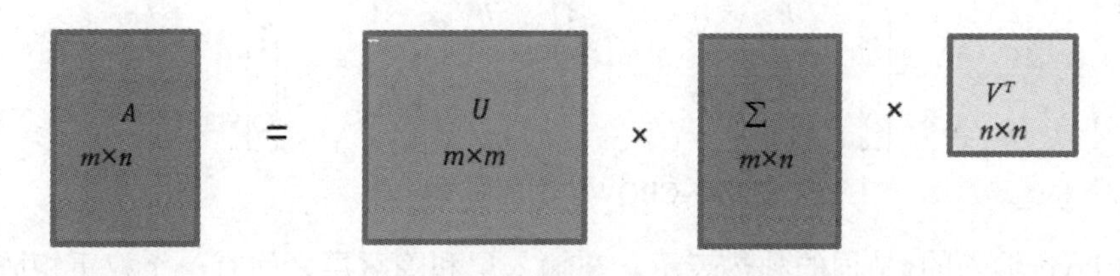

图2-8　矩阵降维示意图

$$A_{mn} = U_{mn} \sum{}_{mn} V_{nn}^T \approx U_{mk} \sum{}_{kk} V_{kn}^T$$

式中：前10%甚至前1%的奇异值的和占全部奇异值之和的99%及以上，假设这前10%甚至前1%的奇异值的数为k。

使用LSA进行分布式表示时，可以通过SVD和降维把特征空间降维到一个低维语义空间，在一定程度上减少一词多义和一义多词的问题。但这个方法运用起来也会存在诸多问题，比如非常费时、计算较为复杂、没有考虑语序问题等。

2. Word2vec模型

基于约书亚・本吉奥(Yoshua Bengio)对神经网络语言模型(neural network language model，NNLM)和杰弗里・辛顿(Geoffrey Hinton)对对数线性模型(log-linear model)的研究，托马斯・米科洛夫(Tomas Mikolov)等人提出了Word2vec模型，该模型可以用来快速高效地训练词向量。Word2vec作为目前应用最广泛的词嵌入算法，其独特之处在于采用了简单而高效的两层神经网络结构，通过分析与其他词共享的上下文来进行词预测优化。

这种算法的设计理念源于一个深刻的观察。在语料库中，如果两个词出现在相似的上下文环境中，它们往往具有相似的语义。Word2vec模型通过将这些共享相似上下文的词聚合在嵌入模型中相邻的位置，构建了一个更为紧凑而表达丰富的向量空间[2]。

Word2vec是轻量级神经网络，其模型仅包括输入层、隐藏层和输出层，模型框架根据输入和输出的不同，主要分为CBOW(continuous bag of words，连续词袋)模型和

[1]　Goodfellow I，Bengio Y，Courville A. Deep learning[M]. MIT press，2016.

[2]　Mikolov T，Chen K，Corrado G，et al. Efficient estimation of word representations in vector space[J]. arXiv preprint arXiv：1301.3781，2013.

skip-gram(连续跳字)模型。CBOW模型通过上下文的内容预测中间的目标词，而skip-gram模型则相反，通过目标词预测其上下文的词[1]。

1) CBOW模型

为了更深入地了解CBOW模型，本节先介绍CBOW模型的简单形式，如图2-9所示。

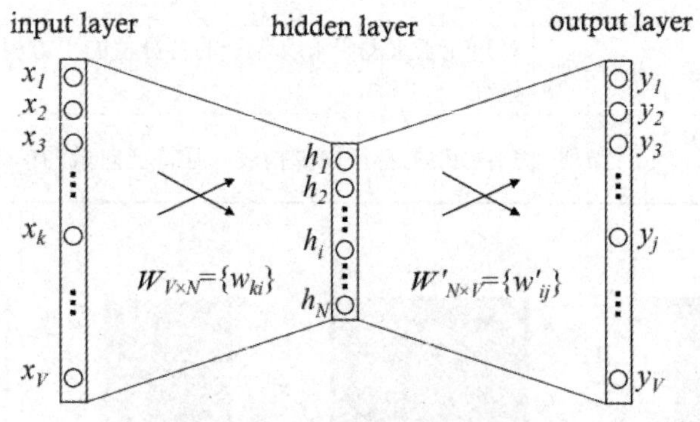

图2-9　CBOW模型的简单形式

input layer输入的x是词的独热表示，在输入层和隐藏层之间有一个权重矩阵W，隐藏层的值是由输入x乘权重矩阵得到的。在隐藏层和输出层之间有一个权重矩阵W'，因此，输出层向量y的每一个值，其实就是隐藏层的向量点乘权重向量W'的每一列。最终的输出需要经过softmax函数，将输出向量中的每一个元素归一化为0～1的概率，概率最大的，就是预测的词。

由此扩展到CBOW的一般形式，如图2-10所示，也就是把单个输入换成多个输入，每个输入x_{ik}到达隐藏层都会经过相同的权重矩阵W，隐藏层h的值变成多个词乘权重矩阵之后加和求平均值。

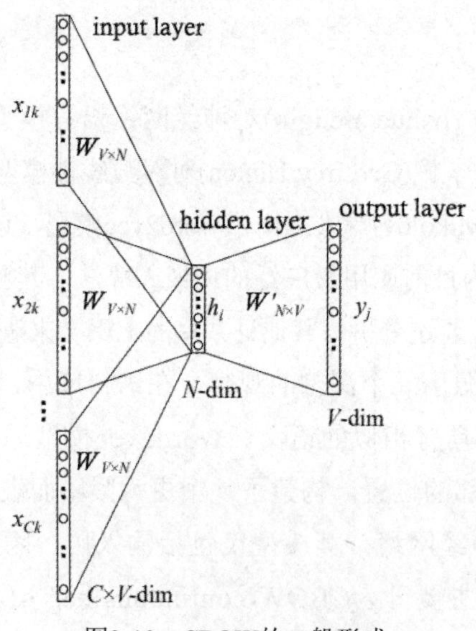

图2-10　CBOW的一般形式

[1]　Kozlowski A C，Taddy M，Evans J A. The geometry of culture：Analyzing the meanings of class through word embeddings[J]. American Sociological Review，2019，84(5)：905-949.

因为CBOW是由权重矩阵W和W'决定的，所以整个过程就可以看作确定权重矩阵W和W'的过程。研究者可以通过随机梯度下降法来确定权重矩阵，基本流程是先给权重赋予随机值，进行初始化，然后训练样本并计算损失函数和梯度，最后在梯度方向更新权重矩阵。

2) skip-gram模型

托马斯·米科洛夫(Tomas Mikolov)引入了skip-gram模型，这是一种从大量非结构化文本数据中学习词的高质量矢量表示方法[1]。skip-gram模型通过输入一个词去预测多个词出现的概率。从输入层到隐藏层的原理和CBOW模型一样，不同的是从隐藏层到输出层，损失函数变成了C个词损失函数的总和，权重矩阵W'还是共享的。

在输出层，输出的不是一个多项式分布，而是C个多项式分布，因为每个输出单元都共享相同的W'，所以每个单元的第j个神经元的净输入是相同的，净输入经过softmax函数计算后，就可以得出输出层第C个单元的第j个神经元的输出表达式[2]。模型架构可参考图2-11，具体计算过程本节不再赘述，感兴趣的读者可自行探索。

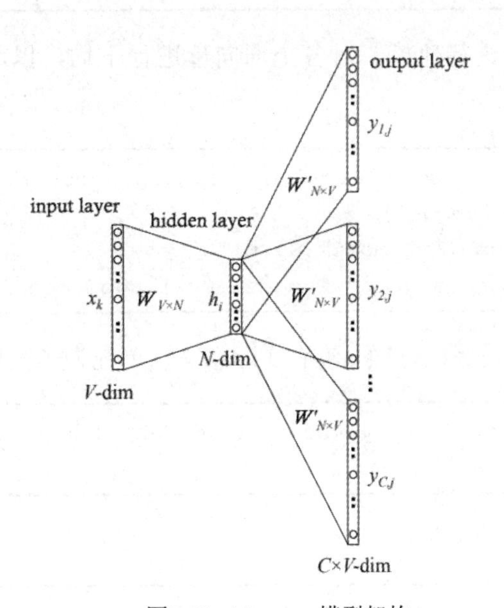

图2-11 skip-gram模型架构

2.4.3 Word2vec实现文本向量化或进行词向量的训练

本节将采用从微博爬取的“元宇宙”相关数据集进行实际训练，以下为具体流程。

---

[1] Mikolov T，Chen K，Corrado G，et al. Efficient estimation of word representations in vector space[J]. arXiv preprint arXiv：1301.3781，2013.

[2] Mikolov T，Sutskever I，Chen K，et al. Distributed representations of words and phrases and their compositionality[J]. Advances in neural information processing systems，2013，26.

(1) 用户在Python中安装gensim库，并通过gensim安装Word2vec，导入“元宇宙”数据集并运行代码[1]。

```
from gensim.models.word2vec import Word2Vec
import jieba
import pandas as pd
s = open(r'元宇宙数据.txt', 'r', encoding='utf-8')
```

(2) 分词后生成词表。

```
l = []
for i in s.readlines():
    i = ' '.join(jieba.cut(i[: -1]))
    l.append(i + '\n')
n_dim = 300
w2vmodel = Word2Vec(vector_size=n_dim, min_count=10)
w2vmodel.build_vocab(l)
```

(3) 在训练集数据上进行建模，对各个词向量进行平均，以此生成整句对应的词向量。

```
w2vmodel.train(l, total_examples=w2vmodel.corpus_count, epochs=10)
def m_avgvec(words, w2vmodel):
    return pd.DataFrame([w2vmodel.wv[w]
        for w in words if w in w2vmodel.wv]).agg('mean')
```

(4) 显示词向量矩阵前5条(这里的a没有实际意义，单纯为了循环)。

```
train_vec = pd.DataFrame([m_avgvec(a, w2vmodel) for a in l])
print(train_vec.head())
```

运行代码，输出结果如下所示。

```
         0         1         2  ...       297       298       299
0  0.167808  0.031365 -0.015115  ... -0.072657  0.243499 -0.005610
1  0.165132  0.029758 -0.018880  ... -0.068912  0.236073 -0.017716
2  0.165033  0.028335 -0.018778  ... -0.071925  0.233024 -0.017568
3  0.165762  0.032329 -0.018030  ... -0.067838  0.255280  0.000810
4  0.148007  0.021652 -0.023694  ... -0.063299  0.217815 -0.025635

[5 rows x 300 columns]
```

[1] 肖刚，张良均. Python中文自然语言处理基础与实战[M]. 北京：人民邮电出版社，2022.

Word2vec两次使用同一份语料训练出来的词向量是不同的，这是因为在给模型指定的任务中，并没有对每个词向量的绝对位置的约束，这就导致每次生成的词向量不一样。训练出来的词向量只是保证相似的词的距离相近，没有保证每次训练都是一样的结果。

2.4.4 文本向量化的应用

Word2vec将自然语言转换成计算机能够理解的向量。相比传统的词袋模型、TF-IDF模型等，Word2vec能抓住词的上下文、语义，衡量词与词的相似性，在文本分类、情感分析等许多自然语言处理领域发挥着重要作用。

1. 应用于情感分析

情感分析是自然语言处理领域的一个重要分支。在经过分词、词性标注、词嵌入等预处理后，用户可以利用文本中的情感词(如形容词、副词等)，建立一个数学模型来表示情感强度和极性，或者将其作为深度学习模型的输入，自动判别情感极性。通过Word2vec得到词向量，有助于用户更好地理解文本情感信息，提升情感分析的准确性和效率。

2. 应用于计算文本相似度

通过将每个文本向量化，用户可以利用文本向量空间，结合常见的相似度计算方法来计算文本相似度。基于这些相似度，用户可以进一步进行文本推荐。例如，相似商品推荐、相似服务推荐、相似用户推荐等。Word2vec为文本相似度计算提供了有效的工具，用户能够在大规模的文本数据中更准确地找到相似性较高的文本。

2.5 文本分析技术操作

2.5.1 词性标注与词频统计

如果一个词在一篇文章中频繁出现且有意义，说明该词能在某种程度上代表这篇文章的主要特征，这样的词称为高频词。词频统计是指输入一个句子或者一篇文章，然后统计句子中每个词出现的次数。本节以“元宇宙”数据为例，讲解利用jieba提取高频词的具体操作步骤[1]。

---

[1] 代码参考https://blog.csdn.net/cjiaaaa/article/details/126287681

导入数据包，读取txt文件并去除停用词。

```
from wordcloud import WordCloud, ImageColorGenerator
import jieba
from PIL import Image
import jieba.analyse as anlyse
import matplotlib.pyplot as plt
import numpy as np
import jieba.posseg as pseg
jieba.load_userdict('用户词典.txt')
stop_word = []
with open(r"stopwords.txt", "r", encoding="utf-8") as f:
    for line in f:
        if len(line)>0:
            stop_word.append(line.strip())
```

使用精确模式进行分词，并对分词结果进行词性标注。

```
text = open("元宇宙数据.txt", "r", encoding='utf-8').read()
words = jieba.cut(text, cut_all=False)
seg_list=pseg.lcut(text)
print(' '.join(['{0}/{1}'.format(w, t) for w, t in seg_list]))
```

按照词出现的次数从多到少排序，通过键值对的形式存储词及其出现的次数，提取出现频率最高的前10个词并统计出现次数。

```
counts = {}
for word in words:
    if len(word) == 1:
        continue
    else:
        counts[word] = counts.get(word, 0) + 1
items = list(counts.items())
items.sort(key=lambda x: x[1], reverse=True)
for i in range(10):
    word, count = items[i]
    print("{0: <5}{1: >5}".format(word, count))
```

运行代码，输出结果如下所示。

```
消博会    180
元宇宙    116
海南      101
微博       65
首届       48
国际       43
视频       43
中国       37
展品       36
海口       34
```

2.5.2　关键词提取与词云图制作

词云图是一种用来展现高频关键词的可视化表达，它通过文字、色彩、图形的搭配，产生有冲击力的视觉效果，传达有价值的信息。制作词云图分为如下几步。

引用TextRank函数提取关键词。

```
text_new = " ".join(jieba.analyse.textrank(text, topK=20,
withWeight=False))
print(text_new)
```

导入.png图片并设置词云图参数(包括字体、背景、颜色等)。

```
background = Image.open(r"图片.png")
images = np.array(background)
wc = WordCloud(font_path= r"C: \Windows\Fonts\simhei.ttf", background_
color="white", mask=images, max_words=4000, contour_width=3, contour_
color="black")
wc.generate(text_new)
img_colors=ImageColorGenerator(images)
wc.recolor(color_func=img_colors)
plt.imshow(wc)
plt.axis("off")
plt.show()
wc.to_file(r"元宇宙.png")
```

运行代码，输出结果如下所示。

```
海南 展品 国际 中国 消费品 博览会 世界 全球 免税 平台 展会 企业 服务
完成 视频 门票 人民币 数字 电视台 机场
```

词云图如图2-12所示。

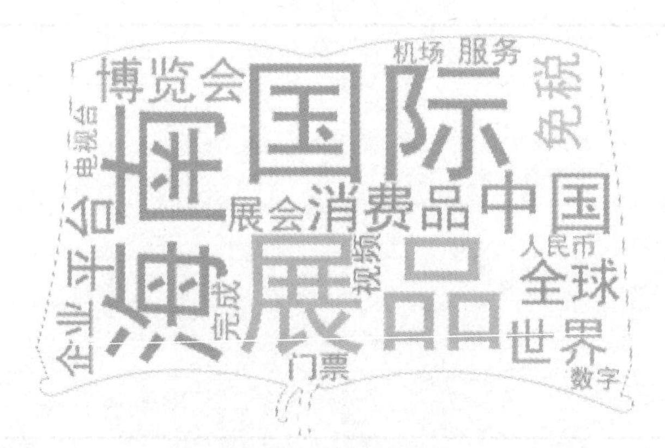

图2-12　数据词云图

2.6　案例分析

文本分析技术的应用十分广泛。在传播学领域，人们广泛使用文本分析方法开展研究。举例来说，在学术研究中，人们可以通过分析大量学术文献，来揭示该领域的重要问题，预测未来发展方向。人们还可以通过分析媒体报道，了解媒体对某一事件的态度，以及不同媒体对同一事件的观点差异。在社交媒体领域，平台可以通过文本分析来分析用户的评论和社交信息，从而全面地了解用户的兴趣偏好，为用户提供更加精准的个性化服务。

2.6.1　文本分析在媒体报道中的应用

采用文本分析技术，可以对文本内容进行量化分析，从大量信息中提取关键信息。*Naming people on the move according to the political agenda*：*A study of Belgian media*[1](《根据政治议程命名流动人口：对比利时媒体的研究》)通过分析比利时的法语和荷兰语媒体对“难民危机”的报道，深入研究了两个语言社区对流动人口命名的差异。研究者采用比利时两大语言社区发行量最大的报纸和大众新闻媒体[荷兰语语料库(DSC)的De Standard和Het Laatste Nieuws，以及法语语料库(FSC)的Le Soir和La Dernière Heure]作为主要数据来源，通过在GoPress数据库中进行词汇查询和语料收集，详细分析了涉及“流动人口”的不同命名方式。

这篇文章的研究方法融合了语料库语言学、话语分析和文献研究。研究者运用语料库语言学工具和话语分析方法，对包含14 006篇文章的语料库进行了深入分析，并使用词汇测量软件Hyperbase对语料库进行处理。在研究过程中，研究者利用多种词汇工具，如关键

---

[1]　Mistiaen V. Naming people on the move according to the political agenda：A study of Belgian media[J]. Discourse & Communication，2021，15(3)：308-329.

词列表、搭配词、索引工具、分布工具、主题分布和相关图表。为了更准确地研究命名方式，研究者分别在两个语料库中生成了命名列表，其中保留了在每个语料库中出现超过10次的所有可能命名。

在研究过程中，文章验证了以下3个假设。H1指出，两个语言社区的媒体主要使用refugee(难民)、migrant(移民)或asylum seeker(寻求庇护者)来命名流动人口。H2 指出，使用荷兰语的媒体不仅更早采用了transmigrant(移民)一词，而且对该词的使用频率高于使用法语的媒体。H3指出，移民政策是由联邦政府决定的，而融合政策是地区性的，荷兰语社区存在实行时间更长的融合政策，因此更经常提到新来者。

综合来看，这篇文章以比利时两种语言的新闻媒体报道文章作为数据来源，分析了在“难民危机”背景下，不同语言社区对“流动人口”的命名方式。文章采用话语分析的方法，合理利用词汇测量软件Hyperbase处理语料，整体思路及利用语料进行分析的方法为初学者提供了参考。

2.6.2　文本分析在社交媒体平台中的应用

社交媒体平台为人们研究社会行为和服务提供了一个新的环境，它汇聚着海量的用户数据和文本信息，对这些数据和文本信息进行分析已经成为当前社会行为和服务研究的主要方向之一。*A “fitness” theme may mitigate regional prevalence of overweight and obesity：evidence from google search and tweets*[1](《“健身”主题可能会降低超重和肥胖的地区流行率：来自谷歌搜索和推特的证据》)使用Twitter搜索API，分别收集了来自人口超重和肥胖率较高的城市休斯敦以及人口超重和肥胖率较低的城市圣地亚哥的数据。研究时间跨度为2015年8月到2016年8月，共收集到来自休斯敦的14 571条推文和来自圣地亚哥的27 207条推文。通过对这些推文的分析，检验信息(尤其是在线搜索的信息和社交媒体数据)以及社会环境与人口超重和肥胖的地区患病率之间的关系。

为了从大量文本中提取关键信息，研究采用了文本挖掘和分析方法，使用R环境中的tm包[2]对推特文本进行了分析。首先，进行文本预处理，包括去重、停用词去除、词形还原等步骤；其次，统计各词在推文中出现的频率，列出了出现频率超过15次的术语；再次，使用LDA方法生成主题模型，以揭示隐藏在3个主题类别中的各个主题；最后，通过结合主题模型运行结果，分析了每个主题包含的每个词出现的相对频率，以探索这两个城市之间主题的共性和差异。

研究者通过对Twitter数据的词频分析和主题建模，梳理了不同主题的高频词，如表2-5、表2-6和表2-7所示。

---

[1]　Liang B，Wang Y，Tsou M H. A “fitness” theme may mitigate regional prevalence of overweight and obesity：Evidence from Google search and tweets[J]. Journal of Health Communication，2019，24(9)：683-692.

[2]　tm包是在R环境中进行文本挖掘的重要package，它提供文本挖掘的综合处理功能，例如数据载入、语料库处理、数据预处理、元数据管理以及建立“文档—词条”矩阵。

表2-5 减肥主题范畴的高频词

主题	圣地亚哥			休斯敦		
	词	绝对频率	相对频率/%	词	绝对频率	相对频率/%
进度更新	周	72	10.93	周	99	14.89
	天	62	9.4	天	64	9.62
	月	35	5.15	月	61	9.17
	年	16	2.35	年	19	2.86
	总数	185	27.83	总数	243	36.54
吃	吃	84	12.75	吃	86	12.93
	规定饮食	41	6.22	规定饮食	29	4.36
	食物	36	5.46	食物	20	3.01
	膳食计划	19	2.88	膳食计划	3	0.45
	总数	180	27.31	总数	138	20.75
积极的情感	好的	30	4.55	较好的	29	4.36
	最好的	28	4.25	好的	52	7.82
	伟大的	16	2.43	伟大的	15	2.26
	较好的	16	2.43	最好的	18	2.71
	幸福的	15	2.28	幸福的	18	2.71
	总数	105	15.93	总数	132	19.85
促进信息	理由	50	7.59	方法	19	2.86
	技巧	34	5.16	帮助	19	2.86
	方法	16	2.43	技巧	17	2.56
	东西	22	3.34	理由	10	1.5
	帮助	16	2.43	东西	8	1.2
	总数	138	20.94	总数	73	10.98
脂肪	脂肪	20	3.03	脂肪	30	4.51
困难	困难的	9	1.37	困难的	38	5.71
锻炼	运用	22	3.34	运用	11	1.65

表2-6 饮食主题范畴的高频词

主题	圣地亚哥			休斯敦		
	词	绝对频率	相对频率/%	词	绝对频率	相对频率/%
快速燃烧脂肪，节食还是锻炼	脂肪	145	12.56	脂肪	336	16.48
	运用	85	7.37	运用	303	14.86
	没有	85	7.37	没有	298	14.62
	快的	69	5.98	快的	289	14.17
	烧伤	67	5.81	烧伤	287	14.08
	总数	451	39.08	总数	1513	74.2

（续表）

主题	圣地亚哥			休斯敦		
	词	绝对频率	相对频率/%	词	绝对频率	相对频率/%
减肥	重量	181	15.68	重量	61	2.99
	损失	114	9.88	损失	37	1.81
	失去	96	8.32	失去	13	0.64
	总数	391	33.88	总数	111	5.44
食物	食物	60	5.2	食物	99	4.86
	讨厌	16	1.39	讨厌	34	1.67
	蛋糕	27	2.34	蛋糕	34	1.67
	比萨饼	24	2.08	比萨饼	41	2.01
	总数	127	11.01	总数	208	10.2
短期	天	51	4.42	天	84	4.12
	周	45	3.9	周	43	2.11
	总数	96	8.32	总数	127	6.91
灵活节食	灵活的	58	5.03	灵活的	34	1.67
困难	困难的	31	2.69	困难的	46	2.26

表2-7 健身主题范畴的高频词

主题	圣地亚哥			休斯敦		
	词	绝对频率	相对频率/%	词	绝对频率	相对频率/%
时间	时间	75	13.02	时间	22	4.77
	天	56	9.72	天	72	15.62
	分钟	46	7.99	分钟	64	13.88
	早晨	45	7.81	早晨	4	0.87
	总数	222	38.54	总数	162	35.14
新的经验	新的	62	10.76	新的	23	4.99
积极的情感	好的	44	7.64	爱	43	9.33
	乐趣	28	4.86	好的	32	6.94
	爱	35	6.08	乐趣	11	2.39
	总数	107	18.58	总数	86	18.66
锻炼类型	有氧运动	42	7.29	有氧运动	13	2.82
	跳舞	33	5.73	跳舞	35	7.59
	健身	15	2.6	健身	4	0.87
	总数	90	15.63	总数	52	11.28
节食	吃	36	6.25	吃	34	7.38
燃烧的卡路里	烧伤	11	1.91	烧伤	34	7.38
	卡路里	13	2.26	卡路里	42	9.11
	总数	24	4.17	总数	76	16.49
努力工作	困难的	19	3.3	困难的	13	2.82
健康	健康的	16	2.78	健康的	15	3.25

根据应用结果，与休斯敦的用户相比，圣地亚哥的用户更多涉及与健身房和健身相关的推文，而与饮食相关的推文所占比例较低。这表明圣地亚哥的用户注重健身和锻炼，强调健身与饮食的结合，相比之下，休斯敦的社会环境更加强调节食。这些发现的意义在于，它告诉研究者，在人口超重和肥胖率较高的地区，卫生工作者应该倡导健康的生活方式，注重传达健康生活的理念，引导人们将锻炼和饮食相结合。抗击超重和肥胖的最终目标是“创造促进所有人健康的社会和物理环境”，因此，社会需要创造一个有利于健康的生态系统，包括有益于健康的物理环境、信息环境和社会环境。

这篇文章深入探讨了在线搜索和社交媒体在传播健康相关话题以及促进公众采取健康措施方面所发挥的作用。在研究方法上，研究者不仅进行了文本预处理和词频统计，还运用了典型的LDA模型，体现了大数据分析的广泛应用，为其他研究者系统使用这些技术做了示范。

这项研究通过分析Twitter数据，揭示了不同城市的人们在健身与饮食方面所体现的差异，为改善人口超重和肥胖的社会现象提供了重要的启示。与之相呼应，***I'm a fat bird and I just don't care*：*A corpus-based analysis of body descriptors in plus-size fashion blogs***[1](《“我是一只胖鸟，但我不在乎”：基于语料库的大码时尚博客中身体描述语分析》)探讨了另一个领域——大码女性在时尚界的角色和影响。这项研究选择了20个英国大码时尚博客作为信息数据来源，旨在探究这些博客与大码女性的社会边缘化之间的关联，以及它们如何在塑造积极身份方面发挥作用。

在现代西方社会，大码女性长期以来一直处于边缘地位，并且这种情况可能将持续存在。主流时尚媒体普遍将苗条身材视为女性的理想外形，这种观念导致大码女性在时尚领域的边缘化问题更加突出。随着时尚领域对美的呈现日益多样化，时尚博客和其他社交媒体平台开始发挥推动作用。通过博客，大码女性可以积极参与打造新的时尚话语，并在同类群体共同兴趣的基础上形成社区。

与其他研究不同，本文作者采用自行编纂语料库的方法，通过与Facebook某个私人团体联系，根据特定标准(这些博客是由英国女性撰写的，而且这些博主被认为身材肥胖)来筛选博客。最终，作者确定了由20个博主在2015年1月1日及以前发表的所有博文和评论组成的语料库。

根据博客的主题和博主在大码时尚方面的写作方式，这20位博主被分为3类：肥胖活动家博主(博客1、2、4、8、11、13和15)，她们常常讨论与肥胖相关的社会政治问题，强调肥胖群体在(时尚)媒体上获得更多曝光是很重要的；时尚博主(博客3、6、9、14、16、17和18)，她们更关注个人风格并对当前时尚趋势做出点评；全才博主(博客5、7、10、12、19和20)，她们的博客涉及更广泛的话题，从摄影到美容产品等，其中许多人最近才将博客内容的重心转向时尚。在分析中，这3个类别分别用字母A(活动

[1] Limatius H. I'm a fat bird and I just don' t care：A corpus-based analysis of body descriptors in plus-size fashion blogs[J]. Discourse，Context & Media，2019(31)：100316.

家)、F(时尚人士)和R(全才)表示。本文采用语料库语言学的方法解决了以下3个问题。

(1) 大码时尚博主采用哪些身体描述词?

(2) 在博客社区中，不同类型博主使用的身体描述词有多大差异?

(3) 在博客文本和评论区中，人们对身体描述词的使用有什么不同?

在数据分析中，研究者首先使用Ant Conc3.4.4版本中的单词列表功能，编译了语料库中所有大码身材的描述词，并手动删除了与人或人的身体无关的实例(例如“大胖蛋糕”)。然后研究者根据处理结果分析了博主在身体描述词的使用频率和分布方面的表现，并提取了博客文本和评论中的常见高频词。

在对描述词的使用频率进行标准化(见图2-13)后，可以清晰地看到博客11与其他19个博客存在显著差异。博客11的博主归属于肥胖活动家类别，她使用了大量与身体相关的术语。此外，博客11的文章和评论数量都相对较少(帖子39 902字，评论12 693字)，与其他博客相比，其独特性更加明显。

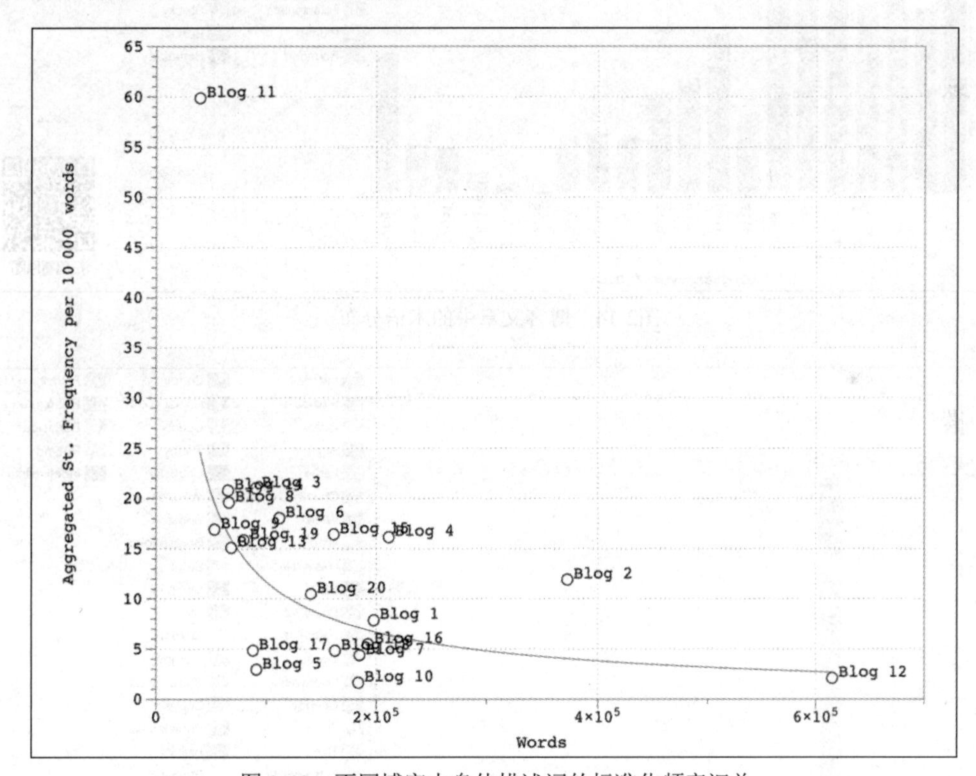

图 2-13 不同博客中身体描述词的标准化频率汇总

研究者在这20个博客的文章和评论中，共提取了45个用于描述大码女性身体的术语，并分析了它们出现的频率和分布情况，如图2-14和图2-15所示。总体而言，最常见的术语是“Fat”(平均标准化频率为5.42)，其次是“Plus-size”(平均标准化频率为3.45)，然后依次是“Big”(平均标准化频率为1.39)和“Large”(平均标准化频率为0.89)，而“Curvy”位居第五(平均标准化频率为0.49)。在评论部分，还有16个术语未在语料库中发现，比如“Bigfatfatty”“Inbetweenie”“Boobilicious”“Bootiful”

"Chubs"和"Fatfashionista"等。此外，博主往往是有创造力的人，他们更有可能使用丰富的词汇，因此在博客文章中身体描述词较为常见，而评论区的身体描述词则较为少见。

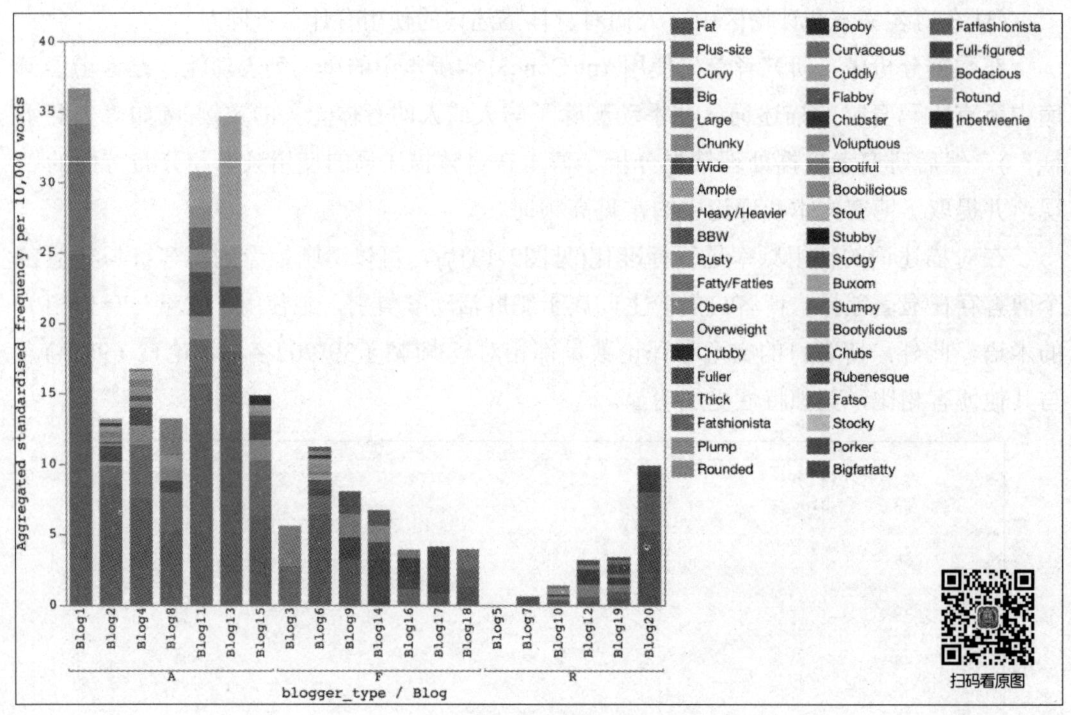

图2-14　博客文章中的术语分布

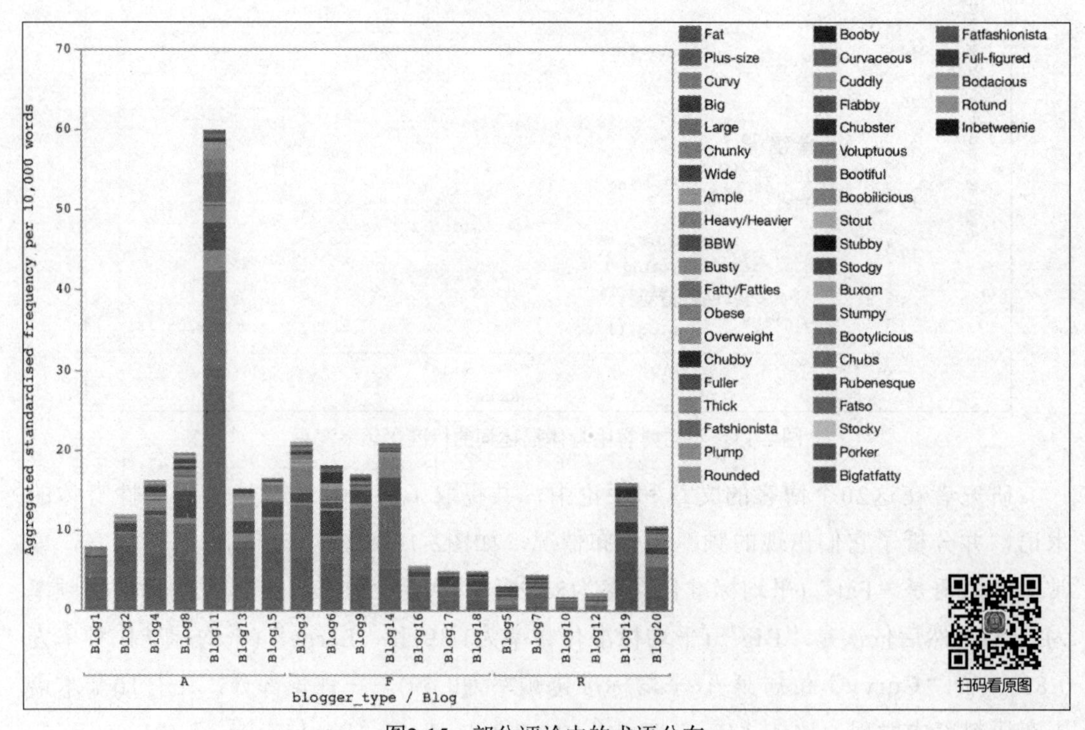

图2-15　部分评论中的术语分布

与此同时，全才博主在博客文章中使用身体描述词的次数相对较少。这是因为全才博客通常包含更广泛的主题，很多文章并没有涉及对人的体重和体型的讨论。在肥胖活动家博主中，“Fat”的使用频率最高，而对于更中性的“Plus-size”，肥胖活动家博主和时尚博主的使用频率差异并不十分显著。

通过语料库语言学分析可以发现，大码时尚博主在博客文章中使用了丰富多样的术语来描述大码身体。不同类型的大码时尚博客各有特点，其中，与关注时尚趋势和个人风格鲜明的博客相比，受肥胖接受行动主义影响的博客更多使用特定的身体描述词。一些具有创造性的术语只在特定博客中被使用，而更通用的术语如“Fat”和“Plus-size”则普遍流行，如图2-16所示。这种语言学分析为我们深入了解大码时尚领域的内容和态度提供了有益的线索。

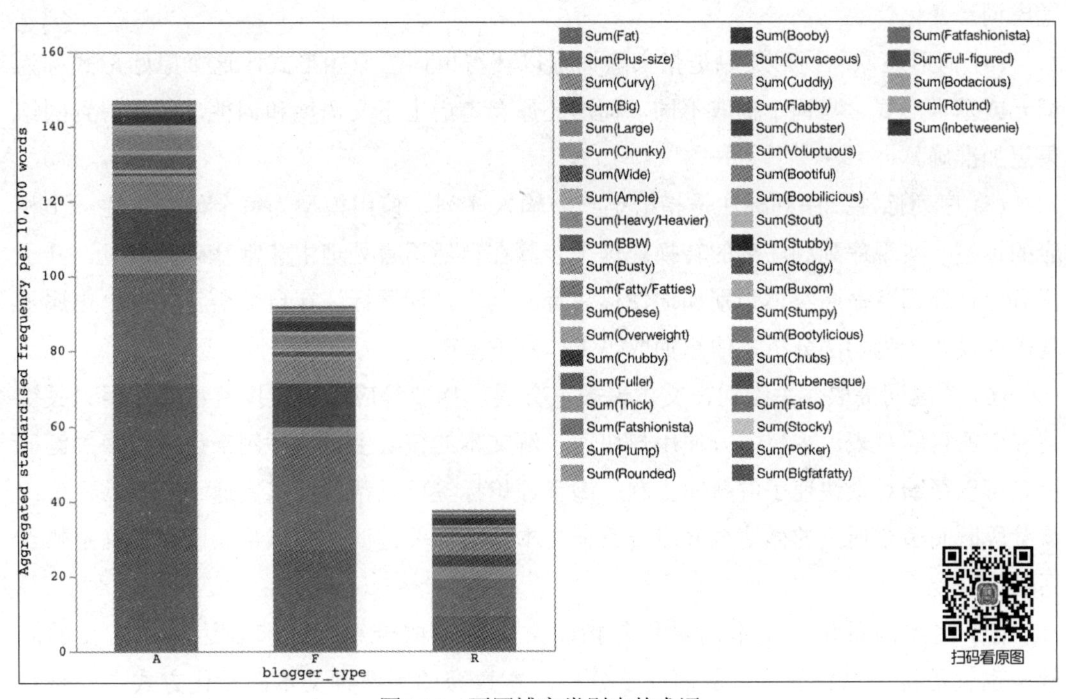

图2-16　不同博客类别中的术语

本章小结

文本分析是自然语言处理领域的一个重要分支，是指对文本数据或语料库内的语料进行分析，以提取给定语料的各种信息，如关键词、词向量等。这些分析都是通过计算机技术实现的，一些文献也将这些技术归为自然语言处理预训练技术的一部分。

本章介绍了一些关键的技术原理和方法，包括文本规范化(如分词、停用词去除、词干提取和词形还原)、关键词提取和文本向量化等。第2.5节深入探讨了这些技术的操作流程，然后通过案例分析展示了文本分析技术的应用。读者阅读案例后，能够更加清楚地了解文本分析技术如何在实际场景中发挥作用。

核心概念

(1) 文本分析。文本分析是指对文本数据或语料库内的语料进行分析，最终提取出关键词、词向量等各种信息的计算机技术。它旨在从大量非结构化文本集合中挖掘信息、发现知识。

(2) 词语切割。词语切割即分词，它是文本分析的第一步。分词的准确度会影响后续的词性标注、句法分析、词向量以及文本分析的质量。本章主要介绍了两种基于统计的分词方法，即*N*元语法(N-gram)模型和隐马尔可夫模型(HMM)。

(3) 词干提取。词干提取是一种文本预处理技术，旨在从单词中去除词缀，使得单词的基础形式(词干)可以被识别为同一单词的变体。这样做有助于将词语标准化，不必考虑词形变化。

(4) 词形还原。词形还原是指去除词缀以获得单词的原始形式，这个原始形式称为词元或基本形式。与词干提取不同，词形还原会考虑上下文语境和词性，因此得到的结果更加准确。

(5) 序列标注。序列标注是指给定一个输入序列，使用模型为每个位置标注一个相应的标签，实现序列到序列的转换。这个步骤在自然语言处理中非常基础且常见，其子任务包括分词、命名实体识别和词性标注等。其中，词性标注在自然语言处理中也属于基础性模块，为句法分析、信息抽取等工作打下基础。

(6) 关键词提取。关键词在文本聚类、分类、摘要等应用中发挥着重要作用。关键词提取的目的是表达主旨，方便用户快速了解文本的核心主题。举例来说，新闻关键词标签可以帮助观众快速了解新闻主题；淘宝评论标签可以帮助买家快速了解产品评价；将某段时间多个博主的微博合并成一篇长文本并提取关键词，可以帮助研究者确定热点话题。

(7) 文本向量化。文本向量化是指将文本表示成一系列能够表达文本语义的向量，也就是将信息数值化，从而便于分析。本章介绍了两种文本向量化方式：一是包括one-hot(独热表示)、词袋模型和TF-IDF的离散表示；二是包括潜在语义分析模型和Word2vec模型的分布式表示。

工具总结

(1) 分词工具，常用的有Python(jieba、NLTK)、哈工大LTP在线网站、武汉大学ROST软件。

(2) 词性标注工具，常用的有Python、哈工大LTP在线网站、中科院NLPIR软件、武汉大学ROST软件。

(3) 词频统计工具，常用的有Python、易词云在线网站、微词云在线网站。

(4) 关键词提取工具，常用的有Python、LTP在线网站、中科院NLPIR软件。

(5) 词云图制作工具，常用的有Python、易词云在线网站、WordItOut在线网站、微词云在线网站。

思考题

(1) 根据关键词提取的相关介绍及自主学习经历，总结3种提取算法的优缺点。

(2) 第2.5.1节的词频统计结果包含“视频”“展品”这两个词，如果不想统计这两个词的词频应该怎么做？需要引用什么函数？

(3) 请选择你感兴趣的新闻与传播领域的研究问题，以此作为关键词分别在知网和web of science上进行搜索。下载近两年的核心文章的标题和摘要，利用文本分析工具总结针对该问题的研究现状、研究方法和中英文期刊的观点等。

第3章　情感分析

3.1　情感分析概述

3.1.1　情感分析的概念

情感分析(sentiment analysis)，又称意见挖掘(opinion mining)、情感挖掘(sentiment mining)、主观分析(subjectivity analysis)、情感探测(emotion detection)等[1]，是一种通过计算技术来分析文本主客观性、观点、情感和极性，以便对文本的情感倾向进行分类的方法[2]。

文本情感分析主要应用于检测、分析和挖掘包含用户观点、偏好和情感等主观信息的文本。这一研究领域涉及多个学科，包括自然语言处理、计算语言学、信息检索、机器学习和人工智能等[3]。

3.1.2　情感分析的分类

情感分析可以细分为多个子领域，包括文本的情感分类、句子主观性判断以及情感分类、多方面情感分析和意见总结、情感词典生成、挖掘对比意见、评论有用性分析等[4]。根据文本颗粒度的不同，情感分析可以分为针对文本中的词语、语句和篇章3个级别的识别与分析。

词语的情感分析是文本情感分析的基础，它不仅是判定文本情感的基础，还是语句和篇章情感分析的前提。在这个领域，相关研究主要集中在情感词的抽取、情感词的判定和语料库与情感词典的研究等方面。

语句的情感分析是文本情感分析的核心。一方面，它综合了词语的情感分析结果，给出全句的情感分析的完整结果；另一方面，语句可以看作短篇章，因此语句的情感分析结果会在很大程度上影响篇章的情感分析结果。

篇章的情感分析是最具挑战性和不确定性的研究，因为研究者需要综合篇章的各个

---

[1]　张伦，王成军，许小可. 计算传播学导论[M]. 北京：北京师范大学出版社，2018.

[2]　杨立公，朱俭，汤世平. 文本情感分析综述[J]. 计算机应用，2013，33(6)：1574-1578.

[3]　魏韡，向阳，陈千. 中文文本情感分析综述[J]. 计算机应用，2011，31(12)：3321-3323.

[4]　张伦，王成军，许小可. 计算传播学导论[M]. 北京：北京师范大学出版社，2018.

粒度下的情感分析结果，同时结合上下文和领域知识库才能做出判断[1]。

3.1.3 情感分析的研究框架

综合已有研究成果，情感分析的研究框架可以归纳为以下3项层层递进的研究任务[2]。

1. 情感信息抽取

情感信息抽取是情感分析最基础的任务，它旨在抽取情感评论文本中有意义的信息单元，将无结构化的情感文本转化为计算机容易识别和处理的结构化文本，继而为情感分析上层的研究和应用服务。具体而言，对于一个典型的情感分析任务，大体需要从给定文本中抽取五元组[3]，即五个关键要素，包括意见对象(opinion targets，即具体的评价对象以及他们的某些具体方面)、具体层面(指意见对象更具体的层面，即特点)、情感倾向(包括积极、中性或消极)、意见主体(opinion holders，即持有情感意见的个体)以及时间(即情感意见的表达时间)。

2. 情感信息分类

情感信息分类是指利用底层情感信息抽取结果，将情感文本单元分为若干类别。按照不同的分类粒度，可以将情感分类任务分为词语级、短语级、篇章级3个层次；按照不同的分类目的，可以将情感分类任务分为主客观分析和主观信息的情感分析。

文本信息通常可以广义地分为两种类型，即客观性文本和主观性文本。

客观性文本是对实体、事件以及它们的属性的客观性陈述，而主观性文本通常包含主观性评价，包括丰富的主观意见、情感、观点和态度等。主客观分类旨在从混合的内容中将主观性文本与客观性文本区分开来，过滤掉不带情感色彩的文本，为文本情感极性分析提供主观性文本。

主观性文本的分析主要包括文本情感极性分析和文本情感极性强度分析。情感极性分析的任务就是识别主观性文本的情感极性，除了正面(positive)和负面(negative)两极，有一些研究者在正面和负面之间加入了中性(neutral)。情感极性强度分析是指判定主观文本情感极性强度，包括强烈贬抑、一般贬抑、客观、一般褒扬、强烈褒扬五个类别[4]。

3. 情感信息的检索与归纳

可以将情感信息的检索与归纳看作与用户直接交互的接口，着重强调检索和归纳两

---

[1] 杨立公，朱俭，汤世平. 文本情感分析综述[J]. 计算机应用，2013，33(6)：1574-1578+1607.

[2] 赵妍妍，秦兵，刘挺. 文本情感 分析[J]. 软件学报，2010，21(8)：1834-1848.

[3] 张伦，王成军，许小可. 计算传播学导论[M]. 北京：北京师范大学出版社，2018.

[4] 杨立公，朱俭，汤世平. 文本情感分析综述[J]. 计算机应用，2013，33(6)：1574-1578+1607.

个应用方向。这一层次的研究主要是在情感信息抽取和分类的基础上进行进一步的加工处理，以便提供更具体的情感信息。

3.2 英文文本情感分析

3.2.1 情感信息抽取

1. 意见对象的抽取

意见对象是指某段评论所讨论的主题，即评论文本中评价词语所修饰的对象。意见对象可以是一个实体(entity)，也可以是一个话题。例如，“I like coffee”(我喜欢咖啡)，意见对象“coffee”(咖啡)是一个实体，即产品。又如，“I support reducing the burden of education”(我支持教育减负)，意见对象“reducing the burden of education”(教育减负)是一个话题。

在现有研究中，大多数情感分析工作将意见对象限定在名词或名词短语的范畴内，然后尝试进一步识别它们。抽取意见对象的方法有如下几种。

(1) 基于规则或模板的方法。这种方法使用预定义的规则或模板来抽取潜在的意见对象[1][2]。例如，通过定义规则来查找句子中的名词短语，以确定意见对象。

(2) 将意见对象看作产品属性。这种方法将意见对象视为产品属性的一种表现形式，考查候选意见对象与领域指示词之间的关联度[3]。如果一个词与某领域特定的词汇有高度相关性，那么它很可能是一个意见对象。

(3) 采用主题模型。主题模型被用来挖掘产品领域情感文本中的意见对象[4][5]。这种方法可以帮助人们识别在文本中频繁出现的主题，这些主题通常与潜在的意见对象相对应。

---

[1] Yi J，Nasukawa T，Bunescu R. Sentiment analyzer：extracting sentiments about a given topic using natural language processing techniques[C]. In：Wu XD，Tuzhilin A，eds. Proc. of the IEEE Int' l Conf.on Data Mining (ICDM)，2003：427-434.

[2] Hu M，Liu B. Mining opinion features in customer reviews[C]. In：Hendler JA，ed. Proc. of the AAAI 2004. Menlo Park：AAAI Press，2004：755-760.

[3] Popescu A M，Etzioni O. Extracting product features and opinions from reviews[C]. In：Mooney R J，ed. Proc. of the HLT/EMNLP 2005. Morristown：ACL，2005：339-346.

[4] Blei D M，Ng A Y，Jordan M I. Latent Dirichlet allocation[J]. Journal of Machine Learning Research，2003(3)：993-1022. [doi：10.1162/ jmlr. 2003. 3. 4-5. 993]

[5] Blei D M，Ng A Y，Jordan M I.Correlated topic models[C]. In：Schölkopf B，ed. Advances in NIPS. Hyatt Regency：MIT Press，2006：147-154.

2. 意见主体的抽取

意见主体是评论或观点的来源，抽取意见主体对于基于新闻评论的情感分析尤为关键。评论中的意见主体通常是命名实体，如人名或机构名，研究者可以借助命名实体识别技术来确定意见主体[1]。例如，在图3-1中，“推文”的意见主体是“Elon Musk”。

图3-1　意见主体示意图

此外，有研究者尝试借助语义角色标注来完成意见主体的抽取[2]。还有研究者将意见主体的抽取看作一个分类任务，如崔(Choi)将其视为一个序列标注问题[3]，并使用CRF(conditional random field，条件随机场)模型来融合各种不同的特征以提取意见主体。基姆(Kim)[4]将所有名词短语都视为候选意见主体，使用ME(maximum entropy，最大熵)模型来进行计算。

与此同时，由于意见主体一般会与观点同时出现，可以将观点识别和意见主体的抽取作为可以同时完成的任务。例如，贝萨德(Bethard)[5]在提取情感语句中的观点单元后，通过分析语句中观点和动词之间的句法关系，同时抽取意见主体。

---

[1]　Kim S M，Hovy E. Determining the sentiment of opinions[C]. In：Nirenburg S，ed. Proc. of the Coling 2004. Morristown：ACL，2004：1367-1373.

[2]　Kim S M，Hovy E. Extracting opinions，opinion holders，and topics expressed in online news media text[C]. In：Dale R，Paris C，eds. Proc. of the ACL Workshop on Sentiment and Subjectivity in Text，2006：1-8.

[3]　Choi Y，Cardie C，Riloff E. Identifying sources of opinions with conditional random fields and extraction patterns[C]. In：Mooney R J，ed. Proc. of the HLT/EMNLP 2005. Morristown：ACL，2005：355-362.

[4]　Kim S M，Hovy E. Identifying and analyzing judgment opinions[C]. In：Bilmes J，et al.，eds. Proc. of the Joint Human Language Technology/North American Chapter of the ACL Conf. (HLT-NAACL). Morristown：ACL，2006：200-207.

[5]　Bethard S，Yu H，Thornton A. Automatic extraction of opinion propositions and their holders[C]. In：Proc. of the AAAI Spring Symp. on Exploring Attitude and Affect in Text，2004：22-24.

3. 评价词语的抽取

评价词语也称为极性词或情感词，特指带有情感倾向性的词语。根据前人的研究工作，评价词语的抽取和判别通常整合在一起，主要有基于语料库和基于词典两种方法[1]。

1) 基于语料库的评价词语抽取

基于语料库的方法依赖于大型语料库的统计特性，研究者可以通过观察语料库中的一些现象来挖掘评价词语并判断其极性。为了量化词语的情感极性，研究者通常使用位于区间[-1，1]的实数值表示情感权重，以表示词语的褒贬程度。一般来说，情感权重大于0表示词语是褒义词，情感权重小于0表示词语是贬义词，情感权重的绝对值越大，意味着褒贬程度越高。

早期的一些研究者发现，由连词连接的两个形容词的极性往往存在相同或相反的关联性，例如由and或but连接的形容词。基于此，哈齐瓦西罗格卢和麦基翁(Hatzivassiloglou & McKeown)[2]、维贝(Wiebe)等研究者[3]分别利用不同的大型语料库来获取形容词性评价词语。然而，这些方法通常忽略了其他词性的评价词语。后来，特尼和利特曼(Turney & Littman)[4]提出了点互信息(pointwise mutual information，PMI)方法，以此来判定某个词语是不是评价词语。

点互信息是一种用于衡量两个词语之间关联程度的方法，该方法通过比较两个词共同出现的概率与它们各自单独出现的概率来判定它们的出现是不是独立事件。这个方法可以用来推断目标词语的情感倾向，基本思想是，如果一个词与一个已知具有某种情感倾向的词共现的概率越高，那么这两个词的情感倾向越接近。

特尼(Turney)首先对评论中的语词进行词性标注，并提取出情感短语；然后通过点互信息方法，计算出情感词和已标注参考词之间的互信息，即对于给定的词w1、w2，该统计量描述了两个词语间联系的紧密程度，也就是两个词的联系强度。相关计算公式为

$$\mathrm{PMI}(\mathrm{w1},\mathrm{w2})=\ln\frac{P(\mathrm{w1},\mathrm{w2})}{P(\mathrm{w1})P(\mathrm{w2})} \tag{3-1}$$

式中：P(w1)和P(w2)分别表示词w1和w2单独出现的概率；P(w1，w2)表示词w1和w2同时出现的概率。如果两个词的出现是相互独立的，即一个词的出现不受另一个词的影

[1] Rao D，Ravichandran D. Semi-Supervised polarity lexicon induction[C]. In：Lascarides A，ed. Proc. of the EACL 2009.Morristown：ACL，2009：675-682.

[2] Hatzivassiloglou V，McKeown K R. Predicting the semantic orientation of adjectives[C]. In：Proc. of the EACL'97.Morristown：ACL，1997：174-181.

[3] Wiebe J. Learning subjective adjectives from corpora[C]. In：Schultz ACed. Proc. of the AAAI. Menlo Park：AAAI Press，2000：735-740.

[4] Turney P，Littman M L. Measuring praise and criticism：Inference of semantic orientation from association[J]. ACM Trans. on Information Systems，2000，21(4)：315-346.[doi：10. 1145/944012. 944013].

响，那么 PMI 值为0；如果两个词不独立，即一个词的出现会增加另一个词出现的概率，那么 PMI 值将大于0。

接下来，计算目标词的情感倾向(sentimental orientation，SO)。情感倾向是一个分数，计算公式为

$$SO(phrase)=PMI(phrase,"excellent")-PMI(phrase,"poor") \tag{3-2}$$

利用Python计算给定文本的PMI指数

公式(3-2)表示的情感倾向是一个分值，值越大，其情感倾向越正面；反之，其情感倾向越负面。

读者可以利用Python计算给定文本的PMI指数[1]，详见二维码。

需要说明的是，点互信息方法虽然有优点，但也存在一些问题。其中一个主要问题是，对比词(benchmark words)的质量会直接影响情感倾向的判断结果。因此，选择合适的对比词对于确定目标词的情感倾向非常重要。

目前，解决这个问题的方法是使用常见的停用词作为对比词。停用词在大多数文本中出现的频率相对稳定，因此无论它们被用作积极情感还是消极情感的对比词，它们的PMI值都是相对“中立”的，不会对情感倾向的判断产生过大的影响。

假设研究者要分析句子中的词语情感倾向，该句子中包含一个目标词“喜欢”(表示积极情感)，如果研究者选择一个不合适的对比词，比如“苹果”(中性词)，那么计算出的PMI值可能会让研究者错误地认为“喜欢”是一个中性词或负面词。但如果研究者选择常见的停用词作为对比词，比如“的”或“是”，那么计算出的PMI值会比较接近零，不会对情感倾向的判断产生太大的干扰。

因此，合理选择对比词，特别是使用停用词，有助于提高情感分析的准确性和可靠性。这个方法相当于将对比词视为中性基准，有助于稳定情感倾向的判断。

2) 基于词典的评价词语抽取

基于词典的评价词语抽取是一种独特高效的方法，它通过利用词典中的词义联系来获取文本中的评价词。常见的词典资源包括WordNet和LIWC，它们为研究者提供了解文本情感倾向的重要线索。在使用情感词典时，研究者通常依赖手工采集的种子评价词汇来扩展词汇列表[2]~[4]，这种方法虽然简单易行，但可能受种子词汇数量和质量的限制，也容易受到多义词的干扰。

为了克服多义词干扰的问题，一些研究者使用词典中的词语注释信息来辅助识别

---

[1] https://blog.csdn.net/qq_30843221/article/details/50767590，2016.

[2] Kim S M，Hovy E. Automatic detection of opinion bearing words and sentences[C]. In：Carbonell JG，Siekmann J，eds. Proc. of the IJCNLP 2005. Morristown：ACL，2005：61-66.

[3] Kim S M，Hovy E. Identifying and analyzing judgment opinions[C]. In：Bilmes J，et al.，eds. Proc. of the Joint Human Language Technology/North American Chapter of the ACL Conf.(HLT-NAACL). Morristown：ACL，2006：200-207.

[4] Zhu Y L，Min J，Zhou Y Q，et al. Semantic orientation computing based on HowNet[J]. Journal of Chinese Information Processing，2006，20(1)：14-20(in Chinese with English abstract).

评价词识别和判断情感极性[1][2]。此外，也有研究者[3]采用点互信息方法[4]，通过计算WordNet中所有形容词与种子褒义词(如“good”)和贬义词(如“bad”)之间的关联度来识别评价词。

WordNet是由普林斯顿大学的心理学家、语言学家和计算机工程师联合设计的[5]，它是一种基于认知语言学的英语词典，包含名词、动词、形容词和副词等各种词性的词汇。WordNet将不同词性的词汇按照意义组成了一个同义词网络，该网络包含多种语义关系，如同义关系、反义关系、上位或下位关系、部分或整体关系等。其中，最常用的是上位或下位关系，它大约占据所有语义关系的80%。WordNet的官方网站还提供在线查询同义词集合(synset)[6](见图3-2)的功能，方便研究者获取词汇信息。

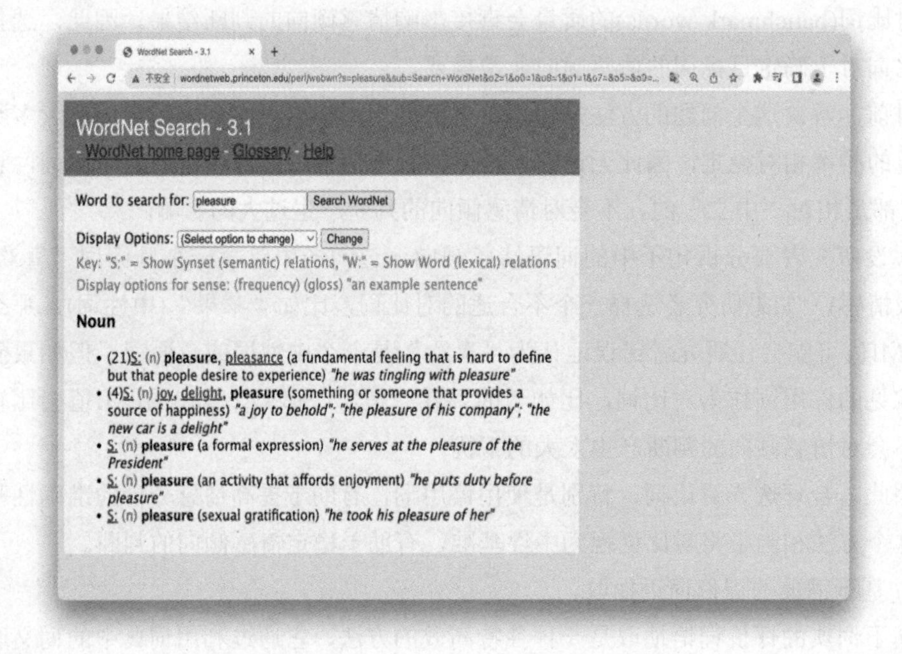

图3-2 WordNet3.1版本在线查询同义词集合

目前，WordNet已经更新到3.1版本，用户可以在Unix、Linux、Solaris等系统上安

[1] Andreevskaia A，Bergler S. Mining WordNet for a fuzzy sentiment：Sentiment tag extraction from WordNet glosses[C]. In：McCarthy D，Wintner S，eds. Proc. of the European Chapter of the Association for Computational Linguistics (EACL).Morristown：ACL，2006：209-216.

[2] Su F，Markert K. Subjectivity recognition on word senses via semi-supervised mincuts[C]. In：Ostendorf M，ed. Proc.of the NAACL 2009. Morristown：ACL，2009：1-9.

[3] Kamps J，Marx M，Mokken R J. Using WordNet to measure semantic orientation of adjectives[C]. In：Calzolari N，et al.，eds. Proc. of the LREC，2004：1115-1118.

[4] Turney P，Littman M L. Measuring praise and criticism：Inference of semantic orientation from association[J]. ACM Trans. on Information Systems，2003，21(4)：315-346.[doi：10.1145/944012.944013] .

[5] Miller G A. WordNet：A lexical database for English[J]. Communications of the ACM，1995，38(11)：39-41.

[6] http://wordnetweb.princeton.edu/perl/webwn.

装WordNet并使用[1]。WordNet包含大量的概念节点，其中名词性概念节点约有82 115个[2]，大约占据总节点数的70%。综合来看，WordNet是一个常用的资源，可以用于在线查询词汇信息，支持多种语义关系的研究和分析。

另一个常用的词库是LIWC，目前已经开发出不同语言版本。英文版的LIWC包含64个词语类别[3]，包括代名词、冠词、停顿词等常用词语类别，以及情感词汇和认知词汇等心理特征类词汇。情感词汇分为积极情感词元和消极情感词元两种。

除了情感分析，LIWC开发的应用软件还能分析文本的心理维度特征，例如分析性思维(文本是否正式、逻辑化思维的程度)、专业口吻(文本是否表现出专家语气、自信的程度)以及真诚程度(文本所反映的态度是否诚恳、个人化的程度)等。

LIWC官网提供在线演示功能[4](见图3-3)，用户可以输入文本并选择不同的文体类别，如个人写作、正式写作(如报告等)、电子邮件通信、社交媒体、商业写作、娱乐、传统书籍或短篇小说等。在输入文本后，单击“分析”按钮，LIWC将生成一组情感分类结果。需要注意的是，LIWC限制输入文本的字符为5000个字符，大约相当于1000个单词。

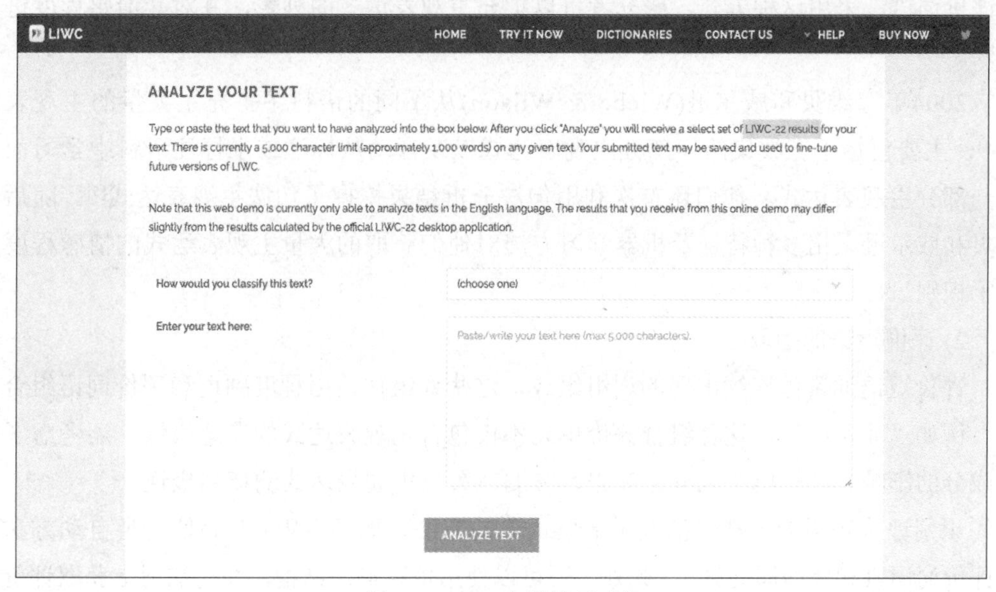

图3-3　LIWC在线演示功能

此外，基于词典匹配的情感分析可以通过Python来实现。Python可以读取情感词典文件，并使用循环语句逐句分析并判断文本中的否定词和程度副词。还有一种方法是基

[1] https://wordnet.princeton.edu/download/current-version.

[2] 张思琪，邢薇薇，蔡圆媛. 一种基于WordNet的混合式语义相似度计算方法[J]. 计算机工程与科学，2017，39(5)：971-977.

[3] 张伦，王成军，许小可. 计算传播学导论[M]. 北京：北京师范大学出版社，2018.

[4] https://www.liwc.app/demo.

于图的方式来识别评价词的极性[1]。这种方法将要分析的词作为图上的节点，使用词语之间的联系构建边，从而形成图，再基于图的迭代算法，如传播算法，来完成词语的分类。有一些研究者使用词语的注释信息构建图[2]，使用Spin模型对图中的节点进行概率计算，从而得出每个词语的情感极性。还有一些研究者使用多种图模型[3]，如最小切分模型、随机最小切分模型和标签迭代模型等，来完成评价词的褒贬分类。这些方法为情感分析提供了多样化的选择，可以适应不同的研究需求和文本类型。

4. 组合评价单元的抽取

有时候，单独的评价词语可能存在一定的歧义。例如，“好”既可以用于表示正面情感极性强度，也可以用于表示负面情感极性强度。因此，在处理情感信息时，需要考虑包含评价词语的组合评价单元，具体有以下几种形式。

1) 主观表达式的抽取

主观表达式是指那些表示情感文本单元主观性的词语。某些词组也能明确表示文本的主观性，如“乡巴佬”等，这些词组带有明显的主观性，但其中的单个词语并不一定是评价词语。采用这种方式，研究者可以扩充主观表达式的列表，并对其情感程度进行识别。

2004年，维贝和威尔逊(Wiebe & Wilson)从不同的语料中扩充了大量的主观表达式[4]，主要包括手工收集的一部分主观表达式以及自动从标注或未标注语料中学习而来的一部分主观表达式。他们还首次利用句法分析结果挖掘了句法主观表达式[5]。随后，维贝和威尔逊采用多种特征及机器学习方法对他们获取的大量主观表达式的情感程度进行了识别。

2) 评价短语的抽取

评价短语通常由连续出现的词组组成，这些词组往往由程度副词和评价词语组合而成，例如“非常好”。这种组合评价单元不仅包含主观表达式的情感极性，还考虑了修饰成分的影响。此类修饰成分会加强、减弱或置反主观表达式的情感极性。

识别评价短语的方法包括基于情感词典的方法，如结合WordNet使用半自动方法构建评价词词典和修饰词词典[6]。此外，还可以使用依存句法结构，在句法树上获取评价短

---

[1] 赵妍妍，秦兵，刘挺. 文本情感分析[J]. 软件学报，2010，21(8)：1834-1848.

[2] Takamura H，Inui T，Okumura M. Extracting semantic orientation of words using spin model[C]. In：Knight K，ed. Proc. of the Association for Computational Linguistics (ACL). Morristown：ACL，2005：133-140.

[3] Rao D，Ravichandran D. Semi-Supervised polarity lexicon induction[C]. In：Lascarides A，ed.Proc.of the EACL 2009.Morristown：ACL，2009：675-682.

[4] Wilson T，Wiebe J，Hwa R. Just how mad are you? Finding strong and weak opinion clauses[C]. In：Hendler J A，ed. Proc. of the AAAI 2004. Menlo Park：AAAI Press，2004：761-769.

[5] Wilson T，Wiebe J，Hwa R. Recognizing strong and weak opinion clauses[J]. Computational Intelligence，2006，22(2)：73-99.

[6] Whitelaw C，Garg N，Argamon S. Using appraisal groups for sentiment analysis[C]. In：Fuhr N，ed. Proc. of the ACM SIGIR Conf. on Information and Knowledge Management(CIKM). New York：ACM Press，2005：625-631.

语[1]。尽管修饰关系的词语在句子中不总是连续出现，但也会影响情感句的最终极性，因此一些研究者[2][3]通过利用组合语义单元的相互作用来表达某种情感极性。组合语义单元可以看作一种更为复杂的评价短语，大多使用人工总结或半自动生成的模板来识别。

3) 评价搭配的抽取

评价搭配是指评价词语和它所修饰的意见对象之间的组合，它就像一个二元对，包含<意见对象，评价词语>。例如，在句子“This car gets great gas mileage.”中，就有一个评价搭配<gas mileage，great>。

尽管相对于评价词语，主观表达式和评价短语能够更加准确地判别文本的情感极性，但也会存在表达歧义或短语本身并没有表达情感极性的现象。比如，在句子“This car has great speed.”中，“great”并不是一个评价词，因此不存在情感极性，这时就需要考虑“评价搭配”。

评价搭配的抽取方法通常有两种，一种是基于模板的方法，另一种是使用句法关系模板。例如，布卢姆(Bloom)等研究者[4]使用Stanford Parser手动创建了31条句法规则来抽取评价搭配。此外，波佩斯库(Popescu)等人[5]使用Minipar Parser手动构建了10条依存句法抽取模板，以获取评价搭配。

3.2.2　情感信息分类

1. 主客观信息分类

情感文本中夹杂的客观信息会影响情感分析的质量[6]，因此将情感文本中的主观信息和客观信息进行分离非常有必要。一些研究者通过考察文本内部是否含有情感知识(即情感信息抽取的结果)来完成主客观信息分类[7]，但事实上，许多客观语句中也可能

---

[1] Ni M S，Lin H F. Mining product reviews based on association rule and polar analysis[C]. In：Zhu Q M，et al., eds.Proc. of the NCIRCS 2007，2007：628-634 (in Chinese with English abstract).

[2] Moilanen K，Pulman S. Sentiment composition[C]. In：Mitkov R，ed.Proc. of the Recent Advances in Natural Language Processing Int'l Conf. (RANLP 2007)，2007：378-382.

[3] Choi Y，Cardie C. Learning with compositional semantics as structural inference for subsentential sentiment analysis[C]. In：Lapata M，Ng H T，eds.Proc. of the EMNLP 2008. Morristown：ACL，2008：793-801.

[4] Bloom K，Garg N，Argamon S. Extracting appraisal expressions[C]. In：Sidner C，ed. Proc. of the HLT-NAACL 2007. Morristown：ACL，2007：308-315.

[5] Popescu A M，Etzioni O. Extracting product features and opinions from reviews[C]. In：Mooney R J，ed. Proc. of the HLT/EMNLP 2005. Morristown：ACL，2005：339-346.

[6] Riloff E，Wiebe J，Phillips W. Exploiting subjectivity classification to improve information extraction[C]. In：Yanco H，ed. Proc. of the AAAI 2005. Menlo Park：AAAI Press，2005：1106-1111.

[7] Andreevskaia A，Bergler S. Mining WordNet for a fuzzy sentiment：Sentiment tag extraction from WordNet glosses[C]. In：McCarthy D，Wintner S，eds. Proc. of the European Chapter of the Association for Computational Linguistics (EACL). Morristown：ACL，2006：209-216.

包含评价词语。为了尽可能消除歧义，很多研究者挖掘并使用情感文本中的组合评价单元。有研究者[1]构建情感模板识别情感文本的主客观性。也有研究者将情感文本单元的主客观分类定义为二元分类任务，即对任意给定的情感文本单元，由分类器协助判断其主客观性。运用这种方法的关键在于分类器和分类特征的选取。例如，哈齐瓦西罗格卢(Hatzivassiloglou)[2]使用词语作为特征，采用朴素贝叶斯(naive Bayes)分类器完成篇章级情感文本的主客观分类。姚天昉[3]从一些特殊特征的角度考察主客观文本，如标点符号角度、人称代词角度、数字角度等。庞(Pang)[4]采用基于图的分类算法完成语句级的主客观分类。

2. 主观信息情感分类

主观信息情感任务按不同的文本粒度可以分为词语、短语、句子和篇章等分析单位(level of analysis)。前文已经对词语级和短语级的情感分类方法进行了总结，这里将着重介绍句子级和篇章级的主观信息情感分类方法。

目前，主观信息情感分类主要有两种研究方法：一是基于情感知识的方法，与主客观信息分类任务类似，主要是依靠一些已有的情感词典或领域词典以及主观文本中带有情感极性的组合评价单元进行计算，以获取主观文本的极性；二是基于特征分类的方法，使用机器学习方法，选取大量有意义的特征来完成分类任务。

(1) 基于情感知识的方法[5]~[8]。采用这种方法，首先需要分析句子或篇章中的评价词语或组合评价单元的极性，然后进行极性加权求和。运用这种方法的关键在于抽取评价词语或组合评价单元以及选择极性判断方法。例如，研究者可以通过挖掘WordNet等知识库中的情感信息来获取评价词语的情感极性，也可以构建情感模板来识别情感文本的

---

[1] Riloff E，Wiebe J. Learning extraction patterns for subjective expressions[C]. In：Collins M，Steedman M，eds. Proc.of the EMNLP 2003. Morristown：ACL，2003：105-112.

[2] Yu H，Hatzivassiloglou V. Towards answering opinion questions：separating facts from opinions and identifying the polarity of opinion sentences[C]. In：Collins M，Steedman M，eds. Proc. of the EMNLP 2003. Morristown：ACL，2003：129-136.

[3] Yao T F，Peng S W. A study of the classification approach for Chinese subjective and objective texts[C]. In：Zhu Q M，et al.，eds. Proc. of the NCIRCS，2007：117-123 (in Chinese with English abstract).

[4] Pang B，Lee L. A sentimental education：Sentiment analysis using subjectivity summarization based on minimum cuts[C]. In：Scott D，ed. Proc. of the ACL 2004. Morristown：ACL，2004：271-278.

[5] Andreevskaia A，Bergler S. Mining WordNet for a fuzzy sentiment：Sentiment tag extraction from WordNet glosses[C]. In：McCarthy D，Wintner S，eds. Proc. of the European Chapter of the Association for Computational Linguistics (EACL). Morristown：ACL，2006：209-216.

[6] Yu H，Hatzivassiloglou V. Towards answering opinion questions：separating facts from opinions and identifying the polarity of opinion sentences[C]. In：Collins M，Steedman M，eds. Proc. of the EMNLP 2003. Morristown：ACL，2003：129-136.

[7] Hu M Q，Liu B. Mining and summarizing customer reviews[C]. In：Kohavi R，ed. Proc. of the KDD 2004. New York：ACM Press，2004：168-177.

[8] Turney P. Thumbs up or thumbs down? Semantic orientation applied to unsupervised classification of reviews[C]. In：Isabelle P，ed. Proc. of the ACL 2002. Morristown：ACL，2002：417-424.

情感极性。

(2) 基于特征分类的方法。这种方法是将情感分类任务视为一个机器学习问题[1]。采用这种方法时，研究者需要提取各种特征，并使用分类器来判定文本的情感极性。其中，特征可以是词语的N-gram[2]、词性、位置[3]等。常用的分类器包括朴素贝叶斯、最大熵、支持向量机等。运用这种方法的关键在于选择有效的特征。这种方法常用于特征选择和特征融合等问题的研究[4]。除了对情感进行褒贬的二元分类外，还有一些研究者致力于更细致的情感分类，将情感分为多个等级。例如，有研究者将情感分为3类[5]或4类[6]，然后使用相应的分类算法来完成情感分类。

总之，基于情感知识和基于特征分类是情感分析领域的两种常见方法，它们各有优势与劣势，研究者需要根据具体任务和数据来选择合适的方法，以提高情感分析的准确度。

3. 常用主观信息情感分类模型：朴素贝叶斯算法

朴素贝叶斯算法不仅可以用于解决文本分析中的一般性分类问题，也可以用于文本的情感倾向分类。作为一种常用于文本情感分类的方法，它的原理相对简单，并且在许多文本分析任务中都表现出色。朴素贝叶斯算法基于给定的训练集来计算每个词在每个情感类别中的权重。这个权重可以理解为每个词对于确定一个文本属于某个情感类别的贡献程度。举个例子，假设一个情感分类任务包括两个类别，即正面和负面。训练集包含大量的文本样本，其中每个词都与它们所属的情感类别有关。朴素贝叶斯算法会计算每个词在正面和负面情感类别中的权重，以便在后续分类时使用。

用户可以使用各种机器学习库(如scikit-learn)来实现朴素贝叶斯情感分类模型的运行，具体包括以下几步。

1) 准备3个数据集

(1) 训练集。训练集包含已经标记好情感类别的文本样本，用于训练朴素贝叶斯

---

[1] Pang B，Lee L，Vaithyanathan S.Thumbs up? Sentiment classification using machine learning techniques[C]. In：Isabelle P，ed. Proc. of the EMNLP 2002. Morristown：ACL，2002：79-86.

[2] Cui H，Mittal V O，Datar M. Comparative experiments on sentiment classification for online product reviews[C]. In：Gil Y，Mooney R J，eds. Proc. of the AAAI 2006. Menlo Park：AAAI Press，2006：1265-1270.

[3] Kim S M，Hovy E. Automatic identification of pro and con reasons in online reviews[C]. In：Dale R，Paris C，eds.Proc. of the COLING/ACL 2006. Morristown：ACL，2006：483-490.

[4] Zhao J，Liu K，Wang G. Adding redundant features for CRFs-based sentence sentiment classification[C]. In：Lapata M，Ng HT，eds. Proc. of the Conf. on Empirical Methods in Natural Language Processing (EMNLP 2008). Morristown：ACL，2008：117-126.

[5] Pang B，Lee L. Seeing stars：Exploiting class relationships for sentiment categorization with respect to rating scales[C]. In：Knight K，ed. Proc. of the Association for Computational Linguistics (ACL). Morristown：ACL，2005：115-124.

[6] Goldberg A B，Zhu X. Seeing stars when there aren't many stars：Graph-Based semi-supervised learning for sentiment categorization[C]. In：Bilmes J，et al.，eds. Proc. of the HLT-NAACL 2006 Workshop on Textgraphs：Graph-Based Algorithms for Natural Language Processing. Morristown：ACL，2006：45-52.

模型。

(2) 测试集。测试集包含一些文本样本，用于评估模型的性能。

(3) 未分类文本。这是用户进行情感分类的文本对象，用户可以使用训练好的模型来判别它们的情感类别。

2) 编写贝叶斯算法情感分类代码

(1) 加载贝叶斯分类器。

```
from textblob.classifiers import NaiveBayesClassifier[1]
```

(2) 载入或构建训练集。

```
train=[
('I love this car', 'pos')
('This view is amazing', 'pos'),
('I feel great', 'pos'),
('I am so excited about the concer', 'pos'),
('He is my best friend', 'pos'),
('I do not like this car', 'neg'),
('This view is horrible', 'neg'),
('I feel tired this morning', 'neg'),
('I am not looking forward to the concert', 'neg'),
('He is an annoying enemy', 'neg')
]
```

(3) 构建测试集，代码与第(2)步接近。

```
test=[
('I am excited now', 'pos'),
('You are so pretty', 'pos'),
('this pie is so odorous', 'neg'),
('he does not want to go home', 'neg'),
('i feel nervous', 'neg')
]
```

(4) 调用“NaiveBayesClassifier”命令，利用朴素贝叶斯算法，对训练集进行机器学习，确定每个词语在每个类别中的概率。

```
cl=NaiveBayesClassifier(train)
```

(5) 调用“cl.classify”命令，对测试集进行分类。

```
for sentence in test:
    Print(sentence[0], ': ', cl.classify(sentence[0]))
```

(6) 输出贝叶斯情感分类算法的准确率。

```
Print('accuracy is: ', cl.accuracy(test))
```

3.3　中文文本情感分析

中文文本情感分析通常可以分为词语、语句、篇章3个级别。其中，篇章级情感分析是指将文本从整体上区分为褒义、贬义或中性[1]，需要更多考虑上下文的语义以及相关的领域知识，有时不同极性的语句综合在一起可能产生某一特定的篇章情感极性，有时没有情感极性的语句集合可能产生强烈的情感极性[2]。

篇章级情感分析的前提假设是整个文本只表达一种情感，即积极的或者消极的情感[3]。从篇章级情感分析的假设来看，该层次的情感分析的主要任务是对文本进行情感分类(sentiment classification)，即将带有观点的文本分为积极的或消极的类别。关于篇章级情感分析的研究相对较早，研究比较成熟，但面对日益提高的分析需求以及日益多样化和复杂化的语言环境，篇章级情感分析的结果往往并不理想。因此，本节将重点介绍语句级情感分析的相关内容与实操。

目前，语句级情感分析方法主要有基于词典匹配的情感分类和有监督机器学习情感分类两种。语句级情感分析的主要任务包括区分语句的主客观性、判断主观句的褒贬性以及提取语句中情感倾向的细粒度。

3.3.1　基于词典匹配的情感分类方法

基于词典匹配的情感分类方法主要通过构建情感词典和规则，对文本进行拆句、分析并与词典进行匹配，确定文本中积极情感词与消极情感词所占的比例，或对不同情绪类别(如高兴、愤怒、伤心等)进行加总，从而判别给定文本的基本情感倾向。

情感词典是包含情感极性和强度的词表[4]，它是文本分析的基础。利用文本情感词典，可以对其中的词汇进行极性和强度标注，然后可以对情感词典进行扩展，在标注和扩展的基础上，可以进一步获取和分类情感词。

---

[1]　魏韡，向阳，陈千. 中文文本情感分析综述[J]. 计算机应用，2011，31(12)：3321-3323.

[2]　杨立公，朱俭，汤世平. 文本情感分析综述[J]. 计算机应用，2013，33(6)：1574-1578.

[3]　Feldman R.Techniques and applications for sentiment analysis[J]. Communications of ACM，2013，56(4)：82-89.

[4]　唐晓波，刘广超. 细粒度情感分析研究综述[J]. 图书情报工作，2017，61(5)：132-140.DOI：10.13266/j.issn.0252-3116.2017.05.018.

1. 常见的情感词典

1) 知网情感词典

知网(HowNet)是由我国计算语言学家董振东、董强在20世纪90年代提出设计和构建的[1]，它不仅是一个情感词典，也是一个以汉语和英语词语所表示的概念为描述对象、以揭示概念与概念之间以及概念属性之间的关系为基本内容的常识知识库。

HowNet对于汉语词汇的描述基于“义原” (sememe)这一基本概念，它可以被理解为最基本的、不易于再分割的最小语义单位。考虑到汉语词汇在不同语境下的复杂含义，HowNet将一个词理解为若干义项的集合，以更准确地表示其语义[2]。

HowNet情感分析词表包括各种类型的情感词语，例如主张词语(如“发现”“发觉”等表示感知的词语)、正面情感词语、正面评价词语、负面情感词语、负面评价词语以及程度级别词语[3]。这些词语帮助研究者在文本中识别情感并进行情感分析。2007年版的HowNet情感词典提供正面评价词3 730个，负面评价词3 116个，正面情感词836个，负面情感词1 254个。这些词汇构成了情感分析的基础，研究者可以使用它们来判断给定文本的情感倾向。

朱嫣岚等提出了基于HowNet的两种词语情感极性判别方法，即语义相似度方法和语义相关场方法。语义相似度方法通过计算义原之间的相似度来评估词语的语义相似程度[4]，而语义相关场方法则通过考查两个词语在同一语境中共现的可能性来衡量它们的相关性[5]。

2019年，清华大学人工智能研究院发布了OpenHowNet[6](官网首页见图3-4)，首次将HowNet的核心数据开源，并且提供了丰富的调用接口，以实现在线检索词条、展示义原结构、计算基于义原的词语相似度等功能。这一资源包括大约237 974个中英文词条、35 202个概念和2 540个义原，为研究者提供了更多的工具和数据支持，有助于研究者完成情感分析和其他自然语言处理任务。

2) 中国台湾大学简体中文情感极性词典

中国台湾大学简体中文情感极性词典(National Taiwan University Sentiment Dictionary，NTUSD)是由台湾大学总结整理的中文情感词典，分为简体中文和繁体中文两个版本。NTUSD将情感分为积极情感和消极情感两类[7]，每个版本包含正面评价词2 812个，负面评价词8 276个[8]。需要注意的是，NTUSD只提供词汇列表，并没有提

[1] https://openhownet.thunlp.org/about_hownet.

[2] 朱嫣岚，闵锦，周雅倩，等. 基于HowNet的词汇语义倾向计算[J]. 中文信息学报，2006(1)：14-20.

[3] 张伦，王成军，许小可. 计算传播学导论[M]. 北京：北京师范大学出版社，2018.

[4] 刘群，李素建. 基于《知网》的词汇语义相似度的计算[A]. 第三届汉语词汇语义学研讨会，台北，2002.

[5] 朱嫣岚，闵锦，周雅倩，等. 基于HowNet的词汇语义倾向计算[J]. 中文信息学报，2006(1)：14-20.

[6] https://openhownet.thunlp.org/，2023-07-05.

[7] 张伦，王成军，许小可. 计算传播学导论[M]. 北京：北京师范大学出版社，2018.

[8] http://nlg18.csie.ntu.edu.tw：8080/opinion/，2007.

供这些词汇反映情感的强度[1]。

图3-4　OpenHowNet官网首页

杨超提出了一个有趣的观点，他认为当人们分析一个新的中文词语时，可以根据组成这个词语的每个汉字来猜测这个词语的意思。基于这个观点，他提出了一个假设，即一个中文词语的情感倾向可以看作组成这个词语的每个汉字情感倾向性的函数。这意味着一个词语的情感倾向受到构成它的每个汉字情感倾向的影响。

研究者可以借鉴以往经过验证的方法，并利用某个汉字在NTUSD中出现的频率来计算汉字的情感倾向性，计算公式如(3-3)和(3-4)所示。这两个公式不仅可以反映一个汉字的情感倾向性，还能表示情感倾向性的强度。

$$P_{ci}=\frac{\dfrac{fp_{ci}}{\sum_{j=1}^{n}fp_{cj}}}{\dfrac{fp_{ci}}{\sum_{j=1}^{n}fp_{cj}}+\dfrac{fn_{ci}}{\sum_{j=1}^{n}fn_{cj}}} \tag{3-3}$$

$$N_{ci}=\frac{\dfrac{fn_{ci}}{\sum_{j=1}^{n}fn_{cj}}}{\dfrac{fp_{ci}}{\sum_{j=1}^{n}fp_{cj}}+\dfrac{fn_{cj}}{\sum_{j=1}^{m}fn_{cj}}} \tag{3-4}$$

式中：fp_{ci}和fn_{ci}分别表示一个汉字在NTUSD褒义词集和贬义词集中出现的频率。n和m分别表示在NTUSD褒义词集和贬义词集中不同汉字的个数。在NTUSD中，表达负向情感的词要比正向情感的词多很多，所以在统计汉字出现的频率时，可能造成褒义词集中汉

[1]　杨超，冯时，王大玲，等. 基于情感词典扩展技术的网络舆情倾向性分析[J]. 小型微型计算机系统，2010，31(4)：691-695.

字的出现频率比贬义词集中汉字出现的频率小。公式(3-3)和公式(3-4)对汉字的出现频率进行了归一化处理，从而保证计算结果的统一性。P_{ci}和N_{ci}分别表示一个汉字的正向情感倾向性和负向情感倾向性，两者之差反映了该汉字的整体情感倾向性以及强度，计算公式为

$$S_{ci}=(P_{ci}-N_{ci}) \tag{3-5}$$

设一个中文词汇w由p个汉字组成，则c_1，c_2，…，c_p，w的情感倾向S_w的计算公式为

$$S_w=\frac{\sum_{j=1}^{p}S_{cj}}{p} \tag{3-6}$$

根据公式(3-5)和公式(3-6)，一个中文词汇的情感倾向S_w的取值范围在-1和1之间，S_w大于0表示该词表达正向情感，S_w小于0表示该词表达负向情感，S_w的绝对值越大，表示情感越强烈。利用公式(3-6)，研究者可以计算 NTUSD 中每个词的情感倾向性。NTUSD中的每一个词，都可用一个三元组表示，即Item<word，polarity，strength>，其中word表示词汇名称，polarity表示该词的情感倾向性，strength表示该词的情感强度，其具体结果由S_w的绝对值表示。在实际进行情感词语匹配时，研究者往往将HowNet和NTUSD两个情感词典组合在一起，去重后再使用[1]。

3) 中文情感词汇本体库

中文情感词汇本体库(或称为“大连理工大学的情感本体库”)是在林鸿飞教授的指导下，由全体教研室成员共同努力整理和标注的中文本体资源[2]。这一资源旨在从多个角度详细描述中文词汇和短语，包括词性种类、情感类别、情感强度以及极性等信息。

中文情感词汇本体库的情感分类体系是在国外具有影响力的Ekman情感分类体系的基础上构建的。在Ekman情感分类的基础上，中文情感词汇本体库对褒义情感进行了更细致的划分，特别加入了情感类别“好”。最终，中文情感词汇本体库划分出7个大类和21个小类情感，如表3-1所示。情感强度分为1、3、5、7、9五档，其中9表示情感强度最大，而1表示情感强度最小。每个词汇在每一类情感下都对应一个极性，其中0代表中性，1代表褒义，2代表贬义，3代表兼有褒贬两性。

中文情感词汇本体库以Excel表格的方式存储，包含27 466个情感词汇，文件大小为1.22M。它为中文文本的情感分析提供了丰富的情感信息和资源，对于情感分析和自然语言处理研究非常有价值。

表3-1　情感分类

编号	情感大类	情感类	例词
1	乐	快乐(PA)	喜悦、欢喜、笑眯眯、欢天喜地
2		安心(PE)	踏实、宽心、定心丸、问心无愧

[1] 张伦，王成军，许小可. 计算传播学导论[M]. 北京：北京师范大学出版社，2018.

[2] 徐琳宏，林鸿飞，潘宇，等. 情感词汇本体的构造[J].情报学报，2008，27(2)：180-185.

(续表)

编号	情感大类	情感类	例词
3	好	尊敬(PD)	恭敬、敬爱、毕恭毕敬、肃然起敬
4		赞扬(PH)	英俊、优秀、通情达理、实事求是
5		相信(PG)	信任、信赖、可靠、毋庸置疑
6		喜爱(PB)	倾慕、宝贝、一见钟情、爱不释手
7		祝愿(PK)	渴望、保佑、福寿绵长、万寿无疆
8	怒	愤怒(NA)	气愤、恼火、大发雷霆、七窍生烟
9	哀	悲伤(NB)	忧伤、悲苦、心如刀割、悲痛欲绝
10		失望(NJ)	憾事、绝望、灰心丧气、心灰意冷
11		疚(NH)	内疚、忏悔、过意不去、问心有愧
12		思(PF)	思念、相思、牵肠挂肚、朝思暮想
13	惧	慌(NI)	慌张、心慌、不知所措、手忙脚乱
14		恐惧(NC)	胆怯、害怕、担惊受怕、胆战心惊
15		羞(NG)	害羞、害臊、面红耳赤、无地自容
16	恶	烦闷(NE)	憋闷、烦躁、心烦意乱、自寻烦恼
17		憎恶(ND)	反感、可耻、恨之入骨、深恶痛绝
18		贬责(NN)	呆板、虚荣、杂乱无章、心狠手辣
19		妒忌(NK)	眼红、吃醋、醋坛子、嫉贤妒能
20		怀疑(NL)	多心、生疑、将信将疑、疑神疑鬼
21	惊	惊奇(PC)	奇怪、奇迹、大吃一惊、瞠目结舌

其中，一个情感词可能对应多种情感，情感类用于刻画情感词所属的情感大类。中文情感词汇本体库的宗旨是在情感计算领域，为中文文本情感分析和情感倾向性分析提供一个便捷可靠的辅助手段。它可以用于解决多类别情感分类的问题，同时也可以用于解决一般的倾向性分析问题。

2. 基于词典匹配的情感分析的实现

基于词典匹配的情感分析大致分为如下步骤。

(1) 文本预处理，以语句为最小分析单元，对给定文本进行分词处理。

(2) 分析语句中出现的词语，按照情感词典匹配。

(3) 处理否定逻辑及转折逻辑。

(4) 根据词语的极性、程度(如程度副词)等因素进行加权求和。

(5) 根据情感得分输出语句情感倾向性。

如果是篇章或者段落级别的情感分析任务，按照具体情况，可以采用对每个语句进行单一情感分析并融合的形式进行，也可以先抽取情感主题句再进行语句情感分析，最终可以得到情感分析结果。

情感分析常用的Python程序包为SnowNLP，该程序包不仅能够处理中文文本内容，还能够完成文本预处理工作以及文本相似度计算。SnowNLP的情感分析取值范围为[0，1]，0表示极端负面，1表示极端正面。

用户安装过SnowNLP之后，可以通过“print”命令，对以下语句进行情感分析：“@互联网怪盗团：在当前主流产品当中，Roblox确实是最接近元宇宙愿景的，但这只是相对的。如果‘绿洲’那样的元宇宙是100分，Roblox可能只做到了10分，而竞争对手可能只做到了3～5分。”

```
from snownlp import SnowNLP[1]
text = "文本案例"

s = SnowNLP(text)
for sentence in s.sentences :
   print(sentence, SnowNLP(sentence) sentiments)
```

运行上述命令，得到结果如下所示。

```
在当前主流产品当中 0.9784567097482727
Roblox确实是最接近元宇宙愿景的 0.9920391446235358
但这只是相对的 0.45000000000000007
如果"绿洲"那样的元宇宙是100分 0.6405202472403694
Roblox可能只做到了10分 0.19454747058625055
而竞争对手可能只做到了3~5分 0.2882343822103274
```

3.3.2　有监督机器学习的情感分类方法

情感词典具有准确率高的特点，但常常伴随着较低的召回率。这意味着情感词典能够准确识别情感，但可能会错过一些情感词汇。此外，在不同的领域，构建情感词典的难度各不相同，通常需要投入较高的成本。这也是很多研究者采用机器学习方法来进行情感分析的原因。

采用机器学习方法时，可以将情感分析看作一个有监督的分类问题，具体包括如下几步。

1. 文本预处理

文本预处理是采用机器学习进行文本分类的基础操作。文本通常是非结构化数据，因此需要经过一系列的预处理步骤，将其转化为计算机可以处理的结构化数据。这些步骤包括去噪、特征提取、文本结构化(如分词、去除词根、去除停用词)等。

2. 人工情感标注

采用有监督机器学习的方法，意味着需要事先构建一个训练集，定义分类规则。因

[1]　代码来源https://github.com/SocratesAcademy/ccrbook

此，研究者需要随机选取一部分文本，对其进行人工情感标注，构建训练集和测试集，用于训练算法和检测算法的准确性。

3. 特征选择

特征选择(feature selection)的核心任务是在训练集中选择每个类别具有代表性的词语(而非全部词语)并纳入分类算法中。

在机器学习分类算法中，特征选择对分类准确性和召回率有直接影响。选择合适的特征可以降低训练成本，防止计算精度下降。研究者可使用互信息(mutual information)算法、卡方(chi-square)算法等来提取具有代表性的词语，以供机器学习模型使用。

1) 互信息算法

互信息算法是一种常用的特征选择方法。该方法可测量一个词语的出现对于正确分类的信息贡献程度，也就是说，互信息越高的词语，对于正确分类的概率贡献越大，其计算公式为

$$I(Y;X)=\sum_{y_i\in Y}\sum_{x_i\in X}P(X=x_i,Y=y_i)\log_2\frac{P(X=x_i,Y=y_i)}{P(X=x_i)P(Y=y_i)} \tag{3-7}$$

式中：Y表示积极或消极情绪类别；y_i表示某一类情绪，一般有两个取值，1或0(即出现或不出现)；X表示某个词；x_i表示该词的取值，0或1。此外，log的底数可以为e或者2，若为2，互信息的单位就是比特。

由公式(3-7)可以看出，某个词语的互信息取值范围为[0，1]，取值越接近0，说明该词语与该类别的互信息越低；取值越接近1，说明该词语与该类别的互信息越高。如果某个词语在某个特定类别中出现频率很高，但在其他类别中出现频率很低，则该词语与该类别的互信息较高。互信息算法可以呈现某一个词语“属于”某一个类别的程度。

2) 卡方算法

卡方算法旨在量化某个词语与某个类别出现概率的是不是独立性，即明确两者是否独立。具体而言，卡方算法可以测量期望值E和观测值N偏离的程度，以明确一个语词对于某个情感类别的重要性，计算公式为

$$x^2(t,c)=\sum_{e_t\in\{0,1\}}\sum_{e_c\in\{0,1\}}\frac{\left(N_{e_te_c}-E_{e_te_c}\right)^2}{E_{e_te_c}}$$

式中：e_t和e_c是二元变量，分别表示文档是否包含词汇t(e_t=1表示包含，e_t=0表示不包含)和文档是否属于类别c(e_c=1表示属于，e_c=0表示不属于)；运用卡方公式时，首先要计算期望值$E_{e_te_c}$。$E_{e_te_c}$是词汇t出现且文档属于类别c的联合概率与总文档数N的乘积。

由卡方计算公式可以发现，E与N偏离程度越高，卡方值越大。研究者还可以通过查询卡方分布表来判断卡方值的显著程度。

4. 分类算法的选择

研究者完成文本预处理后，需要选择合适的机器学习分类算法，以便计算机“学习”情感信息，然后使用这些学到的算法对独立的测试集数据进行分类和验证。具体而言，分类算法的主要任务是利用文本构建训练集，估算每个词语在不同情感类别中出现的概率，最终根据这些概率来预测文本所属的情感类别。目前，应用较广泛的分类算法有支持向量机(support vector machine，SVM)、朴素贝叶斯算法(naive Bayes，NB)、最大熵算法(maximum entropy，ME)以及深度学习方法，如卷积神经网络(convolutional neural networks，CNN)和循环神经网络(recurrent neural network，RNN)等。

需要注意的是，在选择算法时，应该综合考虑数据集的特性、问题的复杂度和可用的计算资源。有些算法在特定情境下可能表现更好，因此通常需要尝试多种算法，并通过模型评估来选择适合特定任务的算法。

5. 模型评估

在选择分类算法后，研究者需要对模型进行评估。模型评估的主要目的是比较机器学习算法对测试集中每个文本情感类别的预测与人工标注的情感类别之间的差距，以计算分类的准确率。准确率是一个重要的指标，它用于衡量模型的分类性能。当准确率达到要求时，研究者可以将训练好的算法应用于更大规模的数据并进行情感分析。

分类结果取决于两个重要指标，即准确率(accuracy rate)和召回率(recall rate)。准确率用于衡量模型正确分类的文本比例。召回率是指模型成功检测出的正类别文本数量与实际正类别文本数量之比，也就是衡量模型正确识别的文本比例。这两个指标的影响因素包括训练集样本的准确性、样本量以及分类算法的适当性。

(1) 训练集样本的准确性。准确的人工标注对于机器学习效果至关重要。因此，需要精确地标记训练集样本，以指导算法的学习过程。

(2) 训练集的样本量。样本量的大小决定了样本是否能够涵盖不同类型的文本和语句，从而影响分类的泛化能力。

(3) 分类算法的适当性。不同的算法在不同的情感分析任务中表现出不同的性能，因此需要根据具体的需求选择适合的算法。

总之，情感分析是一项复杂的任务，需要研究者完成数据准备、特征选择和模型评估等流程，才能获得准确的情感分类结果。在社会科学研究中，研究者通常使用Python等编程软件，调用被广泛使用的方法来完成研究，以提高效率和准确性。

3.3.3 中文文本情感分析的Python实现案例

前文详细介绍了中文文本情感分析的两种主要方法，即词典匹配和有监督机器学习方法。词典匹配方法依赖于情感词典的准确性和完备性，能够对文本中的情感词语进行快速匹配，并进行情感极性判定。与此不同，有监督机器学习方法将情感分析视为一个分类问题，通过训练数据来构建分类模型，能够适应不同领域和语境的情感分析需求。

接下来，本节将通过具体案例展示如何运用这两种方法进行中文文本情感分析，通过实际案例操作，深入探讨词典匹配和有监督机器学习方法在情感分析中的应用，以及它们在不同情境下的表现和局限性。

1. 基于情感词典的情感分析

本示例通过Python爬虫实现对关键词“元宇宙”的抓取，基于HowNet情感词典，通过Python操作平台(如pycharm)实现分析过程。HowNet情感词典是一个丰富的情感资源库，包含大量中文词语和情感分类信息，可以帮助研究者理解和评估文本的情感倾向。以下为具体操作流程。

(1) 导入中文分词库jieba和数值计算库numpy。

```
import jieba[1]
import numpy as np
```

(2) 打开词典文件，返回列表。

```
def open_dict(Dict, path):
    path = path + '%s.txt' % Dict
    dictionary = open(path, 'r', encoding='gbk')
       dict = []
    for word in dictionary:
        word = word.strip('\n')
        dict.append(word)
    return dict
```

(3) 查找情感词前是否有否定词，若全部否定词数量为奇数，乘-1；若全部否定词数量为偶数，乘1。

```
def judgeodd(num):
    if (num % 2) == 0:
        return 'even'
    else:
        return 'odd'
```

[1] 代码来源https://zhuanlan.zhihu.com/p/23225934

(4) 修改路径，导入情感词典。

```
deny_word = open_dict(Dict='否定词', path=r'/Users/PycharmProjects/pythonProject/')
posdict = open_dict(Dict='积极', path= r'/Users/PycharmProjects/pythonProject/')
negdict = open_dict(Dict='消极', path= r'/Users/PycharmProjects/pythonProject/')
print(posdict)

degree_word = open_dict(Dict='程度级别词语', path=
r'/Users/PycharmProjects/pythonProject/')
len(degree_word), degree_word[: 3]
mostdict = degree_word[degree_word.index('most')+1 : degree_word.index('very')]
#权重4，即在情感词前乘3
verydict = degree_word[degree_word.index('very')+1 : degree_word.index('more')]#权重3
moredict = degree_word[degree_word.index('more')+1 : degree_word.index('ish')]#
权重2
ishdict = degree_word[degree_word.index('ish')+1 : degree_word.index('last')]#
权重0.5
```

(5) 对评论呈现的情感倾向进行分析，包括分析情感词的积极性以及情感极性，对所有评论打分并形成列表。

```
def sentiment_score_list(dataset):
    seg_sentence = dataset.split('\n')
    count1 = []
    count2 = []
    for sen in seg_sentence:  #循环遍历每一个评论
        segtmp = jieba.lcut(sen, cut_all=False)
        print(segtmp)   #把句子进行分词，以列表的形式返回
        i = 0    #记录扫描到的词的位置
        a = 0    #记录情感词的位置
        poscount = 0    #积极词的第一次分值
        poscount2 = 0    #积极词反转后的分值
        poscount3 = 0    #积极词的最后分值(包括叹号的分值)
        negcount = 0
        negcount2 = 0
        negcount3 = 0
        for word in segtmp:
            if word in posdict:  #判断词语是不是情感词
                poscount += 1
                c = 0
                for w in segtmp[a: i]:  #扫描情感词前的程度词
                    if w in mostdict:
```

```
                poscount *= 4.0
            elif w in verydict:
                poscount *= 3.0
            elif w in moredict:
                poscount *= 2.0
            elif w in ishdict:
                poscount *= 0.5
            elif w in deny_word:
                c += 1
        if judgeodd(c) == 'odd':  #扫描情感词前的否定词数
            poscount *= -1.0
            poscount2 += poscount
            poscount = 0
            poscount3 = poscount + poscount2 + poscount3
            poscount2 = 0
        else:
            poscount3 = poscount + poscount2 + poscount3
            poscount = 0
        a = i + 1  #情感词的位置变化

    elif word in negdict:  #消极情感的分析
        negcount += 1
        d = 0
        for w in segtmp[a: i]:
            if w in mostdict:
                negcount *= 4.0
            elif w in verydict:
                negcount *= 3.0
            elif w in moredict:
                negcount *= 2.0
            elif w in ishdict:
                negcount *= 0.5
            elif w in degree_word:
                d += 1
        if judgeodd(d) == 'odd':
            negcount *= -1.0
            negcount2 += negcount
            negcount = 0
            negcount3 = negcount + negcount2 + negcount3
            negcount2 = 0
        else:
            negcount3 = negcount + negcount2 + negcount3
            negcount = 0
        a = i + 1
    elif word == '！' or word == '!':  #判断句子是否有感叹号
```

```
            for w2 in segtmp[: : -1]:  #扫描感叹号前的情感词，发现后权值
+2，然后退出循环
                if w2 in posdict or negdict:
                    poscount3 += 2
                    negcount3 += 2
                    break
        i += 1  #扫描词位置前移

        #以下是防止出现负数的情况
        pos_count = 0
        neg_count = 0
        if poscount3 < 0 and negcount3 > 0:
            neg_count += negcount3 - poscount3
            pos_count = 0
        elif negcount3 < 0 and poscount3 > 0:
            pos_count = poscount3 - negcount3
            neg_count = 0
        elif poscount3 < 0 and negcount3 < 0:
            neg_count = -poscount3
            pos_count = -negcount3
        else:
            pos_count = poscount3
            neg_count = negcount3

        count1.append([pos_count，neg_count]) #返回每条评论打分后的列表
    count2.append(count1)
    count1 = []

  return count2  #返回所有评论打分后的列表
```

(6) 分析完所有评论后，正式对每句评论呈现的情感倾向打分。

```
def sentiment_score(senti_score_list):
    score = []
    s=''
    w=''
    for review in senti_score_list:
        score_array = np.array(review)
        Pos = np.sum(score_array[: , 0])#积极总分
        Neg = np.sum(score_array[: , 1])#消极总分
        AvgPos = np.mean(score_array[: , 0])#积极情感均值
        AvgPos = float('%.1f' % AvgPos)
        AvgNeg = np.mean(score_array[: , 1])#消极情感均值
        AvgNeg = float('%.1f' % AvgNeg)
        StdPos = np.std(score_array[: , 0])#积极情感方差
```

```
        StdPos = float('%.1f' % StdPos)
        StdNeg = np.std(score_array[: , 1])#消极情感方差
        StdNeg = float('%.1f' % StdNeg)
        score.append([Pos, Neg, AvgPos, AvgNeg, StdPos, StdNeg])
        #Pos_list, Neg_list = np.array(review).T
       # Pos = np.sum(Pos_list)
       # Neg = np.append(Neg_list)
        #score.append([Pos, Neg])
        s += '\n' + str([Pos, Neg])
    return score
```

(7) 读取要进行情感分析的文本，并导出结果文件。

```
#读取要做情感分析的文本
data = open('/Users/irikaly/PycharmProjects/pythonProject_HOW/
metaverse.txt').read()

#调用函数做实体分析
sentiment_score(sentiment_score_list(data))

#将函数返回结果存入txt中
f = open('m.txt', 'w', errors='ignore')
f.write(sentiment_score(sentiment_score_list(data)).__str__())
     #score格式[Pos, Neg, AvgPos, AvgNeg, StdPos, StdNeg]
f.close()
```

通过运行代码获得文件(m.txt)，每个语句的情感分析结果为[积极总分，消极总分，积极情感均值，消极情感均值，积极情感方差，消极情感方差]。例如，“火星财经消息，华纳音乐集团宣布与虚拟形象技术公司Genies建立合作伙伴关系，将为旗下歌手开发3D虚拟形象和数字可穿戴NFT。华纳音乐集团旗下歌手将能够制作和向粉丝分发虚拟形象，促进粉丝在沉浸式平台和元宇宙(metaverse)间的联系，从而实现创作者经济……”，其情感分析的结果为[687.0，509.0，4.3，3.2，1.9，1.4]。

以下为部分结果。

```
[[1193.0, 155.0, 6.4, 0.8, 4.9, 0.4], [4165.0, 577.0, 10.7, 1.5, 8.6,
0.8], [2188.0, 707.0, 8.1, 2.6, 5.5, 2.9], [687.0, 509.0, 4.3, 3.2, 1.9,
1.4], [236, 824, 1.2, 4.1, 0.6, 3.6], [953.0, 1089.0, 4.9, 5.6, 2.4, 2.3],
[86, 76, 1.4, 1.2, 1.0, 0.6], [39, 14, 1.0, 0.4, 1.0, 0.5], [19, 0, 0.2,
0.0, 0.4, 0.0], [0, 0, 0.0, 0.0, 0.0, 0.0], [0, 0, 0.0, 0.0, 0.0, 0.0],
[27, 0, 0.7, 0.0, 0.5, 0.0], [30, 0, 1.0, 0.0, 1.0, 0.0], [0, 0, 0.0, 0.0,
0.0, 0.0], [0, 0, 0.0, 0.0, 0.0, 0.0], [28, 0, 1.0, 0.0, 0.0, 0.0], [35, 0,
1.1, 0.0, 0.9, 0.0], [35, 0, 1.1, 0.0, 0.9, 0.0], [36, 0, 1.2, 0.0, 1.0,
0.0], [36, 0, 1.2, 0.0, 1.0, 0.0], [0, 0, 0.0, 0.0, 0.0, 0.0], [0, 0, 0.0,
```

```
0.0, 0.0, 0.0], [221, 208, 2.6, 2.5, 1.7, 1.3], [221, 208, 2.6, 2.5, 1.7,
1.3], [97, 66, 3.6, 2.4, 2.3, 1.5], [401.0, 601.0, 4.2, 6.3, 2.8, 3.9],
[220, 127, 1.5, 0.8, 0.7, 0.4], [220, 127, 1.5, 0.8, 0.7, 0.4], [0, 0, 0.0,
0.0, 0.0, 0.0], ……
```

2. 基于有监督机器学习的情感分析

本案例中，可使用朴素贝叶斯算法来对包含关键词“元宇宙”的微博数据进行情感分析。这种方法的核心思想是训练模型，使其能够根据文本特征和上下文信息，自动识别并分类文本中的情感极性。以下为具体操作流程[1]。

(1) 导入数据并进行分词。中文分词是将一个汉字序列变成一个个单独的有意义的词语，这里采用中科院NLPIR和开源的jieba进行分词。

```
#导入数据
import numpy as np
import pandas as pd

data = pd.read_csv('data_test_train.csv', encoding="utf-8-sig")
data.head()

#分词
import jieba
def chinese_word_cut(mytext):
    return " ".join(jieba.cut(mytext))

data['cut_comment'] = data.comment.apply(chinese_word_cut)
print(data)
```

(2) 划分数据集。为了解决文本情感分类问题，我们需要确定两个关键要素：特征x和标签y。这里的x为分词后的评论文本，它作为输入特征用于模型训练；y为情感标签，表示评论的情感倾向，它可以分为正面、负面或中性等。

```
x = data['cut_comment']
y = data.sentiment

from sklearn.model_selection import train_test_split

x_train, x_test, y_train, y_test = train_test_split(x, y, test_size=0.2,
random_state=22)
```

[1] 代码来源https://blog.csdn.net/weixin_42617035/article/details/102680583

(3) 词向量(数据处理)。计算机无法像人类一样直接理解和处理文字信息，它更擅长处理数字，因此，需要引入词向量(word vectors)这一方法。词向量的思想非常简单，就是将文本中的每个单词映射为数字，以便计算机能够理解和处理。研究者可以检查清单上的每个单词，如果单词在文本样本中出现，就在对应的位置标记1；如果没有出现，就标记0。这样，每个文本都被转换成一个由0和1组成的向量。

在Python编程语言中，研究者可以借助一些工具和库来处理词向量，其中 scikit-learn(通常简称为 sklearn)是一个广泛使用的库。

```
from sklearn.feature_extraction.text import CountVectorizer

def get_custom_stopwords(stop_words_file):
    with open(stop_words_file, 'r', encoding='utf-8') as f:
        stopwords = f.read()
    stopwords_list = stopwords.split('\n')
    custom_stopwords_list = [i for i in stopwords_list]
    return custom_stopwords_list

stop_words_file = 'stopwords.txt'
stopwords = get_custom_stopwords(stop_words_file)

vect = CountVectorizer(max_df = 0.8,
                       min_df = 3,
                       token_pattern=u'(?u)\\b[^\\d\\W]\\w+\\b',
                       stop_words=frozenset(stopwords))
```

(4) 训练模型并测试数据。训练朴素贝叶斯算法，通过测试数据来验证精确度，得到模型精确度为0.82。

```
#训练模型
from sklearn.naive_bayes import MultinomialNB
nb = MultinomialNB()

x_train_vect = vect.fit_transform(x_train)
nb.fit(x_train_vect, y_train)
train_score = nb.score(x_train_vect, y_train)

print(train_score)

#测试数据
x_test_vect = vect.transform(x_test)
print(nb.score(x_test_vect, y_test))  #精确度
```

(5) 分析数据并导出结果。

```
#分析数据
data = pd.read_csv('data.csv', encoding="utf-8-sig")
data.head()

data = pd.read_csv('data.csv', encoding="utf-8-sig")
data['cut_comment'] = data.comment.apply(chinese_word_cut)
x=data['cut_comment']

#导出结果
x_vec = vect.transform(x)
nb_result = nb.predict(x_vec)
data['nb_result'] = nb_result

test =      pd.DataFrame(vect.fit_transform(x).toarray(), columns=vect.get_
feature_names())
test.head()

data.to_csv('data.csv', index=False)
```

(6) 通过运行代码获得文件(data.csv)，采用由消极到积极的5级量表(1，2，3，4，5)进行编码，分数小于3为消极(0)，分数大于3为积极(2)，分数等于3则为中立(1)，所得到的结果(部分)如表3-2所示。

表3-2　分类结果(部分)

文本	编码
“元宇宙”(metaverse)一词首次出现的场合，被公认是在科幻小说家 Neal Stephenson 于1992 年发表的小说*Snow Crash*(《大雪崩》)。在这部小说里，作者首次提出了“metaverse”和“avatar”的概念。书中的元宇宙是与人类生活的世界平行的世界，但也是现实世界的延伸，与现实世界有交互。人类在这个世界中可以继续现实世界的生活，拥有与现实世界相同的人设；也可以以另外一种身份生活，做在现实世界中做不到的事情。元宇宙是在虚拟环境中搭建的“现实世界”，人们利用数字分身 avatar 在时间依然只能单向流动的世界中进行同步实时交互，用大家协定的“货币”购买和出售由任何人或组织机构创建的物品(可以是内容、体验等)。未来，人们可能穿梭于不同的元宇宙以及现实生活之间	1
昨天建议大家关注NFT和元宇宙板块是因为Axie把市场关注带往这个领域。在资金流动效率超高和市场缺乏赚钱效应的现在，关注就意味着资金的涌入和价格的上涨。Flow的生态已经越发完整了，作为NFT概念最重要的基础设施之一，币价上涨理所当然。#比特币超话##DeFi##NFT# $FLOW	2
“一个虚拟身份；现实感的真人社交；可以从任何地点登录；极低的延迟；大量且多样化的内容；完整的经济系统；具有安全性和稳定性。” 这是Roblox的CEO Dave Baszucki眼中的元宇宙特征。伴随着AR/VR、云计算、AI、5G等技术的进化，元宇宙CSO或许最终会成为互联网的终极形态	2

(续表)

文本	编码
现在的风偏真是一言难尽，一边是未来已来，一边是复古怀旧；一边炒新炒到未来元宇宙，一边炒老炒旧周期齐上阵	0
虽然是学虚拟的Gart格里芬元宇宙手游NFT 恶心，但每次提到元宇宙都有点儿害怕	0
STARL 站在元宇宙的风口浪尖，星链Starl一定会起飞	2
STARL元宇宙NFT最好的项目就是Starl	2

3.4　研究案例

情感是许多传播科学研究的核心。在政治传播中，情感分析常常应用于消极情感和情感两极分化的研究。通过分析政治言论、媒体报道以及公众在社交媒体上的发言，研究者可以了解公众对政治事件和政治人物的情感反应，进一步研究社会和政治议题的演变和影响。例如，情感分析可以帮助政治分析人员追踪选民的情感波动，以预测选举结果或了解选民对政策的态度。

在社交媒体研究中，情感分析被广泛应用于分析用户在社交媒体上发表的帖子、评论和与他人的互动，以了解用户的情感状态和态度。这些信息对于市场营销人员来说非常宝贵，可以帮助他们更全面地了解消费者的需求和反应，从而制定更有针对性的营销策略。

在信息爆炸的时代，人们每天都要面对海量的信息。与其他计算工具类似，情感分析有望降低复杂性，减轻信息过载，能够为营销人员、民意调查人员和学者筛选出具有情感价值的可靠数据，提供决策依据[1]。

3.4.1　情感分析在风险传播研究中的应用

在风险传播研究中，情感分析扮演着重要的角色，它能帮助研究者深入了解社交媒体的危机响应对公众情感的影响。

在*How publics react to situational and renewing organizational responses across crises*：*Examining SCCT and DOR in social-mediated crises*[2](《公众如何在危机中对情境和不断更新的组织响应做出反应：基于社会中介危机中SCCT和DOR理论的研究》)一文中，作者基于情境危机传播理论(the situational crisis communication theory，SCCT)和更新话语理论(the discourse of renewal theory，DOR)，考察了社交媒体公众如何在不同类

[1]　Puschmann C，Powell A. Turning words into consumer preferences：How sentiment analysis is framed in research and the news media[J]. Social Media+ Society, 2018, 4(3):2056305118797724.

[2]　Zhao X，Zhan M，Ma L. How publics react to situational and renewing organizational responses across crises：Examining SCCT and DOR in social-mediated crises[J]. Public Relations Review，2020，46(4)：101944.

型的危机中对情境和不断更新的组织响应做出情绪反应。

为了进行情感分析，研究团队首先收集了模糊危机、意外危机和可预防危机等六个不同责任归属的危机的推特数据，涵盖危机期间官方组织发布的推文(59条)和公众在推特上的回复(4 340条)。接下来，研究者对公众的推特回复进行情感分析，使用了双相量表(bipolar scale)来测量情感倾向，从“非常消极”(-1)到“中性”(0)，再到“非常积极”(1)，可以更客观地分析和比较不同文本的情感内容。

为了进行情感分析，研究团队采用情感分析工具VADER，该工具基于词典和相关规则，能够高度敏感地捕捉社交媒体环境中的情感表达，包括表情符号和俚语等。此外，为了验证情感分析的准确性，研究者还对随机选择的1 000条推文进行人工编码，编码员受过为期一周的培训，他们在对推文进行情感标注时，评分一致性非常高。这三位编码员的编码结果与VADER生成的情感评分之间的相关性非常强，这进一步验证了情感分析工具的可靠性。

不仅如此，为了提高准确性，研究团队还对VADER进行了适应，更新了词典中的危机相关词汇和术语，以更好地适应危机情境。这种适应后的VADER被称为“危机VADER(crisis VADER)”。通过情感分析，研究者能够深入挖掘社交媒体上公众的情感反应，为风险传播研究提供有力的数据支持。

为确保VADER工具的稳定性和可重复性，研究团队进行了一系列验证操作。首先，他们对两名受过培训的编码员的编码一致性进行计算，并使用标准化情绪评分(n=446)来检验crisis VADER，得出Krippendorff 's Alpha[1]为0.71，这表明编码结果之间具有较高的一致性，可以接受。为了进一步验证VADER的准确性，研究者使用由人工编码员生成的情感评分，并进行多水平模型(multi-level model，MLM)测试。结果显示，人工编码员和VADER生成的情感评分在“同情”和“系统学习”这两个关键情感预测因素上趋于一致，这证明VADER在情感分析中的预测有效性。

该研究进行情感分析，并将分析结果应用于衡量公众情绪。当组织的危机信息被嵌套在危机情境中时，研究者采用多层次建模方法，以预测公众对组织危机沟通的情感反应。研究结果表明，在不同类型的组织危机中，信息指导、同情情感、组织的系统学习和有效沟通都能够显著提升公众的积极情感。然而，值得注意的是，不同类型的危机并没有对公众的信心产生明显不同的影响，这为风险传播研究提供了有益的洞察。

3.4.2 情感分析在健康传播研究中的应用

在健康传播领域，情感分析被用于研究某些患病群体所面临的污名化问题。一

[1] 克里斯夫太平洋参数(KrippendorffsAlpha)是一种用于度量内容分析中信度(reliability)的统计指标。它是由美国社会学家克里斯夫(Krippendorff)于1980年提出的，并在社会科学领域广泛应用于内容分析及其他研究方法中，克里斯夫太平洋参数主要用于评估观察者之间的一致性，即不同观察者对相同内容的评价是否一致。通过计算该参数，研究者可以确定不同观察者之间的一致性程度，并根据结果评估他们的观测可靠性。

篇题为*The stigma toward dementia on twitter：A sentiment analysis of dutch language tweets*[1](《推特上对痴呆症的污名：对荷兰语推文的情感分析》)的文章，为健康传播研究提供了关于痴呆症(dementia)污名化问题的深入洞察。研究者在该研究中探讨了荷兰语推文中是否存在针对痴呆症的成见(stigma)，以及哪些因素(例如关键词、时间段、主题和作者)更可能导致侮辱性推文的出现或消失。

为了收集数据，研究者利用Twitter的应用程序接口(API)，收集了2019年11月1日到12月8日和2020年3月25日到7月12日这两个时间段(总计148天)的数据。所有的推文都是以荷兰语编写的，包含与痴呆症相关的一个或多个关键词，例如“alzheimer”(阿尔茨海默病)、“dementie”(痴呆症)、“dement”(痴呆)等。这些推文是由用户自发发布的原创内容，研究者没有干预。在数据收集过程中，研究者重点关注原创内容，排除了未修改的转发以避免重复，同时也排除了用户对其他推文的回复。最终，研究者收集了969条符合标准的推文。

完成数据收集后，即进入研究第二阶段，研究者从已收集的推文中随机抽取一个子集，并对其进行人工编码。这个编码过程包括7个维度(见表3-3)，其中6个维度与之前的研究维度[2]相同，包括“信息”(information)、“玩笑”(joke)、“隐喻”(metaphor)、“组织”(organization)、“个人经历”(personal experience)和“讥讽”(ridicule)。不同之处在于，研究者根据之前的英文推文内容，添加了第7个维度——“政治”(politics)。研究者使用“5级李克特量表”对这些维度进行编码，以反映可能存在的评分差异。为了确保编码的一致性，研究者对3名编码员进行了在线培训，并对289条推文进行了人工编码，随后进行了信度检验。

表3-3 7个维度及每个维度的示例

维度	推特原文(部分)	中文翻译
信息 (+组织)	…Wat kunnen ouderen，hun mantelzorgers en verzorgenden doen? Lees het hier…	……老年人，他们的非正式照顾者和护理者可以做些什么？照顾者可以做些什么？在此阅读……
玩笑 (+个人经历)	Heb ik nou al geplast? Lol ik wil geen alzheimer krijgen	我撒尿了吗？我可不想得老年痴呆症
隐喻 (+政治，+讥讽)	Gelukkig is Opstelten tegenwoordig zo dement als een zwangere dronken haas …	幸运的是，如今的 Opstelten 就像一只怀孕的醉兔一样癫狂…… (注：Opstelten系荷兰时任安全和司法大臣)

[1] Creten S，Heynderickx P，Dieltjens S. The stigma toward dementia on twitter：a sentiment analysis of Dutch language tweets[J]. Journal of Health Communication，2022，27(10)：697-705.

[2] Oscar N，Fox P A，Croucher R，et al. Machine learning，sentiment analysis，and tweets：An examination of Alzheimer's disease stigma on Twitter[J]. Journals of Gerontology Series B：Psychological Sciences and Social Sciences，2017，72(5)：742-751.

(续表)

纬度	推特原文(部分)	中文翻译
组织 (+信息)	Interview met #Nicci Gerrard over dementie，ouder worden，en euthanasie naar aanleiding van haar boek Woorden schieten te kort，over de ziekte van haar vader. @ Meulenhoff	在《痴呆症教会我们什么是爱》(该书讲述了其父的病情)出版之际，就痴呆症、老龄化和安乐死问题采访#Nicci Gerrard。@Meulenhoff
个人经历	#dementie #rouw #afscheid gisteren hebben we besloten dat mijn vader naar een verpleeghuis gaat，er is helaas geen andere optie meer …	#痴呆症#悲伤#再见 昨天我们决定，我的父亲将去疗养院，不幸的是，没有其他选择了……
政治 (+讥讽)	Wanneer het @markrutte uitkomt，heeft hij wel vaker dementie. En is dit de manier van @VVD ? Als je in het nauw komt，gewoon roepen dat je het niet meer weet?! Wat een walgelijke vent. Want een walgelijke partij	只要@马克鲁特愿意，他就会经常犯痴呆症。这就是 @VVD 的作风吗？走投无路时，就大喊大叫说自己不记得了！多么令人厌恶的家伙。多么恶心的政党。 (注：马克鲁特系荷兰时任首相；VVD即荷兰自由民主人民党)
讥讽 (+隐喻)	We zijn'n volk van lemmingen met Alzheimer gedrag dat alles voor zoete oranjekoek aanneemt en gemakkelijk te herenspoelen is	我们是一个患有老年痴呆症的旅鼠国家，对一切都囫囵吞枣，很容易被洗脑

注：有些示例属于多个维度，已在括号中注明。

首先，研究者采用手动编码的推文作为训练集，通过特征选择和准确度评估，创建了7个分类器，每个分类器对应一个维度。这些分类器的基础是N-gram，通过网格搜索选择最佳参数。其次，在特征选择方面，研究者使用线性估算器来评估特征的重要性，并将平均值作为阈值来消除权重较低的特征。再次，研究者使用手动编码的推文子集来测试分类器，并通过50次随机交叉验证来评估它们的准确性。最后，每个经过训练的分类器被用来预测未编码的推文是否属于相应的维度。

为了验证分类器的性能，研究者还使用了LIWC(2007)的荷兰语版本，以确定“讥讽”维度的推文分类是否与负面情绪相关，以及“个人经历”维度的推文分类是否与人称代词相关。具体来说，研究者关注LIWC的3个维度，包括积极情绪、消极情绪和人称代词，并通过测试标记推文的一个子集来评估模型的性能。

由图3-5可知，在这项研究的语料库中，包含“讥讽”内容的推文多数由个人编写，而非组织，这些推文通常与“政治”维度相关(占比88.89%)，与“信息”维度无关。这些推文使用与痴呆症相关的关键词来讥讽政治家，通常发生在某些事件或某项政治决策之后，并经常与“隐喻”维度相结合。总体来说，与简单多数分类器(situational crisis communication theory，SMC)进行比较显示出机器学习方法的有效性(见表3-4)。根据LIWC的输出结果，被分类为“个人经历”的推文通常包含更多的人称代词，而“讥讽”维度与负面情绪相关。

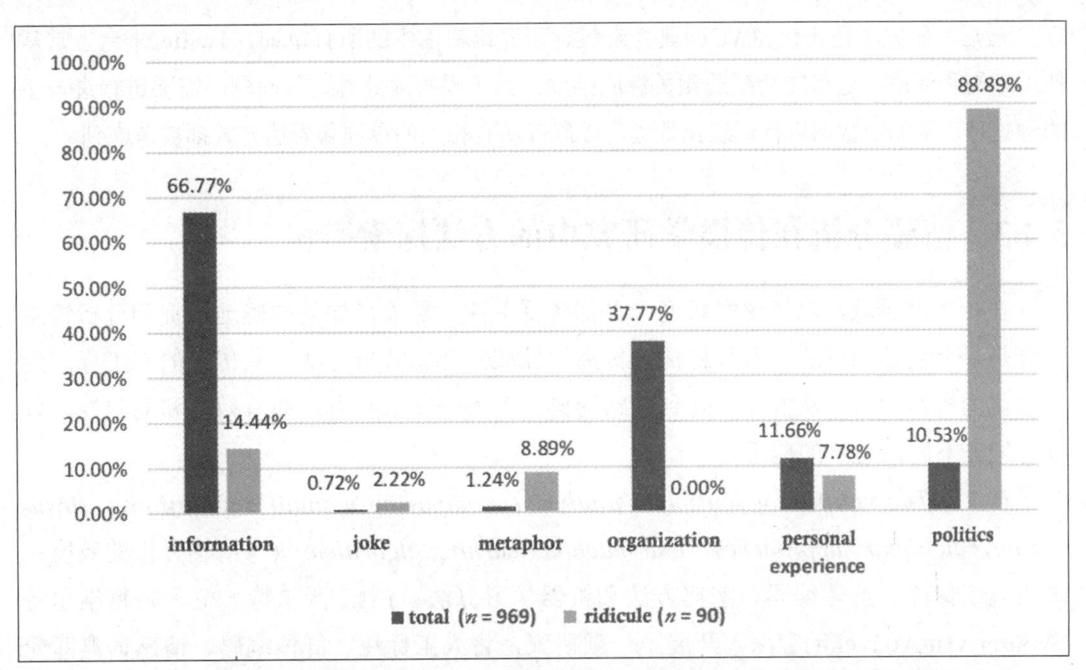

图3-5 各维度推文的百分比和各维度包含“讥讽”内容的推文占比

表3-4 分类器在测试集上的准确度以及与简单多数分类器的比较

分类 (classifier)	准确度 (accuracy)/%	简单多数分类器 (baseline SMC)/%	差额 (difference)/%
信息(information)	84.80	59.86	+24.94
玩笑(joke)	97.80	97.82	−0.02
隐喻(metaphor)	91.30	89.27	+2.03
组织(organization)	72.30	54.67	+17.63
个人经历(personal experience)	87.40	79.24	+8.16
政治(politics)	87.00	85.12	+1.88
讥讽(ridicule)	90.00	83.04	+6.96

此外，研究者也指出了一些方法的局限性。

首先，关于信息维度的定义可能过于宽泛，未考虑到假新闻和传播错误信息的推文。例如，一条传播错误信息的推文——“铝是导致痴呆症的原因”也被编码为信息。未来，研究者可以考虑将信息维度分为两个子类别，即真实信息和虚假信息，但这需要进行人工标注。

其次，选择机器学习方法也存在一些局限性。在自动编码或任何基于机器学习的文本分析方法中，模型可能会受到训练数据中某些维度(如特定词汇、主题或情感)分布频率的影响。这与人工编码的推文子集中的频率有关，即如果某些特征在训练数据中出现的频率较高，模型可能会过度强调这些特征，而忽视其他较少出现的特征。解决这个问题的方法之一是扩大所选子集的规模，以便更全面地代表语料库。

最后，研究者还指出LIWC词典并未包含研究语料库中的所有单词。Twitter平台上常常使用缩写和俚语，这可能会减弱相关性的强度。为了妥善地处理这些问题，需要进行进一步的预处理，例如对数据进行词法化处理，以确保所有相关的单词和表达方式都被考虑到。

3.4.3 情感分析在传播学研究中的方法探索

在传播学领域，对情感的研究一直都备受关注，然而，如何准确地捕捉和分析情感一直是一个复杂的挑战。本节将探讨传播学领域的情感分析方法，从传统的人工标注到自动化的机器学习，从群体编码到情感词典，深入研究这些方法的有效性和局限性，以及它们在不同情境下的应用。

在文章*The validity of sentiment analysis：comparing manual annotation，crowd-coding，dictionary approaches，and machine learning algorithms*[1](《情感分析的效度：比较人工标注、群体编码、字典方法和机器学习算法》)中，沃尔特·范·阿特维尔特(Wouter van Atteveldt)等深入开展了一项研究，将人工标注、群体编码、情感词典匹配及机器学习等不同情感分析方法置于“放大镜”下，以荷兰经济头条新闻为例，进行了详细的对比和评估。

传统情感测量方法通常依赖于经过培训的人工编码员和特定的情感代码集，但这种方法成本高昂，即使进行了大量培训，测量结果也不一定能够达到很高的信度水平。

情感编码的任务可以通过设计来简化，使其适合通过群体编码平台来完成，而不必依赖于少数专家或受过专业训练的编码员。这样处理不仅能提高信度，还能揭示情感的模糊性与复杂性，与传统的人工编码相比，群体编码更加透明，也更容易复制。

此外，自动情感分析方法也逐渐崭露头角。该方法通过计算机程序将文本分为正面、中性和负面3类。这种方法主要包括情感词典匹配和有监督机器学习两种。近年来，情感词典不断涌现，但计算语言学的研究表明，选择不同的词典可能导致截然不同的结论。因此，有研究者开始转向有监督机器学习方法，它可以更全面地考虑特定文本的语境和特征。尽管机器学习模型通常需要估计大量参数，但该方法已经成为计算语言学领域最具前瞻性的情感分析方法之一。

沃尔特·范·阿特维尔特等人的研究是对情感分析方法的一次全面审视，为后来的研究者提供了有关如何选择最佳方法的宝贵见解。他们的研究基于广泛的新闻数据，旨在揭示各种情感分析方法的利与弊。从他们的研究中，本节可以得出如下3个主要结论，这些结论对于今后进行情感分析研究决策具有指导意义。

首先，研究者发现，经过培训的人工编码员或群体编码仍然能够实现最佳效果。尽

[1] Van Atteveldt W，Van der Velden M A C G，Boukes M. The validity of sentiment analysis：Comparing manual annotation，crowd-coding，dictionary approaches，and machine learning algorithms[J]. Communication Methods and Measures，2021，15(2)：121-140.

管人工编码的成本较高，但它能够提供高度可信的情感分析结果，特别适合于需要高度准确性的项目。

其次，情感词典匹配的方法被认为更加透明和易于应用，但目前人们经常使用的情感词典尚未达到可接受的信度水平。这表明，虽然情感词典匹配的方法具有一定的吸引力，但在实际应用中需要更加谨慎地选择和验证情感词典。

最后，机器学习方法，特别是深度学习，在情感分析领域具有巨大的潜力。然而，这些方法的性能往往依赖大量的训练数据，并且与人工编码的性能相比还有一定的差距。此外，自动情感分析方法在不同的任务或领域中性能下降的情况也普遍存在。

总而言之，情感分析的有效性在很大程度上受研究领域、文本体裁和语言的影响。这个领域的不断发展为我们更深入地理解情感在传播中的角色提供了机会，也为未来的研究提供了更强大的方法学工具。通过深入了解这些方法的优势和限制，我们可以更好地应对信息时代的挑战，洞察情感与传播之间的微妙关系。

本章小结

近年来，情感分析被广泛应用于传播学研究子领域，逐渐成为社交媒体话语的分析工具。情感分析研究框架可以归纳为3项层层递进的研究任务，即情感信息的抽取、分类以及检索与归纳。

目前，情感分析主要采用基于词典匹配的情感分类方法和有监督机器学习的情感分类方法。常见的英文情感词典有WordNet、LIWC；常见的中文情感词典有知网情感词典、中国台湾大学简体中文情感极性词典、中文情感词汇本体库。使用率比较高的分类算法有支持向量机、朴素贝叶斯算法、最大熵算法和深度学习等。本章分别演示了基于词典匹配和机器学习方法进行情感分析的大致步骤，以及如何使用Python进行相关的实际操作。

核心概念

(1) 情感分析。情感分析，又称意见挖掘、情感挖掘、主观分析、情感探测等，是一种通过计算技术来分析文本的主客观性、观点、情感和极性的方法，以便对文本的情感倾向进行分类。

(2) 情感信息抽取。情感信息抽取是情感分析的基础任务，它旨在抽取情感评论文本中有意义的信息单元，将无结构化的情感文本转化为计算机容易识别和处理的结构化文本，继而为情感分析上层的研究和应用服务。

(3) 情感信息分类。情感信息分类是指利用底层情感信息抽取的结果，将情感文本单元分为若干类别。按照不同的分类粒度，可以将情感分类任务分为词语级、短语级、篇章级3个层次；按照不同的分类目的，可以将情感分类任务分为主客观分析和主观信息的情感分析。

(4) 意见对象。意见对象是指某段评论所讨论的主题，即评论文本中评价词语所修饰的对象。意见对象可以是一个实体，也可以是一个话题。意见对象是情感信息的组成部分。

(5) 意见主体。意见主体是观点或评论的来源，对于基于新闻评论的情感分析尤为重要。评论中的意见主体通常是命名实体，如人名或机构名。意见主体也是情感信息的组成部分。

(6) 评价词语。评价词语也称为极性词或情感词，特指带有情感倾向性的词语。评价词语是情感信息的组成部分。评价词语的抽取和判别方法主要有基于语料库和基于词典两种方法。

(7) 组合评价单元。由于单独的评价词语可能存在一定的歧义，有时需要用包含评价词语的“组合评价单元”来处理情感信息的抽取，具体组合形式有主观表达式的抽取、评价短语的抽取以及评价搭配的抽取。

(8) WordNet。WordNet是由普林斯顿大学的心理学家、语言学家和计算机工程师联合设计的，它是一种基于认知语言学的英语词典，包含名词、动词、形容词和副词等各种词性的词汇。WordNet将不同词性的词汇按照意义组成了一个同义词网络。

(9) LIWC。LIWC是一个常用的词库，包含64个词语类别，包括代名词、冠词、停顿词等常用词语类别，以及情感词汇和认知词汇等心理特征类词汇。除了情感分析，LIWC开发的应用软件还能分析文本的心理维度特征。

(10) 知网情感词典。知网是由我国计算语言学家董振东、董强提出设计和构建的，它不仅是一个情感词典，也是一个以汉语和英语词语所表示的概念为描述对象，以揭示概念与概念之间以及概念所具有的属性之间的关系为基本内容的常识知识库。

(11) 中国台湾大学简体中文情感极性词典。它是由中国台湾大学总结整理的中文情感词典，分为简体中文和繁体中文两个版本。NTUSD将情感分为积极情感和消极情感两类。该词典只提供词汇列表，并没有提供这些词汇所反映情感的强度。在实际进行情感词语匹配时，往往将该词典与知网两个情感词典组合，去重后再使用。

(12) 中文情感词汇本体库。中文情感词汇本体库是在林鸿飞教授的指导下，由全体教研室成员共同努力整理和标注的一个中文本体资源。它的情感分类体系是在Ekman情感分类体系的基础上构建的。该资源从词语词性种类、情感类别、情感强度及极性等角度对中文词汇或短语进行描述。

(13) 特征选择。特征选择的核心任务是在训练集中选择每个类别具有代表性的词语并纳入分类算法中。特征选择对分类准确性和召回率有直接影响。选择合适的特征可以降低训练成本，防止计算精度下降。研究者可使用互信息算法、卡方算法等来提取具有代表性的词语，以供机器学习模型使用。

(14) 分类算法。分类算法的主要任务是利用文本构建训练集，估算每个语词在不同情感类别中出现的概率，最后根据这些概率来预测文本所属的情感类别。目前，应用较广泛的分类算法有支持向量机、朴素贝叶斯算法、最大熵算法以及深度学习方法等。

思考题

(1) 文本情感分析的主要任务有哪些？

(2) 常用的中文和英文情感词典有哪些？基于词典匹配的情感分析有哪些步骤？

(3) 有监督机器学习的情感分析方法与基于词典匹配的情感分析方法相比，分别有哪些优势和劣势？

(4) 请列举常见的有监督机器学习情感分类方法，并归纳出使用有监督机器学习进行情感分析的具体步骤。

(5) 你是否认同“情感分析是评估社交媒体用户、消费者和公众情绪的一种客观手段”这样的说法？在应用情感分析结果时需要注意哪些问题？

第4章 聚类分析

聚类分析(cluster analysis)是数据挖掘技术的一个重要组成部分，具有强大的功能。早在1984年，阿尔登德弗(Aldenderfer)等人就提出了聚类分析的四大功能，即进一步扩展数据分类、对实体归类进行概念性探索、通过数据探索生成假说以及基于实际数据集归类假说[1]。如今，聚类分析被广泛运用于多个学科和领域，如生物学、心理学、医学、商业、气候、信息检索等。

在商业领域，聚类分析常用于客户细分，通过分析客户的交易记录、浏览记录和消费记录等数据，识别企业的目标客户群体，为企业制定营销策略和市场定位提供参考，从而帮助企业实现盈利目标。

在生物学和医学领域，聚类分析往往被用于发现人工难以察觉的关联，例如一些先天性疾病与基因之间的关系。由于基因的数量过于庞大，很难进行人工分析，通过聚类分析可以将基因分组，进一步发现基因与疾病的关系，帮助科研人员找到治疗方法。在生物分类中，聚类分析也可用于去除过于相似的分类标准，更客观、科学地对生物进行分类。

在新闻传播领域，聚类分析广泛应用于舆情分析，根据用户的特征、评论呈现的情感倾向、内容的主题等，可以分析出参与舆论场的不同群体有哪些、分别围绕什么话题以及相关群体与话题之间有着怎样的联系，从而发现舆情事件的规律，为制定舆情应对策略提供参考。除此之外，聚类分析也常用于广告领域。如今，广告投放需要更加精准化，通过聚类分析可以更精准地划分用户角色，从而分析不同用户的特征，进而有助于商家选择不同的投放渠道和广告类型，实现精准投放。

随着聚类分析的广泛应用，了解和掌握这项技术变得越来越重要。本章内容涵盖聚类分析的技术原理、分类、聚类分析方法以及其在Python中的实际操作。读者阅读完这部分内容后，能够对聚类分析有整体的把握和了解，提高研究和实践的能力，为新闻传播学领域提供有效的问题解决方案。

[1] Aldenderfer M S，Blashfield R K. Cluster Analysis[M]. LosAngeles：Sage Publications，1984：2.

4.1 聚类分析概述

4.1.1 认识聚类和簇

1. 聚类

关于聚类，迄今没有一个明确的定义，本书采用《数据挖掘导论》一书给出的定义："整个簇的集合通常被称为聚类。"[1]在实际生活中，根据簇的不同性质和人们的不同需求，存在各种各样的聚类，可分为不同的类别，本书简单介绍3种分类方式。

(1) 根据簇的集合是否嵌套，将聚类分为层次聚类(hierarchical clustering)和划分聚类(partitional clustering)，如图4-1所示。层次聚类是一种嵌套簇的集群，其中簇可以包含子簇。划分聚类简单地将数据集划分成不重叠的子簇，每个对象都恰好属于一个子簇。

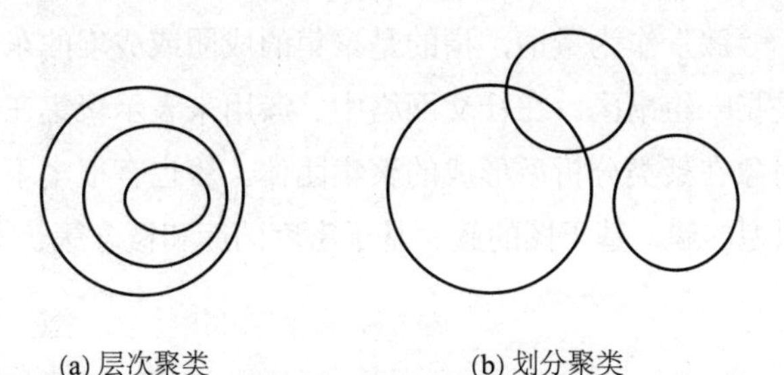

图4-1 层次聚类和划分聚类图示

(2) 根据簇之间的关系，将聚类分为互斥聚类(exclusive clustering)、重叠聚类(overlapping clustering)和模糊聚类(fuzzy clustering)，如图4-2所示。互斥聚类意味着每个数据对象只属于一个簇，而每个簇之间是互斥的。重叠聚类也称为非互斥聚类，其中一个数据对象可以同时属于多个簇。模糊聚类将簇看作模糊集，每个数据对象都有一个0(表示绝对不属于)到1(表示绝对属于)之间的隶属权值，表示它属于每个簇的程度。

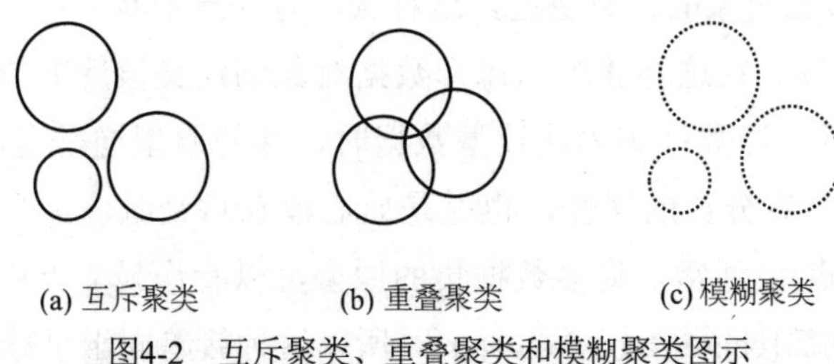

图4-2 互斥聚类、重叠聚类和模糊聚类图示

(3) 根据是否将所有数据对象都进行分簇，将聚类分为完全聚类(complete clustering)

[1] Pang-Ning Tan，Michael Steinbach，Vipin Kumar. 数据挖掘导论[M]. 北京：人民邮电出版社，2011.

和部分聚类(partial clustering)，如图4-3所示。完全聚类意味着将每一个数据对象都指派到一个簇中。部分聚类指数据集中的一部分数据并未明确定义属于哪个簇，可能是噪声、离群点或者是不受关注的对象。

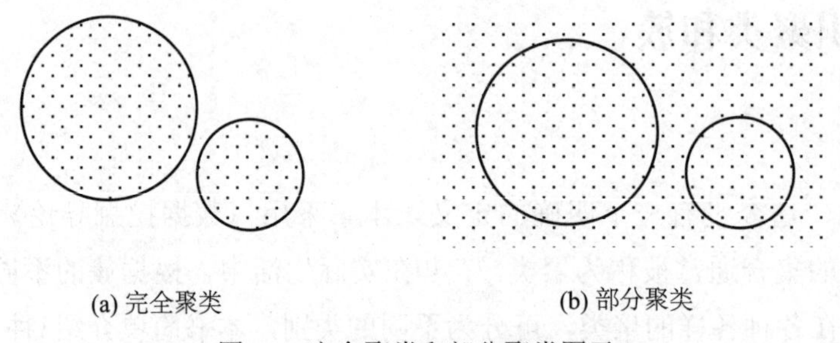

(a) 完全聚类　　(b) 部分聚类

图4-3　完全聚类和部分聚类图示

2. 簇

在聚类中，可以根据簇的性质和关系(比如互相点赞、评论、转发的关系)对其进行分类。在中文词典中，“簇”作为量词，指的是聚集的成团或成堆的东西，比如一簇花。在计算机术语中，簇是指一组扇区。在社交网络中，簇用来表示聚集在一起的群体。而在本书中，簇是指数据对象在聚类分析后形成的聚集团体。簇也有很多不同的种类，可分为明显分离的簇、基于原型的簇、基于图的簇、基于密度的簇和概念簇。本节主要介绍3种，如图4-4所示。

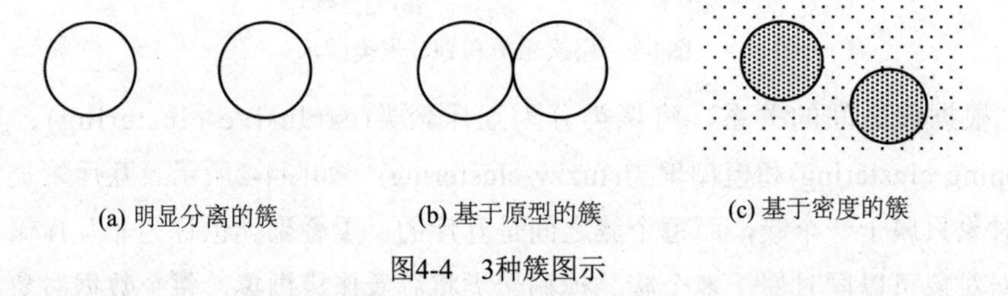

(a) 明显分离的簇　　(b) 基于原型的簇　　(c) 基于密度的簇

图4-4　3种簇图示

(1) 明显分离的簇。在这种簇中，每一个数据对象到同簇的其他数据对象的距离都比到不同簇的任意数据对象的距离更近，这种簇具有任意形状。

(2) 基于原型的簇。在这种簇中，每个数据对象到定义该簇的原型的距离比到其他簇的原型的距离更近。当数据集为连续型数据时，簇的原型通常是质心(簇中所有点的平均值)；当数据集具有分类的属性，也就是质心没有意义时，原型通常为簇的中心点(簇中最有代表性的点)。通常，许多数据集的原型可以看作最靠近中心的点，这时可以把簇看作基于中心的簇(center-based cluster)，所以这种簇趋向于呈球状。

(3) 基于密度的簇。在这种簇中，数据对象分布稠密的区域被数据对象分布稀疏的区域环绕。

4.1.2 聚类分析的概念

聚类分析是一种被广泛应用到统计分析、数据挖掘中的研究方法，许多经典的书籍和文献都给出了的定义，常见的有以下几种。

(1) 聚类分析是根据对象的特征，按照一定的标准对研究对象进行分类的一种分析方法，它使组内数据对象具有高度的相似性，同时使组间数据对象具有较大的差异性[1]。

(2) 聚类是将物理或抽象的集合分组成为类似的对象并组成多个类的过程。由聚类所生成的簇是一组数据对象的集合，这些对象与同一个簇中的对象彼此相似，与其他簇中的对象相异。在许多应用中，可将一个簇中的数据对象作为一个整体处理，但是分类问题(监督)和聚类问题根本不同，分类是训练对象的分类属性值，而聚类则是在训练对象的过程中找到这个分类属性值[2]。

(3) 聚类分析是指将物理或抽象对象的集合进行分组，形成由类似对象组成的多个类(又称为“簇”)的分析过程[3]。

(4) 聚类分析仅根据在数据中发现的描述对象及其关系的信息，将数据对象分组，分组目标是，组内对象相互之间是相似的(相关的)，而组间对象是不同的(不相关的)[4]。

(5) 聚类分析是指根据待分类模式特征的相似或相异程度将数据样本进行分组，从而使同一组的数据尽可能相似、不同组的数据尽可能相异[5]。

本书着重介绍基于数据挖掘技术的聚类分析，它属于无监督学习方法的一种。所谓无监督学习，是指在处理数据时，没有预先给定标签或分类的信息。结合以上定义，本书认为，聚类分析是指根据数据本身的特征，运用一定的算法将数据分成不同的簇，使得簇内数据具有高度的相似性(相关性)，而簇间数据具有较大的差异性的过程。

为了更好地理解聚类分析的概念，本书列举一些简单的示例：

根据花的相似性，可以将不同种类的花分成多少种簇？

根据文本内容的相似性，可以将不同主题的文章分成多少种簇？

根据用户在社交媒体上的互动频率，可以将用户分成多少种群体？

根据社交媒体用户的情感特征，针对某个舆情事件，可以将用户分为几类？

根据新闻报道的主题内容，可以将新闻分成多少种簇？

通过聚类分析能够发现数据中隐藏的规律和模式，将相似的数据归为一类，从而更好地理解数据的内在结构和特征。

---

[1] 杨维忠，陈胜可，刘荣. SPSS统计分析从入门到精通[M]. 4版. 北京：清华大学出版社，2011.

[2] 行小帅，焦李成. 数据挖掘的聚类方法[J]. 电路与系统学报，2003(1)：59-67.

[3] 陈燕，李桃迎. 数据挖掘与聚类分析[M]. 大连：大连海事大学出版社，2012.

[4] Pang-NingTan，Michael Steinbach，Vipin Kumar. 数据挖掘导论完整版[M]. 北京：人民邮电出版社，2011.

[5] 曹凯迪，徐挺玉，刘云，等. 聚类分析综述[J]. 智慧健康，2016，2(10)：50-53.

4.1.3 聚类分析的分类

根据不同的分类标准，可以将聚类分析分成不同的类别，下面介绍几种常见的分类方法。

1. 样本聚类和变量聚类

根据研究对象的不同，聚类分析可以分为样本聚类和变量聚类。

样本聚类又称为Q型聚类，指根据实际的测量值(抽取的样本个案)进行分类，将性质相近的测量值分为同一簇，将性质差异较大的测量值分到不同的簇中。例如，对一个班级的学生进行聚类，或对足球球队或篮球球队的战术能力进行聚类。变量聚类又称为R型聚类，指根据变量进行分类，比较适合于变量数目多而且相关性比较强的情形，将性质相近的变量归为同一簇并找到具有代表性的变量，将性质差异较大的变量分到不同的簇中，从而减少变量的个数，最终实现降维的效果。例如，测试河流不同断面的水质指标之间的相关性，探究花品种的分类等级和标准等。在数据挖掘中，主要采用样本聚类。

2. 快速聚类、分层聚类和两阶段聚类

根据分析方法的不同，聚类分析可以分为快速聚类、分层聚类和两阶段聚类。

快速聚类(K-平均值聚类或K-means聚类)将数据看作K维空间上的点，并以距离为标准进行聚类，将数据分为指定的K类。分层聚类(又称为系统聚类)对相近程度最高的两类数据进行合并，重复此过程，直到所有个体都归为一类。两阶段聚类首先以距离为依据形成相应的聚类特征树节点，构造聚类特征树，然后按照信息准则确定最优分组个数，对各个节点进行分组。

在这3种聚类中，快速聚类和分层聚类都是常用的聚类分析方法，在后文中会详细介绍。

3. 基于层次的、基于划分的、基于密度的、基于网络的和其他聚类算法

根据簇的类型和分析方法的不同，可以将聚类分析分为基于层次的聚类算法、基于划分的聚类算法、基于密度的聚类算法、基于网络的聚类算法和其他聚类算法[1]。

基于层次的聚类算法又称为树聚类算法，它使用数据的连接规则，通过一种层次架构方式，反复对数据进行分裂或聚合，以形成一个层次序列的聚类问题解。基于划分的聚类算法指预先指定聚类数目(中心)，通过反复迭代运算，逐步降低目标函数的误差值，当目标函数收敛时，得到最终聚类结果。快速聚类和模糊聚类都属于基于划分的聚类算法。基于密度的聚类算法指通过数据密度来发现任意形状的簇。例如，DBSCAN就是一种典型的基于密度的聚类算法。基于网络的聚类算法将数据空间量化为模块单元，基于模块单元的分布信息实现聚类。此外，还有其他一些聚类算法，例如，蔡崇伟

[1] 孙吉贵，刘杰，赵连宇. 聚类算法研究[J]. 软件学报，2008(1)：48-61.

等在2004年提出的ACODF，这是一种用于大数据挖掘的新型数据聚类方法。

4.1.4　聚类分析的原理及基本过程

1. 聚类分析的原理

聚类分析主要是通过比较数据(样本)之间的相似程度来对它们进行分类和分组的。这种相似程度可以用相似度和差异度来衡量。相似度是指通过计算不同数据之间的简单相关系数或等级相关系数来描述它们之间的接近程度，但在实际应用中使用较少；而差异度是将每个数据看作多维空间里的一个点，并通过计算数据点与数据点之间或者簇与簇之间的距离来描述它们之间的差异程度，是常用的计算方式。在聚类分析中，常见的差异度度量方法有欧氏距离、布洛克距离、夹角余弦距离、切比雪夫距离、曼哈顿距离等，本书主要介绍使用频率较高的两种度量方法。

(1) 欧氏距离(Euclidean distance)。它又称为欧几里得距离(度量)，是指两个个体之间变量差值平方和的平方根，可以简单理解为两点之间的直线距离，如图4-5所示，A点和B点之间的欧氏距离就是它们之间的直线距离，具体的计算公式为

$$d_{xy}=\sqrt{(x_1-y_1)^2+(x_2-y_2)^2+\cdots+(x_n-y_n)^2}=\sqrt{\sum_{i=1}^{n}(x_i-y_i)^2}$$

(2) 夹角余弦距离(cosine dsitance)。它又称为余弦相似度，是指在向量空间中，两个向量的夹角的余弦值，如图4-6所示，θ为两个向量之间的夹角，具体的计算公式为

$$d_{xy}=\frac{\sum_{i=1}^{n}(x_i y_i)^2}{\sqrt{\sum_{i=1}^{n}(x_i)^2}\sqrt{\sum_{i=1}^{n}(y_i)^2}}$$

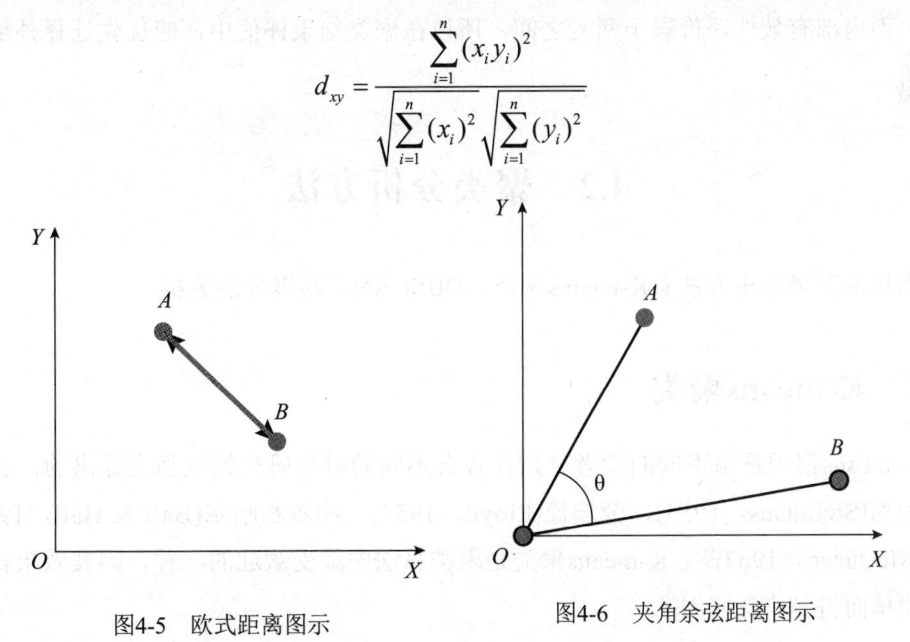

图4-5　欧式距离图示

图4-6　夹角余弦距离图示

2. 聚类分析的基本过程

聚类分析的基本过程如图4-7所示。

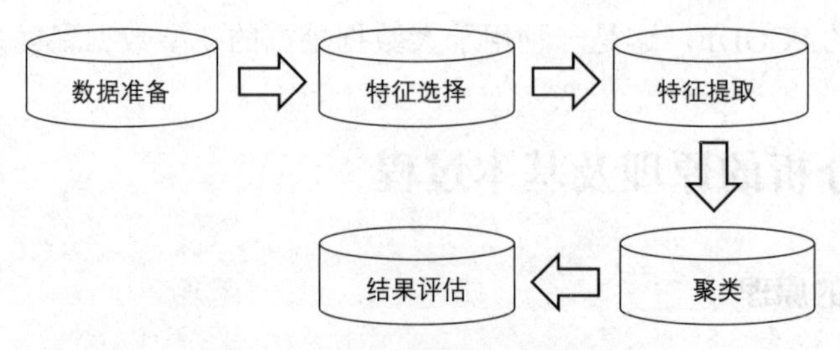

图4-7　聚类分析基本过程图示

数据准备主要包括对特征标准化和降维；特征选择是指选出最有效的特征为聚类做准备；特征提取是指通过对所选择的特征进行转换，形成新的突出特征；聚类是指选择某些特征类型的某种距离函数(或构造新的距离函数)进行接近程度的度量，然后进行聚类；结果评估是指对聚类结果进行外部有效性评价、内部有效性评价或相关性测试评估。前3个步骤已经在之前的章节详细介绍过，本章将会进一步分析聚类，下面具体介绍3种结果评估方法的内涵。

(1) 外部有效性评价。它又称为外部准则，指利用聚类结构先验知识来进行评价，也就是通过假设检验的方法比较聚类结果与参考标准的一致性，以此来评价聚类的有效性。

(2) 内部有效性评价。它又称为内部准则，指通过假设检验的方法，利用数据集的内部特性进行有效性评价。

(3) 相关性测试评估。它又称为相对准则，指通过不同算法或者相同算法选择不同输入参数的聚类结果进行对比，以此来综合评估结果。

在这3种聚类结果评估方法中，外部有效性评价是最客观的，相关性测试评估较不客观，而内部有效性评价居于两者之间，所以在聚类结果评估中，应优先选择外部有效性评价。

4.2　聚类分析方法

常用的聚类分析方法有K-means聚类、DBSCAN、凝聚分层聚类。

4.2.1　K-means聚类

K-means聚类是由不同的学者分别在各自不同的科学研究领域独立提出的，包括施坦因豪斯(Steinhaus，1955)、劳埃德(Lloyd，1957)、鲍尔和哈尔(Ball & Hall，1965)、麦昆(McQueen，1967)[1]。K-means聚类是聚类算法中最受欢迎的一种，因其效果较好且思想简单而得到广泛应用[2]。

---

[1]　王千，王成，冯振元，等. K-means 聚类算法研究综述[J]. 电子设计工程，2012，20(7)：21-24.

[2]　杨俊闯，赵超. K-means聚类算法研究综述[J]. 计算机工程与应用，2019，55(23)：7-14+63.

1. K-means聚类过程

K-means聚类是指在聚类个数K已知的情况下，快速将所有个体分配到K个类别中的一种聚类方法，其聚类过程主要分为4个步骤。

(1) 首先，将K个观测量作为初始的聚类中心点。

(2) 根据距离最短原则将各个实测量分配到这K个类别中。

(3) 对每一个类别中的实测量计算变量均值，这K个均值又形成新的K个聚类中心点。

(4) 重复(2)(3)，以此类推，不断迭代，直到算法收敛或达到研究者的要求为止。

K-means聚类有着非常显著的优点，其算法简单快速，适用于高低维度的数据集，也适用于密度会发生改变的数据集。但是K-means聚类也存在一些缺点。首先，需要提前确定K值，K值对结果影响很大；其次，K-means聚类对离群点非常敏感；再次，K-means聚类不适合处理球形簇；最后，初始聚类中心点的选择会对聚类结果产生较大影响。因此，在使用K-means聚类分析时，首先要考虑K值的确定和离群点的检测问题。

2. K值的确定

确定K值的方法包括拐点法、轮廓系数法和间隔统计量法。

1) 拐点法

拐点法是指在不同的K值下计算簇内离差平方和，然后通过可视化的方法找到“拐点”所对应的K值。“拐点”位于可视化图中斜率由大变小的那个位置，说明随着K值的增加，聚类效果由迅速提升转变为缓慢提升的点就是“拐点”。

2) 轮廓系数法

轮廓系数法综合考虑簇的密集性与分散性两方面信息，如果数据集被分割为理想的K个簇，那么对应的簇内样本会很密集，而簇间样本会很分散[1]，其计算公式为

$$S(i)=\frac{b(i)-a(i)}{\max[a(i),\ b(i)]}$$

式中：$a(i)$表示簇内的密集性，指样本i与其他同簇样本点距离的平均值；$b(i)$表示簇间的分散性，指样本i与其他非同簇样本点距离的平均值的最小值；$\max[a(i),\ b(i)]$表示取$a(i)$和$b(i)$中的最大值。当轮廓系数小于0时，$b(i)$小于$a(i)$，表明样本i分配不合理；当轮廓系数接近1时，表明样本i与簇内样本点的平均距离非常近，而与其他簇的样本点的最近距离非常远，说明样本i的分配非常理想；当轮廓系数接近0时，表明样本i落在簇的边界处，属于模糊地带。

通过计算样本点的轮廓系数，最终对所有点的轮廓系数求平均值，就能得到总轮廓系数。当总轮廓系数小于0时，说明聚类效果不佳；当总轮廓系数接近1时，则簇内样本的平均距离a非常小，而簇间的最近距离b非常大，表明聚类效果非常理想。

---

[1] 刘顺祥. 从零开始学Python数据分析与挖掘[M]. 北京：清华大学出版社，2018.

3) 间隔统计量法

间隔统计量法(gap statistic)由哈斯蒂(Hastie)等人在2000年提出，该方法适用于任何聚类算法。该方法通过比较参照数据集的期望和实际数据集的$\log(W_k)$，找到使$\log(W_k)$下降最快的K值，计算公式为

$$D_k=\sum_{x_i\in C_k}\sum_{x_j\in C_k}(x_i-x_j)^2=2n_k(x_i-\mu_k)^2$$

$$W_k=\sum_{k=1}^{K}\frac{1}{2n_kD_k}$$

$$\text{Gap}_n(k)=E_n^*[\log(W^*_{kb})]-\log(W_k)$$

式中：D_k表示簇内样本点之间的欧氏距离；n_k表示第k个簇内的样本量；μ_k表示第k个簇内的样本均值；W_k表示D_k的标准化结果；W^*_{kb}表示各参照组数据集的W_k向量；$E_n^*[\log(W^*_{kb})]$表示所有参照组数据集W_k的对数平均值。

4) 实操练习

下面本书利用Python做一个简单的练习。

(1) 随机生成3组明显分离的数据，代码如下所示[1]。

```
import pandas as pd
import numpy as np
import matplotlib.pyplot as plt
from sklearn.cluster import KMeans

np.random.seed(12345)
meal1 = [1, 0]
cov1 = [[0.5, 0], [0, 0.5]]
x1, y1 = np.random.multivariate_normal(meal1, cov1, 1000).T

meal2 = [0, 10]
cov2 = [[1.5, 0], [0, 1]]
x2, y2 = np.random.multivariate_normal(meal2, cov2, 1000).T

meal3 = [10, 2]
cov3 = [[1, 0], [0, 0.5]]
x3, y3 = np.random.multivariate_normal(meal3, cov3, 1000).T

plt.scatter(x1, y1)
plt.scatter(x2, y2)
plt.scatter(x3, y3)

plt.show()
```

[1] 刘顺祥. 从零开始学Python数据分析与挖掘[M]. 北京：清华大学出版社，2018.

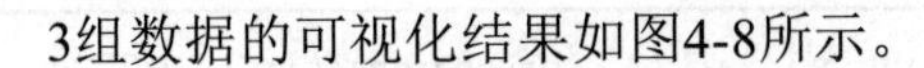

3组数据的可视化结果如图4-8所示。

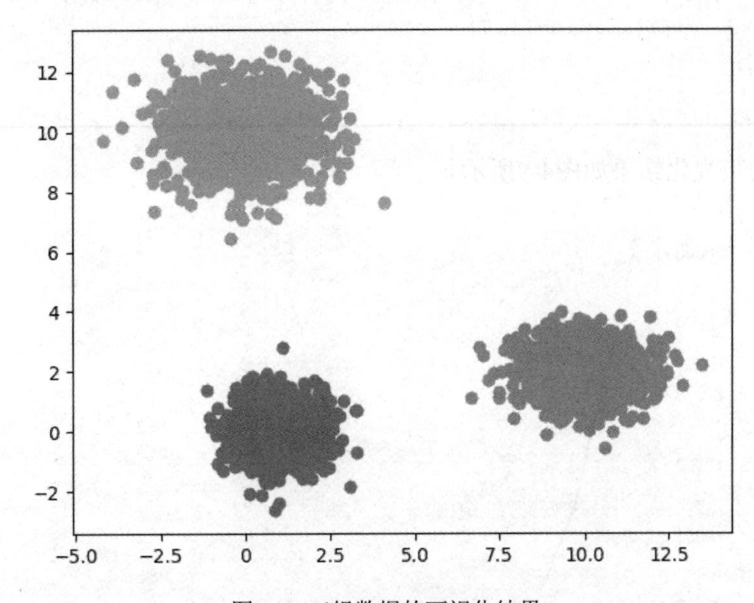

图4-8　三组数据的可视化结果

通过图4-8可以看出，随机生成的3组数据是相互分离的，所以*K*值应该为3。

(2) 确定*K*值。首先，使用拐点法，计算不同*K*值下的簇内离差平方和，以此来确定拐点位置，具体代码如下所示。

```
def k_sse(X, clusters):
    k = range(1, clusters+1)
    tsse = []
    for i in k:
        sse = []
        kmeans = KMeans(n_clusters=i)
        kmeans.fit(X)
        labels = kmeans.labels_
        centers = kmeans.cluster_centers_
        for label in set(labels):
            sse.append(np.sum((X.loc[labels == label, ]-
centers[label, : ])**2))
        tsse.append(np.sum(sse))

    plt.rcParams['font.sans-serif'] = ['Microsoft YaHei']
    plt.rcParams['axes.unicode_minus'] = False
    plt.style.use('ggplot')
    plt.plot(k, tsse, 'b*-')
    plt.xlabel('簇的个数')
    plt.ylabel('簇内离差平方和')
plt.show()
```

```
X=pd.DataFrame(np.concatenate([np.array([x1, y1]), np.array([x2, y2]),
np.array([x3, y3])], axis=1).T)
k_sse(X, 10)
plt.show()
```

拐点法的可视化结果如图4-9所示。

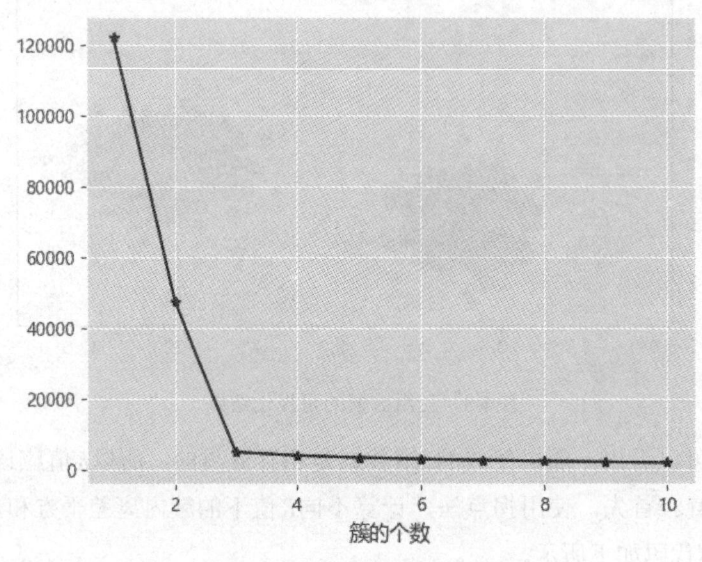

图4-9 拐点法的可视化结果

通过图4-9可以看出，簇内离差平方和的变化速率在簇的个数为3～4时骤降，图中折线的拐点明显位于3处，所以合理的K值为3，这与实际情况相吻合。

其次，使用轮廓系数法来确定数据集的K值，具体代码如下所示。

```
import sklearn
def k_silhouette(X, clusters):
    k = range(2, clusters+1)
    s = []
    for i in k:
        kmeans = KMeans(n_clusters=i)
        kmeans.fit(X)
        labels = kmeans.labels_
        s.append(sklearn.metrics.silhouette_score(X, labels,
metric='euclidean'))

    plt.rcParams['font.sans-serif'] = ['Microsoft YaHei']
    plt.rcParams['axes.unicode_minus'] = False
    plt.style.use('ggplot')
    plt.plot(k, s, 'b*-')
    plt.xlabel('簇的个数')
    plt.ylabel('轮廓系数')
```

```
    plt.show()

X=pd.DataFrame(np.concatenate([np.array([x1, y1]), np.array([x2, y2]),
np.array([x3, y3])], axis=1).T)
k_silhouette(X, 10)
```

轮廓系数法的可视化结果如图4-10所示。

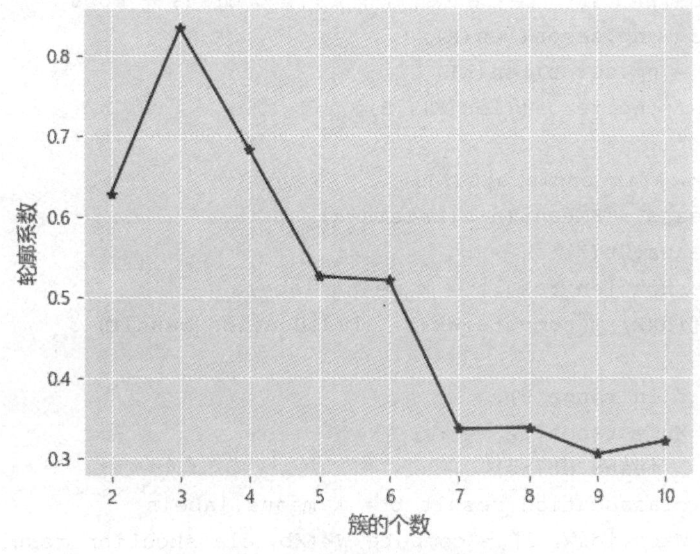

图4-10 轮廓系数法的可视化结果

通过图4-10可以看出，轮廓系数越接近1，聚类效果越好。图4-10中*K*值为3，轮廓系数大于0.8，这是最高的轮廓系数值，所以当*K*值为3时，聚类效果最好，这也与实际结果相符。

最后，使用间隔统计量法确定数据集的*K*值，具体代码如下所示。

```
def short_pair_wise_D(each_cluster):
    mu = each_cluster.mean(axis = 0)
    Dk = sum(sum((each_cluster - mu)**2))* 2.0 * each_cluster.shape[0]
    return Dk

def compute_Wk(data, classfication_result):
    Wk = 0
    label_set = set(classfication_result)
    for label in label_set:
        each_cluster = data[classfication_result == label, : ]
        Wk = Wk + short_pair_wise_D(each_cluster)/(2.0*each_cluster.
shape[0])
    return Wk

def gap_statistic(X, B = 10, K=range(1, 11), N_init = 10):
```

```
    X = np.array(X)
    shape = X.shape
    tops = X.max(axis=0)
    bots = X.min(axis=0)
    dists = np.matrix(np.diag(tops - bots))
    rands = np.random.random_sample(size=(B, shape[0], shape[1]))
    for f in range(B):
        rands[f, : , : ] = rands[f, : , : ] * dists + bots
        gaps = np.zeros(len(K))
        Wks = np.zeros(len(K))
        Wkbs = np.zeros((len(K), B))

    for idxk, k in enumerate(K):
        k_means = KMeans(n_clusters=k)
        k_means.fit(X)
        classfication_result = k_means.labels_
        Wks[idxk] = compute_Wk(X, classfication_result)

        for f in range(B):
            Xb = rands[f, : , : ]
            k_means.fit(Xb)
            classfication_result_b = k_means.labels_
            Wkbs[idxk, f] = compute_Wk(Xb, classfication_result_b)

    gaps = (np.log(Wkbs)).mean(axis = 1) - np.log(Wks)
    sd_ks = np.std(np.log(Wkbs), axis= 1)
    sk = sd_ks*np.sqrt(1+1.0/B)
    gapDiff = gaps[: -1] - gaps[1: ] + sk[1: ]

    plt.rcParams['font.sans-serif'] = ['Microsoft YaHei']
    plt.rcParams['axes.unicode_minus'] = False
    plt.style.use('ggplot')
    plt.bar(np.arange(len(gapDiff))+1, gapDiff, color = 'steelblue')
    plt.xlabel('簇的个数')
    plt.ylabel('k的选择标准')
    plt.show()

X=pd.DataFrame(np.concatenate([np.array([x1, y1]), np.array([x2, y2]),
np.array([x3, y3])], axis=1).T)
gap_statistic(X)
```

间隔统计量法的可视化结果如图4-11所示。

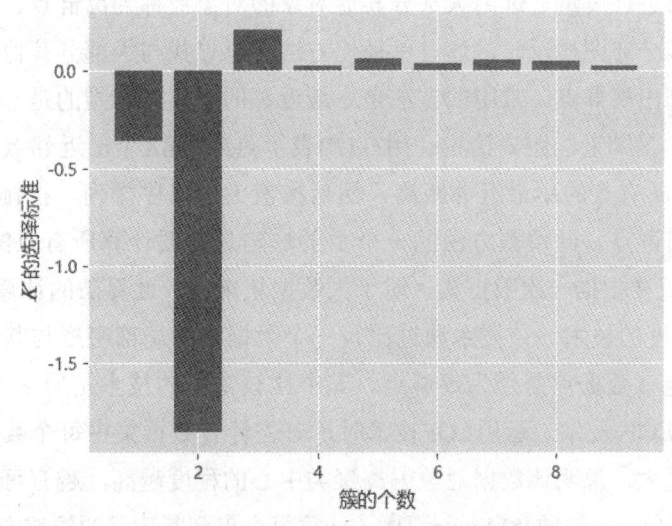

图4-11　间隔统计量法的可视化结果

从图4-11可以看出，当K值为3时，数值首次为正，所以最佳K值为3，与实际结果相符合。

3. 离群点检测

离群点检测在K-means聚类分析中非常重要，因为K-means算法对离群点非常敏感。如果初始聚类中心包含离群点，可能导致聚类结果出现局部最优值，从而影响整体的聚类效果。因此，在进行K-means聚类分析之前，需要先筛选出离群点。

离群点也称为噪声或异常值，指的是与正常数据集显著不同的少数数据对象。在聚类分析中，离群点往往是远离聚类中心的点。

1) 离群点产生的原因

离群点产生的原因主要有以下3个方面。

(1) 数据来自不同的类，即某个数据对象所属的类型或类别与其他数据对象不同。

(2) 自然变异，即离群点显著不符合数据集的统计分布，例如正态分布。

(3) 数据测量或收集误差，即因人为错误、测量设备问题或存在噪声，导致测量值可能被错误地记录。例如使用关键词采集数据时，会出现很多无关信息，在后续的数据清洗中需要把这些无关信息都删掉。

2) 离群点检测技术

离群点检测技术主要分为3类，即基于模型的技术、基于邻近度的技术、基于密度的技术。

(1) 基于模型的技术，也称为基于统计的离群检验技术，采用该技术，非常典型的做法是通过建立一个数据模型来检测那些不能被完美拟合，也就是显著不属于任何簇的离群点。

(2) 基于邻近度的技术，也称为基于距离的离群点检测技术，采用该技术，通常在对象之间定义邻近性度量，远离大部分其他对象的对象被称为离群点。此外，当数据可以被二维或三维分布图显示时，通过可视化方法可以寻找与大部分其他点分离的点，可以从视觉上检测出离群点。常用的方法是K-最近邻的距离，它指的是一个对象的离群点得分由到它的K-最邻近的距离给定。用$D_k(P)$表示点P的第K个最近邻点的距离，首先计算出数据集T中所有点的K-最近邻距离，然后按值大小降序排列，把排在最前面的n_0个点标记为个n_0离群点。此检测方法的一个主要缺陷是需要计算所有点的$D_k(P)$，每计算一个点的$D_k(P)$就要扫描一次数据集，对于大数据集来说，此算法的计算效率非常低[1]。

(3) 基于密度的技术。该技术通过比较一个数据点的局部密度与其大部分近邻数据点的密度来确定该数据点是否为离群点。其中比较常见的技术是局部离群点要素(local outlier factor，LOF)技术。运用LOF技术时，首先计算数据集中每个数据对象的离群因子，离群因子越大，说明该数据对象偏离聚类中心的程度越高，越有可能是离群点。首先产生所有点的Minpts邻域及Minpts距离，计算每个点到其形成的领域中每个点的距离。对于低维数据，利用网格进行KNN查询，计算时间为$O(n)$；对于中维或中高维数据，采用如X-树等索引结构，进行KNN查询的时间为$O(\text{logn})$，整个计算时间为$O(\text{nlogn})$；对于特高维数据，索引结构不再有效，时间复杂度提高到$O(n^2)$，然后计算每个点的局部异常因子，最后根据局部异常因子来挖掘离群点。

还有一种比较常见的检测技术是基于LOF技术的简化版本，被称为基于相对密度概念的技术。运用该技术的主要步骤包括：确定近邻个数(K)，基于对象的最近邻计算对象的密度，计算每个对象的离群点得分；计算每个数据点的近邻平均密度，并使用特定公式来定义点的平均相对密度；根据计算得到的数值，判断该点是否位于其近邻点更稀疏或更稠密的邻域内，并将该值作为该点的离群点得分。

4. 代码操作

确定K值、检测离群点后，即可对处理好的数据进行K-means聚类分析。在进行Python代码实现之前，首先对主要模型K-means涉及的参数进行简单介绍。

K-means模型主要涉及4个重要的参数，即n_clusters、init、n_init和max_iter。下面利用help函数查看这些参数的解释，以便理解。

n_clusters参数：用于指定簇的个数，即K值，默认为8，具体代码如下所示。

```
n_clusters : int, default=8
    The number of clusters to form as well as the number of
    centroids to generate.
```

init参数：用于指定初始簇中心的设置方法，“k-means++”表示初始簇中心之间的距离

[1] 黄洪宇，林甲祥，陈崇成，等. 离群数据挖掘综述[J]. 计算机应用研究，2006(8)：8-13.

较远。“random”表示从数据集中随机挑选k个样本作为初始簇中心，具体代码如下所示。

```
init : {'k-means++', 'random'}, callable or array-like of shape
(n_clusters, n_features), default='k-means++'
      Method for initialization:

      'k-means++' : selects initial cluster centers for k-mean
      clustering in a smart way to speed up convergence. See section
      Notes in k_init for more details.

      'random': choose `n_clusters` observations (rows) at random from
      data for the initial centroids.
```

n_init参数：用于指定快速聚类算法运行的次数，默认值为10，每次运行时都会选择不同的初始簇中心，防止算法收敛于局部最优，具体代码如下所示。

```
n_init : int, default=10
      Number of time the k-means algorithm will be run with different
      centroid seeds. The final results will be the best output of
      n_init consecutive runs in terms of inertia.
```

max_iter参数：用于指定单次运行的迭代次数，默认值为300，具体代码如下所示。

```
max_iter : int, default=300
      Maximum number of iterations of the k-means algorithm for a
      single run.
```

了解K-means模型涉及的参数后，下面介绍Python具体的代码。

```
from sklearn.cluster import KMeans
KMs = KMeans(n_clusters=2)
KMs.fit()
label_kms = KMs.labels_
```

第一行代码引入Scikit-Learn库中的K-means模型；第二行代码设置K-means模型中的参数n_clusters，也就是*K*值；第三行代码使用fit()函数进行模型训练，括号中填入要训练的训练集；第四行代码通过模型label_属性获取聚类结果，然后赋值给label。值得注意的问题是，因为K-means聚类的初始中心点是随机选取的，所以当数据量较大时，每次运行结果会有所不同。为了使每次运行的聚类结果相同，可以引入random_state参数，具体代码如下所示。

```
kms = KMeans(n_clusters=2, random_state=123)
```

4.2.2 DBSCAN

DBSCAN(density-based spatial clustering of applications with noise，基于密度的聚类算法)能够有效地去除不属于任何类别的噪声点。该算法将簇定义为密度相连的点的最大集合，通过寻找具有足够密度的区域来划分簇，并且能够发现任意形状的簇[1]。

1. DBSCAN聚类过程

(1) 设定半径ε和样本阈值MinPts。

(2) 在数据集中随机选取一个样本点。

(3) 以该点为圆心，以设定的半径画圆。如果圆内样本数大于设定的阈值，则将圆内样本归为一类。

(4) 以圆内其他未画过圆的样本点为圆心，继续以设定的半径画圆，判断每个圆内的样本数是否大于阈值，如果大于阈值，则将圆内样本归为一类，否则放弃画圆，不断重复，直到没有可画的圆，将所有圆内的样本点归类。

(5) 再次随机从数据集中选择没有被分类的样本点，重复(3)(4)步骤，直到没有可画的圆，再重复(5)步骤，直到没有可画的圆，算法终止。

相比K-means聚类，DBSCAN有显著的优点。采用此法，不需要事先确定簇的个数，可以发现任意形状的簇，并且此算法对离群点和初始点都不敏感。然而，DBSCAN也存在一些缺点。它不适合处理高维度和密度变化较大的数据集，对数据之间的密度较为敏感，当数据密度不均匀时，聚类效果可能较差。此外，当数据集的数据较多时，聚类收敛时间可能会较长。因此，需要根据数据集的特点和要解决的问题来合理选择聚类算法，以达到最好的聚类效果。

2. 相关概念

(1) 点的ε-邻域。它是指在某点p处，给定其半径ε后，得到的覆盖区域。

(2) MinPts。它是为了确定一个邻域是否为稠密区域而指定的稠密区域的密度阈值，也可称为最小样本数。

(3) 核心对象(core object)。如果一个对象的ε-邻域至少包含指定的MinPts个对象，则该对象称为核心对象。

(4) 直接密度可达(directly density-reachable)。如果核心对象q的ε-邻域内包含对象p，那么p是从q直接密度可达的。

(5) 密度可达(density-reachable)。假设存在一系列的对象链p_1，p_2，…，p_n，如果p_i是关于半径ε和MinPts的直接密度可达p_i+1(i=1，2，…，n)，则p_1密度可达p_n。

(6) 密度相连(density-connected)。假设对象q是核心对象，p_1，p_2都是从q关于ε和MinPts密度可达的，那么p_1和p_2密度相连。

---

[1] 王宇韬，钱妍竹. Python大数据分析与机器学习商业案例实战[M]. 北京：机械工业出版社，2020.

(7) 边界点。假设对象q是核心对象，其ε-邻域包含对象b，如果对象b不是核心对象，那么就称之为边界点。

3. 代码操作

在进行Python代码实现之前，首先简单介绍DBSCAN涉及的参数。

DBSCAN模型主要涉及五个重要的参数，即eps、min_samples、metric、algorithm和p。可以通过help函数查看这些参数的解释，以便进一步理解。

eps参数：用于设定ε值，确定ε-邻域半径，默认值为0.5，具体代码如下所示。

```
eps : float, default=0.5
     The maximum distance between two samples for one to be considered
     as in the neighborhood of the other. This is not a maximum bound
     on the distances of points within a cluster. This is the most
     important DBSCAN parameter to choose appropriately for your data
     set and distance function.
```

min_samples参数：用于设置Minpts，即最小样本数量，默认值为5，具体代码如下所示。

```
min_samples : int, default=5
     The number of samples (or total weight) in a neighborhood for a
     point to be considered as a core point. This includes the point itself.
```

metric参数：用于指定计算距离的方式，默认值为欧式距离，即euclidean，具体代码如下所示。

```
metric : string, or callable, default='euclidean'
     The metric to use when calculating distance between instances in
     a feature array. If metric is a string or callable, it must be
     one of the options allowed by : func: `sklearn.metrics.pairwise_
     distances` for its metric parameter.
     If metric is "precomputed", X is assumed to be a distance matrix
     andmust be square. X may be a : term: `Glossary <sparse graph>`,
     in which case only "nonzero" elements may be considered neighbors
     for DBSCAN.
```

algorithm参数：用于指定搜寻最近邻样本点的算法，默认值为auto，表示自动选择合适的搜寻方法。“ball_tree”表示使用球树搜寻最近邻样本点，“kd_tree”表示使用K-D树搜寻最近邻样本点，“brute”表示使用暴力法搜寻最近邻样本点，具体代码如下所示。

```
algorithm : {'auto', 'ball_tree', 'kd_tree', 'brute'}, default='auto'
     The algorithm to be used by the NearestNeighbors module
     to compute pointwise distances and find nearest neighbors.
     See NearestNeighbors module documentation for details.
```

*p*参数：用于显示点与点之间的计算方式，默认为2。当metric为欧氏距离(euclidean)，*p*=2；当metric为曼哈顿距离(minkowski)，*p*=1。具体代码如下所示。

```
p : float, default=None
    The power of the Minkowski metric to be used to calculate
    distance between points. If None, then ``p=2`` (equivalent to the
    Euclidean distance).
```

了解DBSCAN涉及的参数后，下面介绍Python具体的代码。

```
from sklearn.cluster import DBSCAN
dbs = DBSCAN()
dbs.fit()
label_dbs = dbs.labels_
```

第一行代码引入Scikit-Learn库中的DBSCAN模型；第二行代码将DBSCAN模型赋值给变量dbs，这里不设置参数，即所有参数都取默认值；第三行代码用fit()函数进行模型训练，括号中填入要训练的训练集；第四行代码将聚类结果赋值给变量label_dbs。

4.2.3 凝聚层次聚类

层次聚类是系统聚类的一种方法，根据聚类结构分为凝聚和分解两种。凝聚是从每个数据点开始，逐步合并最近邻数据点形成新的簇，不断重新计算邻近度，直到形成最终的聚类。分解则相反，从整个数据集开始，不断分离最远的数据点，直到每个数据点自成一簇。本书主要介绍凝聚层次聚类。

凝聚层次聚类又称为合并型层次聚类，是一种自底向上的方法。它将每个对象视为一个聚类，把它们逐渐合并成越来越大的聚类。在每一层中，根据一些规则将距离最近的两个聚类合并，直到满足预先设定的终止条件[1]。

1. 凝聚层次聚类的聚类过程

(1) 将数据集的每个样本点视为一个簇。

(2) 计算所有样本点之间的两两距离，将距离最近的两个样本点归为一簇。

(3) 计算剩余样本点的两两距离以及簇之间或簇与样本点之间的距离，将距离最近的样本点或簇合并为一个新簇。

(4) 重复步骤(3)，直到所有的样本点被归为一簇或者达到设定的簇的个数，结束算法运行。

凝聚层次聚类的优点和DBSCAN类似，不需要预先设置聚类数，限制较少，并且

[1] 刘兴波. 凝聚型层次聚类算法的研究[J]. 科技信息(科学教研)，2008(11)：202.

可以发现聚类的层次关系。然而，它也存在一些显著的缺点。比如，计算复杂度较高，对于大型数据集的运算成本较高；缺乏全局目标函数，局部合并簇的决策可能影响全局结果；合并决策是最终确定的，聚类过程中，两个簇一旦合并，就不能撤消，可能阻碍局部最优标准变为全局最优标准；它没有处理不同大小的簇的能力，无法对不同大小的簇进行加权分析，平等地对待不同大小的簇。

2. 基本概念

凝聚层次聚类通常使用3种方法来确定簇间的邻近性，分别为单链、全链和组平均，如图4-12所示。单链指不同簇的两个最近的点的距离(邻近度)。全链指不同簇的两个最远的点的距离(邻近度)。组平均距离指不同簇所有点对之间的距离(邻近度)的平均值。

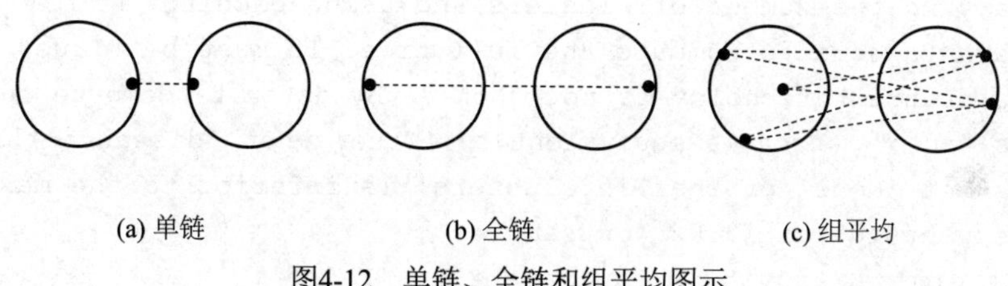

(a) 单链　　(b) 全链　　(c) 组平均

图4-12　单链、全链和组平均图示

3. 代码操作

在进行Python代码实现之前，首先简单介绍模型Agglomerative Clustering涉及的参数。

Agglomerative Clustering模型主要涉及5个重要的参数，即n_clusters、affinity、memory、compute_full_tree和linkage。可以通过help函数查看这些参数的解释，以便进一步理解。

n_clusters参数：用于指定样本点聚类的个数，默认值为2，具体代码如下所示。

```
n_clusters : int or None, default=2
       The number of clusters to find. It must be "None" if "distance_
       threshold" is not "None".
```

affinity参数：用于指定样本间距离的衡量标准，可以设定欧氏距离、曼哈顿距离、余弦相似度等，默认为欧氏距离(euclidean)，具体代码如下所示。

```
affinity : str or callable, default='euclidean'
      Metric used to compute the linkage. Can be "euclidean", "l1", "l2",
      "manhattan", "cosine", or "precomputed".
      If linkage is "ward", only "euclidean" is accepted.
      If "precomputed", a distance matrix (instead of a similarity
      matrix) is needed as input for the fit method.
```

memory参数：用于指定是否输出缓存的结果，默认为“否”，具体代码如下所示。

```
memory : str or object with the joblib.Memory interface, default=None
    Used to cache the output of the computation of the tree.
    By default, no caching is done. If a string is given, it is the
    path to the caching directory.
```

compute_full_tree参数：设定为“true”时，算法会生成完整的凝聚树，否则达到指定的簇的个数后，代码会停止运算，具体代码如下所示。

```
compute_full_tree : 'auto' or bool, default='auto'
    Stop early the construction of the tree at "n_clusters". This is
    useful to decrease computation time if the number of clusters is not
    small compared to the number of samples. This option is useful
    only when specifying a connectivity matrix. Note also that when
    varying the number of clusters and using caching, it may be
    advantageous to compute the full tree. It must be "True" if
    "distance_threshold" is not "None". By default 'compute_full_tree'
    is "auto", which is equivalent to 'True' when 'distance_threshold'
    is not 'None' or that 'n_clusters' is inferior to the maximum
    between 100 or '0.02 * n_samples'.
    Otherwise, "auto" is equivalent to 'False'.
```

linkage参数：用于指定计算簇间距离的方式，默认为“ward”。“ward”表示使用最近距离——单链，“complete”表示使用最远距离——全链，“average”表示使用平均距离——组平均，具体代码如下所示。

```
linkage : {'ward', 'complete', 'average', 'single'}, default='ward'
    Which linkage criterion to use. The linkage criterion determines
    which distance to use between sets of observation. The algorithm
    will merge the pairs of cluster that minimize this criterion.
    - 'ward' minimizes the variance of the clusters being merged.
    - 'average' uses the average of the distances of each observation
    of the two sets.
    - 'complete' or 'maximum' linkage uses the maximum distances
    between all observations of the two sets.
    - 'single' uses the minimum of the distances between all
    observations of the two sets.
```

了解Agglomerative Clustering模型涉及的参数后，下面介绍Python具体的代码。

```
from sklearn.cluster import AgglomerativeClustering
agg = AgglomerativeClustering()
agg.fit()
label_agg = agg.labels_
```

第一行代码引入Scikit-Learn库中的Agglomerative Clustering模型；第二行代码将

Agglomerative Clustering模型赋值给变量agg，这里不设置参数，即所有参数都取默认值；第三行代码用fit()函数进行模型训练，括号中填入要训练的训练集；第四行代码将聚类结果赋值给变量label_agg。

4.3　实战演练

基于前文介绍的3种聚类分析方法，本书使用采集到的豆瓣剧集数据进行实战演练[1]。

读取豆瓣剧集的数据，具体代码如下所示。

```
import pandas as pd
path = r'D:\豆瓣\豆瓣剧集.xlsx'
df = pd.read_excel(path) .astype(str)
```

对简介进行中文分词，具体代码如下所示。

```
import jieba
words = []
for i, row in df.iterrows():
    word = jieba.cut(row['简介'], cut_all=False)
    result = '/'.join(list(word))
    words.append(result)
```

建立词频矩阵，具体代码如下所示。

```
from sklearn.feature_extraction.text import CountVectorizer
vect = CountVectorizer()
X = vect.fit_transform(words)
X = X.toarray()
words_bags2 = vect.get_feature_names_out()
df = pd.DataFrame(X, columns=words_bags2)
```

将数据处理好之后，就可以进行聚类分析。原始数据中，剧集被分为13种类型，这里使用之前介绍的3种聚类分析算法来进行测试，看结果与实际是否相同。

首先，采用K-means聚类，具体代码如下所示。

```
from sklearn.cluster import KMeans
KMs = KMeans(n_clusters=13, random_state=123)
k_data = KMs.fit_predict(df)
print(k_data)
```

[1]　王宇韬，钱妍竹. Python大数据分析与机器学习商业案例实战[M]. 北京：机械工业出版社，2020.

K-means聚类结果如图4-13所示。

```
[ 1  1  1  1  1  1  1  1  1  1  1  1  1  1  1  1  1  1  1  1  1  1  1  1
  1  1  1  1  1  4  1  5  1  1  7  1  1 12  1  1  1  1  1  1  1  1  1  1
  1  1  1  1  1  1  1  1  1  1  1  1  1  1  1  1  1  1  1  1  1  1  0  1
  1  1  1  1  1  1  1  1  1  1  1  1  1  1  1  1  1  1  1  1  1  1  1  1
  1  1  1  1  1  1  1  1  1  1  1  1  1  1  1  1  1  1  1  1  1  1  1  1
  1  1  1  1  1  1  1  1  1 11  1  1  1  1  2  8 10  1  3  1  1  1  1  1
  1  1  1  1  1  1  1  1  1  1  1  1  1  1  1  1  1  1  1  1  1  1  1  1
  1  6  1  1  1  1  1  1  1  1  1  1  1  1  1  1  1  1  1  1  1  1  1  1
  1  1  1  1  1  1  1  1  1  1  1  1  1  1  1  1  1  1  1  1  1  1  1  1
  1  1  1  1  1  1  1  1  1  1  1  1  1  1  1  1  9  1  1  1  1  1  1  1
  1  1  1  1  1  1  1  1  1  1  1  1  1  1  1  1  1  1  1  1  1  1  1  1
  1  1  1  1  1  1  1  1  1  1  1  1  1  1  1  1  1  1  1  1  1  1  1  1
  1  1  1  1  1  1  1  1  1  1  1  1]
```

图4-13　K-Means聚类结果

从图4-13可以看出，K-means聚类结果并不理想，大量数据被分到1类。出现这种情况，很可能是因为不同剧集的简介内容长短不同，涵盖的内容类型也有所不同。

其次，使用DBSCAN进行分析，具体代码如下所示。

```
from sklearn.cluster import DBSCAN
dbs = DBSCAN()
dbs_data = dbs.fit_predict(df)
print(dbs_data)
```

DBSCAN聚类结果如图4-14所示。

```
[-1 -1 -1 -1 -1 -1  0 -1 -1 -1 -1 -1 -1 -1 -1 -1 -1 -1 -1 -1 -1 -1 -1 -1
 -1 -1 -1 -1 -1 -1 -1 -1 -1 -1 -1 -1 -1 -1 -1 -1  0 -1 -1 -1 -1 -1 -1 -1
 -1 -1 -1  0 -1 -1  0 -1 -1 -1 -1 -1  0 -1 -1 -1 -1 -1 -1 -1 -1 -1 -1 -1
 -1 -1 -1  0 -1 -1 -1 -1  0 -1 -1  0 -1 -1 -1 -1  0 -1  0  0 -1 -1 -1 -1
 -1  0  0 -1 -1 -1 -1 -1 -1 -1 -1 -1 -1 -1 -1 -1 -1 -1 -1 -1 -1 -1 -1 -1
 -1 -1 -1 -1 -1 -1 -1 -1 -1 -1  0 -1 -1 -1 -1 -1 -1 -1 -1 -1 -1 -1 -1 -1
 -1 -1 -1 -1  0 -1 -1 -1 -1 -1 -1 -1 -1 -1 -1 -1 -1 -1 -1 -1 -1 -1 -1 -1
 -1 -1 -1 -1 -1 -1 -1 -1 -1 -1 -1 -1 -1 -1 -1 -1 -1 -1 -1 -1 -1 -1 -1 -1
 -1 -1 -1 -1 -1 -1 -1 -1 -1 -1 -1 -1 -1 -1 -1 -1 -1 -1 -1 -1 -1 -1 -1 -1
  0 -1 -1 -1 -1 -1 -1 -1 -1 -1 -1 -1 -1 -1 -1 -1 -1 -1 -1 -1 -1 -1 -1  0
 -1  0 -1 -1 -1 -1 -1 -1 -1 -1 -1 -1 -1  0 -1 -1  0  0 -1 -1 -1 -1 -1 -1
  0 -1 -1 -1 -1 -1 -1 -1 -1 -1 -1 -1 -1 -1 -1 -1 -1 -1 -1 -1 -1 -1 -1 -1
 -1 -1 -1 -1 -1 -1 -1 -1 -1 -1 -1 -1]
```

图4-14　DBSCAN聚类结果

从图4-14可以看出，DBSCAN聚类效果较差，其中含有大量的离群点(-1)，也就是不清楚该剧集如何归类。之所以出现这种情况，是因为文本向量化后，每个剧集简介都含有大量的特征，这会导致样本点间的距离较远，从而产生大量的离群点。

最后，使用凝聚层次聚类分析，具体代码如下所示。

```
from sklearn.cluster import AgglomerativeClustering
agg = AgglomerativeClustering(n_clusters=13)
agg_data = agg.fit_predict(df)
print(agg_data)
```

凝聚层次聚类结果如图4-15所示。

```
[ 0  0  0  0  0  0  0  0  0  0  0  0  0  0  0  0  0  0  0  0  0  0  0  0
  0  0  0  0  0 12  0 11  0  0  6  0  0 10  0  0  0  0  0  0  0  0  0  0
  0  0  0  0  0  0  0  0  0  0  0  0  0  0  0  0  0  0  0  0  0  0  0  0
  0  0  0  0  0  0  0  0  0  0  0  0  0  8  0  0  0  0  0  0  0  0  0  0
  0  0  0  0  0  0  0  0  0  0  0  0  0  0  0  0  0  0  0  0  0  0  0  0
  0  0  0  0  0  0  0  0  0  0  0  0  0  0  7  9  4  0  0  0  0  0  0  0
  0  0  0  0  0  0  0  0  0  0  0  0  0  0  0  0  0  0  0  0  0  0  0  0
  0  3  0  0  0  0  0  0  0  0  0  0  0  0  0  0  0  0  0  0  0  0  0  0
  0  0  0  0  0  0  0  0  0  0  0  0  0  0  0  0  0  0  0  0  0  0  0  0
  0  0  0  0  0  0  0  0  0  0  0  0  0  0  0  0  5  0  0  2  1  0  0  0
  0  0  0  0  0  0  0  0  0  0  0  0  0  0  0  0  0  0  0  0  0  0  0  0
  0  0  0  0  0  0  0  0  0  0  0  0  0  0  0  0  0  0  0  0  0  0  0  0
  0  0  0  0  0  0  0  0  0  0  0  0]
```

图4-15　凝聚层次聚类结果

从图4-15可以看出，聚类效果并不理想，大量数据点都被归为同一类别(簇0)，这与研究者期望的实际结果相差很远。这可能与K-means聚类存在一样的问题，即欧氏距离并不能很好地反映不同长度文本之间的邻近程度。

采用上述3种方法得到的聚类效果都不太好，前文提到，DBSCAN聚类不适合高维度的数据集，而K-means聚类和凝聚层次聚类也因为应用了传统的距离计算方式而在处理文本数据时效果不佳。为了优化聚类效果，可以尝试使用夹角余弦值作为距离度量，重新进行聚类分析，这种距离度量可以更好地反映文本数据之间的邻近程度，得到符合预期的聚类结果。

首先，使用K-means算法，具体代码如下所示。

```
from sklearn.metrics.pairwise import cosine_similarity
cosine_similarities = cosine_similarity(df)
from sklearn.cluster import KMeans
KMs = KMeans(n_clusters=13, random_state=123)
k_data = KMs.fit_predict(cosine_similarities)
print(k_data)
```

第一行代码引入Scikit-Learn库中的cosine_similarity；第二行代码将计算出的夹角余弦值赋值给变量cosine_similarity；第五行代码以夹角余弦值进行模型训练。夹角余弦值K-means聚类结果如图4-16所示。

```
[ 5  3  1  7  7  9  2  7  7  4  4  6  3  3  1  5  6 11  1  5  5  5  4  5
  7  6  1  8  9  7  7  7  5 11  6  7  1  1  3  4  2 11 12  3  1  1  3  1
  4  9  6  2  1  3  2  7  8  5  0  5  2  8  8  3 10  4 11  4  3  1  4  4
  5  5  9  2  4  9  7  1  2  7  7  2  6  4  5  4  2  7  2  2  6  9  1  1
  1  2  2  3  6  8  3 10  9 10  1  5  6 11  7  1  9  1  8  4  3  3  4  7
  3  3  1  1  9  8  5  5  4  9  2  3  1  3  6  5  1  5  3 12  5  4  3 12
 12  5  1 11  2  7 12  4 11 12  5  5  3  1  5 11 12  3  1  9  5  1 11  5
 10  9 11  1  1 11  5  8  5  8  4  8  3  9 11  8  9 11  5  1  9  0  8  3
  5  4  3  1  8  1  5  1  3  5  9  3  5  8  1  1  7  9  6  7  5  5  5  5
  2  5  4  5  8  4  4  5 11  3  1  3  5  5  9  5  1  3  4  3  1  5  7  2
  6  2  5  1 11  3  5  3  3  3 11  3  5  2 11  3  2  2  3  3  4  5  6  5
  2  6  3  4  4  8  3  1  3  5  9  3  1  3 11  3  8  3  3  1  8  9  9  1
  1  4  5  1  3  1  1  5  1  4  8  5]
```

图4-16　夹角余弦值K-Means聚类结果

其次，使用凝聚层次聚类算法，具体代码如下所示。

```
from sklearn.metrics.pairwise import cosine_similarity
cosine_similarities = cosine_similarity(df)
from sklearn.cluster import AgglomerativeClustering
agg = AgglomerativeClustering(n_clusters=13)
agg_data = agg.fit_predict(cosine_similarities)
print(agg_data)
```

聚类结果如图4-17所示。

```
[ 1  1  2  3  3  1  7  3  3  0  0  8  2  1  2  1  4  1  3  3  3  1  2  0
  3  4  2  5  1  3  3  3  1  8  4  1  8  2  2  2  7  1  6  1  1  2  1  2
  2 12  4  7  2  2  7  3  5  2  9  2  7  2  5  1 11  0  8  0  1  1  0  1
  1  2  3  7  0  3  3  2  7  1  3  7  4  0  1  1  7  1  7  7  4  8  2  2
  2  7  7  2  4  2  2 11  8 11  2  1  4  8  3  2 12  2  2  0  1  1  0  2
  1  1  3  2  8  5  1  1  1  3  7  1  2 10  4  2  2  1  1  6  2  0 10  6
  6  1  2  1  7  3  6  2  1  6  2  2  1  8  2  1  6  1  2  8  2  2  8  2
 11  3  8  2  2  8  2  5  1  5  0  2  2  8  8  5  3  2  2  2  8  9  5  2
  2  2  1  2  5  2  2  2 10  1  3  2  1  2  2  1  3  1  2  1  1  2  3  1
  7  2  0  2  5  2  0  1  2  1  2  2  1  2  1  0  2  1  0  1  2  1  1  7
  4  7  1  8  8 10  1  1  2  1  8  1  2  7  8  1  7  7  1  1  2  1  4  1
  7  4  2  3  0  5  2  2  2  2  1  1  2  1  8  1  5  1  1  2  5  8  8  2
  2  2  1  2  1  2  2  2  2  0  5  2]
```

图4-17　夹角余弦值凝聚层次聚类结果

从图4-17可以看，在使用夹角余弦值作为距离度量后，聚类结果更符合实际情况。这是因为文本内容的长短对欧氏距离的计算产生了较大的影响，而使用夹角余弦值可以克服内容长度带来的误差，从而得到更准确的聚类结果。

当然，聚类分析还有许多其他优化方法。例如，在K-means聚类中，可以采用蚁群算法、混合蛙跳算法、全局寻优粒子群算法等。这些优化方法涉及更深奥的计算机知识，本书不做过多介绍。

总体而言，夹角余弦值的应用对聚类结果的改善非常有效。除此之外，为进一步提升聚类效果，我们可以研究更多的优化方法，但这需要更深厚的计算机知识背景。

4.4 案例介绍

前文介绍了聚类分析的基本概念、基本原理以及具体代码操作，那么在新闻传播研究领域，聚类分析是如何运用到其中的呢？在研究当中，适当且明确地分析所收集的数据是非常必要的，但数据往往是以各种形式存在的，很多时候研究者缺乏关于数据对象特性的先验知识，直接对其进行分组可能会很困难，而聚类分析可以根据某种特征对数据进行有意义的分组[1]。因此，在新闻传播研究领域，可以通过聚类分析整理杂乱的数据，从而进一步分析不同聚群的特征。接下来本书将以两篇文献为例，介绍新闻传播研究领域是如何运用聚类分析的。

4.4.1 聚类分析在新闻报道研究中的运用

聚类分析可以将人群、文本内容、数字等分成不同的簇。在新闻传播研究领域，通常需要分析大量的新闻报道，而这些报道可能涵盖各种各样的内容和话题。通过应用聚类分析，研究者能够将复杂多样的内容划分成不同的簇，从而更精准地选取目标内容进行深入分析，探索新的分类方式，或者发现新的特征集群。

2016年，*Frames beyond words*：*Applying cluster and sentiment analysis to news coverage of the nuclear power issue*[2]（《超越语言的框架：将聚类和情感分析应用于核电问题的新闻报道》）一文结合聚类分析和情感分析，探索出一种改进框架聚类分析的方法，主要解决了两个问题：一是聚类分析能够在多大程度上从讨论特定问题的新闻文章集合中推断出强调框架；二是选择的方法能在多大程度上提高统计分析的结构有效性和编码准确性。

该文收集了1992年到2013年发表在《纽约时报》《华盛顿邮报》和《卫报》上关于核能的报道，总计4 286篇。作者为了验证他提出的新方法的有效性，首先创建了两个数据集，每个数据集都包含所有文章，但使用不同的聚类特征。然后作者对这两个数据集进行了预处理，将所有单词进行了词形还原，删除了数字、常见的英文停用词，以及出现在少于5篇文档或多于40%的文档中的单词。作者对此给出了解释，他认为当单

[1] Ezugwu A E，Shukla A K，Agbaje M B，et al. Automatic clustering algorithms：a systematic review and bibliometric analysis of relevant literature[J/OL]. Neural Computing and Applications，2021，33(11)：6247-6306. DOI：10.1007/s00521-020-05395-4.

[2] Burscher B，Vliegenthart R，De Vreese C H. Frames Beyond Words：Applying Cluster and Sentiment Analysis to News Coverage of the Nuclear Power Issue[J/OL]. SOCIAL SCIENCE COMPUTER REVIEW，2016，34(5)：530-545. DOI：10.1177/0894439315596385.

词的使用频率非常低或非常高时，这些单词不能很好地区分新闻聚类，因此需要将它们排除。

作者探讨了一种新的聚类特征，进一步处理了使用新方法的数据集。作者认为，可以根据倒金字塔结构，仅选择新闻标题和导语进行聚类分析。此外，名词、形容词和副词更能反映文章的框架，而动词、连词和代词通常不能增加框架信息。因此，作者对标题和导语中的单词进行了词性分析，删除了不需要的单词。最后，作者使用命名实体识别方法，删除了个人、组织和国家地名等单词。使用这一数据集进行聚类被作者称为选择方法，而使用全篇数据集进行聚类则被作者称为基线方法。

作者对两个数据集使用TF-IDF算法进行向量化后，对其进行了聚类。首先需要确定簇的个数，这里作者采用拐点法，通过绘制从1到15个簇的方差图，最终确定了簇的数量为7。其次使用K-means聚类。为了评估聚类结果的质量，作者又进行了人工编码，从两个数据集形成的14个集群中分别随机抽取15篇文章，两名编码员将这210篇文章分别进行归类，并与聚类分析结果进行比较，计算Krippendorrf 's α值(一种衡量计算机编码与人类编码一致性的指标)。

采用基线方法和选择方法确定的不同框架如表4-1所示。

表4-1 采用基线方法和选择方法确定的框架

基线方法	
框架1	核电生产的经济方面
框架2	核电厂安全、核废料、核电事故和辐射风险
框架3	核能和核武器的发展
框架4	核电在电力生产中的作用及其对气候变化的影响
框架5	核反应堆疏散
选择方法	
框架1	核电厂的安全
框架2	核电在电力生产中的作用及其对气候变化的影响
框架3	核电生产的经济方面
框架4	核能和核武器的发展
框架5	核材料和核废料的处理
框架6	核电事故和辐射风险

研究结果显示，当使用文章的全部内容作为聚类特征(即采用基线方法)时，出现了多个集群，这些集群都涉及核电争议，但它们之间的区别仅在于地理背景，如伊朗、朝鲜、印度的核电问题。此外，还出现了一个集群，主要涉及纽约州布坎南市的印第安角核电站的紧急疏散事件，这并不是一个具体的框架，最终总结出的有效框架有5个。这表明当使用整篇文章作为聚类特征时，集群之间不仅框架不同，地理背景和具体事件也不同，因而不能很好地根据抽象的争议因素进行聚类。

研究结果同时也显示，使用文章的标题和导语，并排除一些特定词，如名词、地名和人名等(即采用选择方法)，这样的数据集会使聚类集群更加清晰。作者得到了六个独特的集群，这些集群都涉及核电争议，而且这些集群的内容几乎没有重叠。其中包括采用基线方法涉及的框架，比如核电的经济影响和对气候的影响；还包括与基线方法不同的独特框架，比如安全问题、核事故、核废料处理。与人工编码相比，采用选择方法的结果一致性更高。此外，作者将选择方法的框架与时间因素相结合，绘制了随时间变化的流行率图。这些框架变化的峰值与当时发生的核电事件相吻合，进一步证明了聚类结果得出的框架是有效的。

这篇文章突出展示了聚类分析的优势，提出了一种自动编码新闻框架的内容分析方法。这种方法的优点显而易见。首先，它省去了人工编码的过程，更具成本效益；其次，在当今社交网络时代，它可以更好地应用到大数据集的研究当中；最后，它减少了人类感知和解释可能引发的偏见风险。总之，这是一种更加高效、便捷的框架研究方法，为未来的研究提供了一种新模型。

4.4.2　聚类分析在社交媒体研究中的运用

随着社交网络的兴起和普及，社交媒体上用户生成的内容呈爆炸式增长，研究者可以直接通过社交媒体获取数据。但社交媒体的数据海量且复杂[1]，因此，如何从中筛选出具有价值且具有相似特征的数据成为至关重要的任务。于是，聚类分析被广泛应用于社交媒体研究中。

2021年，*Politics and Politeness*：*Analysis of Incivility on Twitter During the 2020 Democratic Presidential Primary*[2](《政治与礼貌：2020年民主党总统初选期间推特上的不文明行为分析》)一文结合机器学习、K-means聚类、词频统计等方法，深入研究了2020年美国总统初选期间推特上的不文明推文，着重关注了4个问题：第一，有关2020年民主党初选的推文中不文明的现象有多普遍；第二，在针对2020年美国总统初选候选人的不文明对话中，机器人账户传播了哪些话题；第三，特定的公共政策议题是否与不文明的沟通有关；第四，在用户发布的不文明推文中，哪位候选人的相关推文最不文明？

在这4个问题中，对于第二个及第三个问题(机器人账户传播了哪些话题以及特定的公共政策议题是否与不文明的沟通有关)都使用了聚类分析方法。以下，本书将详细介绍针对这两个问题的研究过程。

---

[1]　Bazzaz A S，Haghi K M，Mahdipour E，et al. Big data analytics meets social media：A systematic review of techniques，open issues，and future directions[J/OL]. Telematics and Informatics，2021，57：101517. DOI：10.1016/j. tele. 2020. 101517.

[2]　Trifiro B，Paik S，Fang Z，et al. Politics and Politeness：Analysis of Incivility on Twitter During the 2020 Democratic Presidential Primary[J/OL]. SOCIAL MEDIA + SOCIETY，2021，7(3)：20563051211036940. DOI：10.1177/20563051211036939.

首先，作者通过检索与3位候选人(拜登、桑德斯和沃伦)相关的关键词，抓取了推特上2019年8月1日到9月30日的1 800多万条推文，这些数据初步构成了3个数据集。其次，作者从每个数据集中随机抽取100万条数据，构成包含300万条数据的数据库。再次，随机抽取1 875条推文进行手动编码，其中70%作为训练集，30%作为测试集。作者依据Groshek和Cutino[1]总结的5个不文明特征，将训练集的推文编码归类为“文明”与“不文明”后，训练预测器，经过测试集验证后，将300万条数据通过预测器全部进行分类。最后，作者使用3个二分类变量——沃伦、桑德斯和拜登，对每条推文进行了标记。

完成数据分类后，作者对最终的数据库进行了预处理。首先，作者去除了特殊字符、URL、标点符号、数字、空格和停顿词等。其次，作者采用0.995的稀疏因子去除稀疏词。再次，作者使用K-means聚类方法分析了3位候选人的不文明语料库。他将“centers”参数设置为7，将“nstart”[2]参数设置为10，生成了不文明推文中出现最频繁的7个主题，每个主题包含20个词汇。最后，通过聚类分析，作者探究了针对3位候选人的不文明话题以及哪些公共政策议题更容易引发不文明推文的情况。

K-means聚类结果显示，相较于其他问题，某些公共政策问题与不文明言论之间存在更为密切的联系。例如，在与沃伦相关的不文明推文中，出现了与枪支管制和移民问题有关的内容，这与她的财政政策密切相关。然而，在与拜登有关的不文明推文中，并没有发现相关政策的关键词。此外，在与沃伦相关的不文明推文中，很多主题都牵涉政策话题(详见表4-2)。相反，关于桑德斯的不文明推文只涉及他提出的民主社会主义思想，而没有出现他提出的医疗保健政策。

表4-2 有关伊丽莎白·沃伦的不文明推文的主题

与主题相关的术语	标签	比例
american，biden，berni，lie，just，warren，kamala，harri，democrat，doesn，nativ，like，joe，know，can，get，say，need，want，year	与其他2020年美国总统候选人的对比	70.94
blame，shooter，support，ohio，describ，self，fan，never，don，assur，squad，paso，socialist，coward，rest，anyon，trump，mile，satan	沃伦和特朗普对代顿枪击案的反应	26.52
complicit，congress，impeach，fail，trump，start，elizabeth，via，white，continu，crime，nanci，pelosi，say，must，presidenti，disarm，condit，drop，todd	国会对特朗普的刑事指控和弹劾	0.92

[1] Groshek J，Cutino C. Meaner on Mobile：Incivility and Impoliteness in Communicating Contentious Politics on Sociotechnical Networks[J/OL]. Social Media + Society，2016，2(4)：2056305116677137. DOI：10.1177/2056305116677137.

[2] “nstart”参数指“if centers is a number，how many random sets should be chosen”。

(续表)

与主题相关的术语	标签	比例
elizabethwarren，either，big，now，look，can，gun，like，thank，god，immigr，illeg，nut，fan，fake，one，case，dna，question，noth	与枪支管制和移民有关的话题	0.71
street，wall，presid，fear，long，far，screw，becom，fight，time，hous，white，peopl，absolut，report，freak，corrupt watch，threat，realli	华尔街和特朗普的腐败	0.39
black，call，disgust，st，innoc，push，dear，yesterday，got，murder，racist，today，vote，lie，rememb，evil，none，proven，disarm，condit	种族问题和犯罪	0.25
establish，vote，away，anti，polici，john，isn，run，senat，berni，statement，threat，singl，impeach，liz，face，tulsi，progress corpor，speech	关于反建制和伯尼・桑德斯	0.22

此外，作者还对2020年美国总统初选期间，在社交媒体平台发布不文明推文的社交媒体机器人行为进行了研究。首先，作者从每位候选人的数据库中抽取了5 000个用户。其次，作者利用印第安纳大学研究人员开发的Python API来筛选机器人账户。最后，作者从每位候选人的数据库中随机抽取了5 000条有可能是机器人账户发布的不文明推文，运用K-means聚类分析对这些推文进行了整理和分类，如表4-3所示。

表4-3　机器人产生的有关伊丽莎白・沃伦的不文明推文的主题

与主题相关的术语	标签	比例
american，warren，blame，support，trump，shooter，nativ，presid，will，elizabeth，emocrat，don，want，describ，ohio，berni，law，one，dayton，harvard	提到枪支暴力	93.06
exist，white，pretend，ethnic，privileg，spend，decad，ahead，get，lie，privledg，robertm hispan，rourk，indian，really，alleg，bill，brutal，clue	提到伊丽莎白・沃伦的遗产	4.10
peddl，shouldn，within，mile，patholog，oval，hate，offic，liar，alleg，bill，brutal，clue，crime，demdeb，derang，exact，expect，former，held	对伊丽莎白・沃伦的攻击	1.38
unabash，liar，post，new，re，alleg，bill，brutal，clue，crime，demdeb，derang，exact，expect，former，held，hit，lowest，mani，matter	攻击伊丽莎白・沃伦的人格	0.65
elizabethwarren，indian，liar，kag，fake，trump，nut，case，god，wga，wwg，maga，call，rip，illeg，good，like，best，sick，noth	通过血统来攻击伊丽莎白・沃伦的人格	0.32
agre，offici，obama，former，say，wrong，america，call，alleg，bill，brutal，clue，crime，demdeb，deragn，exact，expect，held，hit，lowest	罪行	0.30
claim，brown，michael，murder，fals，defend，polic，ferguson，us，want，check，danger，obama，via，pocahonta，fact，chief，truth，use，presid	枪支暴力	0.20

研究结果表明，机器人账户发布的不文明推文关注的话题与全部的不文明推文稍有不同。具体而言，在与拜登相关的推文中，机器人账户发布的涉及拜登儿子亨特的推文占据93.43%。有趣的是，许多人认为拜登的儿子作为备受争议的人物，是可能威胁到拜登竞选的主要因素之一，而机器人账户也针对这一点展开了猛烈的攻击。这与之前的研究结果相呼应，共同显示出机器人账户在煽动政治斗争、传播错误信息和仇恨言论方面起到了一定的作用。

在与沃伦有关的不文明推文中也呼应了这一观点，机器人账户主要集中于对沃伦进行人身攻击，并使用了侮辱性、诽谤性语言。这可能是因为性别是沃伦竞选总统的主要威胁因素之一。总体而言，这些结果表明，机器人账户能够传播仇恨和争议性言论，在公众心中播下对三位候选人不信任和蔑视的种子。

这篇文章对政治传播、不文明行为、在线去抑制效应理论以及社交媒体机器人的相关研究进行了拓展。首先，作者将难以被公众察觉的机器人账户引入到在线去抑制效应的主要影响因素——“匿名”这一概念中，对其进行了适应性拓展；其次，作者利用K-means聚类分析深入比较了机器人账户与全部账户(包括机器人账户和非机器人账户)发布的不文明推文，既呼应了之前有关机器人账户的研究，又提出了新的发现，例如匿名性与不文明行为之间没有显著关系，以及某些特定的公共议题与不文明言论密切相关，而一些与候选人有关的议题则没有体现这一现象；最后，该研究填补了不文明行为、政治传播和在线去抑制效应的交叉领域的空白，提供了许多具有理论和实践重要性的新见解，为未来的研究指明了潜在的方向。

当然，聚类分析在新闻传播学领域的应用还有很多，这里只是选取两篇比较有代表性的文章进行介绍，旨在帮助读者了解聚类分析是如何解决实际研究问题的。

本章小结

本章对聚类分析的理论和实际应用进行了全面的介绍。首先，详细阐述了聚类分析的概念、分类方法以及基本原理，同时简单说明了聚类分析的基本过程和3种有效性评价的方法；其次，介绍了3种常用的聚类方法，即K-means聚类、DBSCAN以及凝聚层次聚类，讲解了每种方法的操作步骤、优缺点、注意事项以及具体的代码操作；最后，使用豆瓣数据进行实操练习，根据简介对剧集进行聚类，同时介绍了一种优化聚类的方法。

在新闻传播研究领域，K-means聚类是比较常用的聚类方法，它能帮助研究者整理难以直接分类的数据，发现海量数据中有价值的聚群，揭示新闻中的框架、社交媒体平台的舆论话题、舆论走向和参与群体的特征。

核心概念

(1) 聚类。聚类是指整个簇的集合。

(2) 聚类的分类。具体包括：层次聚类和划分聚类；互斥聚类、重叠聚类和模糊聚类；完全聚类和部分聚类。

(3) 簇。簇是指数据对象在聚类分析后形成的聚集团体。

(4) 簇的分类。簇可分为明显分离的簇、基于原型的簇、基于密度的簇等。

(5) 聚类分析。聚类分析是指根据数据本身的特征，运用一定的算法将数据分成不同的簇，使得簇内的数据具有高度的相似(相关)性，而簇间具有较大的差异性的过程。

(6) 聚类分析的分类。具体包括：样本聚类和变量聚类；快速聚类、分层聚类和两阶段聚类；基于层次的、基于划分的、基于密度的、基于网络的和其他聚类算法。

(7) 欧氏距离。欧氏距离又称为欧氏里德距离，是指两个个体之间变量差值平方和的平方根，可以简单理解为两点之间的直线距离。

(8) 夹角余弦距离。夹角余弦距离又称为余弦相似度，是指在向量空间中，两个向量的夹角的余弦值。

(9) 聚类分析的基本过程，包括数据准备、特征选择、特征提取、聚类、结果评估。

(10) K-means聚类。K-means聚类是指在聚类个数K已知的情况下，快速将所有个体分配到K个类别中的一种聚类方法。

(11) K值的确定方法，包括拐点法、轮廓系数法、间隔统计量法。

(12) DBSCAN。DBSCAN是一种基于密度的聚类算法，能够有效地去除不属于任何类别的噪声点。

(13) 凝聚层次聚类。凝聚层次聚类又称为合并型层次聚类，是一种自底向上的方法。它将每个对象视为一个聚类，把它们逐渐合并成越来越大的聚类。

(14) 确定簇间邻近性的方法，具体包括单链、全链、组平均等，用于衡量不同聚类之间的相似性。

思考题

(1) 参考4.2节中的代码，在Python中生成几组新数据，使用文中介绍的拐点法、轮廓系数法、间隔统计量法确定K值。

(2) 回忆本章的内容，简述K-means聚类、DBSCAN和凝聚层次聚类的过程。

(3) 列表比较K-means聚类、DBSCAN和凝聚层次聚类的优缺点。

(4) 使用元宇宙数据，分别通过欧氏距离和夹角余弦距离对其进行K-means聚类与凝聚层次聚类，比较使用哪一种方法的聚类结果更好。

(5) 假设某研究者要通过K-means聚类分析我国社交媒体平台中，公众对转基因争议的看法，请尝试叙述研究过程(包括数据采集、数据处理、特征选取、K值确定、结果评估等)。

第5章 主题模型

聚类分析可以帮助研究者对研究对象进行合理划分，形成内部具有高度相似性的组，并在数据分析过程中更好地呈现特定数据集的性质。本章将要介绍的主题模型，也属于聚类分析的一种。

相较于层次聚类和划分聚类，主题模型的聚类具有两大明显的差异：其一，技术原理不同，主题模型是基于概率分布模型对数据进行聚类的，而层次聚类和划分聚类是基于距离来进行聚类的；其二，应用场景有所差异，层次聚类和划分聚类主要应用于行为分析、用户细分等领域，而主题模型主要运用于文本文档的无监督分类，它将每篇文档的主题以概率分布的形式给出，并依据主题的概率分布来对文档进行聚类分析[1]。此外，主题模型更擅长挖掘文本文档内部的“隐藏”结构，揭示文本主题。下面以六个新闻标题[2]为例。

① 丁俊晖开启新赛季，剑指第十五个排名赛冠军

② 中国经济将“深蹲起跳”，资本市场可表现为“外乱内安”

③ 安徽蚌埠将对村镇银行本金金额15万～25万元的单人客户开始垫付

④ 杭州亚运宣讲活动走进青海德令哈

⑤ 熊猫债迎多项政策红利，有利于推动人民币国际化

⑥ CBA：工资帽规范运动员薪酬，引导俱乐部健康可持续发展

我们可以根据认知和经验，将上述标题简单地分为两组：①④⑥为体育相关新闻；②③⑤为金融经济相关新闻。利用文本分类方法同样可以得出相似的结论，但两组新闻标题内部“隐藏”的主题如何[3]？换言之，组内依靠哪些要素加以关联？哪些词语可以更好地代表整组的特征？在没有额外知识补充的条件下，文本分类和聚类分析方法都难以解决这些问题，此时就需要引入“主题模型”这一概念，以加深我们对文本特征的理解。

---

[1] Blei D M，Ng A Y，Jordan M I. Latent Dirichlet Allocation[J]. Journal of Machine Learning Research，2003(3)：993-1022.

[2] 中国新闻网.专题报道[EB/OL]. [2022-08-07]. https://www.chinanews.com.cn/.

[3] Atkinson Abutridy J. Text Analytics：An Introduction to the Science and Applications of Unstructured Information Analysis[M]. First edition.CRC Press，2022.

5.1 主题模型概述

5.1.1 主题模型的概念

主题模型是自然语言处理技术在社会科学领域最著名、最成功的应用之一，它涵盖一系列生成性的概率模型，具有广泛多样的延伸变体。从本质上来说，主题模型是一种想象文档集合如何逐个生成的方法[1]，其基本原理为依据先验的概率分布(如狄利克雷分布)面向文本中的词语加以建模，发现词语之间潜在的相互关系，并将每一组词语的概率分布称为“主题”[2]。主题模型是一种无监督的学习模式，主要应用场景集中于文本降维处理、文本分类、主题挖掘、情感分析等。读者通过学习并掌握主题模型的技术原理和使用方法，可以深入挖掘文本中潜藏的语义结构。

通常来说，如果文本需要表达某一特定语义，那么与之有关的词语出现频率就会相应变高。例如“食材”“口感”“烹饪”等词在美食相关文章中的出现频率更高，而“企业”“税务”“资金”等词在财经报道中出现得更频繁。与此同时，“消费”“食品安全”等词在上述两类文本中都时常出现，这也表明一个文本中会同时包含多个主题，只是主题分布的比例存在差异。例如，在一篇美食游记中，有60%的词语涉及美食主题，30%的词语涉及旅行主题，剩下10%的词语则与经济有关。

对于单篇文章的语义结构，尚可依据生活经验及知识储备加以理解，但在数据分析过程中，研究者需要处理的往往是成千上万、形形色色的研究数据。面对庞大的文本库，主题模型被正式提出并运用，它通过统计文本中的词语分布情况，精准得出其隐藏的语义结构，快速提取关键信息，给出主题的概率分布。

主题是一种语言单元，其粒度比词汇、短语更大。在主题模型中，主题被视为词的概率分布，单篇文档则被视为不同主题按特定比例的随机混合[3]。主题模型具有出色的降维能力，通过分析文本中词语的共现情况，结合文档语义提取相关主题，建立了文档层面具象的词与语义层面抽象的主题之间的连接，从而实现高维稀疏的词空间到低维的主题空间的映射[4]。

作为当前文本分析应用最广泛的技术之一，主题模型比其他文本分析方法优势明显。首先，作为一种无监督的机器学习模式，主题模型无须事先“训练”，即可对大量文本信息的潜在语义进行自动分类，并能提供每个语义类别的概率分布，研究者能够快

---

[1] Hovy D. Text Analysis in Python for Social Scientists：Discovery and Exploration[M]. First edition. Cambridge University Press，2020.

[2] 徐盛. 基于主题模型的高空间分辨率遥感影像分类研究[D]. 上海：上海交通大学，2012.

[3] 余淼淼，王俊丽，赵晓东，等. PAM概率主题模型研究综述[J]. 计算机科学，2013，40(5)：1-7+23.

[4] 韩亚楠，刘建伟，罗雄麟. 概率主题模型综述[J]. 计算机学报，2021，44(6)：1095-1139.

速识别文本中的关键主题，了解当前备受关注的热点话题；其次，主题模型强化了对文本库的分类能力，通过对文献、研究主题、关键词等的逐一归类，能够提升研究者信息总结、摘要的效率，有助于研究者从海量文本中精准筛选核心信息[1]。

5.1.2 主题模型的主要内容

主题模型通常包含5项内容，即主题模型的输入、基本假设、模型表示、参数估计及新样本推断。大多数主题模型的输入和基本假设的区别不大，而模型表示、参数估计及新样本推断因模型而异，各有不同。

潜在狄利克雷分配(latent Dirichlet allocation，LDA)模型作为第一个完整意义上的概率主题模型，为其他主题模型的更新、拓展提供了契机，具有深远的影响。掌握LDA主题模型，能够为我们探索其他主题模型打下坚实的基础。因此，下文有关模型表示、参数估计及新样本推断3部分内容，都将以LDA模型为例展开具体说明。

1. 主题模型的输入

主题模型的输入主要包括两点，即文档集合及主题个数K。

基于词袋(bag of words)假设，将文档看作装满词语的袋子，“袋子”中的词语相互独立、互不影响，文本的语法和词语顺序不影响模型的训练结果，此时的文档集合等同于词项文档(term-document)矩阵[2]。假设存在一个需要分析的新闻文本库，其文档集合，也就是词项文档矩阵如表5-1所示。

表5-1 词项文档矩阵举例

词项	d_1	d_2	d_3	d_4	d_5	d_6
经济	0	1	0	1	1	0
城乡	0	0	0	2	1	1
治理	0	1	1	1	1	0
互联网	1	0	1	1	0	0
发展	2	1	1	0	0	1

如表5-1所示，该文本库中有d_1～d_6共6篇文档，假设研究者需要统计的词项包括“经济”“城乡”“治理”等5个，表中数字代表该词在对应文档中出现的次数，同一词项可以在一篇文档中出现多次[3]。如文档d_1中出现了词项“互联网”“发展”，其中

[1] 吴俊，石宏磊.“互联网+”研究的热点主题、脉络与展望——基于主题建模的内容分析[J].电子政务，2016(12)：19-29. DOI：10.16582/j.cnki.dzzw.2016.12.003.

[2] 词项并不等同于词语，而是指文本库中不同词语的数目，在词项文档矩阵中，一个词项代表一个维度，每篇文档都是一个词频向量，由此形成矩阵。

[3] 徐戈，王厚峰.自然语言处理中主题模型的发展[J].计算机学报，2011，34(8)：1423-1436.

“发展”一词出现了两次。词项文档矩阵将复杂的文本信息转化为更直观、可量化的数字信息，为后续的数据分析操作提供了便利。

除文档集合外，主题模型还需要在模型训练前输入主题个数K。K的大小存在一定经验性。通常情况下，研究者需要重复测试以找到K的最优值，当评价指标如困惑度(perplexity)、语料似然值、分类正确率等达到最优时，此时的K就被认为是最佳的主题个数[1]。也有一些研究者采用非参数贝叶斯方法，假设主题的数量是无穷多个，实际的主题数量随语料的规模而变化，模型训练结束时的主题数即为最优K值[2][3]。

2. 基本假设

如图5-1所示，主题模型有两个基本假设：其一是上文提及的词袋假设，即文档可以被看作装满词语的袋子，其中的词语相互独立、互不影响，文本的语法和词语顺序不影响模型的训练结果；其二是生成模型，生成模型具体又包括以下两个小假设。

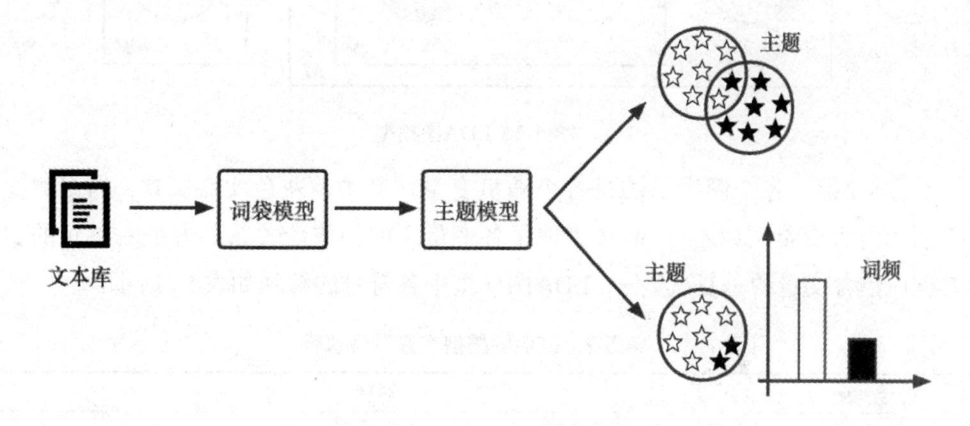

图5-1　主题模型基本假设

第一个假设，每个文档是多个主题的集合，每个主题在文档中所占的比重不同，一篇文章可以以不同的比例包含来自多个主题的词。例如，在一个包含3个主题A、B、C的文本库中，文档1中有50%的内容与主题A相关，与主题B和C相关的内容各占25%；而在文档2中，只有10%的内容与主题A相关，与主题B相关的内容占70%，与主题C相关的内容占20%。

第二个假设，每个主题是多个词语的集合，不同词语在不同主题下出现的概率不同。假设文本中频繁出现“停火”“备战”“空袭”等词，不难推断该主题与军事、战争有关；如果频繁出现“元首”“会晤”“论坛”等词，该主题可能与政治、外交有

[1] Griffiths T L，Steyvers M. Finding scientific topics[C]//Proceedings of the National Academy of Sciences，2004，101：5228-5235.

[2] Blei D M，Lafferty J D. Correlated Topic Models[C]//International Conference on Neural Information Processing Systems. MIT Press，2005.

[3] 石晶，胡明，石鑫，等. 基于LDA模型的文本分割[J]. 计算机学报，2008(10)：1865-1873.

关。但需要注意的是，诸如“政府”“政策”等词可能同时被政治、社会、经济、文化等多个主题所共享，只是在各自主题中出现的频率存在差异。

3. 模型表示

一般来说，主题模型有两种表示方式，即图模型和生成过程。

图模型有机地结合了概率论和图论，以图形表示基于概率的相关关系。图模型结构具有直观清晰的优势，大量基于网络化依赖关系的计算和概率框架通过图模型得以可视化[1]，可以加深读者对模型的理解。

以LDA模型为例，其图模型如图5-2所示。

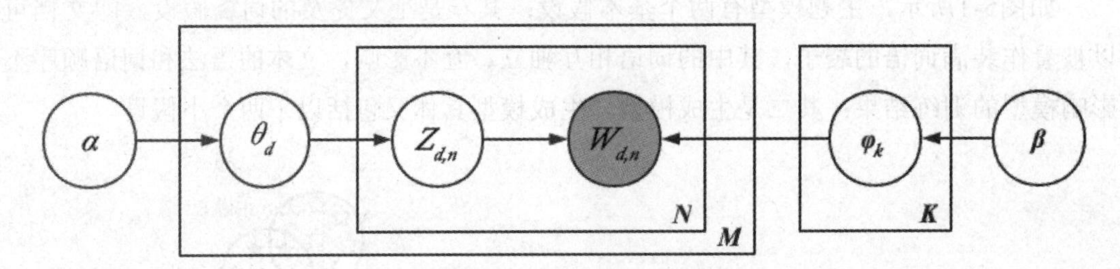

图5-2　LDA图模型

在图5-2中，各个圆表示的是各个随机变量，其中，灰色实心圆$W_{d,n}$为观测变量；空心圆为隐含变量，如$Z_{d,n}$；箭头表现了各变量之间的依赖关系；方框右下角的字母表示方框内包含变量的重复次数[2]。LDA图模型中各符号的解释如表5-2所示。

表5-2　LDA图模型变量符号解释

符号	解释
K	主题个数
M	文档个数
N	文档中的词语个数
$W_{d,n}$	第d篇文档的第n个词语
$Z_{d,n}$	第d篇文档的第n个主题
θ_d	文本主题分布的参数
φ_k	主题词项分布的参数

图5-2中，α和β表示模型的超参数；θ_d表示文本主题分布的参数，服从超参数为α的狄利克雷分布[3]；φ_k表示主题词项分布的参数，服从超参数为β的狄利克雷分布；Z表示主题；W表示词语；方框N表示文档中词的集合；方框M表示文本库内文档的集合。

给定一个文本库，该文本库是包含M个文档的集合，文本库中的每个文档d又是N个词语的集合，假设文本库中的主题个数为K个，则每个文档的生成过程，即LDA模型

[1] 余淼淼，王俊丽，赵晓东，等. PAM概率主题模型研究综述[J]. 计算机科学，2013，40(5)：1-7+23.

[2] 韩亚楠，刘建伟，罗雄麟. 概率主题模型综述[J]. 计算机学报，2021，44(6)：1095-1139.

[3] 有关狄利克雷分布的概念将在5.1.3节中具体阐述，此处不展开说明。

的生成过程如下所述。

(1) 从先验参数为α的狄利克雷分布中生成一个多项分布参数θ_d，作为文档的主题概率分布，$\theta_d \sim \text{Dirichlet}(\alpha)$。

(2) 为确定文档d中的每个词$W_{d,n}$，需要先从生成的主题概率分布中选取一个主题$Z_{d,n}$，$Z_{d,n} \sim \theta_d$。

(3) 从先验参数为β的狄利克雷分布中生成一个多项分布参数φ_k，作为主题的词语概率分布，$\varphi_k \sim \text{Dirichlet}(\beta)$。

(4) 根据过程(2)中选择的主题$Z_{d,n}$，从代表这个主题的词语多项分布中选择当前的词$W_{d,n}$，$W_{d,n} \sim \varphi_k$[1]。

(5) 重复上述步骤，直至生成文档。

4. 参数估计

参数估计可以看作反向的生成过程，也就是在生成结果即文本库已知的情况下，通过参数估计得出具体参数值。一个主题模型中最重要的参数有两组，即各主题下的词项概率分布和各文档的主题概率分布。

在主题模型中，基本的参数估计方法包括EM算法、变分贝叶斯推理算法、Gibbs抽样算法、BP算法等[2]，其中，由于Gibbs抽样算法的描述简单且适用范围广、可行度高，成为研究者最常采用的参数估计方法。

以LDA模型为例，其语料概率值$p(D \mid \alpha, \beta)$为

$$\prod_{d=1}^{D}\int p(\theta_d \mid \alpha)\cdot\left(\prod_{n=1}^{N_d}\sum_{Z_{d,n}} p(Z_{d,n} \mid \theta_d)p(W_{d,n} \mid Z_{d,n}, \beta)\right)d\theta_d$$ [3]

式中：D表示文档集合，即文本库中的所有语料；N_d表示第d个文档的长度；θ_d表示第d个文档的主题概率分布；$W_{d,n}$表示第d个文档的第n个词语；$Z_{d,n}$表示$W_{d,n}$的主题。

5. 新样本推断

新样本推断是指对于未在训练集中出现过的新文档，通过已训练好的主题模型，估计其主题分布的过程。如果有一个新文档需要进行主题分析，研究者可以使用已训练好的主题模型来进行新样本推断，从而得到该新文档在主题空间中的表示。针对新样本，首先需要进行分词、去停用词等一系列预处理，进而采用LDA等主题模型，建立词语与主题之间的映射，对文本内容进行主题分类，最终明确文本的隐藏语义结构。

---

[1] 杜慧，陈云芳，张伟. 主题模型中的参数估计方法综述[J]. 计算机科学，2017，44(S1)：29-32+47.

[2] 杜慧，陈云芳，张伟. 主题模型中的参数估计方法综述[J]. 计算机科学，2017，44(S1)：29-32+47.

[3] 徐戈，王厚峰. 自然语言处理中主题模型的发展[J]. 计算机学报，2011，34(8)：1423-1436.

5.1.3 主题模型涉及的数学概念

主题模型运用数学方法搭建框架，体现文档中各类词语信息的特点，虽然其中涉及的数学原理比较复杂，但灵活应用模型离不开对基本数学概念的了解，因此，本节将介绍主题模型涉及的基础数学概念，旨在帮助读者加深理解。

1. 伯努利分布

伯努利分布(Bernoulli distribution)又叫两点分布或0-1分布，是描述只有两种可能结果的随机试验的概率分布。为了理解伯努利分布，首先需要知道伯努利试验。该试验是一种随机试验，例只有两种可能的结果，例如成功或失败、正面或反面。将两种可能的结果，如成功和失败分别记为0和1，假定随机变量X取1的概率为p，则变量X取0的概率则为$1-p$，公式为

$$P(X=1)=p$$
$$P(X=0)=1-p\ (0\leqslant p\leqslant 1)$$

如果X服从参数为p的伯努利分布，那么其期望值表示为

$$E(X)=1\bullet p+0\bullet q=p$$

抛硬币就是伯努利分布的经典例子，每一次抛硬币的结果都是相互独立、互不影响的，并且每次抛硬币时，正面朝上的概率都是恒定的，其结果符合伯努利分布。伯努利分布是最简单的一种离散型概率分布，也是其他概率分布的基础。

2. 二项分布

假设伯努利试验中，结果A发生的次数为p，当伯努利试验重复进行n次，那么n次试验中，结果A发生次数的离散概率分布就是二项分布(binomial distribution)。伯努利分布是当$n=1$时二项分布的一种特殊情况。同样以抛硬币作为例子，抛10次硬币有6次正面朝上的概率是多少？这就是典型的二项分布问题。

一般来说，若随机变量X服从参数为n和p的二项分布，则记为$X\sim B(n,p)$。n次试验中正好得到k次成功的概率表示为

$$P(X=k)=\left(\frac{n!}{k!(n-k)!}\right)p^k(1-p)^{n-k}$$

式中：$\frac{n!}{k!(n-k)!}$为二项式系数，又记为C_n^k或$C(n,k)$，二项式系数也是二项分布名字的由来。如果随机变量X服从二项分布，那么X的期望值[1]表示为

$$E(X)=np$$

3. 多项分布

多项分布(multinomial distribution)是二项分布的推广。二项分布只有两种相互独立

[1] 盛骤，谢式千，潘承毅. 概率论与数理统计[M]. 4版. 北京：高等教育出版社，2008：33-35.

的结果，而当进行n次独立重复试验，每次试验都有多种相互独立的结果时，就变成多项分布。

如果一个随机向量$X=(X_1, X_2, \cdots, X_n)$满足这些条件：①$X_i \geqslant 0(1 \leqslant i \leqslant n)$，且$X_1+X_2+\cdots+X_n=N$；②设$m_1$，$m_2$，…，$m_n$为任意非负整数，且$m_1+m_2+\cdots+m_n=N$，则事件$(X_1=m_1, X_2=m_2, \cdots, X_n=m_n)$的概率计算公式为

$$P(X_1=m_1, X_2=m_2, \cdots, X_n=m_n)=\frac{N!}{m_1!m_2!\cdots m_n!}p_1^{m1}p_2^{m2}\cdots p_n^{mn}$$

式中：$p_i \geqslant 0(1 \leqslant i \leqslant n)$，$p_1+p_2+\cdots+p_n=1$。此时，称随机向量$X=(X_1, X_2, \cdots, X_n)$服从多项分布。扔硬币的例子不再适用，这里以掷骰子为例。骰子有6个面，对应6个不同的点数，每掷一次骰子，每个点数朝上的概率都是1/6，如果研究者掷10次骰子，10次中有6次是点数3朝上的概率为多少？这就是一个多项分布问题[1]。

4. 狄利克雷分布

狄利克雷分布(Dirichlet distribution)因纪念德国数学家约翰·彼得·古斯塔夫·勒热纳·狄利克雷(Johann Peter Gustav Lejeune Dirichlet)而得名，它是一种多元连续随机变量的概率分布。在贝叶斯推断中，狄利克雷分布作为多项分布的共轭先验，被广泛应用于多项分布、二项分布和类型分布(categorical distribution)的参数估计[2]。使用狄利克雷分布建立的主题模型，即潜在狄利克雷分配(latent Dirichlet allocation，LDA)被广泛应用于自然语言处理和生物信息学研究等领域[3][4]。

狄利克雷分布可以看作分布之上的分布。举一个简单的例子，假设研究者需要通过随机试验来判断某些事件的发生概率，如4种不同结果A、B、C、D各自发生的概率。在100次随机试验后，研究者统计了每种结果(A、B、C、D)出现的概率，假设结果为(0.15，0.3，0.35，0.2)，这就是第一层分布。那么，在任意100次随机试验中，出现(0.15，0.3，0.35，0.2)这一结果的概率又是多少？如果研究者继续深入探究，想了解这一问题的答案，就需要再开展一系列随机试验，每次试验又包含100次子试验，如此，研究者就可以得到概率分布之上的分布，这就是狄利克雷分布。需要注意的是，上述举例只是一种较为具象的描述，狄利克雷分布的实质为具备“所有试验中可能性结果之和为1”这一属性的一种概率分布[5]。

如果多元连续随机变量=$(\theta_1, \theta_2, \cdots, \theta^k)$的概率密度函数为

---

[1] 李树有，徐美进，刘秀娟. 应用数理统计[M]. 沈阳：东北大学出版社，2015.

[2] Ng K W，Tian G L，Tang M L. Dirichlet and related distributions：Theory，methods and applications[J]. 2011.

[3] Blei D M，Ng A Y，Jordan M I. Latent Dirichlet Allocation[J]. Journal of Machine Learning Research，2003，3：993-1022.

[4] Shivashankar S，Srivathsan S，Ravindran B，et al. Multi-view methods for protein structure comparison using latent dirichlet allocation[J]. Bioinformatics，2011，27(13)：i61-i68.

[5] 陈虹枢. 基于主题模型的专利文本挖掘方法及应用研究[D]. 北京：北京理工大学，2015.

$$p(\theta|\alpha)=\frac{\Gamma\left(\sum_{i=1}^{k}\alpha_i\right)}{\prod_{i=1}^{k}\Gamma\left(\alpha_i\right)}\prod_{i=1}^{k}\theta_i^{\alpha_{i-1}}$$

式中：$\sum_{i=1}^{k}\theta_i=1$，$\theta_i\geqslant 0$，$\alpha=(\alpha_1，\alpha_2，\cdots，\alpha_k)$，$\alpha_i>0$，$i$=1，2，…，$k$，则称随机变量$\theta$服从参数为$\alpha$的狄利克雷分布，记作$\theta\sim\mathrm{Dir}(\alpha)$[1]。

5.2 主要模型类型

在了解了主题模型的概念、主要内容及涉及的数学概念后，本节将对主要模型类型进行系统性梳理。

首先从主题模型的起源出发，领略它的“前身”——潜在语义分析(latent semantic analysis，LSA)及概率潜在语义分析(probabilistic latent semantic analysis，pLSA)的思想，进而掌握主题模型中最具有开创意义的潜在狄利克雷分配(latent Dirichlet allocation，LDA)，探究模型的产生、概念、要素及应用价值等。

5.2.1 LSA模型和pLSA模型

1. LSA模型

关于主题模型的起源，最早可追溯至潜在语义分析(LSA)，该模型最早由迪尔韦斯特(Deerwester)等学者在1990年提出[2]，被广泛应用于自然语言处理、文本分析、图像分类、情报检索、生物信息学等领域。

在LSA模型提出之前，传统研究方法在处理文本信息时仅停留在词语层面，通过度量词语的向量空间来体现文本之间的语义相似度，但这种方法并不能准确完整地反映语义，存在数据稀疏等问题。

LSA模型是对传统“词袋观念”的改进，该模型首次发现了文本与词语之间的“中介”，将词和文档映射到潜在语义空间，尝试从文本信息中发现潜在的主题，实现文档的降维处理，从而有效去除了原始向量空间中存在的“噪声”，凸显文本信息的语义关系。但LSA模型的本质为基于线性代数的主题挖掘方法，并不算是概率模型，而主题模型属于概率模型的一种，因此LSA模型并不算是主题模型。此外，LSA模型不能解决“一词多义”的问题，表达词义的能力有限，且模型算法复杂度高，在处理大量文本数

[1] 李航. 统计学习方法[M]. 2版. 北京：清华大学出版社，2019：391.

[2] Deerwester S，Dumais S T，Furnas G W，et al. Indexing by latent semantic analysis[J]. Journal of the American society for information science，1990，41(6)：391-407.

据时计算量巨大。

2. pLSA模型

受到潜在语义分析模型的启发，霍夫曼(Hofmann)在1999年提出了概率潜在语义分析(probabilistic latent semantic analysis，pLSA)模型[1]，该模型引入概率统计的理念，根据词语出现的频率来衡量文本集中的主题，有效降低了计算成本，对LSA模型做出了改进。pLSA图模型如图5-3所示。

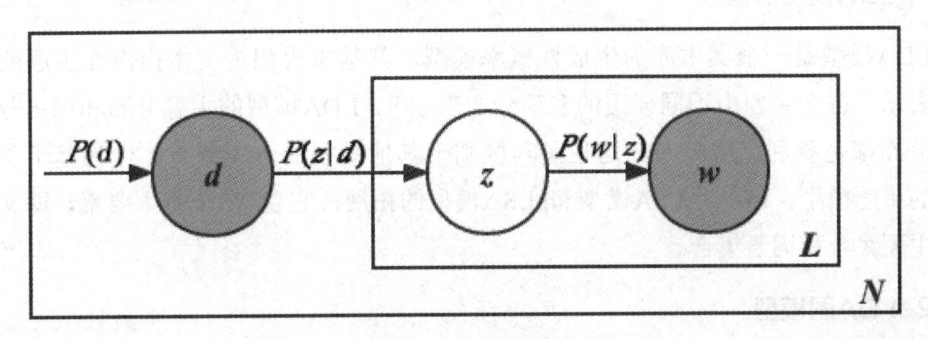

图5-3　pLSA图模型

图5-3中，各圆表示各随机变量，其中，灰色实心圆表示观测变量，空心圆表示隐含变量；箭头表示各变量之间的依赖关系；方框右下角的字母表示方框内包含变量的重复次数；d表示文本变量；z表示主题变量；w表示词语变量。

pLSA模型的具体生成过程可分为以下几步。

(1) 根据概率分布$P(d)$，从文本集合中随机抽取一个文档d，重复N次，共生成N个文档。

(2) 针对其中一个文档d，根据条件概率分布$P(z|d)$，从主题集合中随机抽取一个主题z，重复L次，共生成L个主题，这里的L也指文本长度。

(3) 针对已抽取的一个主题z，根据条件概率分布$P(w|z)$，从词语集合中随机抽取一个词语w。

(4) 重复上述步骤，直至生成文档。

pLSA模型可以被视为首个真正意义上的主题模型，它为LSA模型中的一词多义问题提供了有效解决方案，并降低了计算成本。但布雷(Blei)等研究者指出[2]，pLSA模型估计的参数数量与训练文件的数量呈线性增长关系，由于参数过多，容易出现过度拟合(overfitting)的现象。

---

[1]　Hofmann T. Probabilistic latent semantic analysis[C/OL]//Laskey K B，Prade H. Uncertainty in Artificial Intelligence，Proceedings. San Francisco：Morgan Kaufmann Pub Inc，1999：289-296.

[2]　Blei D M，Ng A Y，Jordan M I. Latent Dirichlet Allocation[J]. Journal of Machine Learning Research，2003(3)：993-1022.

5.2.2 LDA模型

潜在狄利克雷分配(LDA)模型最早由Blei等人于2003年提出，它是第一个完整意义上的概率主题模型。近年来新兴的各种主题模型大多基于LDA加以改进，围绕LDA模型生成了庞大的主题模型体系。可以说，LDA模型对于主题模型的发展具有十分重要的意义，也是当下使用最多的主题模型算法。

1. LDA模型的概念

LDA模型是一个文本库的生成性概率模型，其基本思想为文本由潜在主题的多项分布表示，每个主题由不同词语的多项分布表示[1]。LDA模型的主题分布和词语分布的先验分布都是狄利克雷分布，这也是其区别于其他模型的一大特点。作为基于贝叶斯学习的主题模型，LDA是LSA模型和pLSA模型的拓展，它包含3个基本要素，即文本集合、主题集合和词语集合。

2. LDA图模型

一般来说，LDA主题模型包含两个主要输出：一是包含频繁共现词组的主题列表；二是与每个主题密切相关的文档列表。在理想情况下，每个主题都应该与其他主题区分开来。为此，该模型提出了一个假设：文档中的每个词语都有一定的概率属于某个主题，并且主题之间是相互独立的。

LDA图模型已在5.1.2节中进行了详细说明，这里不再重复，其图模型如图5-4所示。

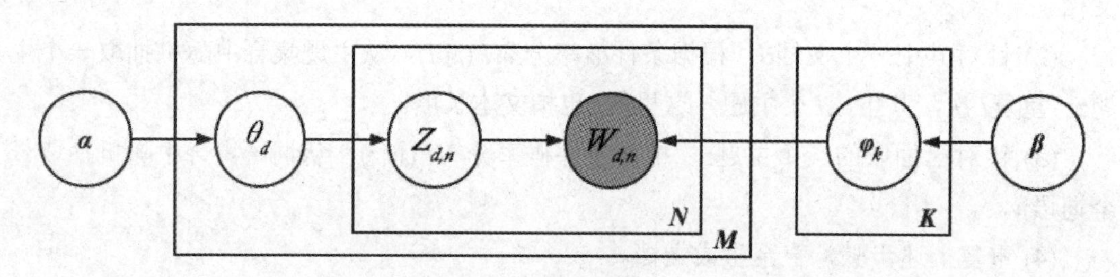

图5-4　LDA图模型

结合图模型，这里换一种更加通俗易懂的方式，来说明LDA模型中文本集合的生成过程。首先，为一篇文本生成随机的主题分布；其次，根据文本下的主题分布，在该文本的每个位置生成一个随机主题；再次，在该位置上，根据主题下的词语分布生成随机词语；最后，以上过程重复进行，直至文本最后一个位置上的词语生成，最终构成整篇文本。

---

[1] Blei D M，Ng A Y，Jordan M I. Latent Dirichlet Allocation[J]. Journal of Machine Learning Research，2003(3): 993-1022.

3. LDA模型的应用价值

LDA模型在实际应用中的一大亮点就是其出色的降维能力。模型引入了超参数，形成了包含“文档—主题—词语”的3层贝叶斯模型[1]，在经过训练后，可以用来将词项空间中的一些文档处理工作(如文档分类和聚类)转移到主题空间，成为高效的降维工具。

此外，LDA主题模型在协同过滤、词语或文本相似度计算、文本分段等任务中的表现比LSA模型及pLSA模型更加突出[2]。以协同过滤为例，Blei等人开展了基于电影数据的试验，在模型训练完成后，通过测试用户对电影的选择是否准确，判断LDA主题模型的有效性。结果显示，LSA模型及pLSA模型在处理大量信息时均出现了过度拟合的问题，而最好的预测结果由LDA模型得出[3]。

LDA模型被提出后，主题模型领域的相关研究由此不断深入，并逐渐应用于机器学习，满足人们日常图像处理、自然语言处理、文本分析等多种工作的需要。因此，对该模型的应用同样需要视实际情况而定。

4. LDA模型的评价

LDA模型作为pLSA模型的“进化”版，与之相比有同有异。相同点在于两者都假设主题是词语的多项分布、文本是主题的多项分布；不同点在于LDA模型使用狄利克雷分布作为先验分布，而pLSA模型不使用先验分布。此外，LDA模型的学习过程是基于贝叶斯模型进行的，而pLSA模型的学习过程基于极大似然估计[4]。

LDA模型的优点在于使用先验概率分布，较好地解决了pLSA模型在建模过程中出现的过度拟合问题。作为一个概率模块，LDA模型也更具灵活性，在面临更复杂的模型时可以更好地嵌入，这是LSA模型所不具备的特性。

与此同时，LDA模型也存在一定的短板。模型假设每个文档的主题概率分布都服从狄利克雷分布，缺少了对不同主题之间相关性的探究，与这一假设存在出入的是，在现实情况中，文本各主题之间往往存在不同程度的关联。LDA模型基于词袋假设，认为每个词语都独立存在，忽略了词语的前后关联问题，缺少对一些重要特征的判断。同时，实践结果证明，LDA模型的有效性在很大程度上受文本长度的影响，短文本由于缺少足够的词语出现次数，数据存在稀疏性问题，如微博、评论等短文档，直接使用LDA模型建模，效果往往不明显[5]。

---

[1] 张晨逸，孙建伶，丁轶群. 基于MB-LDA模型的微博主题挖掘[J]. 计算机研究与发展，2011，48(10)：1795-1802.

[2] 徐戈，王厚峰. 自然语言处理中主题模型的发展[J]. 计算机学报，2011，34(8)：1423-1436.

[3] Blei D M，Ng A Y，Jordan M I. Latent Dirichlet Allocation[J]. Journal of Machine Learning Research，2003(3)：993-1022.

[4] 李航. 统计学习方法[M]. 2版. 北京：清华大学出版社，2019：391.

[5] 韩亚楠，刘建伟，罗雄麟. 概率主题模型综述[J]. 计算机学报，2021，44(6)：1095-1139.

5.3 技术操作

本节将展示如何将LDA模型应用于主题建模的操作步骤[1]。

5.3.1 系统配置和文本预处理

这里以微博文本作为分析案例。在通过爬虫软件抓取以“元宇宙”为关键词的微博文本信息后，对于本示例，研究者需要在Python操作平台(如pycharm)中安装必要的Python解释器和模块，以便在代码运行过程中连接到服务器，直观查看主题模型的结果。

首先打开pycharm，开始系统配置。如图5-5和图5-6所示，主题分析过程中需要用到的pandas、jieba、pyLDAvis、ipython、Matplotlib等解释器均可以在pycharm偏好设置中下载，具体步骤为“项目：pycharm—Python解释器—单击左上角＋号—依次搜索解释器名称(如pandas、jieba、pyLDAvis、ipython)—安装软件包。

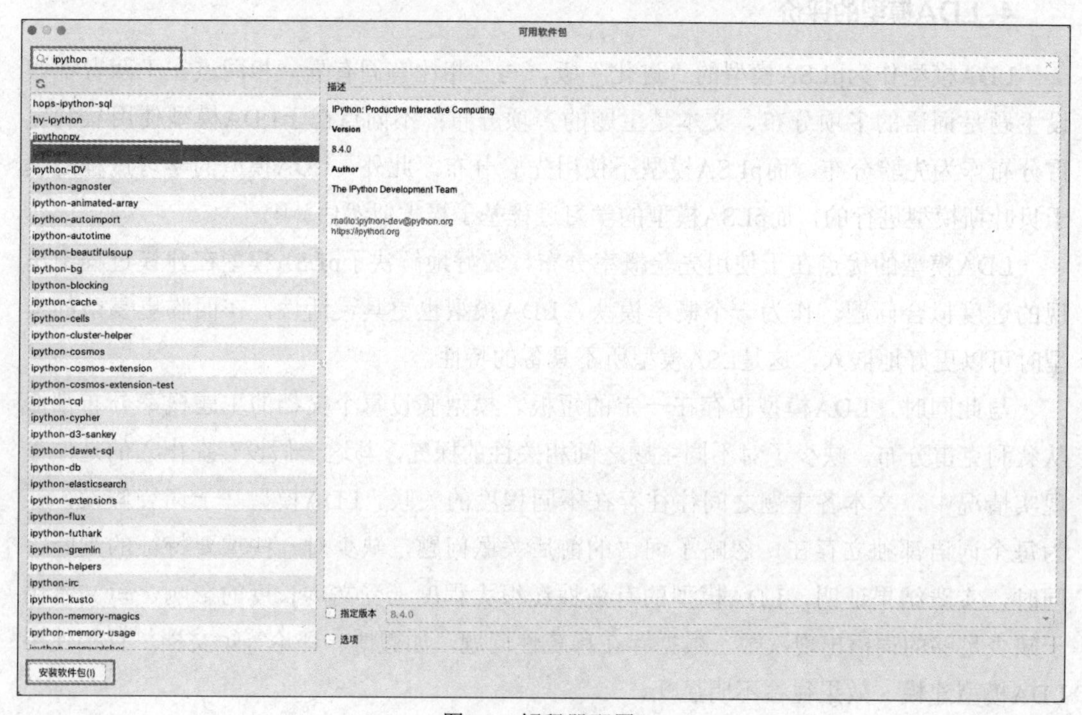

图5-5 解释器配置

[1] 本节技术操作涉及的代码脚本均参考自CSDN论坛帖子，如主题模型分析、使用sklearn-LDA分析微博评论数据并进行主题聚类可视化等，具体信息详见章末参考文献。

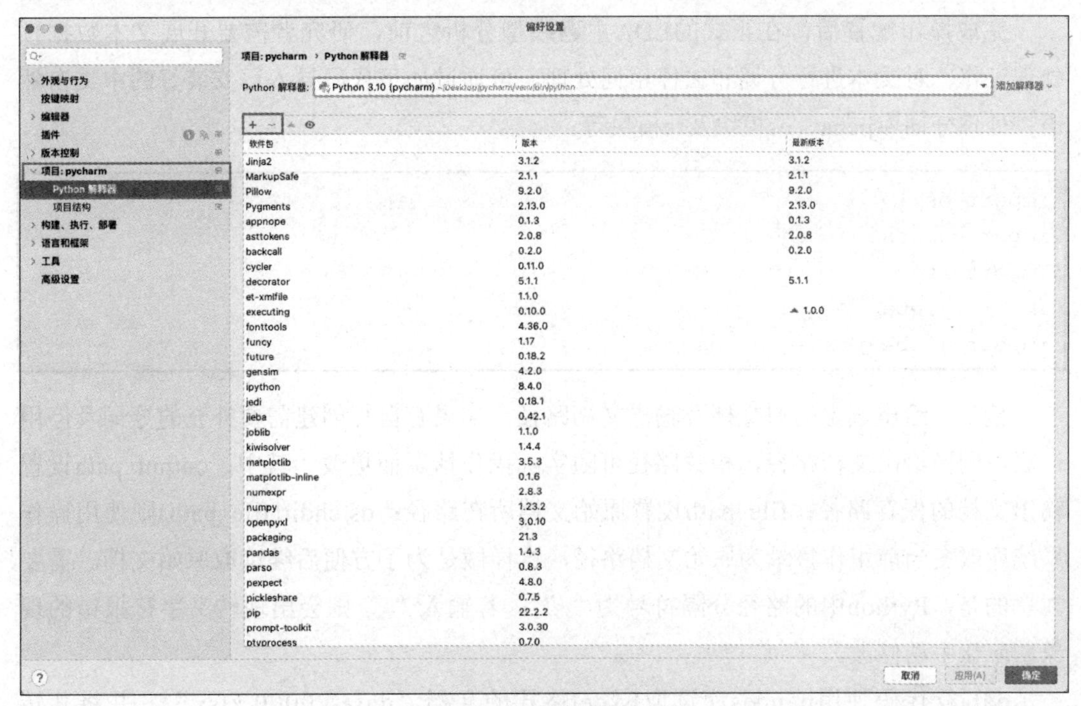

图5-6　软件包配置

对于os、re、openpyxl等模块，需要在计算机终端配置。研究者也可以在pycharm平台中新建并打开一个Python文件(如“LDA Model.py”)，如图5-7所示，单击屏幕最下方的“终端”，依次输入安装指令，如pip install os、pip install re、pip install openpyxl，按Enter键，当进度条加载完毕，显示“successfully installed”之后，即为安装成功。

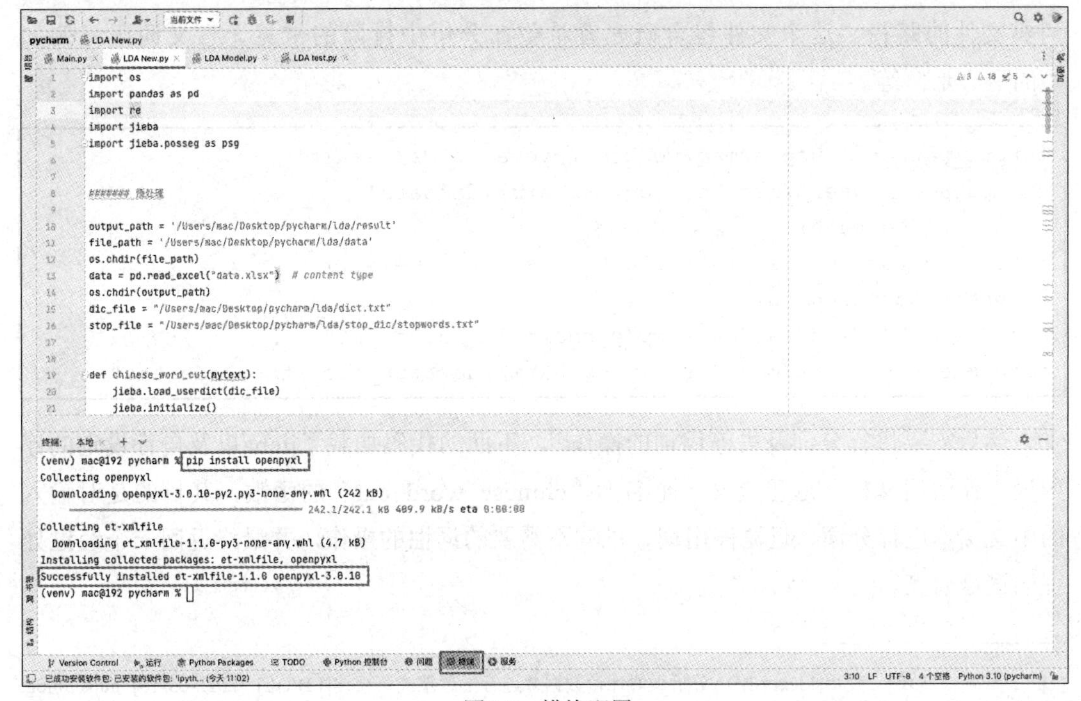

图5-7　模块配置

完成操作配置后，在正式的LDA主题模型分析之前，研究者需要开展文本数据预处理工作，对文本进行分词和去停用词处理，可通过如下代码导入已安装好的中文自然语言处理分词库jieba、os模块及re模块等。

```
import os
import pandas as pd
import re
import jieba
import jieba.posseg as psg
```

接下来给出选定的原文档及输出文档路径，如果有自行创建需要补充的分词及停用词表，同样给出文档路径，相关路径可随实际操作情况而更改。其中，output_path设置输出文档的保存路径；file_path设置原始文档所在路径；os.chdir(file_path)则使用操作系统库改变当前工作目录为原始文档路径，这样做是为了方便后续读取原始文档。需要注意的是，Python中的路径分隔符号为“/”，若输入“\”则会出现转义字符报错的现象，应该手动修改。

data行代码使用pandas库读取Excel格式的文档“data-20000.xlsx”，并将其转换为字符串类型的数据，这个步骤将读取的数据存储在名为“data”的变量中。os.chdir(output_path)行代码则使用操作系统库改变当前工作目录为输出文档路径，这样做同样是为了方便后续保存分析结果。

代码中的dic_file用于设置保留词词典文件的路径，这个文件包含研究者想要在分析中保留的词语，一般是一些特定领域的专业词汇。stop_file用于设置停用词词典文件的路径。这个文件包含研究者希望在分析中排除的常见无意义词语，例如“的”“是”等。

```
output_path = '/Users/mac/Desktop/pycharm/lda/result'
file_path = '/Users/mac/Desktop/pycharm/lda/data'
os.chdir(file_path)
data = pd.read_excel("data-20000.xlsx").astype(str)
os.chdir(output_path)
dic_file = "/Users/mac/Desktop/pycharm/lda/dict.txt"
stop_file = "/Users/mac/Desktop/pycharm/lda/stop_dic/stopwords.txt"
```

然后需要进行分词及去停用词的操作[1]，下面的代码加载了jieba以及自行设定的停用词、保留词文档，这里定义一个名为“chinese_word_cut”的函数，其目的是对输入的中文文本进行分词、过滤停用词、过滤不需要的词性的操作，并最终返回一个经过处理的词语列表。

---

[1] 认识你很高兴！. 使用sklearn-LDA分析微博评论数据并进行主题聚类可视化[EB/OL]. [2022-03-10]. https://blog.csdn.net/cutenew52188/article/details/123411146.

其中，flag_list行代码指在jieba分词函数的结果中只保留指定的词性，这里包括名词(n)、其他专用名词(nz)和动名词(vn)。之后的操作则为遍历stopword_list中的每一行，去除行尾的换行符，并将处理后的词条添加到stop_list中。word_list指存储经过处理的词语列表，该列表将会在后续的代码中继续被填充。

```
def chinese_word_cut(mytext):
    jieba.load_userdict(dic_file)
    jieba.initialize()

    try:
        stopword_list = open(stop_file, encoding='utf-8')
    except:
        stopword_list = []
        print("error in stop_file")
    stop_list = []
    flag_list = ['n', 'nz', 'vn']
        for line in stopword_list:
        line = re.sub(u'\n|\\r', '', line)
        stop_list.append(line)
    word_list = []
```

下面这段代码[1]的主要目的是通过for循环及if条件语句实现更为细致的文本分词。seg_list=psg.cut(mytext)行表示使用jieba.posseg对输入的文本进行分词，得到一个分词结果的生成器seg_list，并遍历seg_list中的每个分词结果。

word=re.sub(u'[^\u4e00-\u9fa5]', '', seg_word.word)这一代码段看似复杂，实则是将分词结果中的非中文字符替换为空，只保留中文字符。这样可以确保分析过程中只考虑中文词汇。

find=0意指设置标志位，初始值为0。之后遍历停用词列表stop_list，检查当前分词结果是否与停用词相同，或者分词结果的长度是否小于2。如果是，将标志位find设置为1，即该分词需要被过滤掉；如果标志位find仍然为0，则表示该分词符合条件，可以添加到word_list中。

最终返回经过处理的词语列表word_list，并通过空格连接成一个字符串，作为最终的分词结果。需要强调的是，为了方便读者理解，这里将原本的代码拆分细化后讲解，但在实际操作过程中，应清楚下文代码与前文的连接关系，注意上下文的缩进统一。

```
    seg_list = psg.cut(mytext)
    for seg_word in seg_list:
        word = re.sub(u'[^\u4e00-\u9fa5]', '', seg_word.word)
        find = 0
```

[1] 认识你很高兴！. 使用sklearn-LDA分析微博评论数据并进行主题聚类可视化[EB/OL]. [2022-03-10]. https://blog.csdn.net/cutenew52188/article/details/123411146.

```
        for stop_word in stop_list:
            if stop_word == word or len(word) < 2:
                find = 1
                break
        if find == 0:
            word_list.append(word)
return " ".join(word_list)
```

5.3.2 LDA模型分析

完成前期的准备工作后，即进入最重要的环节——构建LDA模型，其目的在于找出每一个文档的主题分布及每一个主题的词语分布。

首先从sklearn模块中导入需要用到的CountVectorizer与TfidfVectorizer等函数。

```
data["content_cutted"] = data.content.apply(chinese_word_cut)

from sklearn.feature_extraction.text import TfidfVectorizer, CountVectorizer
from sklearn.decomposition import LatentDirichletAllocation
```

接下来定义一个名为“print_top_words”的函数，该函数接受3个参数：model表示主题模型对象，feature_names表示特征词列表，n_top_words表示要显示的关键词数量，旨在将各主题的前若干个关键词显示出来。

tword=[]：创建一个空列表tword，用于存储每个主题的关键词。在此基础上，研究者可使用enumerate遍历主题模型的组成部分(即主题)。

topic_idx：主题的索引，topic表示主题的内容。之后打印当前主题的标识，即“topic#主题索引：”。

topic.argsort()[：-n_top_words-1：-1]：用于对当前主题的关键词进行排序，并以倒序的方式取出前*n*个关键词的索引。

使用列表推导式将索引转换为对应的特征词[feature_names[i]for i in...]，使用空格将前*n*个关键词连接成一个字符串，存储在topic_w中，具体代码如下所示[1]。

```
def print_top_words(model, feature_names, n_top_words):
    tword = []
    for topic_idx, topic in enumerate(model.components_):
        print("Topic #%d: " % topic_idx)
```

[1] 认识你很高兴！. 使用sklearn-LDA分析微博评论数据并进行主题聚类可视化[EB/OL]. [2022-03-10]. https://blog.csdn.net/cutenew52188/article/details/123411146.

```
        topic_w = " ".join([feature_names[i] for i in topic.argsort()
[: -n_top_words - 1: -1]])
        tword.append(topic_w)
        print(topic_w)
    return tword
```

定义了print_top_words函数之后，研究者需要通过CountVectorizer函数计算词频。这一函数能够利用fit_transform函数对文本中出现的各个词语进行频数统计，形成文档词项矩阵，把复杂的文本信息转化为特征向量，从而实现特征提取。

n_features：需要设置提取的特征词数量，作为测试，这里输入1000。

tf_vectorizer=CountVectorizer(...)：创建一个CountVectorizer对象，该对象用于将文本数据转换为词频矩阵。在创建对象时，使用了一些参数进行下述配置。

strip_accents='unicode'：移除文本中的重音符号。

max_features=n_features：指定提取的特征词的数量，这里是之前设定的1000个。

stop_words='english'：使用英语停用词列表来过滤文本。

max_df=0.5：忽略在超过50%的文档中出现的词语，用于去除过于常见的词语。

min_df=10：忽略在少于10个文档中出现的词语，用于去除过于稀少的词语。

tf=tf_vectorizer.fit_transform(data.content_cutted)：使用上述配置的CountVectorizer对象，对经过分词处理的文本数据data.content_cutted进行转换，得到词频矩阵tf。这个矩阵将文本数据中的每个文档表示为一个向量，其中每个元素表示对应特征词在文档中的词频。

```
n_features = 1000
tf_vectorizer = CountVectorizer(strip_accents='unicode',
                                max_features=n_features,
                                stop_words='english',
                                max_df=0.5,
                                min_df=10)
tf = tf_vectorizer.fit_transform(data.content_cutted)
```

在上述步骤的基础上，采用LatentDirichletAllocation函数进行LDA主题分析，开始主题模型的训练工作，代码如下所示[1]。

这里需要手动设定的参数主要为主题个数“n_topics”以及每个主题下显示的词语数“n_top_words”。

max_iter=50：设置迭代的最大次数为50。

learning_method='batch'：设置学习方法为批处理方式，之后默认learning_

[1] rose～Fxl. 主题模型分析[EB/OL]. [2022-08-12]. https://blog.csdn.net/weixin_61083660/article/details/126294542.

offset=50，即设置学习的偏移量为50。

random_state=0：设置随机数生成的种子，以确保可复现性。

需要注意的是，根据初步设定得出的结果可能并不十分准确，需要研究者根据困惑度等评价指标进一步修改调整，具体方法可见5.3.3节的“结果探讨”。

```
n_topics = 7
lda = LatentDirichletAllocation(n_components=n_topics, max_iter=50,
                                learning_method='batch',
                                learning_offset=50,
                                random_state=0)
lda.fit(tf)
n_top_words = 10
tf_feature_names = tf_vectorizer.get_feature_names()
topic_word = print_top_words(lda, tf_feature_names, n_top_words)

import numpy as np
topics = lda.transform(tf)
topic = []
for t in topics:
    topic.append("Topic #" + str(list(t).index(np.max(t))))
data['概率最大的主题序号'] = topic
data['每个主题对应概率'] = list(topics)
data.to_excel("data_topic.xlsx", index=False)
```

由于LDA模型处理的文本数据量非常庞大，其分析结果也较为繁多，为了更简洁直观地呈现分析结果，可以对其进行可视化处理，常用的方法是使用Python中的交互式LDA可视化库pyLDAvis，将结果文件保存为html格式，结果文件在工作路径中的输出文件夹中查找即可。在运行过程中，可能存在数据库不兼容的情况，需要研究者根据具体情况自行调整软件包和模块版本。作为参考，本书调试过程中可运行的pyLDAvis版本为3.3.1，pandas为1.4.3，具体代码如下所示。

```
import pyLDAvis
import pyLDAvis.sklearn
pic = pyLDAvis.sklearn.prepare(lda, tf, tf_vectorizer)
pyLDAvis.display(pic)
pyLDAvis.save_html(pic, 'lda_pass' + str(n_topics) + '.html')
```

最后需要注意的是，构建模型时初始假设主题数K=7，但并不能确定这是否为语料库中主题的最佳数量。为了直观地根据困惑度指标来衡量分析结果的质量，研究者可以调用函数计算不同主题数量下的困惑度，并绘制图形来帮助确定最适合的主题数量，以获得更好的LDA模型性能。

```
import matplotlib.pyplot as plt
plexs = []
scores = []
n_max_topics = 10
for i in range(1, n_max_topics):
    print('正在进行第', i, '轮计算')
    lda = LatentDirichletAllocation(n_components=i, max_iter=50,
                                    learning_method='batch',
                                    learning_offset=50, random_state=0)
    lda.fit(tf)
    plexs.append(lda.perplexity(tf))
    scores.append(lda.score(tf))
n_t = 9
x = list(range(1, n_t))
plt.plot(x, plexs[1: n_t])
plt.xlabel("number of topics")
plt.ylabel("perplexity")
plt.show()
```

上述代码包括的具体操作如下所述。

(1) 导入matplotlib.pyplot库来绘制图形，初始化一个空的列表plexs来存储不同主题数量下的困惑度，初始化一个空的列表scores来存储不同主题数量下的模型得分。

(2) 设置最大的主题数量为n_max_topics=10，然后进入一个循环，从主题数量1开始，逐步增加。在循环中，创建一个LDA模型，使用不同的主题数量i，并使用一些参数进行拟合。这里使用的参数与之前拟合LDA模型的代码类似。在每次循环中，计算当前主题数量下的困惑度并将其添加到plexs列表中，计算当前主题数量下的模型得分并将其添加到scores列表中。

(3) 设置要绘制的主题数量范围为从1到n_t-1，其中n_t为最大主题数量。使用plt.plot()函数绘制主题数量与困惑度之间的关系图。横轴表示主题数量，纵轴表示困惑度。绘制出的图形将帮助研究者了解主题数量与模型性能之间的关系。添加x轴和y轴的标签，分别表示主题数量和困惑度。使用plt.show()显示绘制好的图形。

以上就是Python代码完整的主题模型分析过程，涵盖数据加载、文本预处理、LDA模型拟合、主题分配、结果保存、可视化呈现、困惑度分析等关键步骤，最终输出了每篇文本对应的主题分配及主题关键词。

5.3.3 结果探讨

通过Python的LDA模型进行主题分析，其产出结果是相当多样的，但研究者只关注其中最重要的两个结果，即每个主题的前n个主题词是什么，以及每个文档属于每个主题的概率是多大。

研究者分析了两万条以“元宇宙”为关键词的微博内容，如图5-8所示，其结果显示了以下7个主题(0～6)中出现频率最高的前10个词语。

Topic #0：

公司 概念 游戏 科技 腾讯 产品 相关 股份 商标 申请

Topic #1：

链接 网页 社区 项目 海盗 游戏 货币 区块 比特 加密

Topic #2：

世界 游戏 技术 现实 未来 虚拟 互联网 数字 概念 虚拟世界

Topic #3：

海南 国际 格里芬 手游 博会 中国 频道 旅游 官方 海南省

Topic #4：

市场 板块 关注 资金 机会 指数 调整 趋势 上涨 方向

Topic #5：

视频 发布 科技 全球 中国 微博 数字 技术 发展 平台

Topic #6：

板块 涨停 概念 煤炭 化工 个股 创业板 电力 指数 股份

```
/Users/mac/Desktop/pycharm/venv/bin/python /Users/mac/Desktop/pycharm/LDA New.py
Building prefix dict from the default dictionary ...
Loading model from cache /var/folders/qs/cxyvpw4d4flc5px5m1gr25gr0000gn/T/jieba.cache
Loading model cost 0.842 seconds.
Prefix dict has been built successfully.
Topic #0:
公司 概念 游戏 科技 腾讯 产品 相关 股份 商标 申请
Topic #1:
链接 网页 社区 项目 海盗 游戏 货币 区块 比特 加密
Topic #2:
世界 游戏 技术 现实 未来 虚拟 互联网 数字 概念 虚拟世界
Topic #3:
海南 国际 格里芬 手游 博会 中国 频道 旅游 官方 海南省
Topic #4:
市场 板块 关注 资金 机会 指数 调整 趋势 上涨 方向
Topic #5:
视频 发布 科技 全球 中国 微博 数字 技术 发展 平台
Topic #6:
板块 涨停 概念 煤炭 化工 个股 创业板 电力 指数 股份
/Users/mac/Desktop/pycharm/venv/lib/python3.10/site-packages/sklearn/utils/deprecation.py:87: FutureWarning: Function get_feature_names is deprecated; get_feature_nam
  warnings.warn(msg, category=FutureWarning)
/Users/mac/Desktop/pycharm/venv/lib/python3.10/site-packages/past/builtins/misc.py:45: DeprecationWarning: the imp module is deprecated in favour of importlib and sla
  from imp import reload
/Users/mac/Desktop/pycharm/venv/lib/python3.10/site-packages/sklearn/utils/deprecation.py:87: FutureWarning: Function get_feature_names is deprecated; get_feature_nam
  warnings.warn(msg, category=FutureWarning)
/Users/mac/Desktop/pycharm/venv/lib/python3.10/site-packages/pyLDAvis/_prepare.py:247: FutureWarning: In a future version of pandas all arguments of DataFrame.drop ex
  by='saliency', ascending=False).head(R).drop('saliency', 1)
/Users/mac/Desktop/pycharm/venv/lib/python3.10/site-packages/past/builtins/misc.py:45: DeprecationWarning: the imp module is deprecated in favour of importlib and sla
  from imp import reload
/Users/mac/Desktop/pycharm/venv/lib/python3.10/site-packages/past/builtins/misc.py:45: DeprecationWarning: the imp module is deprecated in favour of importlib and sla
  from imp import reload
/Users/mac/Desktop/pycharm/venv/lib/python3.10/site-packages/past/builtins/misc.py:45: DeprecationWarning: the imp module is deprecated in favour of importlib and sla
  from imp import reload
/Users/mac/Desktop/pycharm/venv/lib/python3.10/site-packages/past/builtins/misc.py:45: DeprecationWarning: the imp module is deprecated in favour of importlib and sla
```

图5-8 LDA主题模型分析结果

此外，如图5-9所示，查看输出文档路径output_path中的分析结果，可以得知每篇文档最可能归属的主题序号，以及不同主题在各文档中对应的分布概率。

	content	content_cutted	概率最大的主题序号	每个主题对应概率
2	全真互联网并没有一个准确的含义，按照马化腾的说法："虚拟世界	全真 互联网 准确 含义 马化腾 说法 虚拟世界 真实世界 大门 打开 无论是	Topic #2	[0.33202804 0.00349392 0.50848867 0.00348882 0.00349741 0.14551719 0.00348596]
3	#消博会元宇宙# 【海口海关优化监管服务 助力首届消博会展品通	博会 宇宙 海口 海关 优化 监管 服务 助力 首届 博会 展品 通关 海南网 视	Topic #3	[0.11346329 0.00162927 0.03798597 0.64439372 0.0236186 0.17728496 0.00162419]
4	这部名场面超级多的舞台剧 最后七大姑八大姨（？）整整一家子长	这部 场面 超级 舞台剧 七大姑八大姨 整整 一家子 长辈 全来 兔子 回眼	Topic #2	[0.07544313 0.01023727 0.87340384 0.01021077 0.01024731 0.01025197 0.01020571]
5	火星财经消息，华纳音乐集团宣布与虚拟形象技术公司 Genies 建立	火星 财经 消息 华纳 音乐 集团 虚拟 形象 技术 公司 建立 合作伙伴 关系	Topic #2	[0.05433481 0.22419559 0.39874562 0.00333524 0.00332478 0.31273907 0.00332489]
6	"元宇宙（metaverse）"一词首次出现的场合，被公认是在科幻小说	宇宙 首次 场合 公认 科幻小说 发表 小说 大雪崩 本书 作者 首次 提出 概	Topic #2	[0.00275067 0.00275814 0.98349197 0.00274794 0.0027527 0.00275067 0.00274791]
7	【华纳音乐集团将与 Genies 合作为旗下歌手开发虚拟形象和数字可	华纳 音乐 集团 合作 旗下 歌手 开发 虚拟 形象 数字 穿戴 火星 财经 消息	Topic #2	[0.07209361 0.17016409 0.3904054 0.00270585 0.00269731 0.35923612 0.00269763]
8	【腾讯Facebook掰手腕，谁将在"元宇宙"战场领先一步？】扎克伯	腾讯 手腕 宇宙 战场 领先 一步 扎克 伯格 未来 十年 主流 关注 新浪 科技	Topic #2	[0.33477092 0.27454723 0.35251725 0.00952977 0.00955723 0.00954138 0.00953623]
9	#消博会元宇宙# 【我与消博会有约 大学生志愿者：贡献青春力量	博会 宇宙 博会 大学生 志愿者 贡献 青春 力量 传播 海南 声音 海南 广播	Topic #3	[0.01298701 0.0130137 0.01299862 0.92198715 0.0130003 0.01302469 0.01298852]
10	#消博会元宇宙# 【首届消博会首批约2万张门票售罄，5月3日、5日	博会 宇宙 首届 博会 首批 万张 门票 售罄 开售 首届 中国 国际 消费品 博	Topic #3	[0.0614495 0.01024972 0.01021701 0.88745133 0.01021787 0.01020717 0.0102074]
11	元周率#元周率次元宇宙# 元周率次元宇宙 5.2 10:00禁欲金牌律师	元周 元周 次元 宇宙 元周 次元 宇宙 禁欲 金牌 律师 酒吧 乐队 贝斯手 血	Topic #0	[0.14285714 0.14285714 0.14285714 0.14285714 0.14285714 0.14285714 0.14285714]
12	#消博会元宇宙# 【双循环搭台 国际品牌舞动中国市场】 L海南广	博会 宇宙 双循环 搭台 国际品牌 舞动 中国 市场 海南 广播电视 总台 微博	Topic #3	[0.01429946 0.01431433 0.0142943 0.91410685 0.01435044 0.01433724 0.01429739]
13	#消博会元宇宙# 【海口海关优化监管服务助力首届消博会 已累计	博会 宇宙 海口 海关 优化 监管 服务 助力 首届 博会 累计 办理 价值 万元	Topic #3	[0.17840699 0.06957659 0.00845181 0.71828296 0.00842195 0.00845193 0.00840777]
14	#消博会元宇宙# 【在岗位上过节 在坚守中奉献】 L海南网络广播	博会 宇宙 岗位 过节 坚守 奉献 海南 网络 广播 电视台 微博 视频	Topic #3	[0.01786032 0.01786402 0.01786394 0.89277976 0.01785714 0.01791588 0.01785893]
15	#GGAC元宇宙# 晒一下	宇宙	Topic #0	[0.14285714 0.14285714 0.14285714 0.14285714 0.14285714 0.14285714 0.14285714]
16	元周率 #元周率次元宇宙# 5.2 14:00	元周 元周 次元 宇宙	Topic #0	[0.14285714 0.14285714 0.14285714 0.14285714 0.14285714 0.14285714 0.14285714]
17	自然#ggac元宇宙##原创##绘画过程# 2汕头 · 澄海区 L威神奘-泪	自然 宇宙 原创 绘画 过程 汕头 澄海区 威神 泪痕 微博 视频	Topic #2	[0.02857143 0.02861221 0.43327813 0.02865937 0.0286829 0.42362454 0.02857143]
18	#消博会元宇宙# 【新闻中心搭设完成 千余名记者将报道展会盛况】	博会 宇宙 新闻 中心 搭设 千余名 记者 报道 展会 盛况 海南 网络 广播 电	Topic #3	[0.01192456 0.0119081 0.01191459 0.78615522 0.01190545 0.1542865 0.01190556]
19	#消博会元宇宙# 【新闻中心搭设完成 千余名记者将报道展会盛况】	博会 宇宙 新闻 中心 搭设 千余名 记者 报道 展会 盛况 海南 广播电视 总	Topic #3	[0.01192236 0.01190932 0.01191167 0.76000594 0.01190535 0.1804406 0.01190476]
20	#消博会元宇宙# 【海关边检优化监管服务 提高展品通关效率】 L	博会 宇宙 海关 边检 优化 监管 服务 提高 展品 通关 效率 海南 网络 广播	Topic #3	[0.14750977 0.01429072 0.01430109 0.7809495 0.01430455 0.0143541 0.01429027]
21	#消博会元宇宙# 【海关边检优化监管服务 提高展品通关效率】 L	博会 宇宙 海关 边检 优化 监管 服务 提高 展品 通关 效率 海南 广播电视	Topic #3	[0.14286708 0.01429295 0.01429723 0.78559486 0.01430544 0.0143534 0.01428904]
22	#消博会元宇宙# 【展馆周边路网 园林绿化和海域环境整治工程完	博会 宇宙 展馆 周边 路网 园林绿化 海域 环境 整治 工程 完工 海南 网络	Topic #3	[0.01588309 0.01588179 0.01590128 0.9046414 0.01588343 0.015926 0.015883]
23	#消博会元宇宙# 【展馆周边路网 园林绿化和海域环境整治工程完	博会 宇宙 展馆 周边 路网 园林绿化 海域 环境 整治 工程 完工 海南 广播	Topic #3	[0.01588062 0.01588422 0.01589651 0.90464621 0.01588343 0.01592742 0.0158816]
24	#消博会元宇宙# 【消博会公交出行攻略来了！】4月29日，记者从	博会 宇宙 博会 公交 出行 攻略 记者 海口 公交 集团 获悉 首届 中国 国际	Topic #3	[0.13836713 0.00800051 0.00799354 0.82181325 0.00794623 0.00794153 0.00793782]
25	666元宇宙神还原！食戟之灵动画鳗鱼饭试做，真是绝妙！ L安积柚	宇宙 还原 食戟 灵动 鳗鱼 绝妙 安积 柚子 微博 视频	Topic #5	[0.04761905 0.04765753 0.04762211 0.04776005 0.04761905 0.71410317 0.04761905]
26	#巴菲特承认卖出苹果股票是错误# 巴菲特股东大会刷屏：后悔卖	巴菲特 承认 卖出 苹果 股票 错误 巴菲特 股东大会 刷屏 后悔 苹果 推荐	Topic #4	[0.0079502 0.0079681 0.33026631 0.00794024 0.44635495 0.19152792 0.00799228]
27	#消博会元宇宙# 【消博会展期内进口展品可享税收优惠】 财政部、	博会 宇宙 消博 会展 期内 进口 展品 可享 税收 优惠 财政部 海关总署 税	Topic #0	[0.40593829 0.00575295 0.00572193 0.32234116 0.00573134 0.24879129 0.00572304]
28	#消博会元宇宙# 【消博会游艇展：首艘境外游艇抵达海口】4月30	博会 宇宙 博会 游艇 首艘 境外 游艇 抵达 海口 参加 首届 中国 国际 消费	Topic #3	[0.00714545 0.00717343 0.00714992 0.95708988 0.00714367 0.00715399 0.00714366]
29	#消博会元宇宙# 【消博会门票售罄了？5月3日、5日继续开售】 L	博会 宇宙 博会 门票 售罄 开售 海南 网络 广播 电视台 微博 视频	Topic #3	[0.01587547 0.01587833 0.01587827 0.90469822 0.01587302 0.01592229 0.0158744]
30	#消博会元宇宙# 【消博会门票售罄了？5月3日、5日继续开售】 L	博会 宇宙 博会 门票 售罄 开售 海南 广播电视 总台 微博 微博 视频	Topic #3	[0.01587302 0.01588075 0.0158736 0.9047004 0.01587302 0.01592619 0.01587302]
31	元周率零#元周率次元宇宙# 元周率次元宇宙5.2 18：00	元周 元周 次元 宇宙 元周 次元 宇宙	Topic #0	[0.14285714 0.14285714 0.14285714 0.14285714 0.14285714 0.14285714 0.14285714]
32	#消博会元宇宙# 【消博会期间禁飞小型航空器和空飘物】 L海南	博会 宇宙 博会 期间 禁飞 小型 航空器 空飘 海南 网络 广播 电视台 微博	Topic #3	[0.01428819 0.0142904 0.01429049 0.9142296 0.0142865 0.014328 0.01428682]
33	#消博会元宇宙# 【消博会期间禁飞小型航空器和空飘物】 L海南	博会 宇宙 博会 期间 禁飞 小型 航空器 空飘 海南 广播电视 总台 微博 微博	Topic #3	[0.01428624 0.01429233 0.01428678 0.9142323 0.0142865 0.01433014 0.01428571]
34	#消博会元宇宙# 【"五一"节日市场繁荣有序 消博会注重知识产权保	博会 宇宙 五一 节日 市场繁荣 有序 博会 注重 知识产权 保护 海南 广播电	Topic #3	[0.01587302 0.01588075 0.0158736 0.9047004 0.01587302 0.01592619 0.01587302]
35	#消博会元宇宙# 【"五一"节日市场繁荣有序 消博会注重知识产权保	博会 宇宙 五一 节日 市场繁荣 有序 博会 注重 知识产权 保护 海南 网络	Topic #3	[0.01587547 0.01587833 0.01587827 0.90469822 0.01587302 0.01592229 0.0158744]
36	#消博会元宇宙# 【海控全球精品五一假期备战首届消博会 】随着	博会 宇宙 海控 全球 精品 五一 假期 备战 首届 博会 首届 中国 国际 消费	Topic #3	[0.14237795 0.0055094 0.00550646 0.83010284 0.00549536 0.00550969 0.0054983]
37	#消博会元宇宙# 【国际知名食品保健品荟萃！消博会第四批展品	博会 宇宙 国际 知名 食品 保健品 荟萃 博会 第四批 展品 公布 博会 展品	Topic #3	[0.00493519 0.16669237 0.00492955 0.80863302 0.00493577 0.00494351 0.00493059]
38	#消博会元宇宙# 【消博会来了！海南消防坚守一线 排查隐患 确保	博会 宇宙 博会 海南 消防 坚守 一线 排查 隐患 确保 万无一失 海南 广播	Topic #3	[0.01428571 0.01429187 0.01428618 0.91423773 0.01428571 0.01432708 0.01428571]
39	#消博会元宇宙# 【消博会来了！海南消防坚守一线 排查隐患 确保	博会 宇宙 博会 海南 消防 坚守 一线 排查 隐患 确保 万无一失 海南 网络	Topic #3	[0.01428767 0.01428994 0.01428989 0.91423764 0.01428571 0.01432233 0.01428682]
40	#消博会元宇宙# 【"五一"假期 消博会 海南这个小长假"火"了】 L	博会 宇宙 五一 假期 博会 海南 长假 海南 网络 广播 电视台 微博 视频	Topic #3	[0.01428767 0.01428994 0.01428989 0.91423764 0.01428571 0.01432233 0.01428682]
41	#消博会元宇宙# 【消博会来了！展馆周边路网 园林绿化和海域环	博会 宇宙 博会 展馆 周边 路网 园林绿化 海域 环境 整治 工程 完工 海南	Topic #3	[0.01429176 0.01429463 0.01430439 0.91419546 0.014294 0.01432722 0.01429254]
42	#消博会元宇宙# 【消博会来了！展馆周边路网 园林绿化和海域环	博会 宇宙 博会 展馆 周边 路网 园林绿化 海域 环境 整治 工程 完工 海南	Topic #3	[0.01429373 0.01429269 0.01430817 0.9141948 0.014294 0.01432295 0.01429365]

图5-9　各主题的文档分布概率

关于文本库最合适的主题个数，研究者可以通过如图5-10所示的困惑度折线图来判断。

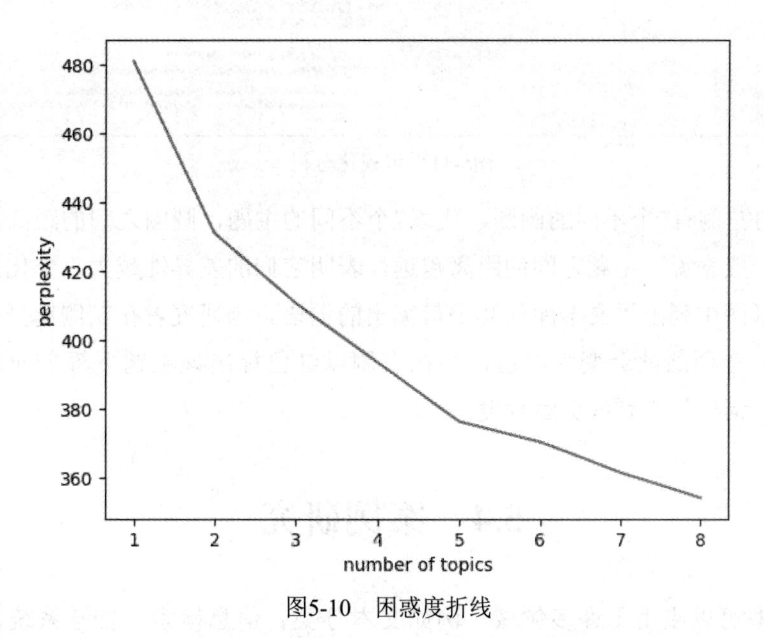

图5-10　困惑度折线

一般来说，困惑度(perplexity)越低，文本聚类效果越好，*K*(number of topic)的最优选择一般为折线最低点或第一个拐点的对应值。在处理本节所选定的文本库过程中，研究者将初始主题数设定为7，但由图5-10可知，随着*K*值的增大，困惑度逐渐减小，当*K*=7时，困惑度尚未达到最低点，难以得出最佳主题数。

因此，为了更高效地获知*K*值的最优选，可以在首次运行代码时就把主题数*K*设置为10、15等较大值，如n_topics=15，从而顺利找出困惑度折线图中的拐点，明确最佳主题个数。在此基础上，再将n_topics修改为最佳*K*值，就能得出LDA模型更准确的分析结果。但主题数不宜过多，避免过度分类。

最后，当*K*=7时，分析结果的pyLDAvis网页可视化分析如图5-11所示。

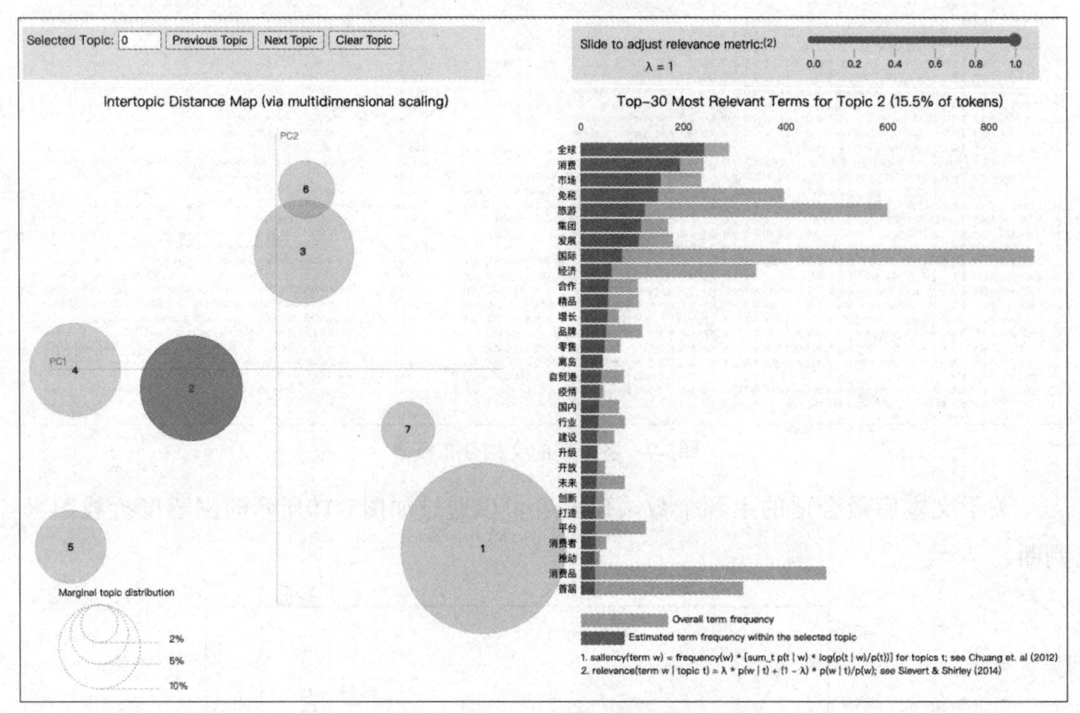

图5-11　可视化分析

图5-11的左侧有7个不同的圆圈，代表7个不同的主题，圆圈之间的距离显示主题间的差异性。一般来说，主题之间的距离越远，表明它们的差异性越大，分化效果越好。右侧浅色条形图中列出了文本库前30个最突出的词语。当研究者在左侧选择某个主题，如Topic1时，该圆圈就会变为红色，并在右侧以红色标出该主题下每个词语出现的频率，也就是各词语对主题的贡献程度。

5.4　案例研究

主题模型可以应用于许多领域，例如文本分类、信息检索、推荐系统、舆情分析等。它既能够帮助研究者发现文本背后的语义结构，又能够提供自动化处理大规模文本数据的能力。在新闻传播学研究中，主题模型为研究者提供了一个全新的视角，得以揭示文本数据中的隐含主题、话题演变和受众反应，从而推动新闻传播领域的发展和应用。本小节将通过案例分析的方式，探讨主题模型在新闻传播领域的应用，为读者提供一个更加全面、更加具有实践性的视角，以展示主题模型的潜在应用价值。

5.4.1 LDA模型在传播学中的方法探索

LDA模型虽然是一种强大的工具，但它在新闻传播领域的应用还面临一些挑战，例如如何处理文本中的噪声、如何解决模型的解释性和可解释性等问题。

在*Applying LDA topic modeling in communication research*：*Toward a valid and reliable methodology*[1](《在传播研究中应用LDA主题模型：一种有效可靠的方法论》)一文中，作者强调了LDA主题模型在应用于文本数据时需要解决的4个主要挑战，包括文本预处理的适当性、模型参数选择的充分性、模型可靠性的评估以及对结果主题进行有效解释的过程。文章回顾了关于这些问题的研究文献，并提出了一种方法论，旨在帮助传播研究人员理解LDA主题模型，并确保其符合学科标准。该文章作者提出了一个简要的实际操作用户指南，并使用来自一项正在进行的研究项目(关于食品安全辩论的争议问题)的实证数据来证明该方法的价值。下面是文中模型详细解决方案的概述，与前文的技术操作代码相呼应，对于初学者了解LDA主题模型在具体实践中的操作流程颇具参考价值。

1. 预处理文本数据

在估计基于实证文本语料库的主题模型之前，需要对文本数据进行清理和预处理，包括词语提取、去除停用词、词干提取和去除低频词等步骤。这些步骤对于模型的可靠性、可解释性和有效性都有着很大的影响。文章提供了一些建议，指导如何对文本数据进行清理和预处理，以及应该按照怎样的顺序进行这些步骤。

2. 模型参数选择

在LDA主题模型中，需要选择3个模型参数(K、α和β)，这些参数将影响目标变量φ和θ的维度和先验分布。选择适当的先验参数和主题数量对于得到能够充分反映数据且有解释性的模型至关重要。当前还没有统计标准程序来指导这个选择过程，因此这仍然是LDA主题模型应用中最复杂的任务之一。

本文提出了一个两步方法来选择模型参数，旨在优化主题模型的人类解释性。首先，计算具有不同K值和不同先验参数α和β组合的候选模型，选择每个K值下内在一致性度量效果最佳的模型；其次，对选择的候选模型进行实质性搜索，以选择与研究对象的理论概念(如政治问题或框架)相匹配的模型。在此过程中，可以使用LDA可视化软件等工具进行讨论和解释。

---

[1] Maier D，Waldherr A，Miltner P，et al. Applying LDA topic modeling in communication research：toward a valid and reliable methodology[J/OL]. Communication Methods and Measures，2018，12(2-3)：93-118. DOI：10. 1080/19312458. 2018. 1430754.

3. 可靠性检验

由于LDA模型包含随机初始化和随机推理的过程，主题模型的结果并不是完全确定的，这也是LDA主题模型的一个弱点。与随机初始化方法相比，非随机初始化方法能够更有效地提高LDA模型的可靠性。

作者强调模型的解释性与可靠性密切相关，直接关系到模型有效与否。同时，模型必须具有可以复制的特征。基于此，文章提供了易于计算的可靠性度量，以评估主题解决方案的稳健性。作者建议通过可靠性和连贯性等指标来评估模型的适应性和质量。

4. 结果解释

通常而言，研究结果解释包括几个步骤。首先，可以通过查看每个主题中排名靠前的词语来描述主题的内容；其次，基于主题的内容，可以为每个主题分配标签或名称，以更好地描述主题的含义。LDA模型还为每个文档分配了主题权重，表示该文档与各个主题的相关程度，通过查看文档的主题权重分布，可以进一步了解文档中涉及的主题和其重要性。值得关注的是，主题之间可能存在一定的关联性，通过分析主题之间的词语共现和权重分布，研究者能够了解主题之间的区别，这有助于揭示话题演化、主题之间的转变及相关主题的出现。此外，文章还强调，解释生成主题的过程应该符合研究问题和理论概念。为了确保主观性，作者建议采用定性技术，例如团体讨论。

总体而言，文章并没有提出一种全新的主题建模方法，而是旨在开发一种方法来处理人们必须做出的决策，以便在传播学研究中可靠且有效地应用LDA主题模型。该方法提供了全面的实践指导，解决了模型解释性和可靠性的问题，使基于LDA的主题建模更易于理解、更具适用性，有助于将其推广到其他研究中，这也让LDA作为一种促进传播学研究创新的方法，成为研究者关注的焦点。

5.4.2 LDA模型的传播学分析实践

近年来，LDA主题模型在新闻传播研究中逐渐被接受和应用。它能够帮助研究者从文本数据中发现潜在的主题结构，洞察新闻报道的特点和趋势，并为新闻机构和媒体从业者提供数据驱动的决策支持。不少研究者使用LDA模型来探索新闻报道的主题结构、话题演化以及媒体议程设置。通过对大量的新闻文本进行主题建模，研究者可以揭示新闻报道中的关注点、话题变化以及不同媒体之间的差异。

Quantitative analysis of large amounts of journalistic texts using topic modelling[1](《利用主题模型对大量新闻文本进行定量分析》)一文颇具典型性和代表性，通过对《纽约时报》1945—2013年关于核技术的报道进行案例研究，研究者证明了LDA在分析大量

[1] Jacobi C，Van Atteveldt W，Welbers K. Quantitative analysis of large amounts of journalistic texts using topic modelling[J/OL]. Digital Journalism，2016，4(1)：89-106. DOI：10. 1080/21670811. 2015. 1093271.

数字新闻档案中的新闻内容趋势和模式方面的有效性。

早在1989年，甘姆森(W. Gamson)和莫迪利亚尼(Modigliani)就提出了一个理论框架，用于研究媒体对核能问题的报道如何影响公众意见[1]。在这个框架中，媒体的组织因素和意识形态因素共同塑造了核能问题的报道内容和框架，媒体报道对核能问题的关注度、报道角度以及呈现方式等，都会显著影响公众对核能的态度和意见。研究得出的关键观点是媒体作为信息传递的关键渠道，在核能问题的报道中具有潜在的塑造公众意见的能力。因此，理解媒体的组织因素和意识形态因素对核能报道的影响，对于揭示媒体的角色和影响力，以及公众对核能问题的态度的形成具有重要意义。

大约30年以后，以甘姆森和莫迪利亚尼关于核能新闻的框架研究结果作为对照，又有学者使用LDA主题模型来探索给定文档集中的主题，分析新闻中关于核能问题的主题框架是如何随时间变化的。这一研究表明，与前人在研究中发现的框架或诠释包裹相比，LDA主题模型分析得出的主题更加具体，如表5-3所示，新闻报道中的主题或将一些相关事件聚集在一起(如核扩散谈判、核事故)，或代表在较长一段时间内持续出现的问题(如核能、核武器试验的经济学)。然而，LDA主题模型分析不能直接从一个主题中去除某一特定的观点或框架。例如，研究中没有发现明确的反核集群，而甘姆森通过研究发现了多种至关重要的核能框架。此外，作者还指出，LDA技术的结果需要进行解释，以确保正确地理解主题和它们之间的关系。

表5-3 美国核讨论的LDA结果：10个主题[2]

主题	解释	最具代表性的词汇
具有时态模式的主题		
1	研究	原子，能源(Energy)，华盛顿，科学家，能源(energy)，炸弹，委员会，联合，研究，武器
3	冷战	联合，国家(States)，联盟，苏联(Soviet)，苏联(soviet)，武器，武装，导弹，总统，条约
7	核扩散	伊朗，联合，北方，朝鲜，项目，武器，国家(States)，官员，国家(country)，中国
8	事故/危险	工厂，能源，反应堆，岛屿，核，事故，委员会，官员，废弃物，安全
具有连续性的主题		
5	武器	试验，潜艇，日本，第一，海军，年，爆炸，导弹，舰船，炸弹

[1] Gamson W A，Modigliani A. Media discourse and public opinion on nuclear power：A constructionist approach[J/OL]. American Journal of Sociology，1989，95(1)：1-37. DOI：10.1086/229213.

[2] 表格结果翻译自Jacobi等撰写的论文*Quantitative analysis of large amounts of journalistic texts using topic modelling*.

(续表)

主题	解释	最具代表性的词汇
9	核能	能量，工厂，公司(company)，年，能源，百分比，效用，成本，公司(Company)，反应堆
10	美国政治	战争，总统，武器，先生，年份，军事，政策，世界，里根，众议院
无关的主题		
2	总结	新(New)，新的(new)，年，政府，官员，约克，人民，商业，总统，州
4	书评	周，生活，书，男人，女人，约翰，年，新，家庭，大学
6	电影&音乐	街道，西部，剧院，先生，周日，东部，演出，新，明天，下午

这篇研究对于传播学读者来说颇具参考价值。

首先，它展示了LDA模型在新闻传播研究中的应用潜力。通过对《纽约时报》长时间跨度的核技术报道进行案例研究，研究者不仅可以证明LDA模型在分析大规模数字新闻档案中的有效性，还可以揭示新闻报道的趋势和模式。这为研究者提供了一种全新的方法来洞察新闻报道的主题结构和话题演化，从而深入理解新闻报道的特点和媒体议程设置。

其次，该研究与经典研究相呼应，将LDA模型应用于传统经典研究主题，为传播学研究提供了新的研究方法和理论框架。传统经典议题经过多年的研究和验证，已经积累了丰富的成果，但随着科技和社会的不断发展，新的研究方法和理论框架将不断涌现。通过在经典议题中植入新方法，研究者可以探索新的问题和维度，重新解读、补充和修正传统理论，从而推动理论的进一步演进。

最后，这篇研究同样为读者提供了一个详尽的研究架构，从概念界定、模型介绍到实际操作的每一个步骤都有详尽细致的介绍。这有助于读者全面理解LDA模型的应用过程和对研究结果的解释。对于想要使用LDA模型进行类似研究的读者来说，这篇研究为他们提供了有价值的参考和指导。

5.4.3 主题模型在科学传播研究中的应用

除了对新闻文本开展分析之外，传播学细分领域中的主题模型研究也取得了进展。以科学传播为例，主题模型有助于揭示科学话题的热点和演化趋势、科学新闻报道的特点以及媒体对科学问题的关注程度。此外，研究者还可以从文本中了解公众对科学的态度和科学素养水平，以及科学信息的传播效果。

在气候传播这个重要的科学传播领域中，研究者致力于研究有关气候变化、环境保护和可持续发展等科学领域的信息传播和沟通，以帮助公众更好地理解气候问题。一些论文利用主题模型结合其他研究方法，全面分析了网络空间关于气候议题的讨论概况。通过这些研究，研究者可以深入了解气候传播领域的动态和趋势。

有一项研究结合了网络分析与主题模型，全面分析了英文博客社区的气候议题的讨论概况及其背景[1]。该研究首先从5个种子博客开始，抓取了大约3 000篇讨论气候变化的英文博客，下载了博客链接，并提取了大约130万篇博客文本；其次对网络进行社区检测分析，并将其可视化(见图5-12)；再次对从社区检测中确定的图表中心部分的7个最大组中的1 497篇博客进行了人工分类，将博客分为气候怀疑论者、接受者或中立者；最后对博客文章中的文本语料库进行概率主题分析，以生成语料库主题模型。该研究将LDA模型分析应用于2007—2010年的20多万篇博客文章的数据集，识别博客社区中最常讨论的话题，并分析这些话题是如何分布在不同社区中的。

作者发现，气候变化博客圈被分为几个不同的社区，包括一个主要持怀疑态度的社区和几个截然不同的接受者社区。主题分析揭示了一系列具有博客世界气候变化话语特征的问题，其中有两个主题对于描述讨论的特征特别重要，一个与气候变化科学有关，另一个与气候变化政治有关。与此同时，主题在社区中的分布跨越了怀疑论者和非怀疑论者(接受者)之间的鸿沟，怀疑论者和不同接受者群体之间的互动模式存在差异。

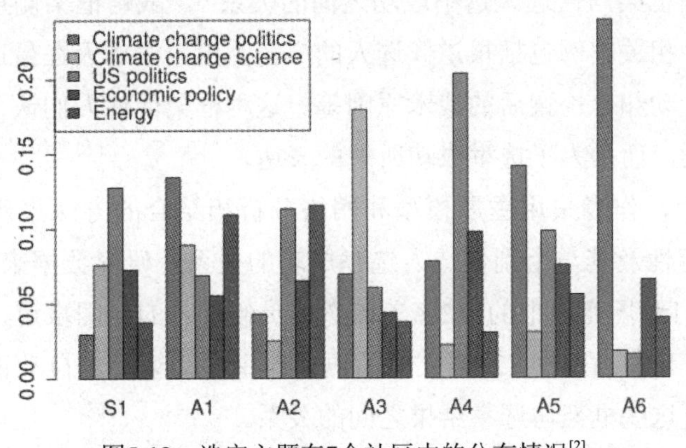

图5-12 选定主题在7个社区中的分布情况[2]

这篇文章对在线交流和气候变化话语的研究做出了理论上的贡献。首先，作者使用网络分析和主题模型相结合的方法揭示了不同话语社区之间结构关系的独特模式，这些模式很难用其他方法发现，相比以往仅关注网络结构或内容分析的研究，这种方法可以揭示更多在线交流动态的规律；其次，作者使用社区检测算法来识别更有可能相互链接的博客群，这使他们能够分析这些社区内的主题分布，并确定导致气候变化话语两极化的因素；最后，作者使用LDA模型来确定博客圈中最常讨论的话题，并分析这些话题是如何在不同的博客社区中分布的，这就形成了对气候变化观点的多样性以及形成这些观点的因素的洞察。总体来说，这篇文章有助于研究者理解在博客圈气候变化交流的背

[1] Elgesem D，Steskal L，Diakopoulos N.Structure and content of the discourse on climate change in the blogosphere：The big picture[J/OL]. Environmental Communication，2015，9(2)：169-188. DOI：10.1080/17524032.2014. 983536.

[2] 图片来自Elgesem等撰写的原论文*Structure and content of the discourse on climate change in the blogosphere：The big picture*(《博客圈中有关气候变化言论的结构和内容：大局观》)。

景下，网络结构、内容和话语之间的复杂相互作用。

5.4.4 主题模型在政治传播研究中的应用

在政治传播研究中，主题模型被广泛用于分析政治话题、政治言论和选民态度。通过分析政治文本数据，研究者可以从中发现政治演说、政策议题和政治事件中的关键主题，以深入了解政治候选人、政党和政府在媒体和社交媒体上的形象和声誉。此外，主题模型还可以用于探讨选民对不同政治议题的关注点和态度，从而对选民行为进行预测解释。总之，主题模型提供了一种数据驱动的分析方法，能够揭示政治话题的特点、政治意见的多样性以及政治宣传的效果，帮助研究者更深入地理解政治传播的本质和影响力。

当前，已有不少研究采用主题模型研究政治宣传和舆论操控现象。美国乔治亚州立大学传播系和纽约州立大学布法罗大学传播系的学者曾开展过这样一项研究，检验选举新闻报道中的战略框架与候选人选举成功之间的关系[1]。战略框架侧重于政治行为者使用的战术和战略，相关案例包括报道候选人的广告支出、候选人在最近的民意调查中的表现、候选人的行动和言论背后的战术原因等。这种框架促使人们认为，政治家的承诺和意见不是真实的，而是为了选举成功所做的表达。

在这篇文章中，作者采用主题模型和网络分析相结合的方法来研究政治新闻报道中战略框架的普遍性及其与个别候选人选举成功的关系。研究数据来源于5个选举周期(2008—2016年)中156场竞选中的312名美国参议员候选人的新闻报道，该研究使用无监督计算方法(ANTMN)，在181725篇文章的语料库中自动编码，自动识别并估计问题与战略框架，并分析这些框架与选举结果之间的关系。

无监督计算方法包括以下几个步骤。首先，使用LDA模型和吉布斯抽样(Gibbs sampling)，从给定的新闻文章语料库中提取一组主题，并估计每个主题中词语的概率分布，作者还使用困惑度分数来评估不同候选模型的质量。其次，使用网络分析将这些主题聚成主题包，并探索不同框架和主题之间的关系。如图5-13所示，作者把每个主题当作一个节点，把主题和主题共词出现作为边，从而创建了一个主题模型结构的网络。最后，使用社区检测算法，将网络划分为倾向于在相同文章中使用的主题群组。通过对这些主题社区及其指定的文章进行定性内容分析，作者将一个集群标记为战略框架，将另一个集群标记为问题框架。这种无监督方法的优点是允许发现新框架，并探索不同背景下各个框架的细微差别。

[1] Walter D，Ophir Y. Strategy framing in news coverage and electoral success：An analysis of topic model networks approach[J/OL]. Political Communication，2021，38(6)：707-730. DOI：10.1080/10584609. 2020. 1858379.

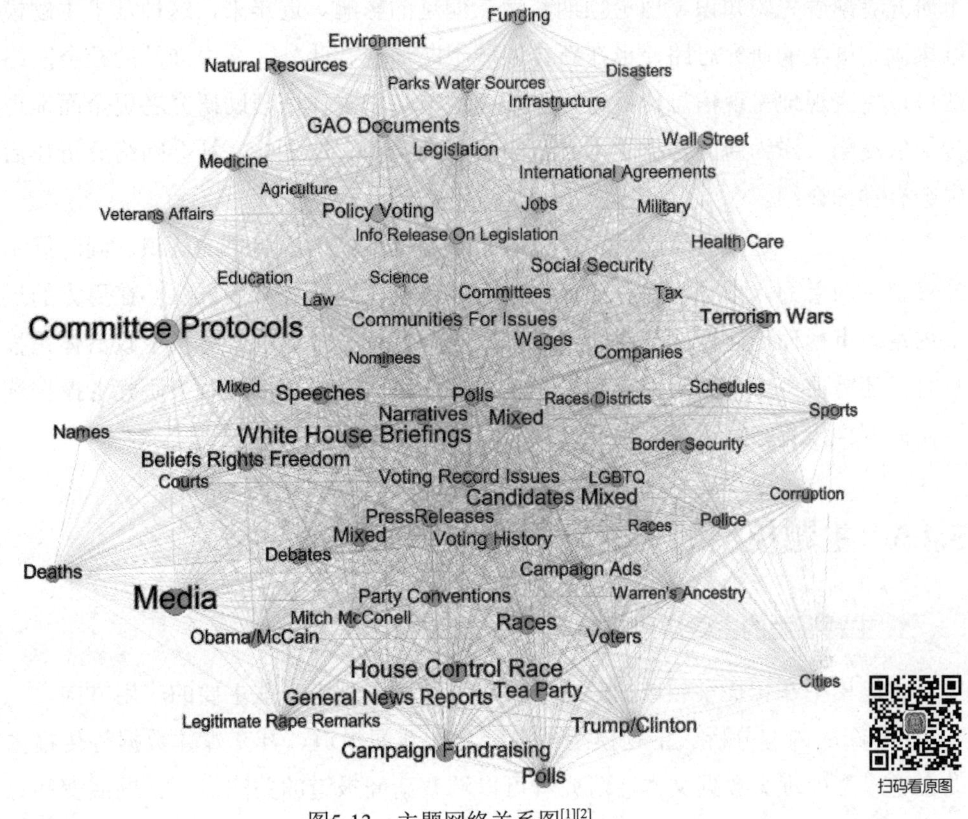

图5-13　主题网络关系图[1][2]

这一研究引出了非常有趣的结果，候选人在竞选期间获得的战略导向新闻报道的份额与其选举成功之间存在负相关关系，也就是说，在报道中拥有较高比例战略框架的候选人赢得选举的可能性较小。该研究还确定了几个可能缓和这种关系的因素，包括选举的性质、候选人的现任地位和资金水平等。这些发现对于研究者理解媒体在塑造政治结果中的作用具有重要意义。

这篇文章的研究方法是基于主题模型的升级，加深了研究者对战略框架的前因和影响的了解，同时展示了通过开源代码获得的新型计算工具如何被应用在更大的规模和更广泛的范围内重新检查理论问题。研究采用的无监督计算方法使研究者不再受大型语料库研究中繁重编码工作的困扰，不仅有助于进行大规模的系统研究，还能拓展分析的广度。

值得关注的是，与传统的框架识别和编码的演绎测量方式不同，本文的框架是基于归纳测量得出的，通过从演绎的、理论驱动的码本转向归纳的、数据驱动的方法，有助

[1]　Walter D，Ophir Y. Strategy framing in news coverage and electoral success：An analysis of topic model networks approach[J/OL]. Political Communication，2021，38(6)：707-730. DOI：10.1080/10584609. 2020. 1858379.

[2]　边表示基于文章中共现的主题(节点)之间的余弦相似度；大小代表主题在语料库中的突出程度；颜色代表社区成员身份；使用Force Atlas算法创建布局。

于研究者摆脱先验知识、理论预期和潜在偏见的影响。近年来，这种基于主题模型共现结果确定框架的研究思路，也在新传领域不断涌现。此外，文中涉及的社会网络分析方法可以更直观地呈现信息传播过程中的关键节点和主体，帮助研究者更全面地理解信息传播的结构。作为新闻传播学生必备的重要理论和方法之一，社会网络分析在后面章节中会有详细介绍。

总而言之，这项研究加深了研究者对战略框架的前因后果的认识，同时展示了新的计算工具的潜力，指导研究者如何利用主题建模、网络分析等方法，在更大的尺度和范围内重新审视理论问题。与此同时，该研究强调了在考查框架对整个政治体系福祉的影响时，还需要考虑框架与受众动机之间相互作用的重要性，这对于研究者挖掘选题、开展研究同样极具启发意义。

5.4.5 主题模型的主要应用方向及面临的挑战

1. 主题模型的主要应用方向

主题模型在传播学领域的应用非常广泛，以下列举一些主要的应用方向。

(1) 新闻内容分析。主题模型可用于分析新闻报道、社交媒体数据等传播内容。借助主题模型处理大数据文本，研究者可以洞察新闻报道的关注点、话题演变和媒体议程设置。这有助于研究者深入理解新闻内容的结构和动态，揭示媒体报道的偏好、倾向和影响力。

(2) 媒介效果研究。主题模型在媒介效果研究中扮演重要角色，为研究者深入探索媒介对受众的影响和效果提供助力。通过分析不同媒体渠道上的主题分布，研究者能够了解媒体在话题关注上的差异性，揭示媒体报道对受众态度、认知和行为的影响。

(3) 舆情分析和社会感知。主题模型能够应用于舆情分析，了解面向特定事件、议题或组织的公众态度及情感倾向。不少研究者对社交媒体、新闻评论等数据采用主题模型进行分析，从中发现不同主题下的观点、情感和意见，并开展情感分析、舆情监测。这有助于理解公众对传播内容的反应和社会感知的形成。

(4) 话题监测和趋势分析。主题模型可以用于发现和跟踪特定话题的出现与发展。通过对大量文本数据进行主题建模，可以快速发现新兴话题、热门话题和话题演化模式。这对于媒体机构、研究机构和政府部门来说，是抓住关键话题、了解公众关注度和预测趋势的重要可行手段。

2. 主题模型面临的挑战

上述应用方向只是主题模型在传播学领域的一部分应用，随着研究的不断深入，还会涌现更多的应用场景和方法，如受众研究、用户行为分析等。然而，在享受大数据分析的新工具和研究方法所提供的便利时，我们也需要审慎思考其中存在的局限性，了解其面临的挑战。

在新传研究领域，一方面，跨媒体分析是主题模型应用中的一大挑战。不同媒体形式具有异质性的数据特征，如文本、图像和视频等，这就要求主题模型能够处理、整合不同类型的数据，以获取更全面的主题分布结果。此外，主题模型需要考虑不同媒体之间的关联性和相互影响，以更好地理解和分析主题之间的联系。举例来说，分析文本数据时，可以使用常见的词袋模型或词嵌入技术；分析图像和视频数据时，可以使用卷积神经网络(CNN)等深度学习模型进行特征提取。然后将这些不同媒体的特征融合到主题模型中进行分析。

另一方面，主题模型生成的主题只是对数据的潜在结构的一种建模，可能存在解释不全面或不准确的情况。此外，主题模型的参数设置和模型选择也会对结果产生影响，因此进行合理的参数选择和模型比较是至关重要的。同时，样本选择和领域特定性也会影响主题模型的应用结果，因此需要谨慎处理样本选择并考虑领域的特殊性。

面对这些挑战和限制，我们需要不断改进主题模型的应用方法和算法，加强跨媒体分析能力，减少解释的主观性，优化参数选择和模型设计，确保样本选择的合理性和代表性。只有克服这些挑战，才能更好地利用主题模型这一工具，深入理解传播现象，揭示媒介传播的机制和效应。

本章小结

本章深入探讨了主题模型在大数据分析中的重要性和应用。首先，介绍了主题模型的基本原理，包括相关概念和涉及的数学概念；其次，详细讨论了主题模型的起源和发展，介绍了LSA模型、pLSA模型以及更为常用的LDA模型。通过LDA的具体代码操作，可以将文本数据转化为主题—词分布和文档—主题分布，从而实现对文本内容的主题建模。在案例部分，本章重点强调了主题模型在新闻传播研究中的应用价值。

主题模型涉及的关键方法是LDA模型。它通过概率模型描述文档和主题之间的生成过程，将文档看作多个主题的混合，并通过迭代过程推断文档的主题分布和主题的词分布。通过案例文献可以看出，主题模型能够帮助研究者洞察文本数据的主题关注点和动态变化，揭示媒体报道的偏好、倾向和影响力，了解公众对不同话题的态度和认知。

核心概念

(1) 主题模型。主题模型是一种想象文档集合是如何逐个生成的方法，其基本原理为依据先验的概率分布(如狄利克雷分布)面向文本中的词语加以建模，发现词语之间潜在的相互关系，并将每一组词语的概率分布称为“主题”。

(2) 词袋假设。词袋假设是指将文档看作装满词语的袋子，“袋子”中的词语相互独立、互不影响，文本的语法和词语顺序不影响模型训练结果，此时的文档集合等同于词项文档矩阵。

(3) 参数估计。参数估计可以看作反向的生成过程，也就是在生成结果即文本库已知的情况下，通过参数估计得出具体参数值。

(4) 新样本推断。新样本推断是指对于未在训练集中出现过的新文档，通过已训练好的主题模型，估计其主题分布的过程。

(5) 伯努利分布。伯努利分布又叫两点分布或0-1分布，是描述只有两种可能结果的随机试验的概率分布。

(6) 二项分布。假设伯努利试验中，结果A发生的次数为p，当伯努利试验重复进行n次，那么n次试验中，结果A发生次数的离散概率分布就是二项分布。

(7) 多项分布。多项分布是二项分布的推广。二项分布只有两种相互独立的结果，而当进行n次独立重复试验，每次试验都有多种相互独立的结果时，就变成多项分布。

(8) 狄利克雷分布。狄利克雷分布因纪念德国数学家约翰·彼得·古斯塔夫·勒热纳·狄利克雷(Johann Peter Gustav Lejeune Dirichlet)而得名，它是一种多元连续随机变量的概率分布。

(9) LSA模型。该模型最早由迪尔韦斯特(Deerwester)等学者在1990年提出，被广泛应用于自然语言处理、文本分析、图像分类、情报检索、生物信息学等领域。LSA模型是对传统“词袋观念”的改进，该模型首次发现了文本与词语之间的“中介”，将词和文档映射到潜在语义空间，尝试从文本信息中发现潜在的主题，实现文档的降维处理，从而有效去除了原始向量空间中存在的“噪声”，凸显文本信息的语义关系。

(10) pLSA模型。受到潜在语义分析模型的启发，霍夫曼(Hofmann)在1999年提出了pLSA模型，该模型引入概率统计的理念，根据词语出现的频率来衡量文本集中的主题，有效降低了计算成本，对LSA模型做出了改进。

(11) LDA模型。LDA模型是一个文本库的生成性概率模型，其基本思想为文本由潜在主题的多项分布表示，每个主题由不同词语的多项分布表示。

思考题

(1) 简述将主题模型运用于大数据分析的基本原理。

(2) 主题模型如何帮助我们揭示新闻报道的关注焦点和话题演变？你认为当下有哪些新闻热点可以采用主题模型来分析？

(3) 在使用主题模型时，如何进行参数敏感性分析？如何选择合适的模型？

(4) 在解释主题模型结果时，需要考虑哪些因素？如何解决解释过程中可能存在的主观性问题？

(5) 主题模型是否适用于媒体报道、社交平台评论或专栏文章等不同类型的文本？模型适用性是否受到不同文本特点的影响？

(6) 除了主题模型，你认为还有哪些方法可以与其相结合，以加强对传播内容的分析和理解？

第6章　机器学习

6.1　机器学习概述

在开始学习本章内容之前，让我们先回忆几个生活场景——当你进出高铁站时，需要露出五官对准检票口处的摄像头，在人脸识别验证成功后方可通行；当你百无聊赖地浏览媒体资讯时，你会发现平台向你推荐的内容几乎都符合你的喜好；当你兴致勃勃地观看平台短视频时，你总能在推荐页看到自己认识的人发布的视频动态，即使你事先并没有关注他(她)。这些看似巧合的场景背后，都含有机器学习算法的应用。

6.1.1　机器学习的定义及关键术语

1. 机器学习的定义

对于机器学习(machine learning)，美国卡内基梅隆大学机器学习研究领域的著名教授汤姆•米切尔(Tom Mitchell)曾给出一个经典定义："对于某类任务(task，T)和性能度量(performance measure，P)，如果计算机程序通过对经验(experience，E)的学习使得在任务T上的性能度量P得到了提升，那么就称这个计算机程序从经验E中进行了学习"[1]。

在实际操作层面，机器学习是指计算机基于数据来构建概率统计模型，并运用模型对数据进行分析和预测的过程。之所以称其为"学习"，是因为它具有"自我改进"的特点，旨在基于数据促进计算机的自学——并不完全依赖于明确的预编程规则和模型，而是基于识别观察到的数据中的模式，来构建模型、预测结果[2]。

2. 机器学习的关键术语

(1) 数据集(dataset)。在机器学习中，数据集是指用于训练和评估机器学习模型的数据的集合，它通常是从真实世界收集而来的，由一组数据样本组成，每个样本通常有多个特征。每个样本还可能有相关联的特征和标签，用于监督学习任务。

---

[1] Mitchell T M. Machine Learning[M]. India： McGraw-Hill，1997.

[2] 哈林顿. 机器学习实战[M]. 北京：人民邮电出版社，2013.

(2) 特征变量(features variable)。特征是用来描述样本的属性或者特性的变量，它可以是数字、类别或者其他形式的数据。在机器学习中，特征变量也称为自变量(independent variable)。

(3) 标签(label)。标签是指与数据样本相关联的输出变量，也称为目标变量(target variable)或因变量(dependent variable)，它可以是任何类型的输出变量。例如，在图像分类任务中，研究者想要训练一个模型来识别图像中的物体。在这种情况下，标签就是图像对应的物体类别，就像告诉模型“这是一只猫”或“这是一辆汽车”。又如，在房价预测任务中，标签可以是房屋的实际售价，就像告诉模型“这栋房子卖了多少钱”，其作用是监督模型的学习过程，从而使研究者能够根据输入特征预测出正确的结果输出。

(4) 训练集(training set)。训练集是用于培训机器学习模型的一组数据。它包含多个已经打上标签的数据样本，每个样本都具有输入特征和对应的目标输出。例如，假设研究者想要让模型辨别猫和狗的图像，那么训练集会包含许多带有标签的猫和狗的图像，每张图像都会明确指出这是猫还是狗。

(5) 测试集(test set)。测试集用于评估机器学习模型的性能和泛化能力。它由未在训练中使用过的样本组成，但同样也包含输入特征和相应的目标输出。测试集的作用在于检验模型对新数据的预测能力，这就类似在考试前教师会用一些课本上未出现的题目来测试学生的知识掌握情况。

(6) 模型(model)。模型也称为学习算法，它是基于输入特征训练出来的一种函数，可以理解为该函数模仿了数据中的模式和关联性。在实际应用中，模型的任务是预测未知数据的标签或属性。比如，训练一个模型来预测房屋价格，它会学习房屋的各种特征(如面积、位置等)与价格的映射关系，从而在给定新房屋特征的前提下，估计出合理的价格。

(7) 参数(parameters)。参数是指机器学习模型中可调整的参数或权重。通过调整参数的值，研究者可以改变模型的学习规则和决策过程。这就类似在烹饪中调整食材的比例，以获取不同的口味。在机器学习中，参数通常通过训练过程来学习和优化，这一过程也称为调参优化。通过优化，研究者可以找到模型基于给定数据表现最好的参数值，即最佳参数。不同的机器学习算法和模型有不同的参数类型和意义——有些参数控制模型的复杂度，如正则化参数；有些参数影响模型的学习速度和收敛性，如学习率；还有一些参数用于调整模型的功能，如决策树中的分割规则参数。

(8) 性能度量(performance metrics)。性能度量是指对训练出来的模型进行性能和准确度的评估，从而帮助研究者了解模型基于任务数据的预测能力和泛化能力。根据机器学习任务类型的不同，选用不同的算法模型也有着不同的度量标准。例如，对于回归预测问题，研究者通常使用平均绝对误差(mean absolute error，MAE)、均方误差(mean square error，

MSE)等指标来度量模型的预测准确度，就像衡量菜品的味道与期望口味的差距。对于分类问题，研究者常用准确率(accuracy)与错误率(error rate)、F1值(H-mean值)、查全率(recall)与查准率(precision)等指标来度量模型的分类性能，就像判断菜品所用食材是否符合规定食材的类别。这些性能度量指标能够帮助研究者更好地了解模型表现，以便在实际应用中做出适当的决策。

6.1.2 机器学习的分类及步骤

1. 机器学习的分类

一般而言，按照是否存在监督，可以把机器学习分为有监督机器学习(supervised machine learning)、无监督机器学习(unsupervised machine learning)和半监督机器学习(semi-supervised learning)。之所以称为监督机器学习，是因为算法模型基于样本数据的预测结果，都有一个真实结果用于比较，以此帮助操作者改善算法模型。

具体来说，监督学习的训练数据既有特征又有标签，根据两者间的关系，通过学习数据中的模式训练得到一个最优模型，在面对只有特征没有标签的数据时，依然可以判断出其标签，并预测新数据。例如，根据病人的饮食习惯和血糖值、血脂值来预测糖尿病是否会发作。通过学习已知数据集既有的特征(既往病人的饮食习惯、血糖值及血脂值)和标签(既往病人的糖尿病是否发作)建立预测模型，就可以预测并度量未知数据的目标变量——已知饮食习惯、血糖值及血脂值的某一病人的糖尿病是否会发作。

在实际情况中，目标变量一般可以分为两类。一类是定量的(quantitative)，例如房价、距离等以数量形式存在的属性，以及社会学科中常考查的如能力、接受度等属性；另一类是定性的(qualitative)，例如颜色、性别、新闻类型等用以描述事物特征或类别的非数字的、离散的属性。两者分别对应统计学中的回归(regression)和分类(classification)问题。常见的监督学习算法有决策树、Boosting与Bagging算法、人工神经网络和支持向量机等[1]。

2. 有监督机器学习

有监督机器学习的步骤如图6-1所示。

---

[1] 陈凯，朱钰. 机器学习及其相关算法综述[J]. 统计与信息论坛，2007(05)：105-112.

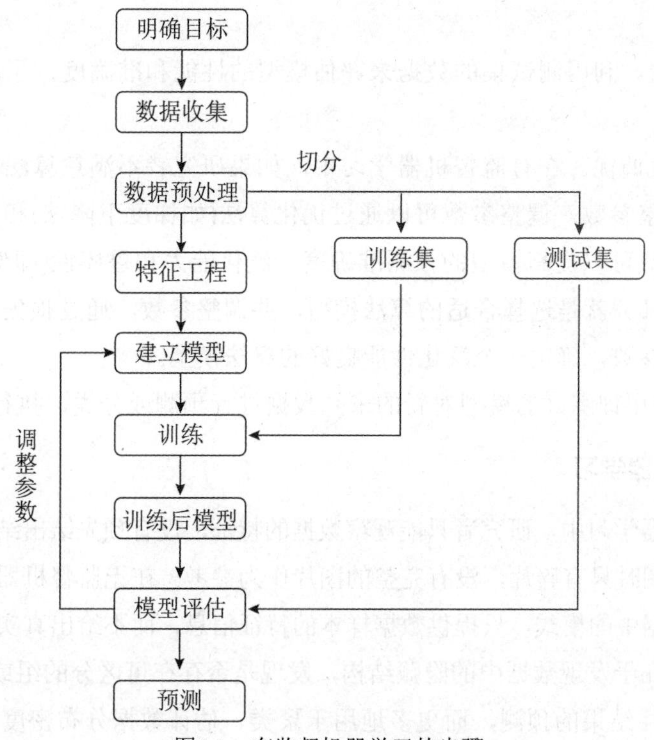

图6-1　有监督机器学习的步骤

(1) 明确目标。在任务开始之前，首先需要明确目标，也就是明确想要通过算法实现何种用途，比如是预测房价还是对文本主题进行分类；其次需要考虑数据问题，应该明晰实现任务需要哪些数据，并充分了解数据的属性，比如数据的特征值是离散型变量还是连续型变量，以此判断哪种机器学习算法最有可能给出最好表现。

(2) 数据收集。收集与任务相关的数据样本，这些数据包括各种特征和标签。收集样本的办法有很多种，研究者既可以用网络爬虫对网页上的数据进行爬取，也可以通过大范围的问卷调查等方法获取数据。

(3) 数据预处理。对数据进行清洗、转换和标准化等操作，确保集中的数据都有效、可用，使其满足机器学习算法的实际要求。如果是有监督机器学习，还需要将数据集切分出训练集和测试集，为后续的模型训练做准备。

(4) 特征工程。从原始数据中选择并提取出对问题有用的特征，以便建立模型。模型与特征相辅相成，好的特征可以提高建模效率和预测准确度，从而使模型表现更佳。否则，要想达到同等表现，则可能需要采用复杂得多的模型[1]。

(5) 建立模型。选择适合的机器学习模型，并手动设定必要的参数(超参数)。需要说明的是，不同的算法有其特定的应用领域和优势，应根据需求选择合适的算法进行分析和建模。

(6) 训练。使用已标记的数据对初步建立的模型进行训练，使其能够学习数据中的

[1]　大威. 从零开始：机器学习的数学原理和算法实践[M]. 北京：人民邮电出版社，2021.

模式和规律。

(7) 模型评估。利用测试集的数据来评估模型的性能和准确度，了解模型的泛化能力和预测能力。

(8) 模型参数调优。在有监督机器学习中，如果研究者不满意算法模型评估的输出结果，就需要调整参数。调整参数可以通过优化算法(如梯度下降法)和交叉验证等方式来进行。调整参数可以提高模型的预测准确度、泛化能力和鲁棒性(即健壮性)。有监督机器学习的核心部分就是选择合适的算法模型，并调整参数，通过损失函数最小化为算法模型找到最优参数，确定一个泛化性能良好的算法模型。

(9) 预测。使用训练好的模型对新的未知数据进行预测或分类，执行实际任务。

3. 无监督机器学习

在无监督机器学习中，研究者只能观察数据的特征，没有预先给出结果的度量。简单来说，就像在拼图时只有碎片，没有完整的图片作为参考。在无监督机器学习中，计算机需要自行探索数据中的模式，只提供数据样本的特征信息，而不给出真实结果作为比对。这种方法的重点在于发现数据中的隐藏结构，发现是否存在可区分的组或集群[1]。无监督机器学习并不关注结果的预测，而更多地用于聚类、估计数据分布密度或为数据特征降维。常见的无监督学习算法有K-means聚类分析、主成分分析(principal component analysis，PCA)、关联规则学习(association rule learning)、独立成分分析(independent component analysis，ICA)等。相关内容在前几章有所提及，故而本章节不再做具体介绍。

4. 半监督机器学习

半监督机器学习结合了有监督机器学习和无监督机器学习的特点，允许研究者同时使用少量带标签的数据和大量没有标签的数据来构建模型。这就类似我们在拼图时，有一些拼图碎片是已知的，但还有许多未知的碎片。半监督机器学习基于一个假设，即未标记的数据可以提供关于数据分布和类别结构的有用信息。通过结合有标签数据和无标签数据，半监督机器学习不仅可以更好地利用数据的潜在信息，还可以在学习过程中更准确地捕捉数据的特点和模式。

半监督机器学习方法可以分为两类，即生成模型和分布模型。生成模型假设数据是从潜在的生成模型中生成的，它试图对标记数据和未标记数据的分布进行建模，然后使用该模型生成标记估计，从而完成分类或回归任务。常见的生成模型方法包括生成对抗网络(generative adversarial networks，GAN)和混合高斯模型(Gaussian mixture model，GMM)等。分布模型方法侧重于利用未标记数据来改善分类边界的拟合。它试图通过利用未标记数据的特征分布信息来调整决策边界或学习更具鲁棒性的特征表示。常见的分布模型方法有自训练(self-training)、共享分布假设(distributional assumption)和半监督支

[1] 杨剑锋，乔佩蕊，李永梅，等. 机器学习分类问题及算法研究综述[J]. 统计与决策，2019，35(6)：36-40.

持向量机(semi-supervised support vector machines，SVM)等[1]。

半监督机器学习应用于许多领域，特别是在数据量有限或标记成本高昂的情况下，它可以提高模型的性能和泛化能力，并减少对大量标记数据的依赖。然而，半监督机器学习也面临一些挑战，例如标记估计的可靠性和未标记数据的分布假设等，需要仔细处理和调整方法，以取得良好的效果。

接下来，本章将摒弃过度专业化的语言，切入社会科学研究领域的技术任务，通过原理讲解和高效、可复用的Python实例代码，引导读者探索两种常用的监督机器学习算法——线性回归算法和支持向量机。这两种算法分别用于解决回归和分类问题，本章将详细说明其工作原理。

除了介绍如何使用Python实现机器学习，本章还会介绍一个名为WEKA的公开数据挖掘工作平台，详细演示WEKA的操作方法，帮助读者用集成的机器学习算法，用更加便捷的操作方式来实现对数据的处理及分析。

6.2　线性回归算法

本节将介绍线性回归算法的基本原理，并同步引入一些关键术语，以帮助读者理解算法原理及代码实现。需要说明的是，为了确保内容易读易懂，本节不会详细阐述复杂公式的推导过程。在介绍这些算法时，本节会侧重于讲解其核心思想和运作方式，而不是深入推导数学细节。鉴于现有工具代码库中已经集成了大多数公式，读者只需要掌握算法的原理、了解其使用方法，并在实际问题中正确调用代码即可。

6.2.1　原理简述及基本概念介绍

线性回归是一个来自统计学的概念，旨在建立一种预测性的建模技术，研究自变量和因变量的关系。它通常用于预测连续数值型数据，或将数据转化为二元标称型数据。

线性回归通常使用直线或曲线来拟合数据点，并试图使拟合曲线与数据点之间的距离最小化。当回归分析涉及一个自变量和一个因变量，并且它们之间的关系可以近似表示为一条直线时，称为一元线性回归分析。当回归分析涉及两个或更多自变量，并且因变量与自变量之间存在线性关系时，称为多元线性回归分析。

本节将以简单的一元线性回归为例展开介绍。假设有n组数据，即自变量$x(x_1, x_2, \cdots, x_n)$、因变量$y(y_1, y_2, \cdots, y_n)$，假设它们之间的关系可以表示为函数$f(x)=ax+b$。线性回归的目标是通过调整参数a和b使得预测值$f(x)$与实际值y之间的差距最小化，从而达到最佳的拟合效果和预测能力。换句话说，研究者希望找到最优的参数a

[1]　FavoriteStar. 机器学习之第十三章——半监督学习[EB/OL]. (2022-08-31) [2023-07-12]. https://blog.csdn.net/StarandTiAmo/article/details/126623666.

和b，确保在特定取值下，$f(x)$和y之间的差异尽可能小。

在这个过程中需要引入一个称为损失函数(loss function)的概念，它用来衡量预测值$f(x)$和实际值y之间的差距。损失函数基于模型的预测输出和真实标签之间的差异，帮助研究者评估模型的性能。在机器学习中，均方误差(mean squared error，MSE)是回归任务中常用的一种损失函数，它量化了预测值和真实值之间的差异程度，计算方法是对所有预测值与真实值的差距进行平方，然后取平均。简而言之，MSE就是所有误差的平方和的均值。MSE的计算公式为

$$\mathrm{MSE} = (1/n)\sum(y_i - y_i)^2$$

记$J(a, b)$为$f(x)$和y之间的差异，经推导，该损失函数公式为

$$J(a,\ b) = \sum_{i=1}^{n} [f(x^{(i)} - y^{(i)}]^2 = \sum_{i=1}^{n} (ax^{(i)} + b - y^{(i)})^2$$

式中：i表示第i组数据。

这是个二次函数，也是一个凸函数(convex function)，倘若研究者在这条函数图像上任取两点连成直线，那么函数图像在两点间的部分均会在直线下方，这意味着凸函数的局部极小值也是全局极小值，那么在凸函数中找到的极小值就是全局最优解。因此可以推断，当$J(a, b)$取最小值时，预测值和实际值的差异最小，预测结果最好，该函数的目的就是通过$J(a, b)$取最小值来确定a和b的值。

倘若扩展至一般的线性回归表达式：$f(x)=\omega Tx+b$，相应来说，这里的ω和b就是使得均方误差最小的参数，这一求解最佳参数的过程称为参数估计，是优化算法的核心步骤。

一般而言，对于凸函数，可以通过最小二乘法、梯度下降算法和正规方程来求解最佳参数。其中，梯度下降算法在机器学习中无处不在，它不仅可以用于线性回归，还广泛用于训练最先进的神经网络模型(如深度学习模型)。

梯度下降算法是一种常用的优化算法，用于迭代地寻找函数的最小值。它的基本思想是从一个初始点开始，根据函数在该点的局部斜率(即梯度)的方向，逐步迭代地更新参数，直到达到函数的极小值。在线性回归中，研究者的目标是找到最佳的参数a和b，使损失函数最小化。梯度下降的实现过程，就是找到目标函数$J(a, b)$取极小值点时的a值和b值。它的基本思想是沿着$J(a, b)$的梯度反方向不断地更新a和b，并设置一个学习率，决定其每次更新的步长，直到$J(a, b)$的结果足够小，以此来达到最小化损失函数的目的[1]。

假设研究者站在山区中，希望找到山谷的最低点。梯度下降算法就好比研究者朝着左边的方向迈步，一步一步地向山谷底部前进。在这个算法中，研究者首先需要选择一个起始点，然后计算该点处函数的斜率(梯度)。这个斜率告诉研究者函数值在当前位置的增长方向和速率，因此研究者就需要沿着斜率的反方向走向最低点，这就好比研究者站在山坡上，斜率指向上坡的方向，而研究者需要朝着下坡的方向前进。

接下来，研究者需要先根据计算出来的斜率信息选择步长，朝着梯度的反方向前进

[1] 常永虎，李虎阳. 基于梯度的优化算法研究[J]. 现代计算机，2019(17)：3-8+15.

一步。然后再计算新位置的斜率，继续朝着斜率的反方向走。如此不断重复，研究者的每一步都在走向一个新的位置，损失函数$J(a, b)$的值也在不断变小，直到研究者到达该区域最低的位置，这个位置就是研究者所找到的最低点，这个点对应的a和b的值，即为求得的最佳参数。

6.2.2 线性回归算法的Python实现

scikit-learn(简称sklearn)是一个用于机器学习的Python开源库。它提供了丰富的机器学习算法和工具，能够帮助研究者完成数据分析、特征工程、模型选择和评估等任务。

sklearn内置了多种经典的监督学习算法和无监督学习算法，包括线性回归、逻辑回归、决策树、随机森林、支持向量机、K均值加权等。

本节将以预测房价的任务为例，通过对sklearn自带的波士顿房屋数据集[1]进行训练与预测，对具体的线性回归预测代码进行逐步讲解[2]。

1. 数据处理与准备

从sklearn.datasets自带的数据中读取波士顿房价数据，并将其存储在变量bostonHouse中。

```
from sklearn.datasets import load_boston
bostonHouse = load_boston()
```

确定特征变量与目标变量。

```
x = bostonHouse.data
y = bostonHouse.target
```

从sklearn.model_selection中导入数据分割器。

```
from sklearn.model_selection import train_test_split
```

使用数据分割器将样本数据分割为训练数据和测试数据，其中测试数据占比为30%。数据分割是为了获得训练集和测试集。训练集用来训练模型，测试集用来评估模型性能。

```
x_train, x_test, y_train, y_test = train_test_split(x, y, random_state =
33, test_size = 0.3)
```

---

[1] 也可通过https://archive.ics.uci.edu/ml/machine-learning-databases/housing/housing.data获得，参考于https://blog.csdn.net/virtualxiaoman/article/details/133844179

[2] 大威. 从零开始：机器学习的数学原理和算法实践[M]. 北京：人民邮电出版社，2021.

2. 选择算法

根据经验和观察，波士顿房价数据的特征变量与目标变量之间可能存在某种线性关系，所以从sklearn.linear_model中选用线性回归模型LinearRegression来学习数据，并使用默认配置初始化线性回归器。

```
from sklearn.linear_model import LinearRegression
lr = LinearRegression()
```

3. 调参优化

使用训练集的数据估计最佳参数，训练出合适的算法模型，并用其对测试集中的数据进行预测，得到预测分类值。

```
lr.fit(x_train, y_train)
lr_y_predict = lr.predict(x_test)
```

4. 性能评估

通过比较测试数据的模型预测值与真实值之间的差距来评估，在这里可以选用均方误差MSE来操作。

```
from sklearn.metrics import mean_squared_error
Print('MSE: ', mean_squared_error(y_test, lr_y_predict))
```

运行后得到的结果如下所示。

```
MSE: 25.139236520353364
```

总体而言，MSE值越小，说明预测模型描述实验数据具有更好的精确度。但考虑到具体问题的背景和某些相关条件，合理评估MSE值还需要了解研究领域中典型的MSE取值范围，或将当前的MSE值与其他指标进行比较。以下是一些常见的应用于回归模型的性能度量指标。

(1) 平均绝对误差(mean absolute error，MAE)。该指标计算的是预测值与真实值之差的绝对值。一般而言，MAE的值越小越好，它的单位与预测变量的单位相同。它的优点是对异常值不敏感，因为它只关注预测值和真实值之间的差异的绝对值。

(2) *R*平方(R-squared)。该指标表示对回归模型的变异性解释程度，即模型对回归模型的回归解释的比例，*R*平方的区间为[0，1]，*R*平方的值越接近1，表示模型对初始数据的变异性解释得越好；而*R*平方的值越接近0，则表示模型解释能力越差。由于它只考虑影响变量的变异性解释程度，在实际运用中，常结合其他评估指标进行综合考量。

(3) 对数损失(log loss)。对数损失也称为逻辑损失(logistic loss)，常用于评估预测概率模型的性能。它简化了分类模型预测的概率与真实标签之间的差异，对概率预测的准确性非常敏感，输出的数值越小越好，最高设为0。

在实际训练中，研究者可以根据具体的任务和需求，选择合适的性能度量指标进行模型的评估和比较，以改善模型的性能和效果。

6.3 支持向量机

6.3.1 原理简述及基本概念介绍

在机器学习领域，有一种观点认为支持向量机(support vector machine，SVM)是一种无须大幅修改即可直接应用的最佳分类器。这意味着对不同的数据集应用基本形式的SVM分类器就能够获得相当不错的分类准确率，做出优质的分类决策。在实际应用中，SVM的分类结果通常优于朴素贝叶斯方法[1]。当前，SVM在模式识别领域已经有了广泛的应用，例如手写体数字识别、人脸识别与人脸检测以及文本分类等。此外，SVM还在时间序列分析和回归分析等研究领域取得了良好效果。例如，MIT、贝尔实验室和微软研究所等已成功将SVM应用于动态图像的人脸跟踪、信号处理、语音识别、图像分类以及控制系统等诸多领域[2]。

SVM的分类原理可以简要描述为样本数据的特征向量构成一个空间，在这个空间中分布着各个样本点，假设存在一条线、一个平面或者一个特定形状，能够将样本数据完全分割成两部分。通过找到这样一条分割线，研究者可以将新数据的特征向量与该分割线进行比较，从而判断新数据属于哪个部分，实现二分类。这个分割线又被称为“超平面”，研究者运用SVM的目的就是找到这样一个能够将数据样本全然分割的超平面。但大多数情况下，满足这样条件的超平面(分割线)可能有多个。研究者可以从直觉上理解，选择离样本点越近的超平面(分割线)，新的样本数据可能越容易受到噪声和异常点的影响，从而导致错误的分类；相反，距离样本点较远的超平面具有更好、更稳定的分类效果。因此，研究者希望找到距离样本数据点最远的超平面，也称为“分离超平面”或者决策边界。

需要强调的是，这个分离超平面是一个抽象的概念，而非具体存在的“面”。它在不同维度的空间中表现出不同的形态。在一维空间中，分离超平面是一个点，可以用表达式$x+A=0$来表示；在二维空间中，分离超平面是一条线，可以用表达式$Ax+By+C=0$来表示；在三维空间中，分离超平面是一个面，可以用表达式$Ax+By+Cz+D=0$来表示，以

[1] 哈林顿. 机器学习实战[M]. 北京：人民邮电出版社，2013.

[2] 范昕炜. 支持向量机算法的研究及其应用[D]. 杭州：浙江大学，2003.

此类推。在N维空间中，分离超平面是$N-1$维的，也可以用相应的表达式来表示。

要想实现最好的分类效果，就要找到尽可能远离所有样本数据点的超平面，那么“尽可能远离所有样本数据点”又该如何用数学方式进行理解和表达呢？首先，研究者希望找到离分离超平面最近的点；其次，研究者希望这个点到分隔面的距离尽可能地大，这样就能尽可能避免噪声和异常值的干扰，保证分类器的效果。这些被找出的距离分离超平面最近的那些点称为支持向量(support vector)。接下来，为了使支持向量到分隔面的距离最大，就必须找到具体的优化求解的方法。

用数学思维来描述，空间R_n中有两个可分的点集D_1和D_2，分类器构造出一个超平面$\omega^T+b=0$(向量形式)，能够实现对空间的分割，使得D_1和D_2分别位于超平面的两侧。这个分离超平面$\omega^T+b=0$中的ω是法向量，决定超平面的方向；b是位移项，决定超平面与原点之间的距离。这样，分离超平面就被法向量ω和位移b确定下来了。

样本空间中任一点x到超平面的距离可以用公式表示为

$$d=\frac{|\omega^T x+b|}{\|\omega\|}$$

两个不同类的支持向量到分离超平面的距离之和称为间隔，其表达式为

$$\gamma=\frac{2}{\|\omega\|}$$

为了找到这样的超平面，需要确定参数ω和b，同时满足约束条件，使得间隔γ达到最大值，从而得到对此分类器的最佳优化方案。这个过程称为支持向量机的调参优化过程，这是监督机器学习中至关重要的一步。

然而，在实际应用中，研究者可能会遇到数据点并非线性可分的情况，即无法通过一条直线、平面或超平面对数据集进行有效划分。为了解决这种线性不可分的问题，研究者需要引入核函数。

核函数的基本思想是先将样本数据映射到高维空间中，使得在高维空间中样本变得线性可分，然后可以使用常规的线性分类器进行分类[1]。具体来说，一维空间的分类边界对应于二维空间中构造的新分类函数在一维空间的投影；二维空间的分类边界对应于三维空间中构造的新分类函数在二维空间的投影，以此类推。这意味着，在N维空间中无法进行线性分割的问题，可以通过升维到$N+1$维空间中构造新的分类函数，并使其在N维空间的投影对样本数据点进行分类来解决。

此外，需要强调的是，核函数不是某一种具体函数，而是一类功能性函数，凡是能够完成高维映射功能的函数都可以视为核函数。常见的核函数有线性核函数、多项式核函数、径向基核函数(radial basis function，RBF kernel)等，它们都能够帮助研究者处理线性不可分的情况，从而扩展了支持向量机在解决复杂问题中的应用。

---

[1] 尹嘉鹏. 支持向量机核函数及关键参数选择研究[D]. 哈尔滨：哈尔滨工业大学，2017.

6.3.2 支持向量机的Python实现

本节以sklearn中自带的乳腺癌数据集为例，对具体的SVM分类预测代码进行逐步讲解[1]。

1. 数据预处理与准备

从sklearn自带的数据集中导入乳腺癌的数据。

```
from sklearn.datasets import load_breast_cancer
breast_cancer = load_breast_cancer()
```

导入数据后，从原始样本数据集中分离出特征变量和目标变量。

```
x = breast_cancer.data
y = breast_cancer.target
```

从sklearn库中导入分割器，并用其将样本数据集分割为训练集和测试集，训练集用来训练模型，测试集用来评估模型性能。其中训练数据占70%，测试数据占30%。

```
from sklearn.model_selection import train_test_split
x_train, x_test, y_train, y_test = train_test_split(x, y, random_state =
33, test_size = 0.3)
```

选用sklearn库中常见的数据缩放器StandardScaler对数据进行标准化处理，使每个特征维度的均值为0，方差为1，避免某个维度特征数值较大对模型学习产生的影响，使模型更准确。

```
from sklearn.preprocessing import StandardScaler
breast_cancer_ss = StandardScaler()
x_train = breast_cancer_ss.fit_transform(x_train)
x_test = breast_cancer_ss.transform(x_test)
```

2. 选择算法

从sklearn.svm中导入基于线性核函数的支持向量机分类器LinearSVC。

```
from sklearn.svm import LinearSVC
```

3. 调参优化

使用训练集的数据估计最佳参数，训练出合适的算法模型，并用其对测试集中的数

[1] 大威. 从零开始：机器学习的数学原理和算法实践[M]. 北京：人民邮电出版社，2021.

据进行预测，得到预测分类值。

```
lsvc = LinearSVC()
lsvc.fit(x_train, y_train)
lsvc_y_predict = lsvc.predict(x_test)
```

4. 性能评估

评估训练完成的算法模型的性能。首先使用score函数获取预测准确率的数据，然后导入sklearn.metrics的classification_report模块对“良性”或“恶性”的预测结果进行全面评估。

```
from sklearn.metrics import classification_report
print('Accuracy: ', lsvc.score(x_test, y_test))
print(classification_report(y_test, lsvc_y_predict, target_
names=['benign', 'malignant']))
```

5. 运行结果介绍

运行结果如图6-2所示，使用SVM分类器进行预测的准确率(accuracy)约为0.976，这是一个非常不错的结果。除此之外，分类问题还会采用查全率(recall ratio)、查准率(precision ratio)、F1值(H-mean值)等指标来度量算法模型的预测能力。在这里可以引入混淆矩阵(confusion matrix)的概念来理解。

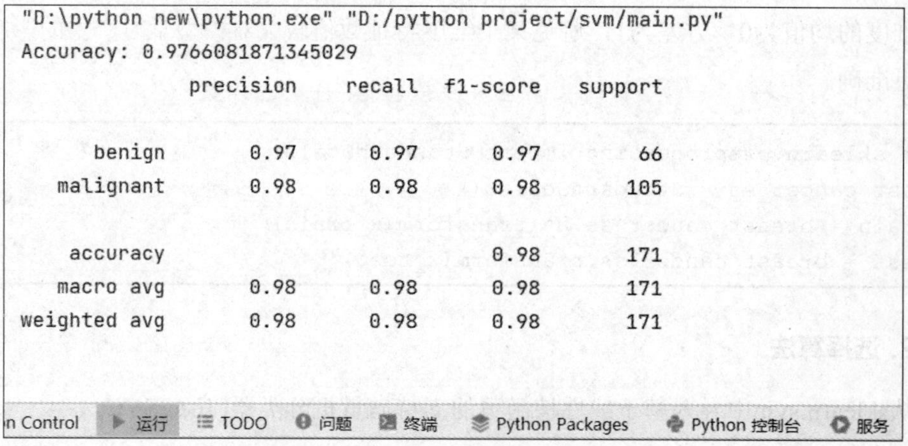

```
"D:\python new\python.exe" "D:/python project/svm/main.py"
Accuracy: 0.9766081871345029
              precision    recall  f1-score   support

      benign       0.97      0.97      0.97        66
   malignant       0.98      0.98      0.98       105

    accuracy                           0.98       171
   macro avg       0.98      0.98      0.98       171
weighted avg       0.98      0.98      0.98       171

n Control  ▶ 运行  ☰ TODO  ❶ 问题  终端  Python Packages  Python 控制台  服务
```

图6-2 应用SVM分类器的运行结果

在机器学习中，混淆矩阵是一个用于评估分类模型性能的工具。可以将其想象成一个表格，其中包含模型的预测结果和真实标签之间的差异情况，下面以猫狗判定的分类问题为例进行说明。

正样本：属于某一类(即正类，一般指所求的那类)的样本，在表6-1中是猫。

负样本：不属于这一类(负类)的样本，在表6-1中是狗。

表6-1　混淆矩阵

检查结果	相关(relevant)，正类	不相关(non relevant)，负类
被检索到(retrieved)	true positives(TP，正类被判定为正类，即猫被判定为猫)	false positives(FP，负类被判定为正类，即“存伪”，狗被判定为猫)
未被检索到(not retrieved)	false negatives(FN，正类被判定为负类，即“去真”，猫被判定为狗)	true negatives(TN，负类被判定为负类，即狗被判定为狗)

混淆矩阵可以提供关于模型性能的详细信息，通过分析混淆矩阵，可以得出以下指标。

(1) 准确率(accuracy)，即分类正确的样本数与样本总数之比，表示为(TP + TN)/(ALL)。

(2) 查准率，即被正确检索的样本数与被检索的样本总数之比，表示为accuracy = TP / (TP + FP)。

(3) 查全率，即被正确检索的样本数与应当被检索到的样本数之比，表示为recall = TP / (TP + FN)。

(4) F1值(H-mean值)，即算数平均数除以几何平均数，且数值越大越好，表示为F1 = 2PR/(P+R) = 2TP/(2TP+FP+FN)。

6.4　使用WEKA进行机器学习

WEKA全名为怀卡托智能分析环境(Waikato environment for knowledge analysis)，其主要开发者来自新西兰。作为一个开放的数据挖掘工作平台，WEKA汇集了众多适用于数据挖掘任务的机器学习算法，包括数据预处理、分类、回归、聚类、关联规则等，同时在交互式界面上提供了可视化工具。

当前，WEKA系统得到了业界广泛的认可，被誉为“数据挖掘和机器学习历史上的里程碑”，是现今最完备的数据挖掘工具之一。

下面主要介绍WEKA页面及常用操作[1]。

1. WEKA获取

(1) 下载。WEKA可以在官网免费下载，链接为https://waikato.github.io/weka-wiki/downloading_weka/，用户单击图6-3中的箭头指示处即可下载。

[1] alonghere. weka下载与使用[EB/OL]. [2022-04-16]. https://blog.csdn.net/alonghere/article/details/124171619.

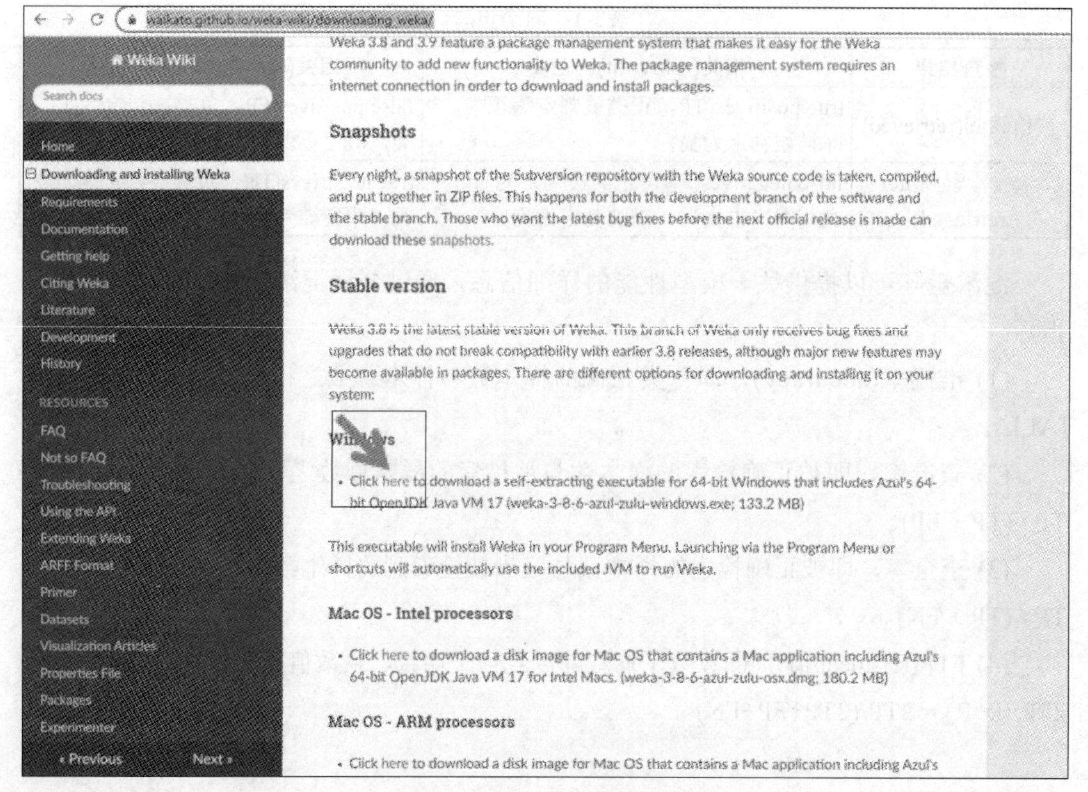

图6-3　WEKA官网下载页面

(2) 处理中文乱码。初始化的WEKA无法自动识别中文，因此需要更改编码规则。如图6-4所示，首先找到WEKA安装的目录。

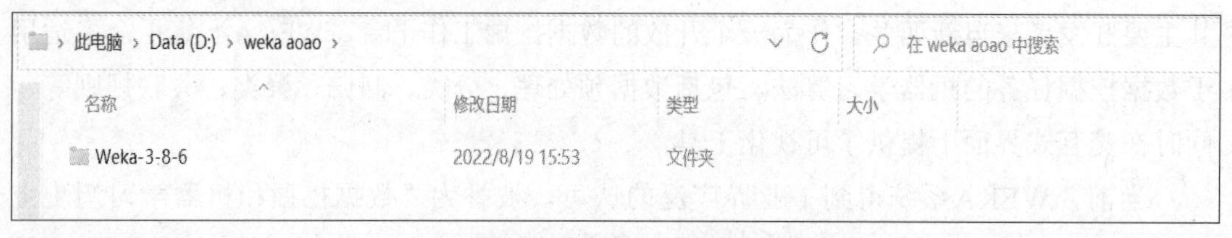

图6-4　WEKA安装目录

在安装目录中找到RunWeka.ini文件，选择用记事本打开，如图6-5所示，将fileEncoding的值改成gbk，进行保存。

(3) 格式转换。WEKA存储数据的格式是ARFF(attribute-relation file format)文件，同时也支持CSV文件。在实际应用中，数据集往往以Excel表格的形式出现，因此，这里提供两种转换文件格式的方法。

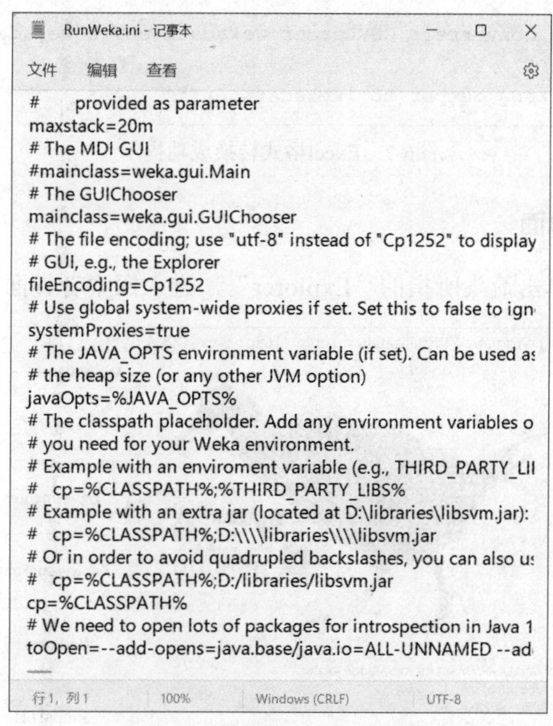

图6-5 更改WEKA编码规则

方法一：使用Microsoft自带的文件转换功能，将Excel文件转换为CSV文件，再用WEKA打开。

方法二：如图6-6所示，运行WEKA主程序，出现GUI后单击进入“Simple CLI”模块。

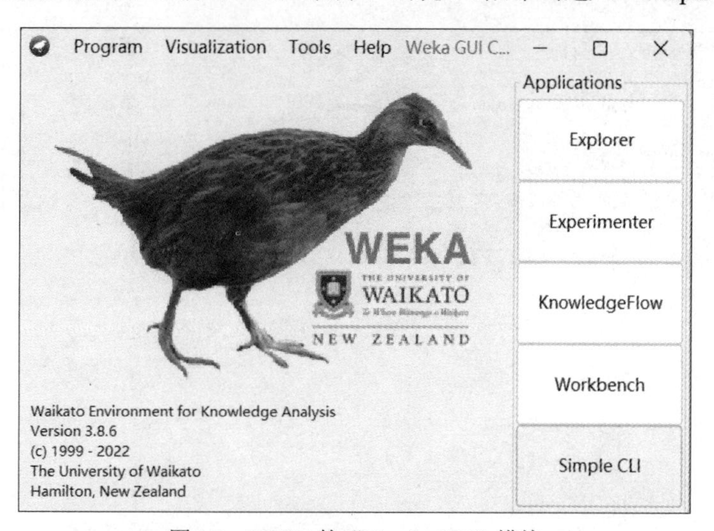

图6-6 WEKA的“Simple CLI”模块

在新窗口最下方的命令指示行的输入框中输入以下代码并运行。

```
java weka.core.converters.CSVLoader filename.csv > filename.arff
```

出现如图6-7所示的内容，则表示转换成功。

```
> java weka.core.converters.CSVLoader wekadata.csv > wekadata.arff

Finished redirecting output to 'wekadata.arff'.
```

图6-7　Excel格式转换成功提示

2. 进入探索者界面

如图6-8所示，单击箭头所指的“Explorer”，进入探索者界面。

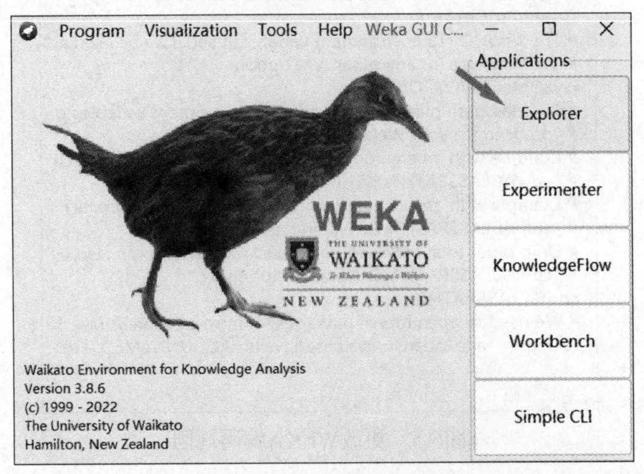

图6-8　进入探索者界面

如图6-9所示，最上面一栏依次是预处理、分类、聚类、关联、选择属性和可视化。首先，对数据进行预处理。

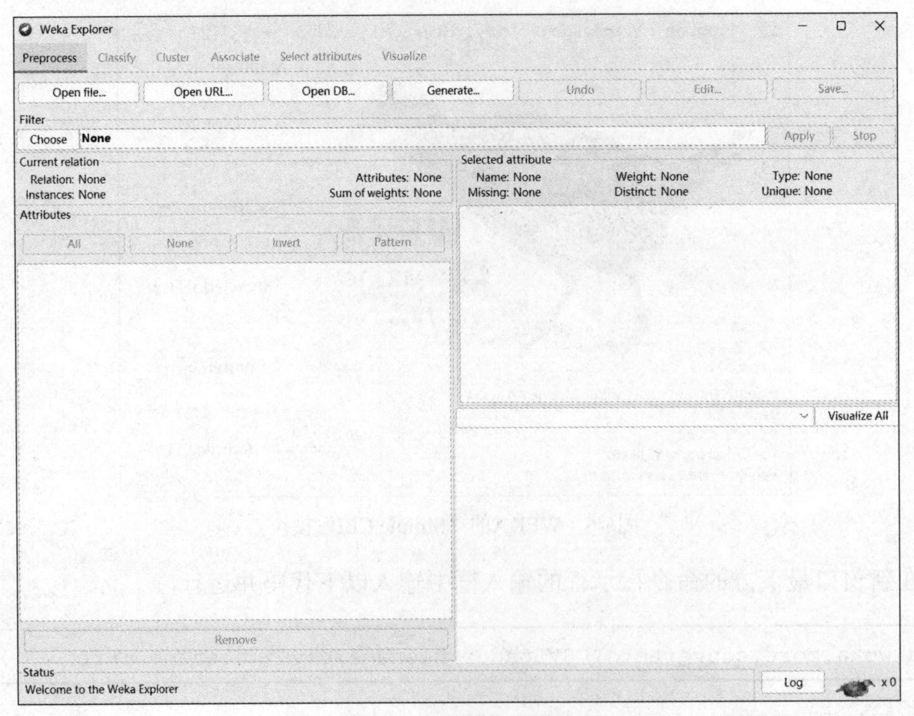

图6-9　探索者界面展示

这里以上海徐汇区租房数据集为例，如图6-10所示，单击“Open file”，打开选定文件，加载数据，并注意文件格式。

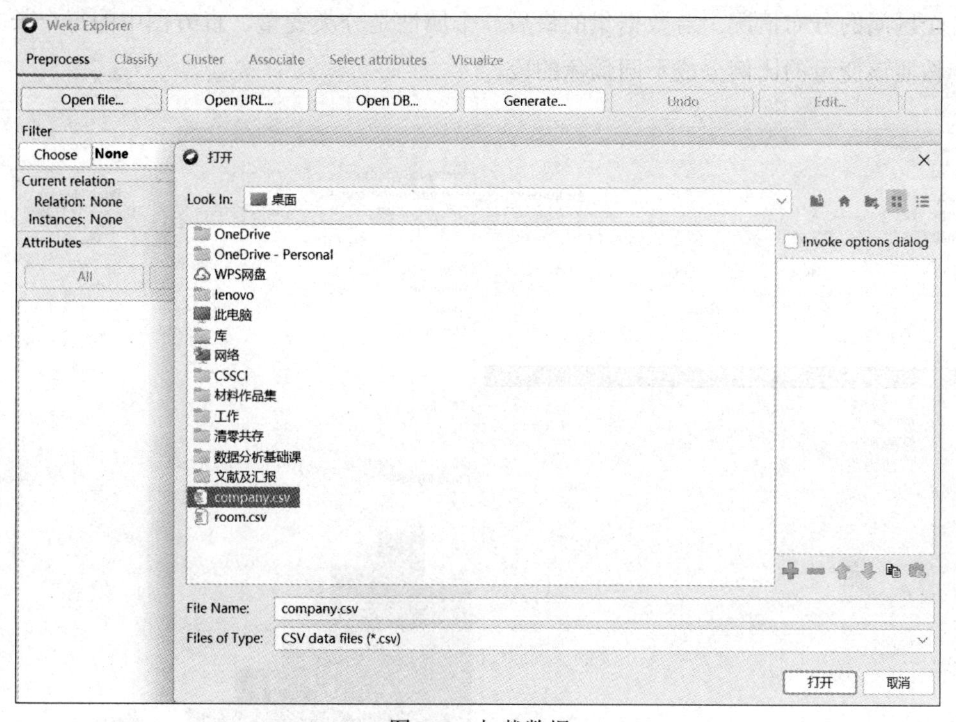

图6-10　加载数据

数据文件加载后，如图6-11所示，在“Current relation”选项组下面，可以看到Attributes(属性)选项组，这些是数据文件所包含的属性，默认的类是最后一个属性。用户可以在单击单个属性后通过“Remove”按钮对其进行删除，删除后还可以利用第二栏的“Undo”(撤销)按钮找回。

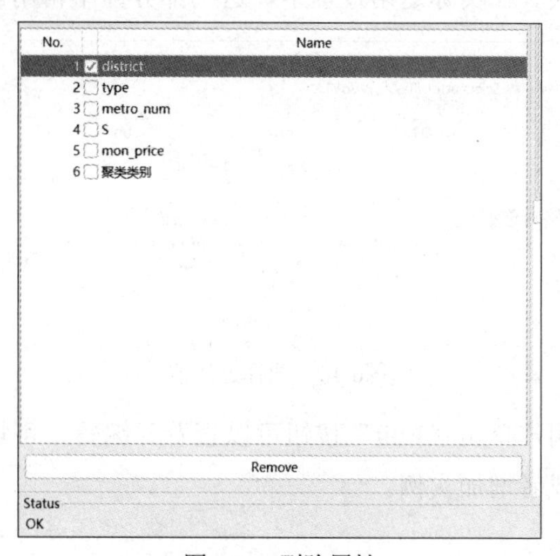

图6-11　删除属性

单击单个属性后，右侧一栏会显示该属性的摘要，包括最小值、最大值、平均值和标准差。对于数值属性和分类属性，摘要的方式是不一样的。

如图6-12所示，右下方提供了可视化功能，用户选择特征后，该区域将显示特征值在各个区间的分布情况。若数据集的最后一个属性是分类变量，直方图中的每个长方形就会按照该变量的比例分成不同颜色的段。

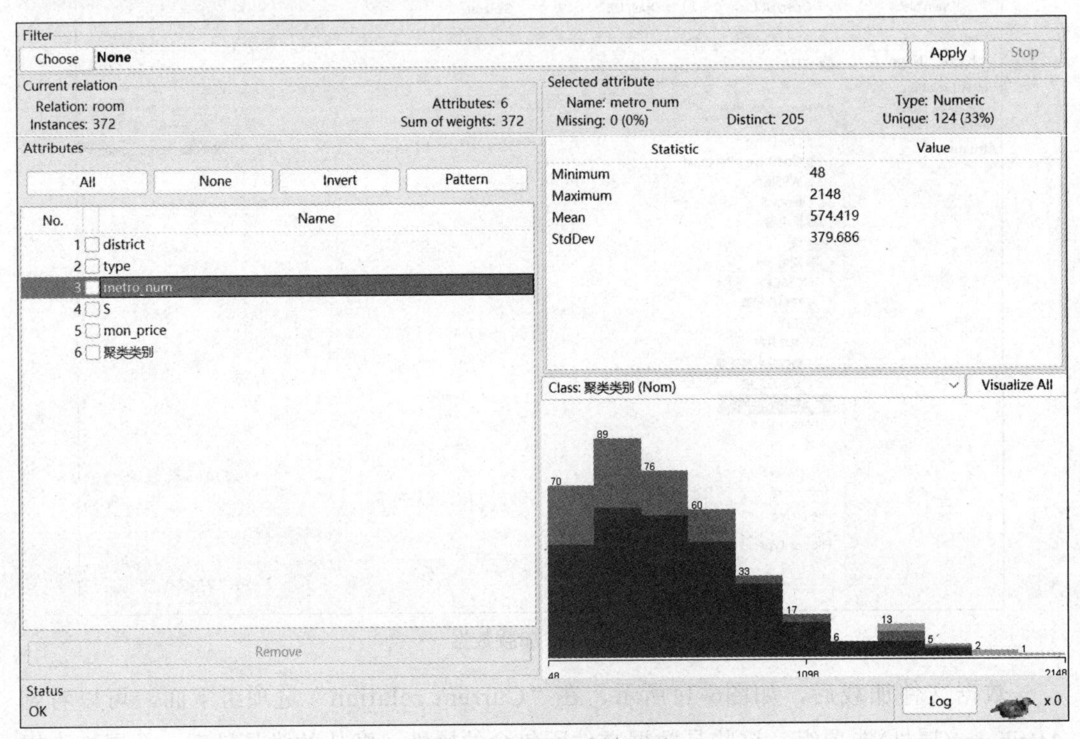

图6-12　可视化功能界面

如图6-13所示，用户在“Filter”一栏选择过滤器后单击“Apply”能够筛选数据或者对数据进行某种变换。在实际运用过程中，这一部分并不常用。

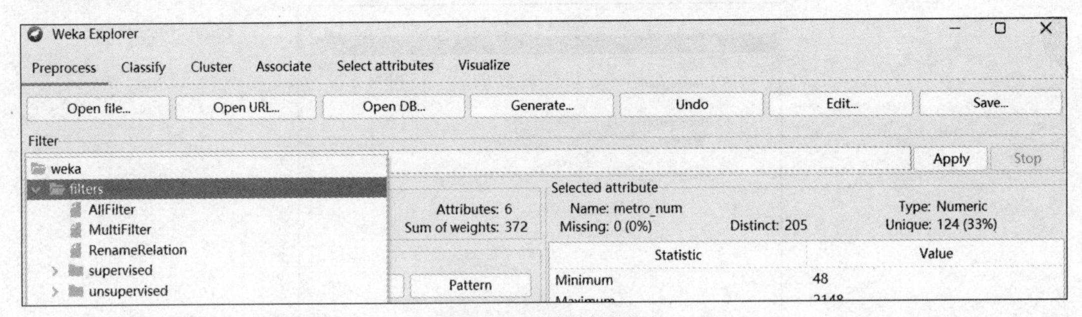

图6-13　选择过滤器

如图6-14所示，用户单击“Edit”按钮可以查看并编辑，可填充缺失的数据、删除数据、更改具体数据或者增加实例。

Undo　Edit...　Save...

Viewer

Relation: room

No.	1: district Nominal	2: type Nominal	3: metro_num Numeric	4: S Numeric	5: mon_price Numeric	6: 聚类类别 Nominal
1	徐汇	整租	173.0	42.0	4830.0	高端...
2	徐汇	整租	757.0	68.65	5130.0	高端房源
3	徐汇	整租	236.0	30.37	4690.0	高端房源
4	徐汇	整租	243.0	49.15	4790.0	高端房源
5	徐汇	整租	488.0	33.17	4490.0	高端房源
6	徐汇	整租	552.0	71.45	6130.0	豪宅
7	徐汇	整租	200.0	23.09	3960.0	高端房源
8	徐汇	整租	547.0	34.71	4530.0	高端房源
9	徐汇	整租	782.0	54.0	5190.0	高端房源
10	徐汇	整租	188.0	40.76	6130.0	高端房源
11	徐汇	整租	423.0	32.5	5970.0	高端房源
12	徐汇	整租	281.0	41.23	4690.0	高端房源
13	徐汇	整租	552.0	64.0	5160.0	高端房源
14	徐汇	整租	188.0	33.72	4730.0	高端房源
15	徐汇	整租	379.0	59.91	4560.0	高端房源
16	徐汇	整租	188.0	36.37	4230.0	高端房源
17	徐汇	整租	173.0	40.0	4590.0	高端房源
18	徐汇	整租	188.0	41.0	4490.0	高端房源
19	徐汇	整租	321.0	33.21	4560.0	高端房源
20	徐汇	整租	227.0	32.1	5690.0	高端房源
21	徐汇	整租	85.0	33.0	4490.0	高端房源
22	徐汇	整租	386.0	41.0	4360.0	高端房源
23	徐汇	整租	90.0	42.0	4990.0	高端房源
24	徐汇	整租	90.0	45.93	5160.0	高端房源

图6-14　编辑数据

如图6-15所示，通过“Classify”这一标签页来构建分类器可实现数据样本分类，在实际应用中，用户可以自行选择不同的分类器来比较效果。

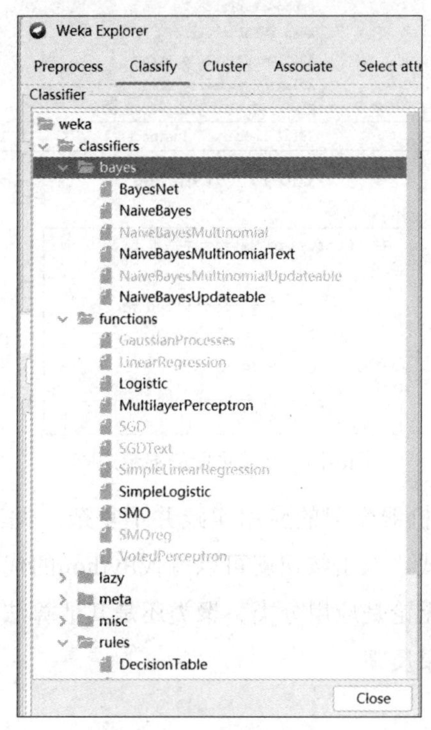

图6-15　选择分类器

选好分类器后，“Test options”会给定几种常用的评价模型性能的方式，分别是“Use training set”(使用训练集)、“Supplied test set”(提供测试集)、“Cross-validation”(交叉验证)和“Percentage split”(按比例分割)。这里选择按比例分割，即把所有数据按比例分为训练集与测试集，如图6-16所示，70%的数据归为训练集搭建模型，其余30%的数据作为测试集使用该模型对数据进行分类。

图6-16 选择模型评估方法

如图6-17所示，选择完分类器与测试方式后，单击“Start”自动开始分类，分类结果在右方的“Classifier output”中给出。

结果显示，该分类器的正确率是83.0357%，失误率是16.9643%。

结果页面底端还会出现一个如图6-18所示的混淆矩阵，简单而言，对角线上的数值越大，说明预测效果越好。

图6-17 开始分类

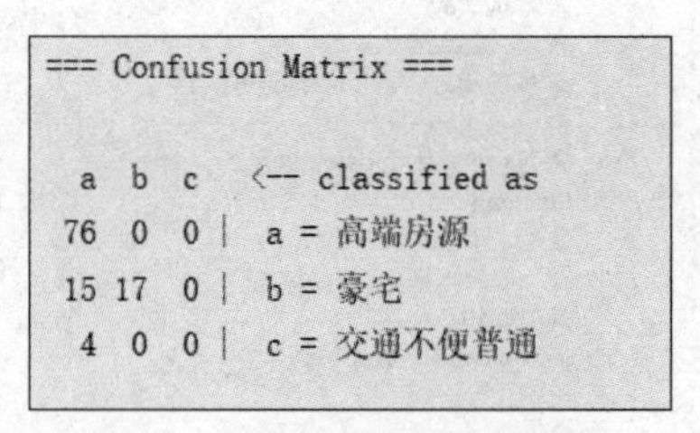

=== Confusion Matrix ===
a b c <-- classified as
76 0 0 | a = 高端房源
15 17 0 | b = 豪宅
4 0 0 | c = 交通不便普通

图6-18 结果页面的混淆矩阵

利用WEKA软件进行机器学习的应用实践并不复杂，尤其是在进行分类的时候，只要选好分类器及测试方式，双击按钮就可以替代Python的代码编写。因此，只要拥有机器学习的思维与经验，无论是应用分类、聚类还是其他算法，WEKA基本都能够非常便捷地传递出最直观的结果反馈。

6.5　应用机器学习发掘数据潜力

过去，传统的社会科学实证研究主要依赖于官方数据或通过问卷调查、实地调查、田野研究或实验室实验等方式获取数据。在近些年的新一轮研究中，尤其是在社会学、传播学、广告等与自然语言处理及机器视觉的交叉应用领域，研究者开始探索将机器学习技术应用于数据拓展和变量提取，以发掘数据的潜力。如今，大数据的计算方法已成为解决社会科学难题的有效工具[1]。

王芳、陈硕等(2018)公开的一篇复旦大学经济学院工作论文《机器学习在社会科学中的应用：回顾及展望》，综述了机器学习在社会科学中的种种应用。作者指出，以自然语言处理领域为例，社会科学研究者通常从文本中生成变量，用于完成文本分类和情感分析等任务。除了常见的从海量文本中提取主题的方法，如LDA，还有许多能够从文本中生成变量的机器学习技术。比如安特韦勒和弗兰克(Antweiler & Frank，2004)利用朴素贝叶斯(naive Bayes)算法将网络上超过50万股民留言分为看涨、看跌及中立3类，然后用每条留言的类别解释股票市场振幅；金(King，2017)等和秦(Qin，2017)等分别采用自动非参数文本分析(automated non-parametric content analysis)和支持向量机(support vector machine)技术来识别微博用户或账号的身份。

在机器视觉领域，社会科学研究者也开始广泛应用机器学习技术，从图像中提取变量。例如，卫星图像是经济学家广泛研究的图像数据之一。恩斯特龙(Engstrom，2016)等的研究旨在测量一个地区的综合社会福利水平，研究者使用卷积神经网络识别卫星图像中的建筑物、车辆和道路等固定资产，以评估这些地区的福利水平。除了卫星遥感照片外，谷歌街景照片也经常被研究者用来研究诸如城市化的相关课题[格莱泽(Glaeser)等，2018]。

人像是另一个被广泛研究的图像数据。比如埃德尔曼(Edelman，2017)等通过机器学习技术判别Airbnb用户的头像性别，从而分析租房平台上是否存在性别歧视。曹一鸣和陈硕(2018)在研究恋爱配对市场时，使用机器学习技术对研究对象的面貌进行打分，并与人工打分进行比较。

这些研究主要关注变量的“绝对”值，即从图像中提取的具体特征。然而，机器学习还可以为研究者生成“相对”意义上的变量，例如比较不同文本的相似度。拉里亚(Laria，2018)等试图研究第一次世界大战是否影响跨国学术交流合作。在该研究中，作者将战争爆发作为解释变量，被解释变量则是论文的相似程度。

接下来，本节将通过几个具体的案例来介绍机器学习在社会、政治、广告等领域的应用及其带来的方法价值与理论贡献。

---

[1]　Gebru T，Krause J，Wang Y，et al. Using Deep Learning and Google Street View to Estimate the Demographic Makeup of the US[J]. 2017. DOI：10. 48550/arXiv. 1702. 06683.

6.5.1 从卫星图像中提取社会经济数据并预测贫困

在世界范围内，消除或减少贫穷一直是世界各大组织重点关注的议题，而各国政府关于分配稀缺资源决策的制定在很大程度上依赖于人口经济特征的准确测量。尽管近年来发展中国家可获得的经济数据的数量和质量都有所提高，但许多发展中国家仍然缺乏关于经济发展关键指标的数据[1]。这一情况在一定程度上阻碍了相关政策的制定和改善。

在此背景下，斯坦福人工智能实验室于2016年8月在*Science*杂志上发表了一项重要研究，题为*Combining satellite imagery and machine learning to predict poverty*[2](《结合卫星图像和机器学习来预测贫困》)。这项研究利用高精度遥感影像、卷积神经网络(convolutional neural networks，CNN)以及迁移学习等机器学习方法，在数据有限的情况下，从高分辨率日间卫星图像中提取社会经济数据，预测了非洲5个国家的区域经济水平。这是一种准确、成本较低且可扩展的方法，所提取的特征可以解释高达75%的地方经济结构差异。这一研究开创了将机器学习技术应用于社会科学领域的新局面，对于解决贫穷和发展问题具有重要的影响力。

这项研究采用了迁移学习的方法，主要包括以下3个步骤。

1. 预训练的卷积神经网络

研究者使用了一个预训练的CNN模型，该模型在ImageNet数据集上进行了预训练。这个CNN模型能够识别低级的图像特征，例如边缘和角落。

2. 微调CNN进行特征提取

在获得预训练CNN模型后，研究者在一个新任务上对CNN进行微调。这个微调的CNN模型可以看作为一个特征提取器，它将输入图像映射到简洁的特征向量表示，用于估计与输入的日间卫星图像相对应的夜间光线强度。这里，夜灯强度被用作中间标签，以学习与经济福利相关的图像特征。在这一步中，日间图像和夜间灯光图像都可以在相对较高的分辨率下获得，全球陆地表面为训练提供了一个非常大的标记数据集。

3. 使用岭回归模型进行估计

研究者使用集群级别的调查数据的平均值，以及CNN从日间图像中提取的图像特征，来训练岭回归模型。岭回归模型中的正则化能够防止过拟合，从而提高模型的泛化能力。这个岭回归模型被用来估计当地的人均支出或资产。

在基本的计算机视觉任务中，深度学习技术在大规模图像数据集上的应用效果已经

---

[1] Group D R. A world that counts：mobilising the data revolution for sustainable development[J]. Coediciones，2014.

[2] Jean N，Burke M，Xie M，et al. Combining satellite imagery and machine learning to predict poverty[J]. Science，2016，353(6301)：790-794.

有了显著提升，比如对象检测和分类，但这些技术通常在有标记训练数据丰富的监督学习机制中最有效[1]。该研究展示了如何利用迁移学习的方法，将预训练的CNN模型重新应用于另一个任务中，从而在数据有限的情况下提取并利用图像特征进行预测。这种方法克服了训练数据不足的局限，展示了深度学习技术在社会科学领域的潜力，为解决实际问题提供了有力的工具。

除此之外，研究提取的图像特征的可视化表明，通过提取图像特征，模型能够学习识别与经济水平相关的景观特征，而无须依赖昂贵的人工注释数据。高分辨率的卫星图像数据通常是高度非结构化的，即使进行密集的人工分析，也很难从中获得有意义的见解。然而，这个研究表明即使在没有直接监督的情况下，模型也能够清楚地识别与经济结论相关的有意义特征，例如城市地区、道路、水体和农业区。

这种方法的成功体现了其在许多科学领域的巨大应用潜力。它为低成本生成关于国际社会感兴趣的其他社会经济结果的细粒度数据提供了可能性，例如用于提出联合国可持续发展目标的许多指标[2]。该方法不仅降低了数据采集的成本，还为解决现实世界中的社会问题提供了更新、更高效的方法。同时，它还展示了机器学习在处理非结构化数据、发现隐藏模式和关联方面的潜力，为社会科学领域的研究者带来了新的研究思路和工具。这对于改善社会问题的解决方案，推动社会科学研究的创新具有重要意义。

6.5.2 通过视频观测政治候选人的情绪表现如何影响选民印象

Facing the electorate: Computational approaches to the study of nonverbal communication and voter impression formation[3](《面向选民：非语言交际与选民印象形成研究的计算方法》)发布在期刊*Political Communication*上，该项研究基于2016年11月10日举行的第四次共和党总统辩论的视频，以及现场焦点小组的持续实时反应数据(n=311，共36 528个反应)，将政治候选人的帧级面部显示数据与观众对辩论参与者的逐秒连续反应测量相结合，以确定政治候选人的情绪表现如何影响选民印象。

该项研究利用计算机视觉和机器学习的方法，自动提取2016年共和党第四次初选辩论参与者的面部表情数据。研究者首先使用Python中的OpenCV库从视频中提取所有帧，接下来通过简单的Python脚本，将每个帧传递给Microsoft Face API(依赖于深度卷积神经网络)，对每个候选人的非语言面部情绪表现进行置信度估计，获取每秒(30帧)的平均最大情感得分，将其标准化后作为统计模型中的协变量，并通过字典这一数据结构

---

[1] LeCun Y，Bengio Y，Hinton G. Deep learning[J]. nature，2015，521(7553)：436-444.

[2] Group D R. A world that counts：mobilising the data revolution for sustainable development[J]. Coediciones，2014.

[3] Boussalis C，Coan T G .Facing the Electorate：Computational Approaches to the Study of Nonverbal Communication and Voter Impression Formation[J]. Political Communication，2020(3)：1-23. DOI：10.1080/10584609.2020. 1784327.

来测量并控制候选人的语气因素，特别是消极情绪因素。

为了分析政治候选人的情绪表现与现场焦点小组实时反应之间的关联，研究者采取了以下方法和步骤。

1. 单独模型估计

研究者对八位候选人分别估计了单独的模型。每位候选人的演讲被视为一个连续的时间序列，并被切分为离散的时间段，即“片段”，每个片段包含候选人的面部情绪表现数据和观众实时反应数据。

2. 混合效应有序逻辑回归模型

为了解释实时反应数据的多层次结构，研究者采用了混合效应有序逻辑回归模型。这个模型考虑了焦点小组参与者的随机截距(每个人的基础反应)和候选人所讲主题的固定效应。这样的模型可以帮助研究者分析观众对不同候选人情绪的不同反应。

3. 话语主题内容分析

研究者对每位候选人的文本进行内容分析，以获取有关话语主题实质的数据。这有助于大家理解候选人在辩论中的言论内容，以及这些内容与观众实时反应的关联。

4. 统计协变量纳入

研究者考虑了一系列主要的政治和人口统计协变量，包括政党身份、年龄、种族和性别等。这些协变量可能对观众反应产生影响，因此需要对其进行控制。

5. 滞后时间的引入

为了描述非语言信息和观众反应之间的动态关系，研究者引入了4秒的滞后时间，并估计了4秒的滞后权重和假设二次滞后分布，以更好地理解情绪表现与观众反应之间的时序关系。

研究结果表明，电视政治辩论参与者的面部情绪表现可能会影响观众对候选人的评价，愤怒的表现对观众的实时评价有积极的影响，快乐的表现在引起观众的反应方面效果则要差得多，并且研究中的辩论候选人很少做出恐惧的表现。

虽然来自政治学、心理学和传播学领域的众多文献都试图揭示外表在选民形成对候选人的印象这一过程中所起的作用，但现有的关于非语言政治沟通影响的研究面临方法上的障碍。比如，现有文献主要依靠人工方法来记录候选人在辩论中的各种面部表情、手势和声音，但这是一项艰巨的任务，需要耗费时间和资源成本，这样的障碍限制了有关候选人外表对选民意见和行为影响的全面研究。

为了解决这些问题，研究者引入了机器学习领域的计算方法，特别是计算机视觉和深度学习技术，使用计算机视觉技术自动提取候选人的面部表情数据，然后结合机器学习模型进行分析。这种方法不仅高效处理了大量数据，还揭示了候选人外表对选民意见和行为的影响。这样的方法不仅节省了时间和资源，还为政治沟通领域提供了更精确和高效的分析工具，从而推动了该领域的理论和方法进步。

此外，研究者还指出，研究中使用的自动化算法系统也可以应用于其他政治相关的视觉环境，比如夜间新闻报道、世界领导人的联合新闻发布会和议会辩论等。这强调了机器学习技术在政治沟通领域具有广泛应用的潜力，可以为各种政治传播学研究提供更多有关非语言沟通影响的信息和见解[1]。

本章小结

本章6.1节通过对机器学习关键定义及其分类的介绍，引领读者了解了究竟什么是机器学习——尤其是监督机器学习，并简要介绍了监督机器学习的基本实现步骤。6.2节从机器学习中较为基础且常见的回归算法——线性回归算法入手，通过介绍算法原理及代码实现过程，教读者利用机器学习解决常见的回归问题。6.3节通过讲解原理及代码实现过程的方式，重点介绍了支持向量机这一分类算法，帮助读者应对实际可能遇到的分类问题。6.4节向读者简要介绍集合了大量机器学习算法的平台——WEKA，通过讲解WEKA界面及常用操作，帮助读者更加便捷地完成机器学习任务。本章最后展示了将机器学习应用于社会科学领域的几个经典案例，启发读者对数据的感知及想象。

核心概念

(1) 机器学习。机器学习是指计算机基于数据来构建概率统计模型，并运用模型对数据进行分析和预测的过程。机器学习分为有监督机器学习、无监督机器学习和半监督机器学习。

(2) 数据集。在机器学习中，数据集是指用于训练和评估机器学习模型的数据的集合，它通常是从真实世界收集而来的，由一组数据样本组成，每个样本通常由多个特征组成。每个样本还可能有相关联的特征和标签，用于监督学习任务。

(3) 特征变量。特征是用来描述样本的属性或者特性的变量，它可以是数字、类别或者其他形式的数据。在机器学习中，特征变量也称为自变量。

(4) 标签。标签是指与数据样本相关联的输出变量，也称目标变量(target variable)或因变量(dependent variable)，它可以是任何类型的输出变量。

(5) 训练集。训练集是用于培训机器学习模型的一组数据。它包含多个已经打上标签的数据样本，每个样本都具有输入特征和对应的目标输出。

(6) 测试集。测试集用于评估机器学习模型的性能和泛化能力。它由未在训练中使

---

[1] Boussalis C，Coan T G. Facing the electorate：Computational approaches to the study of nonverbal communication and voter impression formation[J]. Political Communication，2021，38(1-2)：75-97.

用过的样本组成，但同样也包含输入特征和相应的目标输出。

(7) 模型。模型也被称为学习算法，它是基于输入特征训练出来的一种函数。这个函数可以理解为模仿了数据中的模式和关联性。在实际应用中，模型的任务是预测未知数据的标签或属性。

(8) 参数。参数是指机器学习模型中可调整的参数或权重，通过调整参数的值，可以改变模型的学习规则和决策过程。

(9) 性能度量。性能度量是指对训练出来的模型进行性能和准确度的评估。它能够帮助研究者了解模型基于任务数据的预测能力和泛化能力。根据机器学习任务类型的不同，可选用不同的算法模型，遵循不同的度量标准。

(10) 线性回归。线性回归是一个来自统计学的概念，旨在建立一种预测性的建模技术，研究自变量和因变量的关系。它通常用于预测连续数值型数据，或将数据转化为二元标称型数据。

(11) 平均绝对误差。该指标计算的是预测值与真实值之差的绝对值。一般而言，平均绝对误差的值越小越好，它的单位与预测变量的单位相同。它的优点是对异常值不敏感，因为它只关注预测值和真实值之间的差异的绝对值。

(12) R平方(R-squared)。该指标表示对回归模型的变异性解释程度，即模型对回归模型的回归解释的比例。

(13) 对数损失。对数损失也称为逻辑损失，常用于评估预测概率模型的性能。它简化了分类模型预测的概率与真实标签之间的差异，对概率预测的准确性非常敏感，输出的数值越小越好，最高设为0。

(14) 支持向量机。它是一种无须大幅修改即可直接应用的最佳分类器。支持向量机的分类原理可以简要描述为样本数据的特征向量构成一个空间，在这个空间中分布着各个样本点，假设存在一条线、一个平面或者一个特定形状，能够将样本数据完全分割成两部分。

思考题

(1) 如何描述机器学习的特性？

(2) 有监督机器学习与无监督机器学习有哪些区别？这些区别是如何体现的?

(3) 如何判断一个问题是回归问题还是分类问题?

(4) 什么是训练集？什么是测试集？它们分别在机器学习任务的哪个环节里起作用？

(5) 除了本章6.5节所展示的案例，你还能想到用什么类型的数据来提取变量进行预测？请尝试基于此提出一个研究问题。

第7章 自动文本分析

互联网已成为人们日常生活中不可或缺的工具，人们通过社交网站、电子邮件、博客等在线渠道进行广泛的信息交流。从社会科学的角度来看，基于文本的数据信息量巨大，在社会科学领域具有极其重要的研究价值。随着语言学和计算机技术的融合，人文社会科学领域的研究者迎来了一种新的文本分析范式，越来越多的研究者开始将计算方法纳入研究工作中。从传统的内容分析到文本分析，再到自动文本分析，标志着在技术进步的推动下，文本作为数据的研究方式正在不断发生变革。

7.1 自动文本分析概述

7.1.1 自动文本分析的发展历程

传统文本分析通常先抽取部分文本样本，确定分析单元，制定类目系统，以便对这些分析单元进行分类，然后进行内容编码，最终对量化的数据进行分析。然而，这种方法存在一些局限性。首先，它侧重于对部分文本进行研究，因此无法覆盖大量现有的文本资料，可能会降低研究的精度；其次，在编码阶段，虽然有一套较为严谨的编码方式，但分类和编码过程往往受到研究者主观判断的影响，存在一定的主观性，这也会影响其他研究者对研究结果的验证和重现。

为了提升文本的可靠性，以及满足有效编码的需求，研究者开始寻求其他方法，于是引入了计算机辅助下的文本分析，也称为自动文本分析或量化文本分析。自动文本分析是指通过自动提取文本材料的主题和特征，统计文本频率，将信息可操作化的一种计算方法[1]。这种方法运用计算机编程技术来挖掘互联网中大量的文本信息，然后将文本作为数据进行智能的量化分析。自动文本分析不仅提高了研究效率，还在很大程度上避免了以往人工标注可能引入的误差，这使得研究结果更具客观性和科学性。

近年来，随着计算机技术的不断发展，自动文本分析受到越来越多研究者的重视，被广泛应用于心理学、政治学、传播学等学术研究领域。例如，在心理学研究领域，研究者可以通过分析厌食症患者在网络上的言论来标记与厌食症相关的心理特点，从而探

---

[1] Shapiro G，Markoff J. A matter of definition[J]. Text analysis for the social sciences：Methods for drawing statistical inferences from texts and transcripts，1997(1)：9-34.

讨这一特定人群在网络自我呈现中的语言差异[1]。政治学研究者可以利用美国国会记录的词汇数据来研究参议院的意识形态立场和行为[2]。在传播学领域，研究者可以通过自动文本分析建立情绪模型，衡量媒体经济报道的数量和语气如何影响消费者的情绪[3]。此外，自动文本分析还可以用于机器翻译、问答系统、智能客服、舆情分析、知识图谱构建等领域。随着技术的不断进步，自动文本分析在各个领域的应用也将不断扩展和深化。

7.1.2 自动文本分析的原则

在运用自动文本分析前，研究者需要谨记一些原则。格里默和斯图尔特(Grimmer&Stewart)针对自动化内容分析方法总结了以下4项使用原则[4]，可供研究者参考。

1. 所有语言定量模型都是有用但“错误”的

语言的语义构建是一个复杂而微妙的过程，例如一些幽默的笑话是依赖句子的歧义而产生的，而机械方法往往无法领会到这一点，这意味着定量模型无法精准描述每一个文本。自动文本分析通过使用机器学习的模型来帮助研究者从海量数据中做出推论。正是基于这一点，这些模型的解释能力需要具体问题具体分析。依赖于模型拟合或预测新文本内容的替代模型评估可以选择实质上较差的模型，开发模型的研究者对任务性能的关注应当以解释现实世界为衡量标准，而不是基于拟合程度进行优化[5]。

2. 文本的定量方法增强了人类能力但无法代替人类

尽管自动化内容分析方法在提高研究生产效率方面表现出色，但计算机辅助方法并不能完全替代人类。即使是深度机器学习，与训练有素的人类编码相比仍然存在差距[6]。人类的自主能动性、仔细思考和深度阅读等能力是机器所不具备的，对文本的深刻理解是社会科学家应用自动化方法的关键优势之一。在具体研究实践中，文本分析仍

---

[1] Lyons E J，Mehl M R，Pennebaker J W. Pro-anorexics and recovering anorexics differ in their linguistic Internet self-presentation[J]. Journal of psychosomatic research，2006，60(3)：253-256.

[2] Sapiro-Gheiler E.“Read My Lips”：Using automatic text analysis to classify politicians by party and ideology[J]. arXiv preprint arXiv：1809.00741，2018.

[3] Doms M E，Morin N J. Consumer sentiment，the economy，and the news media[J]. FRB of San Francisco Working Paper，2004(9).

[4] Grimmer J，Stewart B M. Text as data：The promise and pitfalls of automatic content analysis methods for political texts[J]. Political analysis，2013，21(3)：267-297.

[5] Chang J，Gerrish S，Wang C，et al. Reading tea leaves：How humans interpret topic models[J]. Advances in neural information processing systems，2009(22).

[6] Van Atteveldt W，Van der Velden M A C G，Boukes M. The validity of sentiment analysis：Comparing manual annotation，crowd-coding，dictionary approaches，and machine learning algorithms[J]. Communication Methods and Measures，2021，15(2)：121-140.

然依赖于研究者的思考和解释，需要研究者根据研究问题做出建模决策，并解释模型的输出。因此，人类在整个过程中仍然起着主导作用。

3. 不存在最佳的自动文本分析方法

自动文本分析方法并没有被设计成适用于所有社会科学研究的工具，因此，研究者需要根据具体研究问题来选择适合的方法和模型。不同的模型之间存在很大差异，同一个模型可能在某些数据集上表现出色，但在其他数据集上表现不佳。因此，研究者针对不同的数据集和研究问题，需要选择不同的方法和模型，没有一种方法可以适用于所有情况，在文本分析中，确定合适、有效的方法至关重要。

4. 反复验证是确保自动文本分析的有效性的关键步骤

现阶段不存在完全正确的应用模型，研究者有责任对自动文本分析的运用进行验证。对于监督式机器学习方法，研究者必须证明其编码具有可复制性。对于无监督方法的验证，研究者必须结合实验数据、实际数据和统计数据，以证明这些方法在概念上与监督模型的方法一样有效。验证是确保自动文本分析方法有效性的关键步骤，不容忽视。

7.1.3　自动文本分析的步骤

自动文本分析的具体流程可能会因具体任务和应用的不同而有所差异，通常包括几个主要步骤，即获取文本、文档预处理、表示文本、文本分类。

1. 获取文本

自动化方法要求以纯文本格式存储文本，首先需要收集将要分析的文本数据。社会科学研究者可以在各种类型的文本中使用自动文本分析的方法。常见的获取文本的渠道有以下几种。

(1) 网络爬虫。研究者可以使用网络爬虫技术，从新闻网站、社交媒体平台、论坛、博客等网站上爬取大量的文本数据，用于分析和挖掘有用信息。

(2) 数据库和数据集。许多组织和机构提供公开的数据集，其中包含大量的文本数据。研究者可以从这些公共数据集中获取文本数据，用于自动文本分析。

(3) API接口。一些网站和平台提供API接口，允许开发者通过API访问其文本数据。通过调用这些API，研究者可以获取特定领域的文本数据，例如新闻数据、社交媒体数据等。

(4) 开放数据共享平台。一些国家和地区提供开放数据共享平台，允许公众免费获取和使用一部分政府和机构的数据资源，其中可能包含文本数据。

(5) 文本爬取工具。研究者可以使用一些文本爬取工具，通过输入关键词或URL，自动获取相关的文本数据，方便进行文本分析。

(6) 众包数据。一些任务平台提供众包数据采集服务，研究者可以雇佣众包工人从互联网上收集和整理文本数据，为研究提供额外的数据来源。

需要注意的是，在采集文本数据时，研究者应遵循相关法律法规和数据使用规定，以确保所采集的数据是合法合规的。此外，对于包含敏感信息和个人身份信息的数据，需要特别注意保护用户的隐私安全和数据安全，以确保数据使用是安全可靠的。

2. 文档预处理：将语言表示为数据

语言是复杂的，但研究者在进行语义分析时并不需要关注每一个字词。对文档进行预处理的目的是为自动化方法的运用保留需要的信息，同时丢弃可能没有帮助或过于复杂而无法在统计模型中运用的信息，以提高机器学习的效率。分析单元也称为文本(text)或文档(document)，它可以是任何不同类型的文本单元，例如一份邮件、一条微博、一份新闻简报、一个句子或段落等。待分析文本的集合称为语料库(corpus)。研究者可通过一系列预处理步骤，将复杂的语言多样性处理为更方便自动分析的样式。

(1) 抛弃词序。在文档预处理中，无须考虑词语在文档中的顺序。这是因为在通常情况下，词语的顺序对于文本的整体含义的影响并不是很大。我们可以将文档视为一袋零散的单词，其中词语的排列顺序不提供额外的信息。尽管在一些特殊情况下语序可能会改变句子的含义，但这类情况相对较少。因此，将文本表示为简单的单词列表通常足以传达文本的一般含义。

在抛弃词序后，研究者可以使用词干提取(stemming)方法来简化词汇。词干提取是指去除单词的词缀，只保留词根，例如将“eating”“eaten”“eats”“ate”等单词都归并为“eat”。这有助于删除文本中词义重复的项，只计算唯一的单词以确定词汇量，从而降低文本的维度。词干提取实际上近似于词源化(一种语言学概念)，词源化旨在将单词缩减到基本形式，例如good是better和best的基本形式[1]。当下有许多可用的词干提取算法，它们在单词截断程度和频率上各不相同。Porter词干提取算法是当前研究者普遍采用的方法。

(2) 删除停用词。除了丢弃词序和简化词汇外，还需要删除停用词。停用词指的是对文章的意义表达没有贡献的词，例如标点符号(停用词表包含标点符号)、语气助词、副词、介词、连接词等，还有非常常见的单词(这些单词大大增加了文本的体量，却无法为文本提供更具有区分效度的信息)和非常不常见的单词(例如在语料库里出现一两次的单词并不会对解释文本含义造成影响)。去掉文本中的这些停用词，能够使模型更好地拟合实际的语义特征，从而增强模型的泛化能力。

---

[1] Jurafsky D，Martin J H. Speech and Language Processing：An Introduction to Natural Language Processing, Computational Linguistics，and Speech Recognition[J]. Computational Linguistics，2000，26 (4)：638-641.

删除停用词时，研究者可以使用已有的停用词表，停用词表包含那些被认为对文本处理任务没有实际意义的词语。停用词表具有如下作用。

① 除噪声。噪声是指文本数据中普遍存在、频繁出现但对文本分类或分析任务没有实际意义的词语，例如“的”“是”“在”等。这些词语通常不包含太多信息，去除它们可以减少数据的维度，降低计算的复杂性，去除噪声，有助于提高文本处理的效率和准确性。

② 提高特征效果。在文本分类或文本分析任务中，关键词往往是那些包含较多信息的词语。将停用词从文本中去除后，模型将更加关注那些更有区分性的词语，从而提高特征效果。

③ 减少存储空间。停用词通常是一些常见的词语，它们在文本数据中频繁出现。将这些常见词从文本中去除后，可以减少文本数据的存储空间，特别是处理大规模文本数据时，可以节省存储资源。

④ 提高模型解释性。在文本分类或分析任务中，去除停用词后，最终的模型参数和特征更加简洁和易于解释，这有助于更好地理解模型的结果和预测过程。

需要注意的是，停用词表的构建可能因应用场景而异。通用的停用词表适用于大多数情况，但对于某些特定领域的文本数据，可能需要根据任务需求和数据特点，定制专门的停用词表。

(3) 分词。分词是自然语言处理(NLP)的一项基础任务，其主要目标是将连续的自然语言文本切分成一个个有意义的词语或词组。

由于语言结构不同，对中英文文档的分词处理也有所不同。英文本身是以单词为间隔的，处理起来相对简单。假设有一段英文文本，可以先将文本按照句点分割成若干小段文本，再将各小段文本按照内部出现的逗号或者问号再次切分。中文分词的主要目标是将连续的中文文本切分成一个个词语，以便后续的文本处理和分析。正确的分词结果对于中文文本的理解、情感分析、文本分类等任务至关重要。

当前，中文分词的难点主要体现在3个方面，即分词的规范、歧义词的切分和新词识别。

首先是分词的规范。不同于英文自带空格分割字符，中文因其自身语言特性的局限，字或者词的界限往往很模糊，关于字(词)的抽象定义和词边界的划定尚没有一个公认的、权威的标准。这种不同的主观分词差异给汉语分词造成了极大的困难。尽管在1992年国家颁布了《信息处理用现代词汉语分词规范》，但是这种规范很容易受主观因素的影响，在处理现实问题时仍然存在挑战。

其次是歧义词的切分。中文的歧义词是很普遍的，同一个词往往有多种切分方式。例如，“小学生”可以切分为“小学/生”或“小/学生”，具体如何切分通常需要依赖上下文来判断，这对自动分词系统是一个挑战。

最后是新词识别。新词又称未登录词，通常指词库中没有收录的词或训练语料中未出现的词。未登录词可能包括新兴网络用语、特定领域专有名词、公司名、电影名、书籍名、专业术语等。对于自动分词系统来说，识别和处理这些新词也是一项重要任务。

尽管中文分词存在挑战，但随着语言规范的完善和计算机技术的进步，分词效果逐渐提升。中文分词在自然语言处理、语义理解以及语法知识应用等领域具有重要意义，持续研究和改进有助于解决分词中的难题。

3. 表示文本

在去除不相关词汇后，可以用数值来表示词汇出现的次数。因为计算机无法直接处理原始的文本数据，需要将其转换成数值型数据，以便进行特征提取、模型训练和文本分析。这一步的原理可以这样理解，现有文档$D(d=1, \cdots, N)$被表示为一个向量，其中包含M个不同的单词，该向量计算M个不同单词中每个单词出现的次数，$W_i=(W_{i1}, W_{i2}, \cdots, W_{iM})$，每个$W_{iM}$计算$M$个不同单词在第$i$个文档中出现的次数。计数向量的集合形成一个矩阵，通常被称为文档术语矩阵(document-term matrix)，这个矩阵的形状是$i \times M$。一个矩阵会存在很多个特征(feature)或术语(term)。

例如，现有两个文档D_1和D_2。

D_1：He is a nice man. She is also nice.

D_2：Mike is a nice person.

D_1和D_2两个文档的词典是由不同词汇组成的，经文档预处理后，现语料库为：

```
corpus =['He', 'She', 'nice', 'man', 'Mike', 'person']
```

文档共有2篇，词典中有6个单词，所以$i=2$，$M=6$，可以表示为一个2×6的矩阵，如表7-1所示。

表7-1　文本表示示例

i	He	She	nice	man	Mike	person
i_1	1	1	2	1	0	0
i_2	0	0	1	0	1	1

其中，每一列就是单词的词向量。例如，nice的词向量是[2，1]。

需要注意的是，不同的词典构建方式和不同的单词计数方法都会导致不同的矩阵表示。此外，当矩阵中大部分数值为零时，称之为稀疏矩阵(sparse matrix)，稀疏矩阵在处理高维度文本数据时非常常见。

高维度稀疏文本数据的特征空间(也称为维度)非常大且绝大多数特征对应的取值为零(或者接近零)。在自然语言处理(NLP)和文本挖掘等领域，文本数据通常被表示为向量，其中每个维度对应一个词语或者特征。文本数据中通常只涉及文档中的一小部分词汇，大部分特征的取值为零，因此文本数据的向量表示是高维稀疏的。在这种情况下，需要采用适当的方法来处理高维度稀疏数据，以便进行有效的文本分析和机器学习。

假设有一个文本数据集包含10 000篇文章，使用词频(term frequency，TF)表示每篇文章。词频向量的维度将是所有可能出现的词汇的数量。假设词汇量为50 000个，由于文章通常只涉及很少的词汇，大部分词汇在该文章中出现的次数都为零，或者非常接近零。因此，每篇文章的词频向量将是一个高维度的稀疏向量。

4. 文本分类

文本分类是指给定文档集$D=\{d_1，d_2，…，d_n\}$，和一个类别集(标签集)$C=\{c_1，c_2，…，c_n\}$，利用某种学习方法或算法得到分类函数f，将文档集D中的每一篇文档d映射到类别集C中的一个或者多个类别。文本分类是自动文本分析中的一项重要子任务，它旨在通过学习已标记的训练数据，将文本文档分到一个或多个预定义的类别中。在文本分类中，模型通过学习已标记的训练数据，找到特征与类别之间的关联，从而对未标记的新文本进行分类。文本分类是自动文本分析的广泛应用之一，它有多个实际应用场景。

文本分类的典型应用包括下列几个方面。

(1) 新闻分类。将新闻文章按照内容分为政治、经济、体育、娱乐等类别。

(2) 商品评价分析。将用户对产品的评价分为正面和负面，以了解用户反馈和产品质量。

(3) 垃圾邮件过滤。识别和过滤垃圾邮件，提高邮箱用户的体验。

(4) 内容审核。自动审核媒体或社交媒体的投稿，标记违规内容，如含有色情、暴力、政治等敏感元素的内容。

文本分类通常依赖于机器学习方法，随着机器参与程度的提升，其自动化程度也越来越高，可以分为有监督机器学习和无监督机器学习两类，如图7-1所示。在有监督机器学习中，需要事先定义好类别，并使用已标记的训练数据来训练分类模型。这些模型通过学习特征与类别之间的关联，可以对未标记的新文本进行分类。有监督机器学习的核心是分类(classfication)，需要事先定义类别后再根据个体的已知属性进行分类；无监督机器学习的核心是聚类(clustering)，聚类没有预定类别，相反，它根据文本之间的相似性或距离将文本分成不同的组，这对于探索数据的结构和主题建模非常有用。

本章主要介绍有监督机器学习方法下文本分类的3个常用算法。

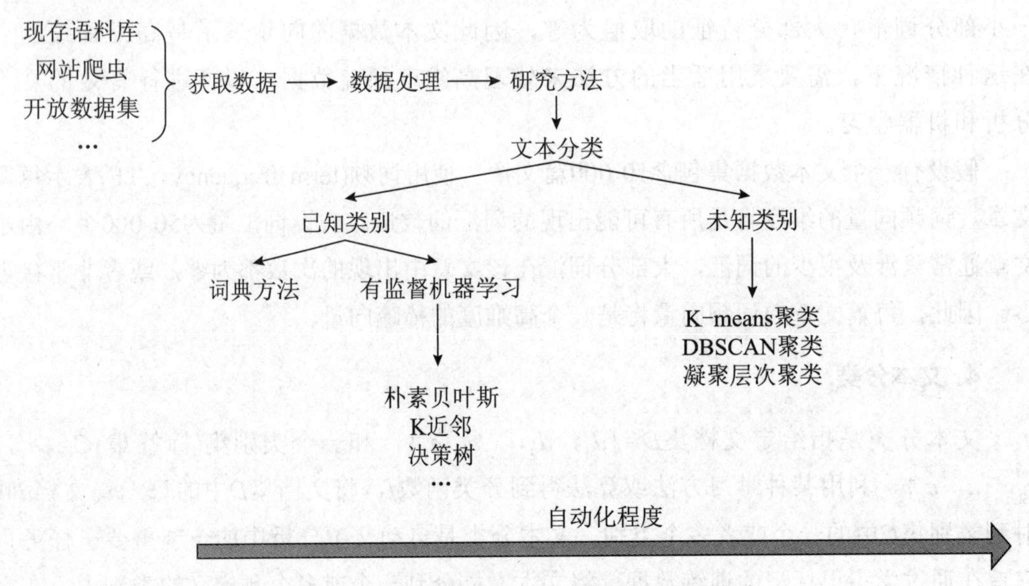

图7-1　按照自动化程度对文本分类方法的描述

7.2　有监督机器学习

7.2.1　有监督机器学习概述

分类是数据科学中的常见课题。有监督机器学习为将文档分配到预定类别提供了一种有用的替代方法。有监督机器学习是一种算法，它可以从外部提供的实例中进行推理，产生一般假设，然后对未来的实例进行预测[1]。有监督机器学习需要事先定义类别，然后对每个数据子集按照标签或类别进行标记，通过已知的数据集样本来训练机器，从而拟合出一个最优模型，再将新的数据放入该模型中。由此，模型就有了预测类别的能力。如表7-2所示，如果给定具有已知特征的案例文本对应的输出类别，那么该学习称为监督学习。

表7-2　已知标签的文档对应正确的输出

数据集	特征1	特征2	……	特征n	分类或标签
1	×××	××		×	好
2	×××	××		×	坏
3	×××	××		×	好
…	…	…		…	…

[1]　Kotsiantis S B，Zaharakis I，Pintelas P. Supervised machine learning：A review of classification techniques[J]. Emerging artificial intelligence applications in computer engineering，2007，160(1)：3-24.

7.2.2　有监督机器学习的步骤

采用有监督机器学习进行自动文本分析包括以下3个步骤。

1. 构建训练集

构建训练集包含两个方面：一是创建编码方案；二是对文档进行合理比例的抽样。

运用有监督机器学习时，需要研究者事先对文档中的语言隐含意义进行手动编码，因此手动编码方案的可靠性至关重要。语言表达中的歧义、编码人员的注意力差别等都会影响文档分类的可靠性。因此，研究者往往建议迭代开发一个码本，开始时创建一个简洁的码本来指导编码人员，然后在实际编码过程中根据发现的歧义或被忽视的类别对码本进行修订。只有当编码方案具有足够的码间可靠性和一致性时，才能开始对训练集进行编码[1]。

在理想情况下，训练集应当能够充分代表整个语料库，以确保监督学习方法在训练过程中能够学习到文档特征之间的关系。监督学习方法依赖于训练集来推断模型，进而用于对测试集的未知文档进行分类。因此，训练集的质量和数量对于最终模型的性能至关重要。在构建训练集时，通常采用抽样的方式来选择一定数量的文档进行编码和标记，以500份作为经验法则，抽取100份文件就足够[2]。具体所需的文档数量可能会因应用场景而异，主要取决于类别的数量、文档的多样性以及所需的分类准确性等因素。

如果编码方案中包含大量不同的类别，通常需要更多的训练文档来准确地学习每个类别中的单词和文档之间的关系。这是因为更多的类别意味着更多的类别特征需要被捕捉，而这需要更多的数据支持。因此，在类别数量增加的情况下，所需的训练文档数量也会增加。

2. 训练和应用统计模型

完成手工分类后，研究者可使用手工标记的文档来训练监督学习方法，以学习如何对测试集进行分类。分类方法是多种多样的，例如，可将单个文档分类成某个类别、测量文档在每个类别中出现的概率等，它们都遵循一种共同的结构，即假设有i个文档，$N_{训练集}(i=1，…，N_{训练集})$，每个训练集都被编码成k类中的一类($k=1，…，K$)，每个文档i的类别表示为$Y_i \in \{C_1，C_2，…，C_K\}$，整个训练集表示为$Y_{训练集}=(Y_1，Y_2，…，Y_{N训练集})$。根据文本表示方法，每个文档$i$的特征都包含在$M$长度的向量$W_i$中，将其收集在

---

[1]　Burscher B，Odijk D，Vliegenthart R，et al. Teaching the computer to code frames in news：Comparing two supervised machine learning approaches to frame analysis[J]. Communication Methods and Measures，2014，8(3)：190-206.

[2]　Hopkins D J，King G. A method of automated nonparametric content analysis for social science[J]. American Journal of Political Science，2010，54(1)：229-247.

$N_{训练集} \times M$矩阵$W_{训练集}$。有监督学习算法假设存在一些(未观察到的)函数来描述单词和特征之间的关系

$$Y_{训练集}=f(W_{训练集})$$

有监督学习算法试图学习上述关系——用f来估计函数$\hat{f}$，然后使用$\hat{f}$来推断测试集$\hat{Y}_{测试集}$的属性，则

$$\hat{Y}_{测试集}=\hat{f}(W_{训练集})$$

3. 验证模型拟合效果

在理想情况下，验证过程应该将数据分为3个子集。首先，初始模型的拟合应该在训练集上执行；一旦最终的模型被选定，接下来会使用第二组手动标记的文档，也就是验证集，来评估模型的性能；最后，最终的模型会被应用于测试集，以完成文本分类任务。

然而，这种验证方法在许多情况下可能难以应用，因为研究者需要大量的标记数据和时间来手动创建验证和测试集。为了避免在训练集上过度拟合模型，交叉验证(cross-validation)被引入，它侧重于样本外的预测，并且可以从一组备选模型中选择最佳的模型。在V-fold交叉验证中，训练集被随机划分为V个(v=1，2，...，V)不相交的子集。然后，模型在V-1个子集上进行训练，而第v个子集用于评估模型的性能。这个过程会多次重复，确保所有的预测都是基于样本外的数据进行的。

在实际问题研究中，有监督机器学习的自动文本分析步骤如图7-2所示。

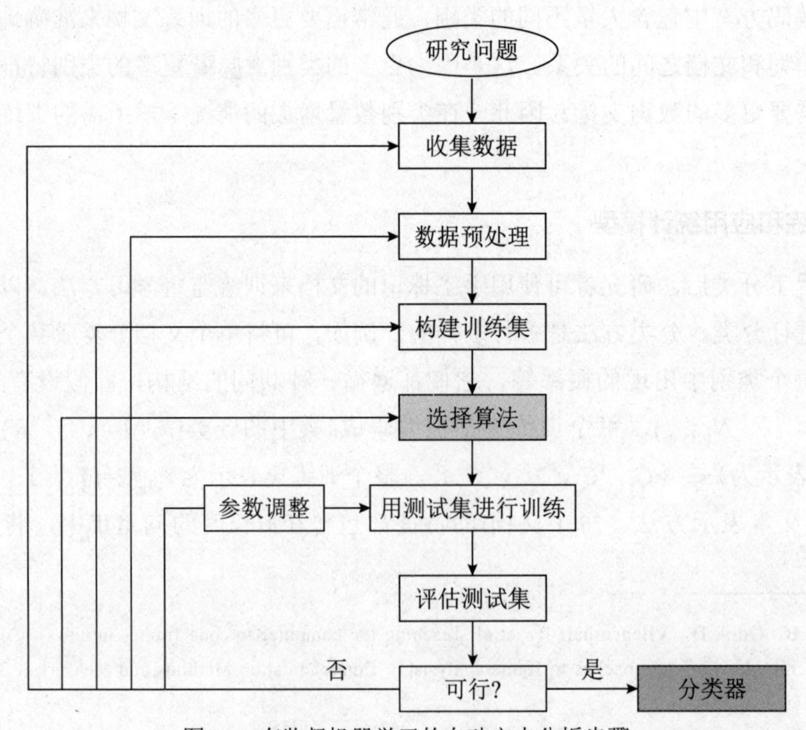

图7-2　有监督机器学习的自动文本分析步骤

相较于其他方法，有监督学习方法有以下几个优点。

(1) 可验证性。它提供了明确的统计数据，可以用于总结模型的性能，还可以用来重新进行已经手动完成的编码工作。

(2) 可复制性。如果有监督学习方法表现良好，那么人工编码可以被复制，从而确保结果的可重复性。

(3) 客观性。机器编码和手工编码的结合提供了一个清晰的方案，可以避免结果受研究者主观性的影响。

总体来说，这3个优点更符合内容分析编码的科学原则，使得有监督学习方法成为自动文本分析的有力工具。

7.3 有监督机器学习下文本分类的不同算法

7.3.1 统计学习算法：朴素贝叶斯

1. 贝叶斯定理

贝叶斯定理(Bayes theorem)，也称为贝叶斯公式，由英国数学家贝叶斯(Thomas Bayes)提出，用来描述两个条件概率之间的关系，它是在贝叶斯统计学中广泛应用的一个重要概念。在贝叶斯术语中，有一个样本$X=\{X_1, X_2, \cdots, X_n\}$，表示一个观察到的数据样本；同时有一个假设$Y$，表示数据$X$属于某个特定的类别$C$。对于分类问题，研究者的目标是确定条件概率$P(Y|X)$，即在给定观察到的数据样本$X$的情况下，假设$Y$成立的概率。换句话说，已知$X$的属性描述，寻找样本$X$属于类别$C$的概率。

$P(Y|X)$被称为后验概率，它表示在条件X下，假设Y成立的概率。假设有一个样本，其特征是年龄和收入，样本X是一个月收入为1万元的30岁人士，而Y假设是这个人购买计算机的事件，那么$P(Y|X)$就是在已知这个人的年龄和收入的情况下，他购买计算机的概率。

$P(Y)$被称为先验概率，它表示在不考虑其他情况时，假设Y成立的概率。根据上述例子，$P(Y)$就是在不考虑这个人的年龄和收入的情况下，他购买计算机的概率。与独立于其他条件X的先验概率$P(Y)$相比，后验概率$P(Y|X)$基于更多的信息得出。

同样，$P(X|Y)$是以Y为条件X的后验概率，表示在假设Y成立的条件下，观察到数据X的概率，即如果知道一个人要购买计算机，那么他的年龄为30岁、收入为1万元的条件概率是多少。

根据贝叶斯定理计算$P(Y|X)$的概率，可以用概率$P(Y)$、$P(X|Y)$、$P(X)$表示为

$$P(Y|X)=\frac{P(X|Y)P(Y)}{P(X)}$$

这个概率可以通过给定的公式估计出来。

如前文所述，特征X有N维，则贝叶斯公式可以表示为

$$P(Y|X_1, X_2, \ldots, X_n)=\frac{P(X_1, X_2, \ldots, X_n|Y)P(Y)}{P(X_1, X_2, \ldots, X_n)}$$

2. 条件独立性假设

条件独立性假设在概率论中起着关键的作用，特别是在贝叶斯定理的应用中。假设有两个事件A和B，通常情况下，事件A的发生可能会影响事件B的发生概率。例如，在上述例子中，年龄和收入很有可能并不完全独立于对方而存在，收入可能会随着年龄的增长而增长，这时$P(B|A)\neq P(B)$。只有在没有其他影响的情况下，才会有$P(B|A)=P(B)$。条件独立性假设就是表明在这种情况下，事件A和事件B是相互独立的。

具体而言，条件独立性假设可以表示为

$$P(AB)=P(B|A)P(A)P(B)$$

此时，称A、B为相互独立事件。

同理，对于n个事件A_1，A_2，…，A_n，如果上述公式成立，即

$$P(A_1 A_2 \ldots A_n)=P(A_1)P(A_2)P(A_n)$$

则称A_1，A_2，…，A_n为相互独立事件。

3. 朴素贝叶斯

朴素贝叶斯(naive Bayes)法是基于贝叶斯定理与特征条件独立假设的分类方法[1]。“朴素”是指假设数据类别之间彼此独立，互不产生任何影响。基于这个假设，朴素贝叶斯公式为

$$P(Y|X_1, X_2, \ldots, X_n)=\frac{P(X_1|Y)P(X_2|Y)\ldots P(X_n|Y)P(Y)}{P(X_1, X_2, \ldots, X_n)}$$

朴素贝叶斯分类器示例如表7-3所示。

表7-3　朴素贝叶斯分类器示例

序号	年龄	收入	是否为学生	存款	C_i：购买
1	青年	高	否	少	C_2：否
2	青年	高	否	多	C_2：否
3	中年	高	否	少	C_1：是
4	老年	中等	否	少	C_1：是
5	老年	低	是	少	C_1：是
6	老年	低	是	多	C_2：否
7	中年	低	是	多	C_1：是
8	青年	中	否	少	C_2：否

[1]　李航. 统计学习方法[M]. 北京：清华大学出版社，2012.

(续表)

序号	年龄	收入	是否为学生	存款	C_i：购买
9	青年	低	是	少	C_1：是
10	老年	中	是	少	C_1：是
11	青年	中	是	多	C_1：是
12	中年	中	否	多	C_1：是
13	中年	高	是	少	C_1：是
14	老年	中	否	多	C_2：否

数据样本用年龄、收入、是否为学生和存款来描述。类别标签属性“购买”指此人是否购买计算机，它有两个不同的值，即是(类别C_1)和否(类别C_2)。

研究者需要分类的样本是：X=(年龄=青年，收入=中等，学生=是，存款=少)。

研究者需要最大化$P(X|C_i)P(C_i)$，$i = 1$，2，$P(C_i)$，即每个类的先验概率，可以根据训练样本估计出来。

P(购买=是)= 9/14

P(购买=是)= 5/14

为了计算$P(X|C_i)$，$i = 1$，2，先计算以下条件概率。

P(年龄=青年|购买=是)= 2/9

P(年龄=青年|购买=否)= 3/5

P(收入=中等|购买=是)= 4/9

P(收入=中等|购买=否)= 2/5

P(学生=是|购买=是)= 6/9

P(学生=是|购买=否)= 1/5

P(存款=少|购买=是)= 6/9

P(存款=少|购买=否)= 2/5

运用上述概率，可以得到以下结果。

$P(X$|购买=是)= P(年龄=青年|购买=是)

= P(收入=中等|购买=是)

= P(存款=少|购买=是)

= 2/9 ×4/9 × 6/9 × 6/9

= 0.044

同理可得

$P(X$|购买=否)= 3/5×2/5×1/5×2/5 = 0.028

为了找到最大化$P(X|C_i)P(C_i)$的类，计算以下结果

$P(X$|购买=是)陈P(购买=是)= 0.028

$P(X$|购买=否)P(购买=否)= 0.007

因此，朴素贝叶斯分类器预测样本X的购买=是。

4. 拉普拉斯平滑

拉普拉斯平滑(Laplacian smoothing)，也称为拉普拉斯修正(Laplacian correction)，最早由法国数学家拉普拉斯提出，是一种常用于处理概率估计中零概率问题的技术。它的主要目的是避免在训练集中没有出现过的现象导致概率估计为零的情况，从而提高模型的鲁棒性。

拉普拉斯平滑的思想很简单，就是对所有的计数值都加上一个小的修正值，通常是1。这个修正值的大小可以根据具体情况调整，通常是一个常数，以确保平滑后的概率估计不会变得过于偏离实际情况。

举例来说，在一个包含1000个样本的集合中，如果某个事件在训练集中没有出现过，那么它的概率估计会是零。但是，使用拉普拉斯平滑后，假设每个事件都至少出现一次，这就相当于在每个事件的计数上都加上1。这可以确保每个事件的概率估计都不会变为零，而且相对于原始计数，修正后的概率估计变化很小。

假设在一个包含1000个样本的集合中，有0个样本收入为“低”，990个样本收入为“中”，10个样本收入为“高”。在没有拉普拉斯修正的情况下，这些事件的概率分别为0、0.990(990/1000)、0.010(10/1000)。通过拉普拉斯平滑，对每个事件的计数都加上1，可以得到以下概率(四舍五入到小数点后3位)

$$\frac{1}{1003}=0.001，\frac{991}{1003}=0.988，\frac{11}{1003}=0.011$$

修正后的概率估计分别为0.001、0.988和0.011。这些修正后的概率估计更合理，因为避免了零概率，并且在未修正的概率估计基础上进行了轻微的修正。

5. 朴素贝叶斯的应用场景

朴素贝叶斯算法在文本分类和情感分析领域有着广泛的应用。这一应用是基于朴素贝叶斯算法的“朴素”核心原理，即计算不同词汇或特征在给定类别下的条件概率，从而捕捉文本中关键词的分布情况。由于文本数据通常具有大量的词汇或关键词，可以被视为高维度特征数据。在处理高维度特征数据时，朴素贝叶斯表现出色。以下是朴素贝叶斯在文本分类和情感分析领域的具体应用场景。

(1) 文本分类。朴素贝叶斯广泛应用于新闻传播领域，用于对新闻文章、博客帖子、社交媒体消息等进行分类。在这一应用场景中，文章可以按照不同的主题、情感倾向等进行分类，帮助媒体机构了解他们的报道受众以及社会舆论的走向。举例来说，一个新闻传播机构可能希望对社交媒体上的新闻文章进行分类，例如将文章分为政治、体育、娱乐等不同类别。朴素贝叶斯可以通过分析文章中的单词和短语，基于每个类别的文本特征来进行分类，从而自动将文章归类到相应的主题分类中。

(2) 情感分析。了解公众对特定话题或事件的情感倾向对新闻传播至关重要。朴素贝叶斯也在情感分析中得到了广泛应用。它可以帮助新闻机构了解公众在社交媒体和评论中的情感反应。朴素贝叶斯能够自动判断网络言论的情感倾向，如积极、消极或中性，从而调整报道策略以更好地满足受众需求。

7.3.2　基于实例分类：K近邻法

1. 算法原理

K近邻法(K-nearest neighbor，KNN)由科弗和哈特(Cover&Hart)于1968年提出[1]，KNN法是一种基于实例的文本分类方法，其核心思想是通过测量不同特征值间的距离进行分类。该算法的基本原理是给定一个训练数据集$D=\{d_1, d_2, \ldots, d_n\}$，以及一个新的输入实例$d$，K近邻法的目标是在训练数据集中找到与该实例最接近的K个实例，这K个实例多数属于某个类别，因此将新输入的实例分为这个类别。

假设有如图7-3所示的训练集，其中五角星和三角形代表训练集中不同的类别，研究者可以使用KNN方法来确定问号“？”所属的类别。

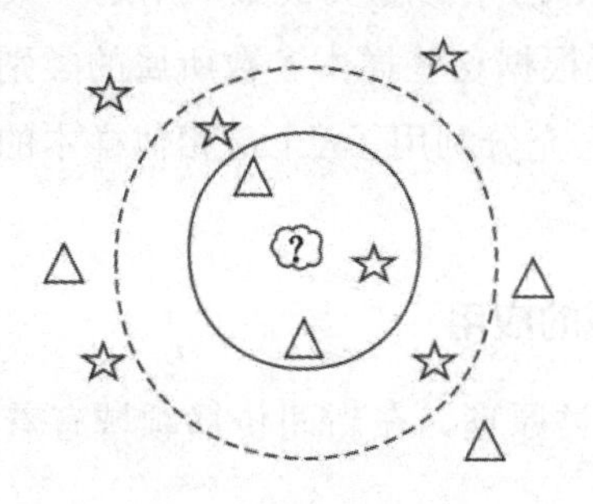

图7-3　KNN分类示例

如图7-3所示，当K=3时(图中黑色实线的圆包含3个实例)，可以看到三角形出现2次，五角星出现1次，三角形数量占优，根据K近邻原理，“？”实例应与三角形属于同一类。

当K=5时(图中黑色虚线的圆包含5个实例)，三角形出现2次，五角星出现3次，所以“？”实例应该与五角星属于同一类。

2. 影响分类结果的基本要素

可以看到，对K的取值不同，分类结果也会有所改变。因此，为了确定一个实例所属的唯一类别，需要考虑3个基本要素，即距离度量、K的取值以及分类决策规则。这些要素会影响最终的分类结果。

(1) 距离度量。常用的距离度量方法有余弦值(cos)、相关度 (relevancy)、曼哈顿距离 (Manhattan distance)、欧式距离(Euclidean distance)等，其中最常用的距离度量方法

[1]　Cover T，Hart P. Nearest neighbor pattern classification[J]. IEEE transactions on information theory，1967，13(1)：21-27.

是欧氏距离。欧氏距离越小，表示两个点之间越接近；欧氏距离越大，表示两个点之间越远。它可以用于数据聚类、相似性度量、模式识别等领域中的距离计算和相似性比较。

(2) K值选择。在KNN算法中，选择适当的K值对分类结果有着重要的影响。K的取值过大和过小均会影响预测效果。如果K值太小，模型将变得复杂，只有与输入实例非常相似的训练实例才会对预测结果起作用，这可能导致过拟合的情况；反之，如果K值太大，模型将变得过于简单，即使是距离较远的训练实例也会对预测结果产生影响，可能导致欠拟合的情况。

因此，选择适当的K值是一个权衡的过程。通常情况下，K的取值范围应该在1到训练数据集样本总数的平方根之间。然而，需要注意的是，最佳K值没有一个固定的通用值，它取决于具体的问题和数据集的特点。为了确定最佳K值，研究者需要根据实际情况和领域知识来进行调整。同时，可以尝试不同的K值，比较它们的性能和结果，以便更好地理解和判断。

(3) 分类决策规则。K近邻法中的分类决策规则通常采用多数表决法，即找到与输入实例最近的K个样本，然后根据这些样本多数所属的类别来决定输入实例的类别。这是一个简单而直观的方法，它充分利用了K个最相似样本的信息，从而提高了分类的准确性。

3. KNN在新闻传播领域的应用

KNN算法基于相似性分类原理，在新闻传播领域有着广泛的应用。以下列出一些可能的应用场景。

(1) 相似新闻推荐。新闻传播机构可以利用KNN算法并根据用户过去阅读的新闻，推荐与之相似的其他报道，从而为用户提供更加个性化和相关的新闻内容。

(2) 用户分群。KNN算法可以帮助新闻机构用户划分为不同的兴趣群组，这有助于新闻机构更好地理解不同群体的需求，为他们提供定制化的新闻报道，提高用户忠诚度和满意度。

(3) 地理位置分析。KNN算法可以用于分析新闻报道在地理位置上的分布，这有助于新闻机构了解不同地区的用户对特定事件的关注程度，从而调整报道策略，更有针对性地向用户推荐个性化内容，更好地满足地区性需求。

7.3.3 基于逻辑的算法：决策树

1. 决策树概述

决策树(decision trees)是一种用于对实例进行分类的算法，它基于特征值对实例进行排序，并根据这些特征值进行分类。在决策树中，每个节点代表一个待分类实例的特征，每个分支代表该节点可以假设的一个特征值。分类过程从根节点(root node)开始，根据特征值逐步分配实例到不同的分支，直到达到最终的叶节点(terminal node)，叶节点即为分类结果。这个过程可以看作一个逐层的决策过程，如图7-4所示。

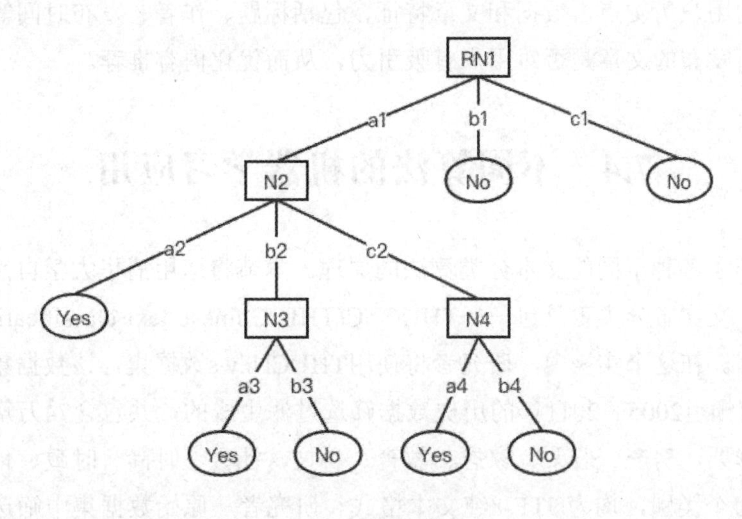

图7-4　决策树示例

决策树相对于其他算法具有计算量较小和可解释性强的优点，特别适用于较小样本数据的分类问题。然而，决策树也容易产生过拟合问题，尤其是当决策树很大时，噪声可能导致过拟合，从而增加分类错误的可能性。

2. 决策树算法

常见的决策树算法有ID3算法、C4.5算法和CART算法。其中，ID3算法使用信息增益来划分属性，即选择信息增益最大的属性作为节点分裂的依据。信息增益越大，表示信息的不确定度降低得越多，即信息的纯度越高。C4.5算法在ID3的基础上进行了改进，它使用信息增益比率来选择属性，以平衡属性取值较多的问题，提高了分类结果的准确度。CART算法是基于基尼系数进行划分，通过计算特征对分类的纯度来选择最优特征进行划分。基尼系数反映了从数据集中随机抽取两个样本，其类别不一样的概率。因此，基尼系数越小，数据集的纯度越高。决策树的目标就是降低每个样本空间的基尼系数。

3. 决策树在新闻传播领域的应用

决策树适合处理混合类型的数据，如文本和数值。在应用方面，决策树适用于分类和预测问题，能够自动进行特征选择和模式识别，而且结构清晰，易于理解和解释，有助于洞察数据特征。

(1) 新闻分类。决策树可用于将大量的新闻报道按照不同主题或类别进行分类。不同于朴素贝叶斯，决策树可以判断不同特征对于分类的重要性。

(2) 用户行为预测。通过分析用户在新闻网站上的行为数据，决策树可以预测用户可能采用的互动方式，如点击、分享、评论等。考虑用户的历史行为和兴趣，决策树可以帮助新闻机构优化内容推荐和个性化服务，从而提升用户体验。

假设一个新闻门户网站想要预测用户是否会点击某篇新闻文章。网站工作人员会事先收集大量的用户历史点击数据和文章特征，包括标题、作者、发布时间等；然后通过决策树判断新发布的文章是否对用户有吸引力，从而优化内容推荐。

7.4 不同算法的机器学习应用

前文介绍了各种不同的文本分类算法的原理。本节将运用清华大学自然语言处理实验室推出的中文文本分类工具包——THUCTC(THU Chinese text classification)来进行各个算法的应用。在这个实操中，研究者将使用THUCNews数据集，该数据集是根据新浪新闻RSS订阅频道2005—2011年的历史数据筛选过滤生成的，共包含74万篇新闻文档，涵盖财经、彩票、房产、股票、家居、教育、科技、社会、时尚、时政、体育、星座、游戏、娱乐14个类别，均为UTF-8纯文本格式。研究者从原始数据集中筛选出财经、教育、社会、时政、游戏5个类别，每个类别选取了100篇文档，总计500个数据样本。

7.4.1 前期操作

1. 导入相应的库

在本节文本分类任务中，需要用到的库主要是Pandas和jieba。

Pandas是一个用于Python编程语言的开源数据处理和数据分析库，它提供了高性能、易用的数据结构，以及丰富的数据操作和分析工具。在文本分类任务中，Pandas是一种强大的工具，用于处理和管理文本数据。虽然主要用于数据处理和数据分析，但在文本分类任务中，它的功能可以帮助研究者更好地准备数据、进行特征提取、分割数据集以及在最终的分类器中整合数据。

jieba是一个流行的中文文本处理库，用于中文分词，相关内容在第2章中已有介绍，在此不再赘述。

在Python中，要想使用某个库或模块，需要使用import关键字将其导入到当前的代码环境中，具体操作如下所示。

```
import pandas as pd
import jieba
```

2. 导入数据集

导入数据集的具体操作如下所示。

```
df = pd.read_excel('path').astype(str)
```

“df=pd.read_excel”是使用Pandas库读取Excel文件并将其转换为DataFrame的一行代码。这行代码的作用是将Excel文件中的数据加载到一个名为df的DataFrame中，以便进行后续的数据处理和分析。

“path”指的是文件所在计算机的路径，在实际操作中，需要将其替换为实际的Excel文件路径和名称。

“.astype(str)”的代码操作是将DataFrame中的数据转换为字符串类型。当研究者使用pd.read_excel()函数读取Excel文件时，在默认情况下，Pandas会尝试自动推断数据类型。但有时候，数据类型的自动推断可能并不准确，特别是在某些数据具有复杂格式或者包含特殊字符的情况下。使用.astype(str)可以将DataFrame中的所有数据都转换为字符串类型，这样可以确保所有数据都以字符串的形式被处理，避免了数据类型的自动推断可能带来的问题。这在处理一些文本型数据或确保数据类型的一致性时是很有用的。在实际应用中，研究者应该根据数据的具体情况来决定是否需要进行数据类型的转换。

3. 划分训练集和测试集

下面这段代码的作用是将输入数据划分为训练集和测试集，以便在机器学习模型的训练和评估过程中使用。划分的比例为80%的数据用于训练，20%的数据用于测试，并且设置了随机种子以确保结果的可复现性。

操作步骤如下所示。

```
from sklearn.model_selection import train_test_split
x_train, x_test, y_train, y_test = train_test_split(df['内容'], df['类别'],
test_size=0.2, random_state=42)
```

“from sklearn.model_selection import train_test_split”：导入Scikit-learn库中的train_test_split函数，该函数用于将数据集划分为训练集和测试集。

“train_test_split(df['内容'], df['类别'], test_size=0.2, random_state=42)”：实际的函数调用部分，它会将输入的数据划分为训练集和测试集。以下为具体参数的含义。

“df['内容']”：数据集DataFrame中的一个列，它包含文本内容数据。

“df['类别']”：数据集DataFrame中的另一个列，它包含数据的类别标签。

“test_size=0.2”：测试集的大小，表示将数据的20%作为测试集，剩余80%作为训练集。

“random_state=42”：随机数生成器的种子，它可以使随机划分可复现。设置相同的种子以确保每次的划分结果都相同，有助于提高实验和结果的可重复性。

“x_train”“x_test”“y_train”“y_test”：变量，用于存储划分后的训练集和测试集。“x_train”包含训练集中的文本内容数据，“x_test”包含测试集中的文本内容数据，“y_train”包含训练集中的类别标签，“y_test”包含测试集中的类别标签。

7.4.2 数据预处理

1. 分词

下列这段代码定义了一个函数fenci，该函数用于文本分词，然后将分词后的结果连接成一个字符串。后面的代码使用这个函数来对训练集和测试集的文本数据进行分词处理。操作步骤如下所示。

```
def fenci(train_data):
return train_data.apply(lambda x: ' '.join(jieba.cut(x)))
 x_train_fenci = fenci(x_train)
 x_test_fenci = fenci(x_test)
```

“def fenci(train_data)”：定义了一个名为fenci的函数，它接受一个参数train_data，这个参数表示要进行分词的文本数据。

“return train_data.apply(lambda x：' '.join(jieba.cut(x)))”：函数体的内容，它将对传入的文本数据应用一个操作，并返回结果。

“train_data.apply(...)”：使用Pandas的apply方法，它将应用一个指定的函数到整个数据集或DataFrame的一列。在这里，将会应用后面的lambda函数到每个文本数据。

“lambda x：''.join(jieba.cut(x))”：一个匿名函数(lambda函数)，它接受一个输入x，即单个文本数据。这里使用了jieba库进行分词，然后用空格将分词结果连接成一个字符串。

“x_train_fenci = fenci(x_train)”：将训练集中的文本数据x_train传入fenci函数，进行分词处理，并将分词后的结果保存在变量x_train_fenci中。

“x_test_fenci = fenci(x_test)”：将测试集中的文本数据x_test传入fenci函数，进行分词处理，并将分词后的结果保存在变量x_test_fenci中。

2. 停用词处理

这段代码用于打开停用词表，停用词需提前自行下载在计算机中，研究者也可以根据自身需要二次编辑停用词典，这里使用的是哈尔滨工业大学的停用词表。之后读取其中的内容，将每一行的内容作为一个停用词，并将这些停用词存储在一个列表中。

操作步骤如下所示。

```
with open('path', encoding='utf-8') as infile:
    stopwords = [line.strip() for line in infile.readlines()]
```

“with open('path'，encoding='utf-8') as infile：使用Python的with语句打开一个文件。'path'是文件的路径。encoding='utf-8'表示文件编码为UTF-8，以正确处理文本内容。as infile是将打开的文件对象赋值给变量infile，以便在with块内使用。

stopwords = [line.strip() for line in infile.readlines()]：在with块内部，这行代码使用列表推导式从文件对象infile中逐行读取内容。readlines()方法用于读取文件的所有行，然后列表推导式遍历每一行，使用strip()方法去除每行的空白字符，从而得到一个停用词列表。这个列表被赋值给变量stopwords。

3. 将文本数据转化为TF-IDF特征向量

这段代码使用Scikit-learn的TfidfVectorizer将文本数据转换为TF-IDF(term frequency-inverse document frequency)特征向量，这是一种常用的文本特征表示方法。

具体操作如下所示。

```
from sklearn.feature_extraction.text import TfidfVectorizer
vectorizer = TfidfVectorizer(stop_words=stopwords)
vectorizer.fit(x_train_fenci)
x_train_vec = vectorizer.transform(x_train_fenci)
x_test_vec = vectorizer.transform(x_test_fenci)
```

from sklearn.feature_extraction.text import TfidfVectorizer：导入Scikit-learn库中的TfidfVectorizer类，它用于将文本数据转换为TF-IDF特征向量。

vectorizer = TfidfVectorizer(stop_words=stopwords)：创建一个TfidfVectorizer对象，并设置了停用词参数。stop_words=stopwords意味着使用之前从文件中读取的停用词列表作为停用词。

x_train_vec = vectorizer.transform(x_train_fenci)：将训练集的分词后的文本数据x_train_fenci转换为TF-IDF特征向量。transform方法会使用之前fit好的vectorizer来转换文本数据，得到每个文本的TF-IDF特征表示，结果被赋值给变量x_train_vec。

x_test_vec = vectorizer.transform(x_test_fenci)：将测试集分词后的文本数据x_test_fenci转换为TF-IDF特征向量，类似上面的步骤，结果被赋值给变量x_test_vec。

7.4.3　引入算法

下列这几段代码使用了Scikit-learn中的多项式朴素贝叶斯(multinomial naive Bayes)分类器来进行文本分类，并计算了模型的准确率，展示了分类报告；之后生成并打印分类报告，其中包含模型在每个类别上的精确率、召回率、F1分数等性能指标。

每个部分的代码呈现及解释如下所示。

```
from sklearn.naive_bayes import MultinomialNB
classifier = MultinomialNB()
```

from sklearn.naive_bayes import MultinomialNB：导入Scikit-learn库中的MultinomialNB类，它可以实现多项式朴素贝叶斯分类器。

classifier = MultinomialNB()：创建一个MultinomialNB对象，即朴素贝叶斯分类器的一个实例。

```
classifier.fit(x_train_vec, y_train)
y_pred = classifier.predict(x_test_vec)
```

classifier.fit(x_train_vec，y_train)：使用训练集的TF-IDF特征向量x_train_vec和对应的训练集类别标签y_train来训练朴素贝叶斯分类器。

y_pred = classifier.predict(x_test_vec)：使用训练好的分类器对测试集的TF-IDF特征向量x_test_vec进行预测，得到预测的类别标签。

```
from sklearn.metrics import accuracy_score, classification_report
accuracy = accuracy_score(y_test, y_pred)
```

from sklearn.metrics import accuracy_score，classification_report：导入Scikit-learn库中的accuracy_score和classification_report函数，用于计算准确率和生成分类报告。

accuracy = accuracy_score(y_test，y_pred)：使用accuracy_score函数计算预测结果y_pred和真实类别标签y_test之间的准确率。

```
print("Accuracy: ", accuracy)
Accuracy: 0.93
```

print("Accuracy：", accuracy)：输出模型的准确率，并且以上文本分类的正确率输出结果为93%。

```
class_names = df['类别'].unique()
print("Classification Report: ")
print(classification_report(y_test, y_pred, target_names=class_names))
```

class_names = df['类别'].unique()：获取数据集中所有不重复的类别标签，存储在class_names数组中，用于分类报告的标签。

print("Classification Report：")：打印输出一个标题，表示接下来将打印分类报告。

y_test：真实的测试集类别标签。

y_pred：模型预测的测试集类别标签。

target_names=class_names：这个参数用于指定类别的名称，用于标签的显示。

class_names数组中的类别名称将与相应的性能指标一起显示在分类报告中。

输出结果如下所示。

```
Classification Report:
                    precision    recall  f1-score   support

           财经       0.84      1.00      0.91        16
           时政       0.89      1.00      0.94        16
           教育       0.96      1.00      0.98        24
           社会       0.94      0.88      0.91        17
           游戏       1.00      0.81      0.90        27

    accuracy                           0.93       100
   macro avg       0.93      0.94      0.93       100
weighted avg       0.94      0.93      0.93       100
```

关于KNN机器学习应用和决策树机器学习应用，请读者扫描二维码获取。

KNN机器学习应用和决策树机器学习应用

7.5　案例研究

自动文本分析在各种与文本相关的任务中都有广泛的应用，能够帮助研究者更高效地处理海量文本数据，在舆情分析、市场调研等多个领域都有重要的价值。本节将重点介绍自动文本分析在新闻传播学研究领域的应用，通过列举不同研究领域中自动文本分析的应用案例，帮助读者更深入地理解其实际应用价值。

7.5.1　自动文本分析在政治传播研究中的应用

自动文本分析在政治传播领域得到广泛应用，主要包括舆情分析、媒体监测和政治宣传评估等方面。在舆情分析中，通过采集和自动文本分析大量新闻报道、政治家言论以及社交媒体上的民众评论等数据，可以深入了解舆情的分布、民众倾向以及舆论话题的走向，有助于政府和政治活动团体迅速了解民意情况，并根据民意关注点和需求及时调整宣传话语和策略。

自动文本分析还可以应用于分析政治家对现实的话语建构。*Constructing discourses on (Un)truthfulness：Attributions of reality，misinformation，and disinformation by politicians in a comparative social media setting*[《建构(非)真实性的话语：比较社会媒体

背景下政治家对现实话语、错误信息和虚假信息的归因》][1]一文就是一个典型的例子，文章选取了近年来右翼民粹主义在选举中获得成功的3个西欧民主国家，分别为奥地利、德国和荷兰。通过归纳分析主流和民粹主义政治家在社交平台上发表的(非)真实性话语，并使用自动化内容分析来评估政治家如何建构现实话语、错误信息和虚假信息，以此影响选民对于真相的看法，从而实现自己的政治目标。

该研究采用定性和定量的混合方法，可以分成两个研究阶段。

在第一阶段，研究者首先收集2017年奥地利、德国和荷兰这3个国家政治领导人在社交平台上直接发布的帖子；其次基于理论饱和原则对帖子进行抽样，抽样结果包括荷兰的568篇帖子、德国的655篇帖子和奥地利的554篇帖子；最后使用扎根理论中指定的3个编码步骤对收集到的帖子进行编码。

在第二阶段，研究者首先使用文本自动抓取工具获取文本数据，利用数据提取工具Netvizz收集2009—2018年奥地利、德国和荷兰政党领导人在Facebook公开页面上发布的所有帖子。其中，由于荷兰右翼民粹主义政治家威尔德斯使用Twitter平台交流的频率高，于是使用Twitter捕获和分析工具集(DMI-TCAT)对其在Twitter平台上相应年份发布的帖子进行检索和收集。

其次，研究者对收集到的文本数据进行了处理，采用Python 3.7.3编程语言，将帖子和推文整理到Pandas的数据帧中，并使用NLTK进行数据清理，以便进行进一步的文本数据处理和分析。另外，基于第一阶段的研究结果，研究者编制了德语和荷兰语的词汇表，并将初步得到的词汇表应用于小样本进行手动测试和验证。在两轮编码间测试后，编码间的可靠性指数达到了97.5%，因此研究者决定采用该编码版本对所收集到的帖子进行编码。

最后，研究者使用logistic回归模型进行分析，主要研究了(非)真实话语的相对显著性、(非)真实话语随时间推移呈现的发展趋势以及这种话语在选举和常规时期的显著性，如图7-5所示。

研究发现，现实话语、错误信息和虚假信息这3种话语在右翼民粹主义政治家的沟通策略中运用得更为普遍。在样本分析中，可以观察到，虽然主流政治家也提到了现实话语和虚假信息，但他们通常以更为谨慎和含蓄的方式表达这些观点。此外，右翼民粹主义政治家强调诚实和诚实的重要性，但通常伴随着对其他政治人物的谴责，暗示自己是诚实的，而其他人则在撒谎并通过操纵和欺骗的手段来获取选举优势。通过显著性分析可以得出结论，右翼民粹主义政治家相对于主流政治家更倾向于构建非真实话语，而且这种行为在选举期间更为常见。这一发现有助于研究者更深入地理解政治家在社交媒体上的话语策略，以及这些策略对公众的影响。

---

[1] Hameleers M，Minihold S. Constructing discourses on (un) truthfulness：Attributions of reality，misinformation，and disinformation by politicians in a comparative social media setting[J]. Communication Research，2022，49(8)：1176-1199.

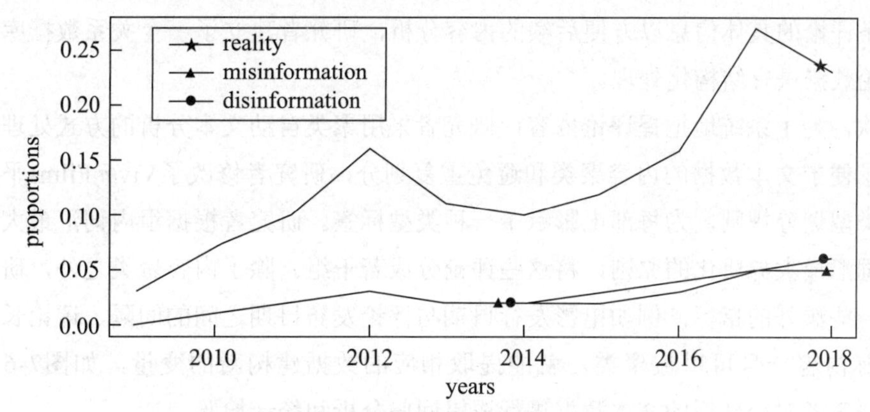

图7-5　随时间推移社交网站上(非)真实的话语比例情况[1]

7.5.2　自动文本分析在文化研究中的应用

自动文本分析可应用于文化研究中，利用自动文本分析对海量文本数据进行处理分析，可以达成主题分析、情感分析、语义分析等目的，得出相对全面、客观的分析结果。

Forms of contribution and contributors'profiles：*An automated textual analysis of amateur on line film critics*(《贡献形式和贡献者简介：业余在线影评人的自动文本分析》)[2]是基于法国民众在一个提供电影信息的网络平台上发布的电影评论的自动分析，研究了评论发布者的状态(发布评论的数量、订阅时间等)和发布的评论类型(电影选择、论证模式等)之间的关系。

在研究的第一阶段，研究者采集了法国民众在该网络平台上发布的电影评论数据，并自动分析了评论发布者的状态和发布的评论类型之间的关系。他们首先确定了业余评论和专业评论的写作方式，然后关注了评论发布者的特点，例如网站订阅时长和发帖频率，以研究这些因素对评论形式的影响。

首先，为实现上述分析，在文本获取和处理阶段，研究者选择Viv@films平台进行文本获取，根据2011年上映并在年底仍在上映的条件，划分出一个电影语料库；接着进行文本处理，提取语料库中每一部电影的特征、所有业余和专业媒体评论以及所有关于影评人本身可用的信息。在拥有140部电影的语料库中，研究者共提取了4万篇业余评论和2300篇媒体评论。由于评论语料库中少数人发帖量较大，而大多数人发帖量很小，加之不同电影的评论量之间存在巨大差异，为了减少这种幂律分布产生的影响，研究者选择最多保留从电影上映之日起产生的前400条评论，最后得到17 280条评论。为了清晰

[1]　Hameleers M，Minihold S. Constructing discourses on (un) truthfulness：Attributions of reality，misinformation，and disinformation by politicians in a comparative social media setting[J]. Communication Research，2022，49(8)：1176-1199.

[2]　Beaudouin V，Pasquier D.Forms of contribution and contributors'profiles：An automated textual analysis of amateur on line film critics[J]. new media & society，2017，19(11)：1810-1828.

呈现每条评论的具体信息以方便后续的内容分析，研究者建立了一个关系数据库，对得到的评论数据进行结构化处理。

其次，为了系统地把握评论内容，研究者采用聚类自动文本分析的方式处理文本数据。为了便于文本数据的内容聚类和避免重复划分，研究者修改了Viv@Films平台提出的电影类型划分规则，为每部电影赋予一种类型标签。研究者根据组内词汇最大同质化和组间词汇最大异质化的原则，将这些评论分成若干组。除了内容聚类之外，研究者还构建了一些额外的指标，例如电影发行日期与评论发布日期之间的间隔、评论长度等，这些指标内容一旦可以被聚类，就能提取相应的数据建构新的变量，如图7-6所示。最后，研究者对处理后的文本数据进行逻辑回归分析和统计检验。

Films
(140)
Raw variables:
Film title, director(s), actors, genre, release date, rating and number of press reviews, ratings and number of amateur reviews
Built variables:
Genre, indicator of preference (Press or Amateur), indicator of interest

Press reviews
(2 300)
Film title, rating, excerpt of reviews, name of the reviewer, media, date

Amateur reviews
(40 000)
Raw variables:
Film title, User name, rating, review, date
Built variables:
Time taken to post review, length of review, difference of rating with amateur, form of the review (analysis/reception)

Members
(18 000)
Raw variables:
User name, no. of reviews, no. of subscribers, date of registration, le Club
Built variables:
Length of time as a subscriber, no. of reviews written on the 140 films.

图7-6 提取和构造的变量[1]

研究发现，电影语料库中的文本内容显示了两种对比强烈的模型：一种是以电影为中心的评论，主要强调电影类型和内容，专业影评人和评论经验丰富的平台用户倾向于采用这种评论形式；另一种是以用户为中心的评论，主要强调情感和经验，常见于业余影评人和平台新手用户。另外，研究表明，评论的形式和内容受到实践规律性的影响，用户发表评论的频率越高，评论越接近专业评论的规范和格式。这项研究的一个重要贡献在于证实了大众美学确实是一种批判形式，它在评论中存在，但并未颠覆专业评论家的权威地位，保持了价值归属的等级体系。从这个意义上来说，该研究发现与之前关于网上书籍评论的研究结果相吻合，进一步加深了人们对大众评论与专业评论之间关系的理解。

[1] Beaudouin V，Pasquier D. Forms of contribution and contributors'profiles：An automated textual analysis of amateur on line film critics[J]. new media & society，2017，19(11)：1810-1828.

7.5.3　自动文本分析在健康传播研究中的应用

在健康传播研究中，自动文本分析方法同样有着广泛的应用前景。例如，研究者通过识别社交媒体上的健康话题文本的主题和关键词，可以分析公众对不同健康话题的关注程度，以便更深入地了解他们对健康信息的需求。此外，还可以进一步研究公众对不同健康话题的态度和情感。研究者通过提取用户在网络帖子和评论中使用的关键字，可以识别文本中蕴含的情感，有助于理解公众对特定健康问题的态度和反应，从而制定更有效的健康传播策略。

此外，还有另一种可能的自动文本分析方法，即通过分析网络用户在社交媒体上的语言来了解和测量其心理压力，正如研究*Understanding and measuring psychological stress using social media*(《利用社交媒体理解和测量心理压力》)[1]中所述。在互联网时代，人们越来越倾向于在社交媒体上分享自己的情感状态，以寻求社会支持，并记录日常活动、兴趣和喜好。许多研究表明，用户的心理健康状况，如抑郁和焦虑，可以通过他们在社交媒体上的言辞进行预测。该研究主要包括以下步骤。

首先，研究者进行了前期调查，使用Qualtrics平台(一个类似于Amazon Mechanical Turk的平台)对用户进行信息调查，包括年龄、性别、种族、教育和收入等人口统计信息，并请用户填写科恩压力量表，如表7-4所示。他们还邀请用户分享其Facebook的状态更新或Twitter的用户访问权限。共有601名用户完成了调查，这些用户都是在Facebook和Twitter上发布超过900个单词的活跃用户。

在正式研究阶段，研究者需要进行文本数据的抓取。研究者使用Facebook Graph API收集了受调查用户的Facebook帖子，并使用Twitter API下载了他们的Twitter帖子。601名用户样本中包括265名女性，平均年龄为38岁。科恩压力量表的评分范围为6～39分，平均分为30分，其中每一项的得分为0～4分，绝对最大值为40分。

表7-4　科恩压力量表[2]

在过去的一个月里，下列情况你多久发生一次
1. 因为意外发生的事情而心烦意乱
2. 感觉自己无法控制生活中重要的事情
3. 感受到焦虑和有压力
4. 对自己处理个人问题的能力有信心
5. 感觉事情正在朝着你期望的方向发展
6. 发现你不能应付所有你必须做的事情
7. 能够控制生活中的烦恼

[1]　Guntuku S C，Buffone A，Jaidka K，et al. Understanding and measuring psychological stress using social media[C]//Proceedings of the international AAAI conference on web and social media，2019，13：214-225.

[2]　Guntuku S C，Buffone A，Jaidka K，et al. Understanding and measuring psychological stress using social media[C]//Proceedings of the international AAAI conference on web and social media，2019，13：214-225.

(续表)

在过去的一个月里，下列情况你多久发生一次
8. 感觉到一切尽在掌握之中
9. 因为无法控制的事情而生气
10. 感到困难堆积如山，以至于你无法克服

其次，研究者使用DLATK软件包提供的HappierFun Tokenizer来处理收集到的所有调查者的社交媒体帖子，该软件支持处理表情符号和社交媒体特有的语言表达方式。这一步骤的目的是将文本语言转化为更容易处理和分析的数据语言。

再次，研究者采用有监督机器学习方法中的词典方法，使用包含73种不同类别的Linguistic Inquiry and Word Count(LIWC)心理语言学词典来表示用户的语言，通过展示每个类别中单词的标准化频率分布来识别高心理压力用户和低心理压力用户的语言使用特征，如图7-7[1]所示。单词的大小表示相关性强度，颜色表示频率(颜色越深越频繁)。

扫码看原图

图7-7 与高心理压力用户(左)和低心理压力用户(右)相关的单词和短语

最后，研究者将使用以上方法训练的个体用户压力预测模型进行跨领域适应，并将其应用于更大的社区单位，以探讨将社交媒体作为一种监测个体和国家压力水平的新工具的意义。

研究得出了以下几个重要结论。首先，没有心理压力的用户更倾向于发布关于早餐、家庭活动时间和旅行等内容的帖子，而有心理压力的用户更倾向于发布关于疲劳、失去控制、自我关注增加和身体疼痛等内容的帖子，两者在发布内容方面存在明显的区别；其次，研究发现Facebook上的言论相比Twitter更能有效地预测用户的心理压力水平；最后，研究还证明了基于语言的模型如何适应不同领域和扩展规模，以衡量更大范围群体的压力水平，这种基于领域适应和规模扩展的社交媒体压力的测量方法效果优于社会人口统计学变量。在美国，无论是在选取的调查用户层面还是国家层面，在社交媒体发布的语言压力测试中得分较高的人群通常表现出较差的健康状况、较低的设备使用

[1] 图片引用于文章：Guntuku S C，Buffone A，Jaidka K，et al. Understanding and measuring psychological stress using social media[C]//Proceedings of the international AAAI conference on web and social media，2019，13：214-225.

频次和较低的社会经济地位。这些研究结论对于设计简单但有效的技术辅助干预措施、培养人们的正念和压力控制能力具有重要的启示作用。

本章小结

自动文本分析是利用计算机算法和技术对文本数据进行自动处理、解析和分析的过程。它能够帮助研究者从大规模的文本数据中提取有用的信息、知识和见解。

本章主要介绍了有监督学习算法下的朴素贝叶斯法、KNN法和决策树算法。在文本分类任务中，这3种算法都是相对简单的机器学习算法，容易实现和解释。在应用方面，朴素贝叶斯算法在处理高维度数据和大规模数据集时具有一定的优势，但它假设特征之间是相互独立的，这在某些情况下可能不成立。KNN法适用于处理具有明显局部结构和非线性关系的问题，但它的计算复杂度相对较高。决策树算法在需要高解释性的场景中表现良好，适用于处理具有离散和连续型特征的数据。

选择算法时应考虑具体问题的需求、数据集的特点以及算法的性能。在实际应用中，通常需要尝试不同的算法并进行比较，以选择最适合解决某一问题的算法。

核心概念

(1) 自动文本分析。自动文本分析是指通过自动提取文本材料的主题和特征，统计文本频率，将信息可操作化的一种计算方法。

(2) 分析单元。分析单元也称为文本或文档，它可以是任何不同类型的文本单元，例如一份邮件、一条微博、一份新闻简报、一个句子或段落等。

(3) 语料库。待分析文本的集合称为语料库。

(4) 词干提取。词干提取是指去除单词的词缀，只保留词根。这有助于删除文本中词意重复的项，只计算唯一的单词以确定词汇量，从而降低文本的维度。

(5) 停用词。停用词指的是对文章的意义表达没有贡献的词。

(6) 噪声。噪声是指文本数据中普遍存在、频繁出现但对文本分类或分析任务没有实际意义的词语。

(7) 分词。分词是自然语言处理的一项基础任务，其主要目标是将连续的自然语言文本切分成一个个有意义的词语或词组。

(8) 文本分类。文本分类是指给定文档集$D=\{d_1, d_2, \ldots, d_n\}$，和一个类别集(标签集)$C=\{c_1, c_2, \ldots, c_n\}$，利用某种学习方法或算法得到分类函数$f$，将文档集$D$中的每一篇文档$d$映射到类别集$C$中的一个或者多个类别。

(9) 贝叶斯定理。贝叶斯定理也称为贝叶斯公式，由英国数学家贝叶斯提出，用来描述两个条件概率之间的关系，它是在贝叶斯统计学中广泛应用的一个重要概念。

(10) 朴素贝叶斯法。朴素贝叶斯法是基于贝叶斯定理与特征条件独立假设的分类方法。“朴素”是指假设数据类别之间彼此独立，互不产生任何影响。

(11) 拉普拉斯平滑。拉普拉斯平滑也称为拉普拉斯修正，最早由法国数学家拉普拉斯提出，是一种常用于处理概率估计中零概率问题的技术。

(12) K近邻法(KNN)。由科弗和哈特于1968年提出，KNN法是一种基于实例的文本分类方法，其核心思想是通过测量不同特征值间的距离进行分类。

(13) 决策树。决策树是一种用于对实例进行分类的算法，它基于特征值对实例进行排序，并根据这些特征值进行分类。

思考题

(1) 分类问题中有监督机器学习和无监督机器学习的主要区别是什么？

(2) 为什么建立在条件独立性假设上的朴素贝叶斯算法能够在解决新闻文本的分类问题中取得较好的效果？

(3) 基于KNN的分类决策规则，在二分类问题中，对K怎样取值才能避免平票的情况？

(4) 在同一数据集下，不同分类算法的正确率可能与哪些因素有关？

第8章　社会网络分析

8.1　社会网络分析概述

8.1.1　社会网络的概念

在深入了解社会网络之前，应先了解什么是“网络”。简单来说，事物以及事物之间的某种关系会构成一个网络。这些事物可以是自然界中的离散物体，例如基本粒子、天体、花、鸟、鱼等；也可以是具有象征意义的符号，例如旗帜、权利、阶级、社会主义等。这些事物之间存在多种关系，可以是大尺度空间中天体之间的引力关系、微观粒子之间的相互作用关系，也可以是人与人之间的权利关系等[1]。

网络由节点和连线构成，用来表示诸多对象及其相互之间的联系。从数学角度来看，网络就是一种图，通常特指加权图。除了数学定义，网络还有具体的物理含义，即网络是从某种相似类型的实际问题中抽象出来的模型。在计算机领域中，网络是信息传输、接收和共享的虚拟平台。通过网络，我们可以将各个点、面、体的信息连接起来，从而实现资源共享。

社会网络是指社会个体成员之间因互动而形成的相对稳定的关系体系。社会网络关注的是人与人之间的互动和联系，这些社会互动会影响人们的社会行为。在解释人们的行为时，最基本的原则是考虑“与谁有关”，这一点非常重要。

社会网络是由许多节点构成的一种社会结构，这些节点通常是个人或组织。社会网络代表了各种社会关系，经由这些社会关系，我们可以将从偶然相识的泛泛之交到紧密结合的家庭关系中的个人或组织联系在一起。这些社会关系包括朋友关系、同学关系、商业伙伴关系、种族信仰关系等。社会网络分析是一种理论视角，也是一套用于理解这些关系以及它们如何影响行为的技术方法[2]。

弗里曼(Freeman)指出，当代社会网络研究有4个特点：对社会行动者之间的某种特定关系的结构研究；建立在系统的数据基础之上；在很大程度上依赖于图论语言和技

---

[1]　刘军. 社会网络分析导论[M]. 北京：社会科学文献出版社，2004：01.

[2]　Marcum，C S. Social networks and health：models，methods，and applications[J]. Contemporary Sociology：A Journal of Reviews，2010，40(2)：235-236.

术；应用数学模型、统计技术和计算机模拟[1]。

近年来，我国学者已经开始广泛应用社会网络分析方法，以更深入地理解人与人之间的互动和联系，以及这些互动如何塑造了个体的行为，特别是在传播学领域，社会网络分析被应用于研究特殊的社交媒体用户、突发事件中的传播节点、知识传播、国际传播以及传媒贸易等方面，并取得了丰硕的研究成果。研究者还结合多种辅助分析方法，对社会网络分析的应用进行了进一步拓展，通过实证数据展现了网络传播的不同形态以及动态发展过程，同时揭示了传播节点在这一过程中所扮演的重要角色。

8.1.2 社会网络分析基础知识

1. 社会网络分析的起源与发展

社会网络分析(social network analysis，SNA)起源于人类学、心理学、社会学等多个学科，并逐渐发展成为一个相对独立的研究领域。随后，社会网络分析被吸收到理论物理、生物学等自然科学领域，并与统计物理学等相互融合，形成了研究超大规模网络结构的复杂网络理论。此时的社会网络分析已经形成一系列独特的术语和概念，成为广泛应用于自然科学和社会科学研究的方法。随着现代通信技术和互联网的发展，特别是Web2.0时代的到来，人们可以观测和收集大量的网络数据，通过这些数据，研究者能够深入研究和分析人类的行为模式、集群行为、情感波动、舆论动向等现象。这为社会网络分析提供了更广阔的研究领域，让人们得以更准确地洞察社会互动的本质，更深入地理解人们在网络中的关系和行为。

2. 节点测量的相关概念

在社会网络分析中，研究者常常需要了解网络中各个节点之间的关系以及它们的特征。通过对节点的测量和分析，研究者能够深入理解网络的构成以及其中隐藏的信息流。本节将介绍几个重要的节点测量概念，了解这些概念及其测量方法有助于揭示网络中的关键角色和网络结构。

(1) 度数(degree)。度数是衡量节点连接程度的重要指标。一个节点的度数指的是与该节点直接相连的点的个数，也称为关联度(degree of connection)。简而言之，度数代表了一个节点在网络中的邻点(neighborhood)个数，它可以帮助研究者判断一个节点在网络中的重要性。当一个节点的度数为0时，称之为“孤立点”，即在网络中没有直接连接的节点。

如图8-1所示，*A*、*B*点的度数是2；*C*点的度数是3；*D*、*E*、*F*点的度数是1；*G*点的

---

[1] Freeman L C. The development of social network analysis with an emphasis on recent events[J]. The Sage handbook of social network analysis，2011，21(3)：26-39.

度数是0，说明G点就是一个孤立点。

(2) 点入度(in-degree)和点出度(out-degree)。在有向网络中，点入度表示有多少个节点直接指向该节点；点出度表示该节点直接指向多少个节点。这两个概念能帮助研究者理解有向网络中节点的连接方向和关系。

在图8-2中，A点、B点的入度是1，出度是2；C点的入度和出度都是2；D点、F点的入度是1，出度是0；E点的入度和出度都是1；G点的入度和出度都是0，说明G点也是一个孤立点。

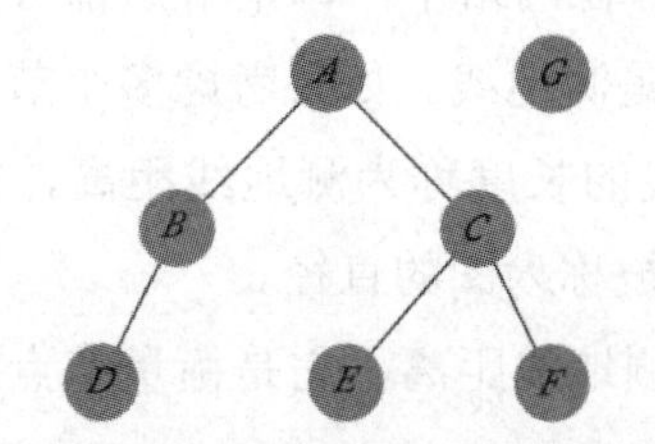

图8-1　行动者之间的无向关系图

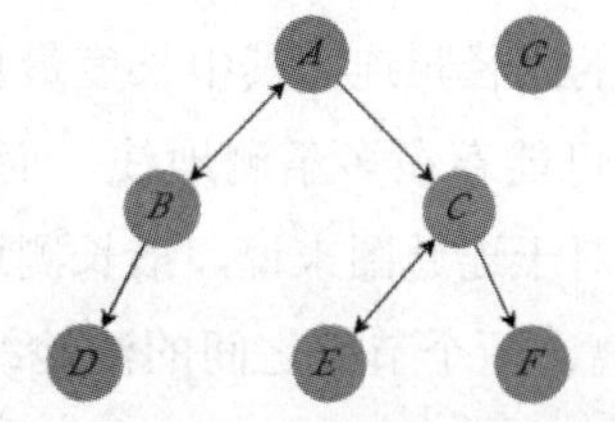

图8-2　行动者之间的有向关系图

(3) 结构洞(structural hole)。结构洞是网络中信息流动的“鸿沟”。当信息可以在两个连接到同一个自我中心节点(ego)但是彼此不相连的节点之间传播时，这个自我中心节点处在跨越结构洞的位置。结构洞是两个没有紧密联系的节点集合之间的“空地”，如图8-3所示。

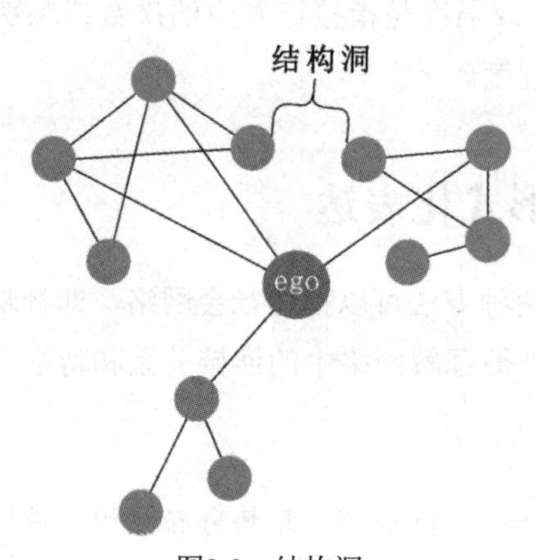

图8-3　结构洞

(4) 桥。桥是同时属于两个或多个群体的成员，它们在连接不同群体之间起着重要的作用。

(5) 孤立点。孤立点是指在网络中没有或几乎没有连接的节点，其度数很低，与其他节点的联系较为薄弱。

(6) 中介者。中介者是指与两个或多个彼此没有连接的群体有连接，但又不属于这个群体的行动者。中介者在信息传播和影响传递中具有关键作用，因为它可以促进不同群体之间的交流和联系。

(7) 守门人。在团体中，守门人是与外界联系的关键成员，他们掌握了团体与外部信息之间的关系，对于控制信息的流入和流出起着重要作用。

3. 关系(路径)测量的相关概念

关系(路径)测量方法有助于研究者揭示网络中的连接方式和节点之间的相对位置。

(1) 边。在社会网络中，节点之间的连接由边来表示。简单来说，每个人都是社会网络中的一个“节点”，而与其他个体之间的社会关系就是“边”，这些关系可以是强弱不一的，反映了个体之间的亲密程度和交流频率。

(2) 测地线。测地线是两点之间最短的路径。在网络中，每个节点都可以与其他节点通过不同的路径相连，其中长度最短的路径就是测地线。如果考虑多个节点之间的连接，网络中可能存在多条测地线，而这些测地线的长度称为测地线距离，简称为距离(distance)。对于连通图来说，最长测地线的长度被称为图的直径。

(3) 距离。两个节点之间的测地线长度称为测地线距离，它是衡量节点之间关系紧密程度的指标。

(4) 直径。社会网络中最长的测地线称为图的直径，它反映了网络中最远节点之间的距离。

(5) 方向。在有向网络中，边可以有方向，从一个节点指向另一个节点，这个方向表示信息或影响的传递方向。

(6) 频率或强度。频率或强度是指接连发生的次数或频率，它可以用来衡量节点之间的交互程度或联系紧密程度。

8.1.3 社会网络的形式化表达

从数学角度来看，有两种方法可以描述社会网络，即社群图法和矩阵代数法。这两种方法能帮助研究者更清晰地理解网络中的连接关系和特征。

1. 社群图法

常见的图形类型有条形图、圆形图、趋势分布图等，这些图形可以称为变量图，主要展示不同变量的频次等属性。

在社会网络中，社群图有其独特之处，它主要由“点”(代表行动者)和“线”(代表行动者之间的关系)构成。这样，一个群体成员之间的关系就可以用一个由点和线连成的图来表示。

简而言之，社群图实际上就是一种网络图，这些网络图描绘了不同点之间的关系模式。需要注意的是，在图论中所说的“图”并不是前文提到的变量图，变量图居于次要地位。网络图与其他统计分析程序中所用的变量图之间有显著的差别，这一点很关键。

社群图包括有向图、无向图、二值图、符号图和多值图。图可以是完备的，也可以是非完备的。本书后续章节将详细介绍这些不同类型的图。

2. 矩阵代数法

在描述社会网络时，社群图方法虽然清晰明了，可以直观地展示行动者之间的关系，但当涉及众多点时，图形可能变得非常复杂，不易分析关系结构，这时可以利用矩阵代数法来有效地表达关系网络。

简单来说，矩阵就是一些元素按照特定次序排列的图形，其正式定义为由$m \times n$个数按一定次序排成的，由m行n列组成的图形。矩阵常用大写英文字母来表示，矩阵中的元素[1]用小写字母来表示，矩阵的规模由行和列的个数来表示。例如，一个有7行9列的矩阵A记作A_{79}。如果矩阵的行数和列数不同，称这样的矩阵为长方阵；如果矩阵的行数和列数相同，称这样的矩阵为正方阵，简称方阵。关于矩阵的具体介绍，请读者扫描二维码获取。

矩阵具体介绍

8.1.4　社会网络的常见分类

在社会网络分析中，可以从不同角度对网络进行分类。

1. 依据研究群体分类

依据研究群体，可将社会网络分为自我中心网络和整体网络。

(1) 自我中心网络。自我中心网络是从个体的角度来界定社会网络的，以特定行动者为研究中心，主要考虑与该行动者的联系，以此来研究个体行为如何受到人际网络关系的影响。这种方法一般用来分析个体之间关系的异质性、同质性、结构洞等特征。

(2) 整体网络。整体网络关注的焦点是网络整体中角色关系的综合结构，或群体中不同角色的关系模式。整体网络一般关注网络的密度、互惠性、关系的传递性、子群结构、核心—边缘结构等方面。

2. 依据关系(线)的方向分类

依据关系的方向，可将社会网络分为有向图和无向图，如图8-4所示。

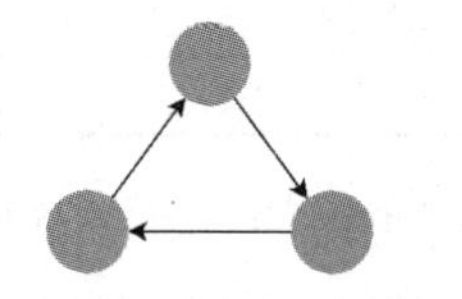
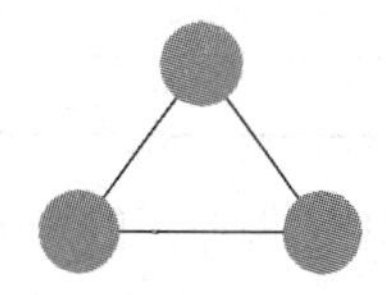

图8-4　有向图(左)和无向图(右)

(1) 有向图。有向图表示有方向的图形。在有向图中，每条线或关联都有明确的方向。常见的有向图有关注关系、投资关系、引用关系等。

(2) 无向图。无向图表示没有方向的图形，它是从对称图中引申出来的，它仅仅表

---

[1]　矩阵中的要素由其所在位置来表示。例如，矩阵A中的第3行第4列的要素记作a34。矩阵中的每个元素都有自己的“标签”或者位置，我们可以清楚地看到作为社会行动者的各个行和列之间的关系。

明重要关系的存在与否。常见的无向图的关系有好友关系、合作关系、共现关系等。

3. 依据网络数据层次分类

依据网络数据层次，可以将社会网络数据分为二分类网络数据、多分类定类网络数据、定序关系强度数据、定距关系网络数据。

(1) 二分类网络数据。二分类网络数据把关系分为“有”和“无”两类，比如关注与未关注的关系。这种分类最为普遍。

(2) 多分类定类网络数据。例如多次转发、少数转发、未转发的关系。可以将多分类数据进行二分化处理，达到简化数据的目的。

(3) 定序关系强度数据。例如将关系分为非常紧密、比较紧密、联系较少、没有联系4类。这种数据反映了关系的强度，也就是定序关系强度数据。

(4) 定距关系网络数据。在定序关系强度数据的基础上，更加细致地划分关系层次，这就是定距关系网络数据。这种数据类似于常见的定距变量，是对关系进行定距层次上的测量之后得到的数据，例如测量两个节点间联系的数量。

4. 依据节点类型分类

在社会网络分析中，经常使用模(mode)这个概念来描述不同行动者之间的关系。一个模指的是一个行动者的集合，而模的数目则表示网络中不同类型行动者集合的数量。依据节点类型，可将社会网络分为1-模网络和2-模网络。

(1) 1-模网络(one-mode network)。1-模网络仅关注一个行动者集合内部的关系。这样的网络专注于研究同一类型的行动者之间的联系，例如探究一个班级内部的人际关系。1-模网络中的行动者可以是多种类型，例如个人、子群体、组织、集体、社区、民族、国家等，其矩阵表现如表8-1所示。

表8-1 1-模网络的矩阵表现

	A	B	C
A			
B			
C			

(2) 2-模网络。2-模网络研究的是两个不同类型的行动者群体之间的关系，或者一类行动者和一类事件之间的联系。例如，2-模网络可以研究两个不同班级之间的联系。2-模网络的矩阵表现如表8-2所示。

表8-2 2-模网络的矩阵表现

	C	D	E
A			
B			
C			

在2-模网络中，有一种特殊类型，即隶属网络，它特指一个模态(行动者集合)代表“行动者”，而另一个模态代表行动者是其所隶属的“单位”或“事件”。例如，如果一个模态是“研究生”，另一个模态是这些研究生所在的“学院”，那么这个2-模网络就是隶属网络。

1-模网络和2-模网络的分类为社会网络研究提供了更细致的工具和更全面的视角，有助于研究者更加精确地分析不同类型行动者之间的关系，从而深入了解网络中不同层次的互动和联系。

5. 依据关系的紧密程度分类

一般情况下，首先考虑二元无向关系，进而分析二元有向关系，再进一步思考关系的强度和频次等。在社会网络分析中，依据关系的紧密程度分类，可将社会网络分为二值图、符号图和赋值图。

(1) 二值图。如果研究者关注的问题只涉及两种选择，比如“是”或“否”(用“1”或“0”表示)，并且在绘制图形时，只需使用箭头线表示这种二选一的关系，就可使用二值图来表示。这种图形展示了网络中的基本连接情况。

(2) 符号图。若研究者关注的问题是“对于给定列表中的每个人，你与他们的关系是好、无关系，还是不好”，就可以用符号来表示不同的关系。其中，“+”表示关系“好”，“0”表示“无关系”，“-”表示关系“不好”。对于用箭头表示的图形，箭头带“+”表示“好”，无箭头表示“无关系”，箭头带“-”表示“不好”。这种图形被称为“符号图”，它更详细地刻画了关系的性质。

(3) 赋值图。当问题涉及关系的强度时，研究者可以使用赋值图。假设问题是“在以下3个人中，你最喜欢谁？其次是谁？最后是谁”。这种问题涉及关系的程度，可以用数字来表示强度。其中，使用“-4”表示“非常憎恨此人”，使用“0”表示“保持中立”，使用“4”表示“非常喜欢此人”。对列表中每个人的态度可以用以下9种情况来表示，即-4，-3，-2，-1，0，1，2，3，4。在图形中，研究者可以在箭头上标明关系的强度。这种图形称为“赋值图”[1]，它有助于研究者更准确地描述关系的程度。

6. 依据成员的紧密程度分类

依据成员的紧密程度，可将社会网络分为完备图和非完备图。

(1) 完备图。当图中的任意两个节点之间都有连线时，称该图为完备图，参考图8-5(左)。在完备图中，每个节点都与其他节点直接相连，形成了一种理想化的情况。然而，现实生活中很难实现完全的去中心化社会网络，因此完备图在现实中并不常见。

(2) 非完备图。如果图中存在节点之间没有直接连线的情况，就称该图为非完备图，参考图8-5(右)。在非完备图中，节点之间的关系没有那么紧密，可能存在一些节点

---

[1] 刘军. 社会网络分析导论[M]. 北京：社会科学文献出版社，2004：61.

之间没有直接联系的情况。

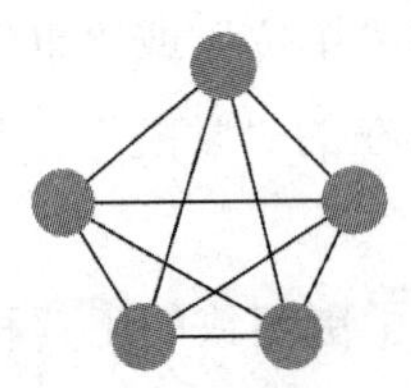
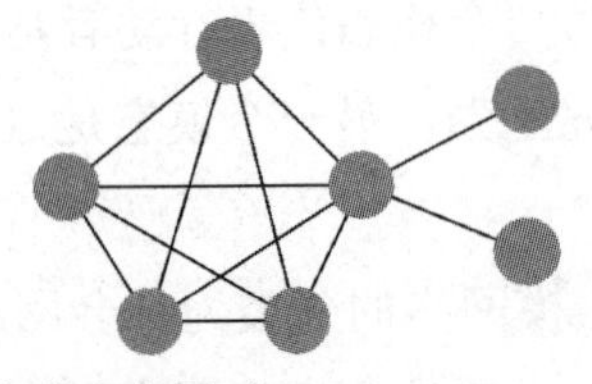

图8-5　完备图(左)和非完备图(右)

现实中常见的社会网络是非完备图的形式，其中一些节点可能会缺乏直接的联系。完备图的中心势为0，因为每个节点都与其他节点直接连接，中心性的概念在这里不太明显。而在星型或辐射型的网络中，节点的中心势接近1，表示某些节点具有更多的直接联系。

8.2　整体网络测量

整体网络测量着眼于收集一个有边界的行动者群体(如一个部门或组织)内所有成员关系的数据。这个有边界的网络允许研究者进行多种测量，包括从计算那些不是直接相连但通过其他成员间接相连的节点的度量，到描述整个网络配置的综合测量。在这个背景下，经常计算的一个整体网络指标是网络密度，即实际存在的连接数量与可能存在的总连接数量之间的比率。整体网络有时被形容成一个“小世界”，它的结构紧密又复杂，这意味着紧密连接的行动者聚集在一些群体中，而少数桥连接这些群体，或者表现为核心边缘结构，其中少数核心成员相互连接，而外围成员与核心成员相连但不相互连接[1]。

本节主要探讨整体网络，涵盖整体网络的密度、中心性、凝聚子群等方面。

8.2.1　密度

密度(density)指的是一个图中各个点之间联络的紧密程度。它是用来刻画图的性质的一个概念[2]。一般来说，关系紧密的团体合作行为较多，信息交流更加容易，团体的工作效果也会更好，而关系疏远的团体常有信息不通、情感支持太少、工作满意程度较低等问题。密度数值越大，表示各节点之间的关系越紧密，联系越频繁，传播速度也就越快[3]。

在无向图中，密度用图中实际拥有的连线数i与最多可能存在的连线总数之比来表

[1]　Brass D J. New developments in social network analysis[J]. Annual Review of Organizational Psychology and Organizational Behavior，2022(9)：225-246.

[2]　刘军. 社会网络分析导论[M]. 北京：社会科学文献出版社，2004.

[3]　罗家德. 社会网分析讲义[M]. 北京：社会科学文献出版社，2005.

示，即

$$密度=2i/n(n-1)$$

在有向图中，有向图所能包含的最大连线数恰恰等于它所包含的总对数，即$n(n-1)$(n表示图的规模，即该图一共有n个点)。

密度的表达式为

$$密度=i/n(n-1)。$$

研究者可使用UCINET软件，沿着Network→Cohesion→Density这条路径，选定所要分析的网络数据，即可计算出该网络的整体密度。相关操作如图8-6和图8-7所示。

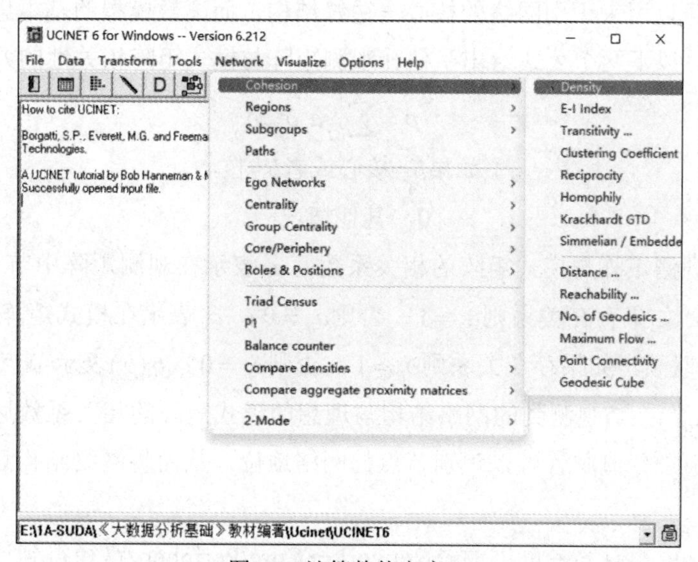

图8-6　计算整体密度(1)

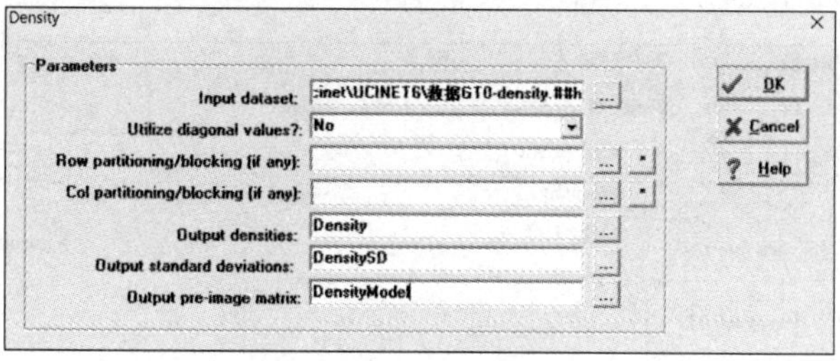

图8-7　计算整体密度(2)

单击“OK”按钮后，即可计算出整体网络密度，如图8-8所示。

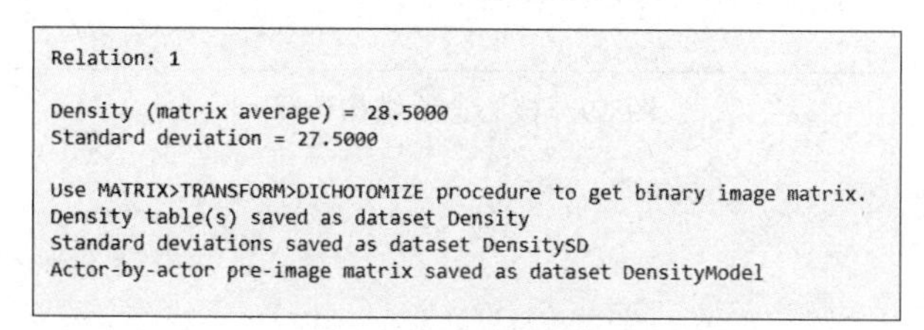

图8-8　整体网络密度结果

由图8-8可知，该整体网络密度为28.5，网络中关系的标准差为27.5。

8.2.2 核心边缘结构

核心边缘结构分析旨在探究社会网络中哪些节点处于核心地位，哪些节点处于边缘地位。这种分析方法的应用范围广泛，可以用于研究各种社会现象中的核心边缘结构，例如精英网络、科学引文关系网络以及组织关系网络等。

通过核心边缘结构分析，研究者能够识别出网络中的关键节点，即那些在信息传递、资源流动等方面具有重要作用的节点，这些节点通常称为核心节点。与之相对，边缘节点在网络中的联系和影响较为有限。

离散模型可以用来识别网络的核心—边缘结构，而离散模型的基本思路是寻找一个二值模式矩阵。以下两个公式给出了估计观测矩阵与模式矩阵相关性的方法。

$$\rho = \sum_{i,j} a_{ij}\delta_{ij}$$

$$\delta_{ij}=\begin{cases} 1,\text{如果}b_i\text{=核心或者}b_j\text{=核心} \\ 0,\text{其他情况} \end{cases}$$

式中：ρ表示观测矩阵与模式矩阵的相关系数；a_{ij}表示在观测矩阵中节点i和节点j之间是否存在联系，如果存在关系则$a_{ij}=1$，否则$a_{ij}\neq 0$；δ_{ij}表示在模式矩阵中节点i和节点j之间是否存在联系，如果存在关系则$\delta_{ij}=1$，否则$\delta_{ij}=0$；$b_i(b_j)$表示节点$i(j)$被分配到的区块(核心或边缘)。当观测到的网络结构与理想的模式矩阵的相关系数达到最大时，即当p值给出最高的z分值时就可以识别节点的网络地位，从而将网络结构划分为核心和边缘两部分[1]。

在UCINET中，研究者可以通过Network→Core/Periphery路径得到计算结果，相关操作如图8-9所示。

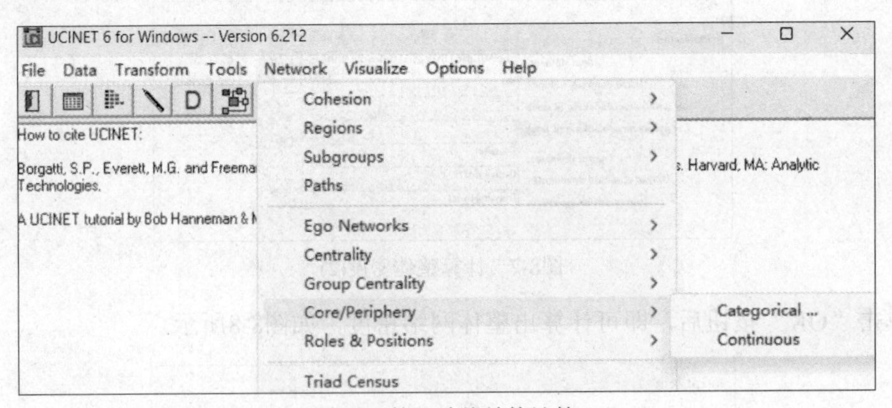

图8-9 核心边缘结构计算

[1] 张杰，盛科荣，王传阳. 中国城市网络的核心—边缘结构演化研究——基于证券服务联系的视角[J]. 干旱区地理，2022，45(5)：12.

8.3　中心性分析

中心性分析是社会网络分析中的关键环节，它能帮助研究者更加深刻地理解网络中各个节点的地位和作用。通过中心性分析，研究者可以量化节点在网络中的重要性，揭示信息传递、资源流动等方面的关键节点。这一分析方法是核心边缘结构的延伸，它能进一步挖掘社会网络中节点的内在特征。

中心性是一个重要的个人结构位置指标，它是评价一个人重要与否，衡量其职务的地位优越性或特权性以及社会声望等常用的指标[1]。一个网络中心性指数高、在网络中与最多的行动者有关系且拥有中心性的行动者，在网络中拥有的非正式权力及影响力最高[2]，获得的社会支持也最多[3]。

在社会网络“中心性”的描述中，中心性又分为中心度与中心势。中心度指的是网络中的一个节点处于核心地位的程度，这种衡量方式关注节点本身在网络中的重要性。“中心势”则更广泛地考查了整个网络的内部整合程度和一致性，可以看作整个网络的中心度。

社会网络的中心性又可进一步分为3种主要类型，即点度中心性、中间中心性和接近中心性。其中，每种中心性都有两个关键的衡量指标，即中心度和中心势。

在实际进行“中心性”测量时，选择适合的测度方法非常关键。弗里曼(Freeman)认为，测度方法应该根据研究问题的背景来选择。如果研究者关注交往活动，那么可以采用以度数为基础的测度方法；如果研究者关注对交往或信息的控制程度，那么中间中心性可能更适合；如果研究者关注信息传递的独立性和有效性，那么接近中心性可能更适合。

通过选择适合的中心性测度方法，研究者能够更准确地揭示社会网络中各节点的地位和作用，从而为解决不同问题提供有力的分析工具。中心性的多维度划分和测量方法的灵活运用，能够帮助研究者更全面地理解社会网络的运作机制和节点间的相互关系。

8.3.1　点度中心性

点度中心性(degree centrality)分为点度中心度和点度中心势。

1. 点度中心度

点度中心度是指节点在网络中与其他节点直接连接的数量，它能帮助研究者了解谁在网络中能够成为一个团体的核心人物，并与其他成员直接相连，从而成为具有最大权力的人。

---

[1]　罗家德. 社会网分析讲义[M]. 北京：社会科学文献出版社，2005：187.

[2]　Krachardt D. Informal networks：the company behind the chart[J]. Harvard Business Review，1993(71)：104-111.

[3]　Krackhardt D，Kilduff M. Friendship patterns and culture：The control of organizational diversity[J]. American anthropologist，1990，92(1)：142-154.

想要测量一个节点的点度中心度，可以简单地基于与该节点直接相关的其他节点的数量。在无向图中，这就是节点的度数(与它相连的边的数量)。在有向图中，则分为节点的入度(指向该节点的边的数量)和出度(从该节点指向其他节点的边的数量)。这种测量方式称为点度中心度，它可以进一步分为两类，即绝对点度中心度和相对点度中心度。

(1) 绝对点度中心度。在无向图中，测量点度中心度最简单的方法就是测量与该节点直接相连的其他点的个数。如果用C_{AD}表示绝对点度中心度，那么对于一个节点x来说，它的绝对点度中心度可以用表达式$C_{\mathrm{AD}}(x)$来表示。

在有向图中，每个节点都有两种局部中心度测度，分别是节点的入度和出度。因此，在有向图中也可以测量节点的局部中心度，其中内中心度(in-centrality)对应“点入度”，外中心度(out-centrality)对应“点出度”。

(2) 相对(标准)点度中心度。用绝对中心度来测量一个点的中心度会存在一个缺陷，即只有在比较相同规模的图时，中心度的数值对比才有实际意义。绝对中心度只反映局部的中心性，而未考虑整个图的结构特征。例如，在一个有100个点的图中，度数为25的核心点就不如在一个30个点的图中度数为25的点那样居于核心地位。

为了弥补这一不足，弗里曼提出了相对点度中心度的概念。这种测度指的是一个节点的绝对中心度(实际的度数)与图中节点的最大可能度数之比[1]。这样的相对测度可以消除不同规模图之间的度数差异，使得中心度的比较更具有普遍意义。

在无向图中，这一指标的测度公式为

$$C'_{RD}(x)=(x\text{的度数})/(n-1)$$

在一个n点图中，任何一点的最大可能度数一定是$n-1$，所以该公式的分母为$n-1$。

在有向图中，其中一点x的相对点度中心度的测度公式为

$$C'_{RD}(x) = (x\text{的点入度}+x\text{的点出度})/ (2n-2)$$

通过对相对点度中心度的测量，研究者可以更准确地评估每个节点在整个网络结构中的核心程度。如$C'_{\mathrm{RD}}(x) = 0$，则节点x就是一个孤立点；相反，若$C'_{\mathrm{RD}}(x) = 1$，则节点x就是图的核心点之一，具有更高的中心性地位。这一概念的引入使得研究者能够更全面地理解和比较不同规模和结构的社会网络中各节点的中心性。

2. 点度中心势

点度中心势测量的是一个网络的整体结构指标，用于衡量节点的影响力分布，计算公式为

$$C_{\mathrm{RD}} = \frac{\sum_{i=1}^{n}(C_{\max} - C_i)}{\max\left[\sum_{i=1}^{n}(C_{\max} - C_i)\right]}$$

[1] Freeman L C. Centrality in social networks conceptual clarification[J]. Social networks，1978，1(3)：215-239.

这个公式的含义是，首先找到网络中的最大点度中心度数值，然后计算每个点的点度中心度与最大点度中心度之间的差值，得到一系列差值，接着将这些差值相加，最后用总和除以所有差值总和的最大可能性，得到的结果即为点度中心势[1]。点度中心势越高，即整个网络的关系越集中；反之，点度中心势越低，关系越分散。

(1) 绝对点度中心势指数。它是指衡量一个点相对于网络中其他点的中心度。点i的绝对中心度设为$C_{\mathrm{AD}i}$，点的绝对中心度的最大值记为C_{ADmax}；相对中心度设为$C_{\mathrm{RD}i}$，点的相对中心度的最大值记为C_{RDmax}。因为只有当网络是包含n个点的星形网络时，分母为最大值，即n^2-3n+2，从而可以得到转化后的公式为

$$C_{\mathrm{AD}}=\frac{\sum_{i=1}^{n}(C_{\mathrm{AD\,max}}-C_{\mathrm{AD}i})}{n^2-3n+2}$$

(2) 相对点度中心势指数。通常，相对点度中心度是通过将绝对点度中心度除以节点最大可能连接边的数量(即$n-1$，其中n表示网络中节点的总数)来计算的。绝对点度中心度可以通过统计与该节点直接相连的边的数量来完成计算，相关计算公式为

$$C_{\mathrm{RD}}=\frac{\sum_{i=1}^{n}(C_{\mathrm{RD\,max}}-C_{\mathrm{RD}i})}{n-2}$$

在UCINET软件中进行点度中心性的计算时，可以依次单击Network→Centrality→Degree来操作，如图8-10所示。

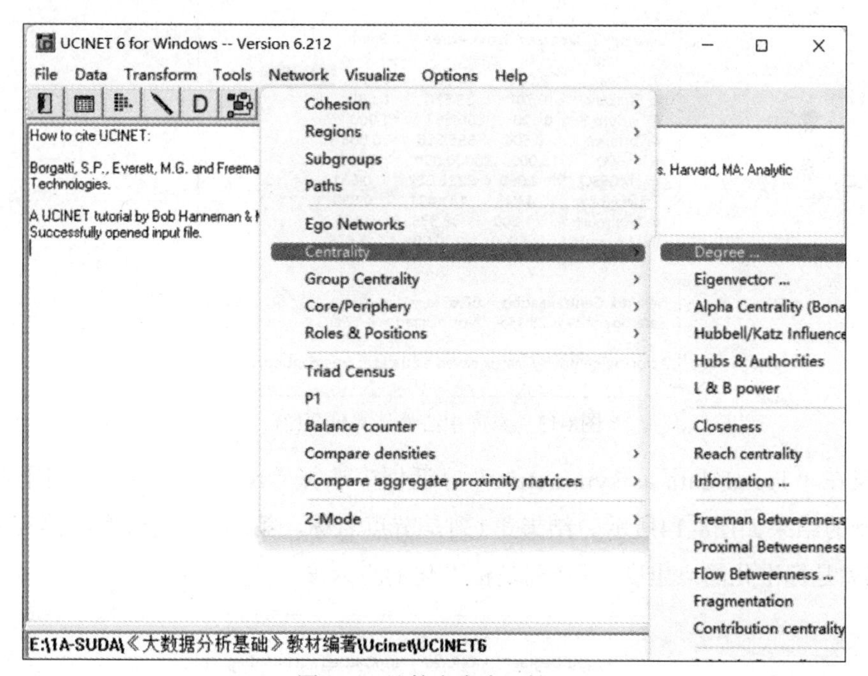

图8-10　计算点度中心性(1)

[1] Freeman L C. Centrality in social networks conceptual clarification[J]. Social networks，1978，1(3)：215-239.

在“Tread data as symmetric”对话框中选择“Yes”激活，就可以把有向图变成无向图，如图8-11所示。

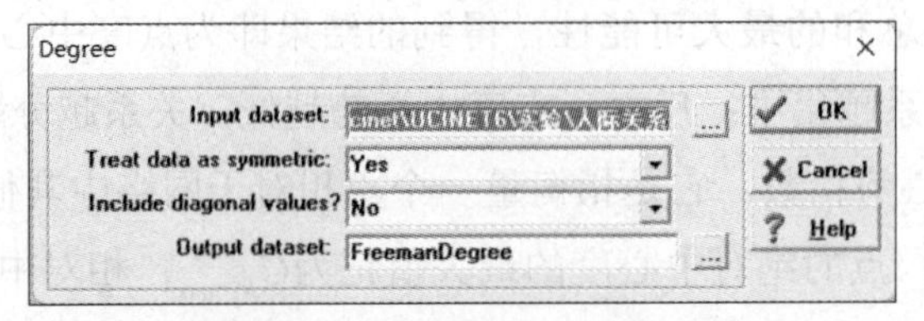

图8-11　计算点度中心性(2)

最终结果如图8-12所示，第1列是节点名称，第2列是点度中心性，第3列是标准化的点度中心性。

	1 Degree	2 NrmDegree	3 Share
1 穿山甲	3.000	100.000	0.375
2 薛司令	2.000	66.667	0.250
3 王大队长	2.000	66.667	0.250
4 杜孝先	1.000	33.333	0.125

图8-12　点度中心性计算结果(1)

图8-13呈现的是分析结果的下半部分，我们可以看到一些点度中心性的统计值，如平均值、标准差等，点度中心势是0.6667。

DESCRIPTIVE STATISTICS

	1 Degree	2 NrmDegree	3 Share
1 Mean	2.000	66.667	0.250
2 Std Dev	0.707	23.570	0.088
3 Sum	8.000	266.667	1.000
4 Variance	0.500	555.556	0.008
5 SSQ	18.000	20000.000	0.281
6 MCSSQ	2.000	2222.222	0.031
7 Euc Norm	4.243	141.421	0.530
8 Minimum	1.000	33.333	0.125
9 Maximum	3.000	100.000	0.375

Network Centralization = 66.67%
Heterogeneity = 28.13%. Normalized = 4.17%

Actor-by-centrality matrix saved as dataset FreemanDegree

图8-13　点度中心性计算结果(2)

如果在“Tread data as symmetric”对话框中选择“NO”，就保留了图形的方向性，得到的结果如图8-14所示。结果第1列是节点名称，第2列是点出度，第3列是点入度，第4列是标准化的点出度，第5列是标准化的点入度。

	1 OutDegree	2 InDegree	3 NrmOutDeg	4 NrmInDeg
1 穿山甲	3.000	3.000	100.000	100.000
2 薛司令	2.000	2.000	66.667	66.667
3 王大队长	2.000	2.000	66.667	66.667
4 杜孝先	1.000	1.000	33.333	33.333

图8-14　有方向性的点度中心性计算结果

8.3.2　中间(中介)中心性

中间(中介)中心性(betweeness centrality)用于衡量节点控制或影响其他节点间交往的能力。中间中心性的核心思想是，如果一个节点位于其他节点之间的路径上，那么它在信息传递、联系传递以及资源流动等方面扮演着重要角色。

中间(中介)中心性可以分为中间中心度和中间中心势，两者共同揭示了节点在网络中的中间地位和影响力。中间中心度衡量的是一个节点在网络中作为“桥梁”的程度，即它在网络中的“中间程度”。中间中心势则考查了节点对整个网络的控制程度，以及它在信息流动中的关键作用。

在实际应用中，测量中间(中介)中心性能够帮助研究者识别在社会网络中具有枢纽地位的节点，揭示出网络中的信息传递通道和资源流动路径，从而深入理解网络的结构和运行机制。通过综合考虑点度中心性、中间(中介)中心性以及其他相关指标，研究者能够更加全面地分析社会网络中的关键节点与整体网络的互动关系。

1. 中间(中介)中心度

中间(中介)中心度用于揭示一个节点在社会网络中充当“中间人”的程度，即其控制其他两个节点之间交往的能力，也可以称为充当媒介的能力。中间(中介)中心度通过测量经过某个节点的最短路径(测地线)的数目来判断节点的重要性。如果一个节点位于许多其他节点对之间的最短路径上，那么该节点的中间(中介)中心度较高。

绝对中间(中介)中心度的计算公式为

$$C_{\mathrm{AB}i}=\sum_{j}^{n}\sum_{k}^{n}b_{jk}(i)$$

$$(j\neq k\neq i \text{ and } j<k)$$

这个公式的含义是，假设两个节点j和k之间存在的测地线数目用g_{jk}来表示，第3个节点i能够控制此两点的交往的能力用$b_{jk}(i)$来表示，节点j和k之间经过点i的测地线数目用$g_{jk}(i)$来表示，那么，$b_{jk}(i)=g_{jk}(i)/g_{jk}$。$C_{\mathrm{AB}i}$(点$i$的绝对中心度)等于将所有点对的中间度贡献进行累加。

需要注意的是，只有在星形网络中，节点的中间(中介)中心度才能达到最大值[1]，具体而言，最大值的计算公式为

$$C_{\max}=\frac{n^2-3n+2}{2}$$

式中：n表示网络中节点的数量。

基于以上情况，可以得到相对中间(中介)中心度的计算公式为

[1] Freeman L C. A set of measures of centrality based on betweenness[J]. Sociometry，1977：35-41.

$$C_{\mathrm{RB}i}=\frac{2C_{\mathrm{AB}i}}{n^2-3n+2}$$

相对中间(中介)中心度的计算考虑了网络结构，使得中间(中介)中心度的比较更具实际意义，避免了仅仅比较绝对数值而忽略了网络规模的问题。

2. 中间(中介)中心势

中间(中介)中心势是指网络中中间中心性最高的节点与其他节点的中间中心性的差距，计算公式为

$$C_{\mathrm{B}}=\frac{\sum_{i=1}^{n}(C_{\mathrm{RBmax}}-C_{\mathrm{RB}i})}{n-1}$$

这个公式的含义是，首先找到群体中具有最高中间(中介)中心势的人，然后计算该人的中间(中介)中心势与其他人的中间(中介)中心势之差，最后将这些差值进行比较。差值越大，中间(中介)中心势的数值越高，表明这个人在群体中充当“中间人”的作用越大。如果一个人的中间(中介)中心势与群体中最高中间(中介)中心势之差为0，说明他在中间(中介)中心势方面没有特殊的作用。而在星形网络中，每个人都是所有其他人的桥接点，因此具有100%的中间(中介)中心势指数；而在环形网络中，中间(中介)中心势指数为0。

在UCINET中，可以沿着Network→Centrality→Betweenness这条路径计算中间(中介)中心性(参考图8-15)，得到结果的第1列是节点名称，第2列是中间(中介)中心性，第3列是标准化的中间性，也可以在最下方看到中间中心势的值。

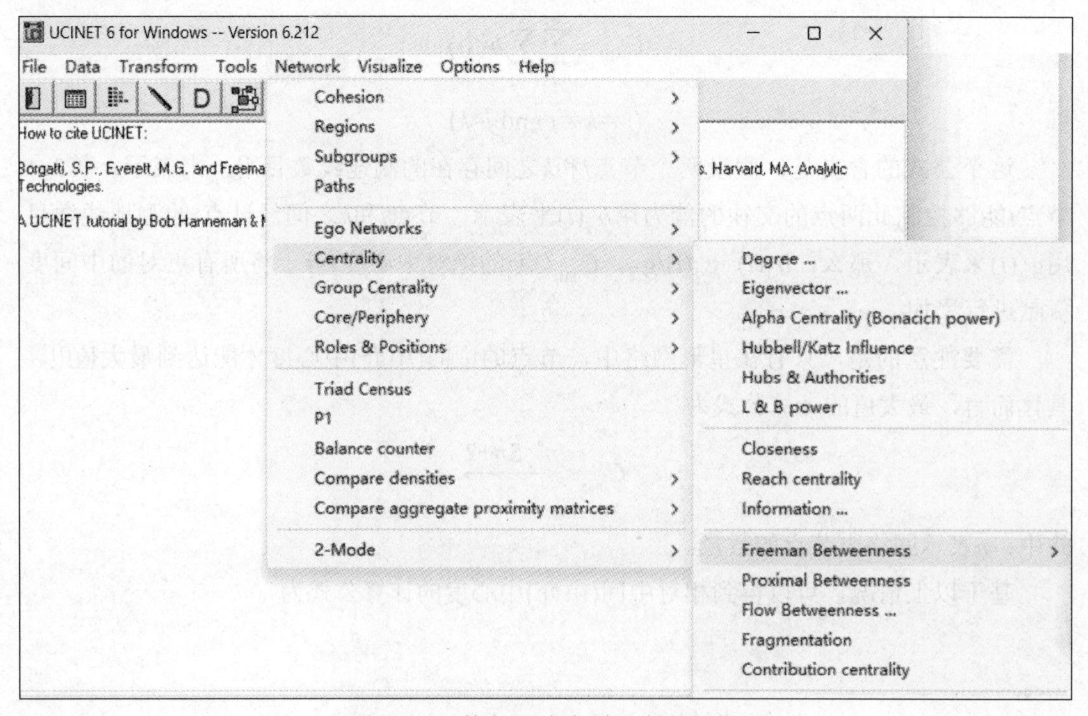

图8-15 计算中间(中介)中心性的操作

8.3.3 接近中心性(整体中心性)

接近中心性(closeness centrality)分为接近中心度和接近中心势。

1. 接近中心度

接近中心度用来衡量一个行动者与社会网络中其他成员之间的接近程度，其特点是不受其他人操控，反映了一个行动者在信息传播中的独立性。行动者越接近其他人，在信息传播中越不依赖他人，故可称此人有较高的中心度。如果一个点与网络中其他各点之间的距离都很短，那么这个点就可以被认为是整体中心点。

不同于之前的中心度测量，接近中心度的计算依赖于点与点之间的“距离”，而不再仅仅基于点的度数。这里的“距离”是指两点之间的测地线长度，即最短路径的长度。绝对接近中心度的测量公式为

$$C_{\mathrm{AP}i}^{-1}=\sum_{j=1}^{n}d_{ij}$$

式中：d_{ij}表示点i和j之间的测地线距离。

该公式的含义是，该点与图中所有其他点的测地线距离之和。

相对接近中心度是在绝对接近中心度的基础上进行标准化而来的，它以最小的接近中心度为分母，计算出相对接近中心度，测量公式为

$$C_{\mathrm{RP}i}^{-1}=\frac{C_{\mathrm{AP}i}^{-1}}{n-1}$$

需要注意的是，只有在星形网络中，$C_{\mathrm{RP}i}^{-1}$才可能达到最小值。在包含n个点的星形网络中，“核心点”的接近中心度是$n-1$除以$n-1$，得到的相对接近中心度为$1/(n-1)$，通过这个结果可以更好地比较不同点之间的接近程度。

2. 接近中心势

接近中心势可以用来描述整个网络的趋势，测量公式为

$$C_{\mathrm{C}}=\frac{\sum_{i=1}^{n}(\mathrm{C}'_{\mathrm{RCmax}}-C'_{\mathrm{RC}i})(2n-3)}{(n-2)(n-1)}$$

与点度中心度不同的是，星形网络具有100%的接近集中趋势，而对于任何一个其中每个点都与其他点有相同距离的网络(例如完备网络、环形网络等)，其接近集中趋势为0，因为没有节点能够在信息传播中占据更加重要的位置。

例如，考虑一个社交媒体平台上的用户网络，其中用户之间的关系表示互相关注。如果用户A与网络中的许多其他用户都保持着紧密的关注关系，那么他的接近中心势就会相对较高。这意味着用户A在社交媒体上的信息会更快传播，并且会更广泛地影响其他用户，因为他与许多其他用户之间的距离较近。相反，如果用户B与其他用户之间的关注关系较少，他的接近中心势可能较低，其信息传播的范围和速度都会受到限制。

在UCINET软件中，可以通过路径Network→Centrality→Closeness来计算接近中心性(参考图8-16)。计算结果中的第1列是节点的名称，第2列是绝对接近中心度，第3列是相对接近中心度。

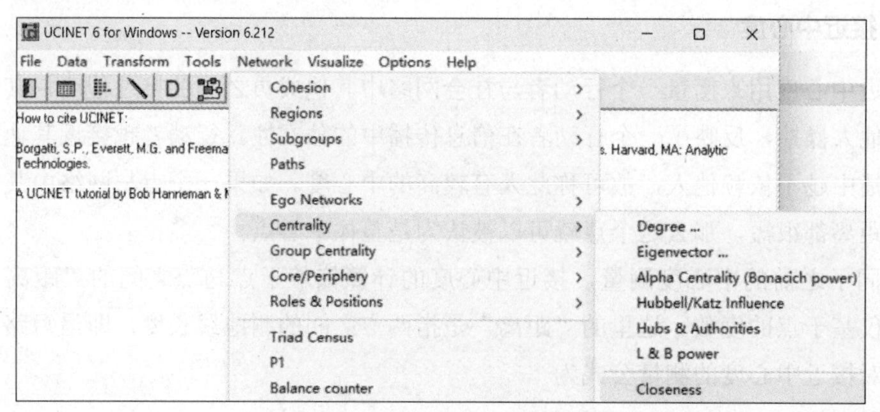

图8-16 计算接近中心性的操作

8.3.4 特征向量中心性

一个节点的重要性既取决于其邻居节点的数量(该节点的度)，也取决于其邻居节点的重要性。特征向量中心性就是研究这一指标的方法。它考虑了与节点相连的邻居节点的重要性，如果一个节点与重要的邻居节点相连，那么它本身也会被赋予较高的重要性，其表达式为

$$\mathrm{EC}(i)=x_i=c\sum_{j=1}^{n}a_{ij}x_j$$

在实际应用中，研究者可以使用网络分析工具UCINET，按照路径Network→Centrality→Multiple Measures来计算特征向量中心性以及其他各种中心性指标。这样的计算路径将会为研究者提供关于网络节点重要性的全面洞察，帮助研究者识别在网络中具有重要影响力的节点。

计算结果如图8-17所示，第1列是节点名称，第2列是点度中心性，第3列是接近中间性，第4列是中间中心性，第5列是特征向量中心性。

Normalized Centrality Measures

	1 Degree	2 Closeness	3 Betweenness	4 Eigenvector
1 穿山甲	100.000	100.000	66.667	86.497
2 薛司令	66.667	75.000	0.000	73.924
3 王大队长	66.667	75.000	0.000	73.924
4 杜孝先	33.333	60.000	0.000	39.859

图8-17 计算所有类型中心性的结果

中心性的分类和各种中心性的计算公式如表8-3和表8-4所示。

表8-3　中心性的分类[1]

中心性	中心度		中心势
点度中心性	点度中心度	绝对点度中心度	图的点度中心势
		相对点度中心度	
中间(中介)中心性	中间(中介)中心度	绝对中间(中介)中心度	图的中间(中介)中心势
		相对中间(中介)中心度	
接近中心性	接近中心度	绝对接近中心度	图的接近中心势
		相对接近中心度	

表8-4　分类后各种中心性的计算公式[2]

中心度和中心势	点度中心性	中间(中介)中心性	接近中心性
绝对点度中心度	$C_{\mathrm{AD}i}=i$ 的度数	$C_{\mathrm{AB}i}=\sum_{j}^{n}\sum_{k}^{n}b_{jk}(i)$ $j\neq k\neq i$ and $j<k$	$C_{\mathrm{AP}i}^{-1}=\sum_{j=1}^{n}d_{ij}$
标准化中心度	$C_{\mathrm{RD}}(i)/(n-1)$	$C_{\mathrm{RB}i}=\frac{2C_{\mathrm{AB}i}}{n^2-3n+2}$	$C_{\mathrm{RP}i}^{-1}=\frac{C_{\mathrm{AP}i}^{-1}}{n-1}$
图的中心势	$C_{\mathrm{RD}}=\frac{\sum_{i=1}^{n}(C_{\mathrm{RDmax}}-C_{\mathrm{RD}i})}{n-2}$	$C_{\mathrm{B}}=\frac{\sum_{i=1}^{n}(C_{\mathrm{RBmax}}-C_{\mathrm{RB}i})}{n-1}$	$C_{C}=\frac{\sum_{i=1}^{n}(C'_{\mathrm{RCmax}}-C'_{\mathrm{RC}i})(2n-3)}{(n-2)(n-1)}$

8.4　凝聚子群分析

某些行动者之间的关系特别紧密，因此可以形成一个紧密结合的次级团体，这样的团体在社会网络分析中称为凝聚子群，也可以形象地比喻为“抱团”。凝聚子群分析是一种典型的社会网络子结构分析方法，其优势在于能够简化复杂的整体社会网络结构，使研究者能够更容易地发现网络中隐藏的子结构及其相互关系。本节从四个方面考查凝聚子群，这四个方面也恰恰体现了网络研究者对凝聚子群进行形式化处理的四个角度。关于4种凝聚子群分析方法，请读者扫描二维码获取。

4种凝聚子群分析方法

8.5　使用UCINET进行社会网络计算

8.5.1　UCINET的运行环境

UCINET(university of California at irvine network)是一种功能强大的社会网络

[1]　平亮，宗利永. 基于社会网络中心性分析的微博信息传播研究——以Sina微博为例[J]. 图书情报知识，2010(6)：6.

[2]　平亮，宗利永. 基于社会网络中心性分析的微博信息传播研究——以Sina微博为例[J]. 图书情报知识，2010(6)：6.

分析软件，它最初由加州大学尔湾分校社会网研究的权威学者林顿·费力曼(Linton Freeman)编写，后来主要由波士顿大学的史蒂夫·博加提(Steve Borgatti)和威斯敏斯特大学的马丁·埃弗雷特(Martin Everett)维护更新。

UCINET包括大量的网络分析指标，例如中心度、二方关系凝聚力测度、位置分析算法、派系分析、随机二方关系模型(stochastic dyad models)以及对网络假设进行检验的程序(包括QAP矩阵相关和回归、定类数据和连续数据的自相关检验等)，还包括常见的多元统计分析工具，例如多维量表(multidimensional scaling)、对应分析(correspondence analysis)、因子分析(factor analysis)、聚类分析(cluster analysis)、针对矩阵数据的多元回归(multiple regression)等。

除此之外，UCINET还提供用于数据管理和转换的工具，可以从图论程序转换为矩阵代数语言。与UCINET捆绑在一起的软件还有Pajek、Mage和NetDraw。UCINET能够处理的原始数据为矩阵格式，提供了大量数据管理和转化工具。该程序本身不包含网络可视化的图形程序，但可将数据和处理结果输出至NetDraw、Pajek、Mage和KrackPlot等软件作图。

在UCINET 6中，全部数据都用矩阵形式来存储、展示和描述，软件可以处理32 767个点的网络数据。下面介绍UCINET的菜单(menus)、格式(forms)、UCINET 6数据库的实质、执行分析和输出结果等。

本节涉及的软件版本为UCINET 6.212(读者可自行在网站上下载)。安装完毕后，打开软件出现的主界面如图8-18所示。

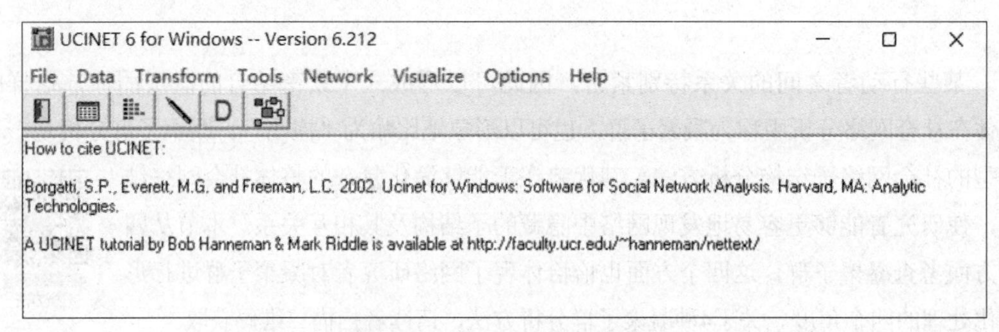

图8-18 UCINET软件的主界面

UCINET包括主菜单和子菜单，子菜单还可能包含子—子菜单。主菜单中包含8个选项(File，Data，Transform，Tools，Network，Visualize，Op-tions，Help)，下面将分别介绍。主菜单下还设有以下6个快捷图标，用户单击后可直接进入相应程序。

(1) Exit：退出UCINET程序。

(2) Matrix Spreadsheet：建立UCINET本身的矩阵数据表。

(3) Import text data from spreadsheet：输入文本文件并保存为UCINET格式的数据。

(4) Edit Text File：用数据表编辑器创建一个UCINET数据，即编辑文本文件。

(5) Display Ucinet Dataset：展示UCINET数据。

(6) Visualize network with NetDraw：用NetDraw可视化软件对网络数据进行可视化分析。

8.5.2 UCINET数据导入导出与数据处理

1. UCINET数据导入

(1) RAW数据。初始数据文件(raw data file)仅包含数字，缺乏数据的行数、列数、标签、标题等信息，因而只能以矩阵的形式键入。在UCINET中，用户单击File→TextEditor或者直接单击主界面的第4个快捷图标“Edit Text File”，即可打开文本编辑器，可以在其中直接输入初始数据，假设输入4个点之间的关系矩阵数据。

1 0 1 0

0 1 0 0

1 1 0 0

0 1 0 0

输入完毕后，将其保存为纯文本文件，并命名为4nodes。然后，在UCINET中，单击Data→Import Text file→Raw，在出现的对话框中，选择4nodes并单击“OK”按钮，即可将该文本文件中的数据转换为UCINET数据。

虽然这种方法相当便利，但并不推荐使用。首先，计算机不会检查数据的完整性，如果第一行缺失一个值，程序本身是无法察觉的；其次，这种方法中的数值缺乏标签，因此无法确定这些数值对应的是哪些具体的点。

(2) Excel文件数据。用户可以使用Excel文件来导入数据至UCINET，具体可以通过Data→Import via spreadsheet命令来实现。但需要注意的是，尽管Excel文件可以拥有上万行数据，但其列数最多支持255列。因此，通过UCINET打开的Excel文件最多也只能有255列。尽管有这样的限制，使用Excel文件导入数据仍然是最常用的数据导入方法之一。

(3) DL文件类型。DL文件是另一种常见的导入数据的方式。一个典型的DL文件由一组数字(数据)、描述数据的关键词和语句等构成，这些都是有关数据的基本信息。在DL文件中，用户需要通过特定的标记来明确指示这个文件是数据文件。

(4) 全矩阵格式。另一种常见的数据导入方式是全矩阵格式(full matrix format)。在UCINET中，用户打开File→Text Editor编辑器，可以输入数据文件。以下是一个描述4个行动者之间关系的简单DL文件的例子[1]。

“dl”是data language的缩写，表示数据语言，必须放在文件的最开始。

“n=4”表示矩阵有4行和4列，等号可以用一个或多个空格或逗号代替。

“format = fullnatrix”说明数据以全矩阵的形式输入。

关键词“data：”表示标题信息结束，接下来是实际数据。

---

[1] Borgatti S P，Everett M G，Freeman L C. Ucinet for Windows：Software for social network analysis[J]. Harvard，MA：analytic technologies，2002(6)：12-15.

```
dl n = 4
format = fullnatrix
data:
0  0  1  0
1  0  1  1
1  0  1  0
0  1  0  0
```

在输入数据时，需要注意标点符号。冒号“：”表示接下来有一些信息，如一系列数据取值或标签。输入分号“；”或按Enter键表示语句结束。此外，每个数据都必须用一个或多个空格或空行相互隔离开。在数据的格式方面未必要求行数和列数相等，只要所有值都按照从左到右、从上到下的顺序排列即可。在全矩阵格式中，邻接矩阵的各个值之间要空一格，不要使用逗号或其他符号。

(5) 长方形矩阵。长方形矩阵可以指定矩阵的行数和列数，如下所示[1]。

“nr=5”表示矩阵包含5行(nr是number of rows的缩写)。

“nc=4”表示矩阵包含4列(nc是number of columns的缩写)。

```
dl nr = 5, nc = 4
data:
0  0  1  0
1  0  1  1
1  1  0  0
0  1  1  0
1  0  0  1
```

(6) 加入标签。DL文件的灵活性使其能够包含行动者的标签(labels)。研究者可以在标题行中添加标签信息。标签最长为18个字符，不得包含空格或逗号(注意，如果使用中文标签，可能会导致无法正常打开文件。因此，建议使用英文标签)，具体如下所示[2]。

```
dl n = 4
format = fullmatrix
labels:
Andy, Lucy, Rose, Smith
data:
0  1  1  1
1  0  0  0
1  0  0  1
1  0  1  0
```

[1] Borgatti S P，Everett M G，Freeman L C. Ucinet for Windows：Software for social network analysis[J]. Harvard，MA：analytic technologies，2002(6)：12-15.

[2] Borgatti S P，Everett M G，Freeman L C. Ucinet for Windows：Software for social network analysis[J]. Harvard，MA：analytic technologies，2002(6)：12-15.

需要注意的是，标签中间不能包含空格，除非使用引号括起来，例如“Tom Smith”。另外需注意，在“labels”后面需要添加一个冒号。同时，研究者也可以将标签分行输入，这在处理非正方形矩阵时很常见。

```
dl nr = 6，nc = 4
col labels:
Carl，Funk，Hansom，Jack
data:
0  1  1  1
1  0  0  0
1  0  0  1
1  0  1  0
0  1  0  1
1  1  0  0
```

标签还可以嵌入到数据之中，需要用到embedded命令，如下所示。

```
dl nr = 5，nc = 4
row labels embedded
col labels embedded
data:
     David  Linda  Pat  Rose
Mon    0      1     1    1
Tue   1      0     0    0
Wed   1      0     0    1
Thu   1      0     1    0
Fri   0      1     0    1
```

除此之外，还有很多类型的矩阵输入，例如多个矩阵的输入、左半矩阵或者右半矩阵、块矩阵格式、点列表和边列表格式。这里不做细述，详细内容可以参考其他相关书籍资料[1]。

2. UCINET数据处理

熟悉UCINET数据的导入方式后，接下来就可以进入数据处理阶段。本节将探讨如何在UCINET中进行数据处理，包括各种数据操作和分析方法，了解如何运用UCINET的强大功能来进行深入的社会网络分析。以下介绍一些常见的数据处理操作。

(1) 抽取子图和子矩阵。研究者可以从原始网络中选择一个或多个点，从而获得一个新的子图，这对应于从邻接矩阵中抽取一行(列)或多行(列)。研究者通过UCINET中的Data→Extract程序可以方便地执行这一操作，从一个输入矩阵中取出一个矩阵。在执

---

[1] 刘军. 整体网分析讲义：UCINET软件实用指南：Lectures on whole network approach：a practical guide to UCINET[M]. 上海：格致出版社，上海人民出版社，2009：61-62.

行Data→Extract→Extract submatrix程序时，需要研究者自行指定如图8-19所示的信息。

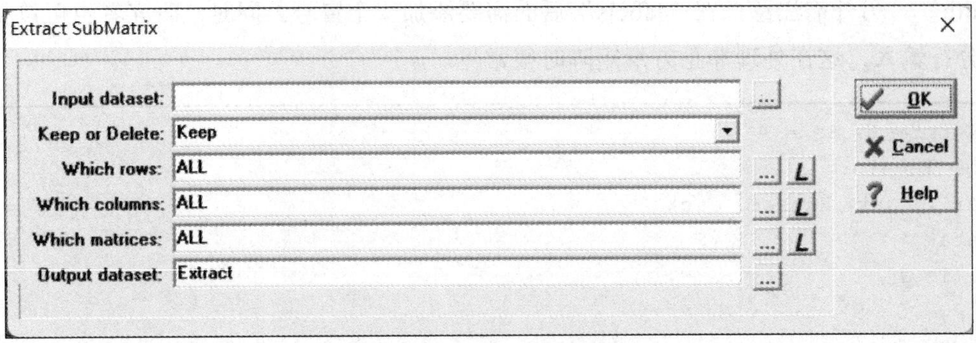

图8-19　抽取子图和子矩阵操作

(2) 数据合并。在某些分析中，需要同时考虑不同类型的关系矩阵，比如友谊、借款、亲属关系等。此时研究者可以使用Data→Join程序将这些数据合并。合并的角度有3个，即行合并、列合并、层次合并(即矩阵合并)。

(3) 转置和改型。有时需要对矩阵的行和列进行转置，以适应不同的分析需求。Data→Transpose程序可以完成这一任务。

(4) 二值化处理。有时需要将矩阵中的数值二值化为0或1，以适应特定的分析要求。Transform→Dichotomize程序可以将大于指定值的数值变为1，将其余数值变为0。

(5) 取相反数。在数据处理和重新编码的过程中，取相反数(reversal of values)是一种重要的操作方式。它指的是将一个数转变为与其大小相等，但符号或意义相反的数。Transform→Reverse程序可以执行这种转换，例如把关系从“喜欢”转向“讨厌”。对于一个取值为0和1的二值矩阵，这种操作意味着把所有的1变为0，把全部的0变为1。在处理多值数据方面，该程序将用最大值减去每个值。假设原始数据取值为0、1和2，运用该程序计算后，会将0改为2，将2变为0，而1仍然为1。

(6) 对称化处理。UCINET中最简单的对称化处理需要用到Transform→Symmetrize命令。

(7) 标准化处理。可以分为以下两种情况。

① 使用Transform→Normalize程序进行标准化处理。这是一种简单且方便的标准化方法。在UCINET中，通过Transform→Normalize程序可以将数据标准化，标准化数据在指定范围内，通常是0到1之间。这种方法适用于需要简单标准化的情况，但不适用于需要特定标准化方式的复杂情况。

② 使用Matrix Algebra程序进行标准化处理。这是一种更灵活的标准化方法，适用于需要进行特定操作的情况。例如，假设有一个名为“trade”的24×24矩阵，研究者需要对它进行标准化处理，确保每列的总和为1，可以按照以下步骤进行操作。

打开UCINET并导入数据矩阵“trade”。

转到“Tools”(工具)菜单，选择“Matrix Algebra”(矩阵代数)。

在“Enter command here”(在此输入命令)的文本框中，输入以下命令。

```
COLSUM=TOTAL(TRADE COLUMNS)
COLSUM24=FILL(COLSUM 24 24)
NTRADE=DIV(TRADE COLSUM24)
```

在执行命令后，可以得到一个标准化后的矩阵“NTRADE”。

(8) 2-模矩阵转换为1-模矩阵。将2-模矩阵转换为1-模矩阵是一种常见的操作，它能够帮助研究者从2-模矩阵中得到一个1-模矩阵，最简单的方法就是执行Data→Affiliations(2-mode to 1-mode)程序。

3. UCINET数据导出和案例实操

1) 数据导出

UCINET数据导出需要用到命令Data→Export，如图8-20所示。

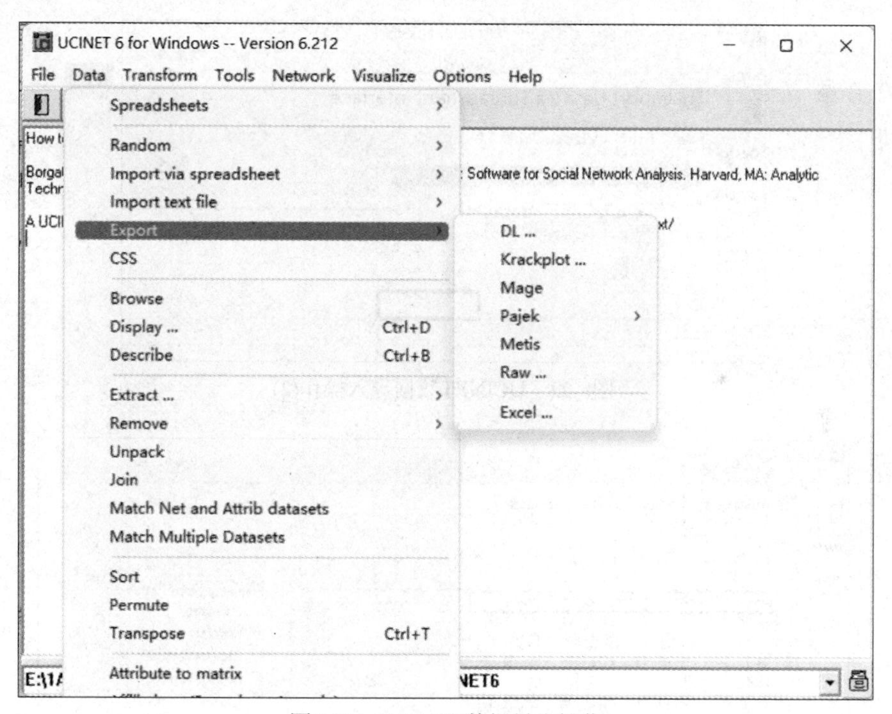

图8-20　UCINET数据导出操作

2) 案例实操剧(以一模点列表格式为例)

以豆瓣剧集数据中排名前110的剧集为例，选取前4个主演，并将其构成一个Excel表格，以便分析这些演员之间的合作关系。

(1) 通过以下两种方式导入或打开数据。

① 单击UCINET中的图标 。

② 按照图8-21所示步骤，单击“Data”，选择“Import via spreadsheet”，单击“DL-type formats”。

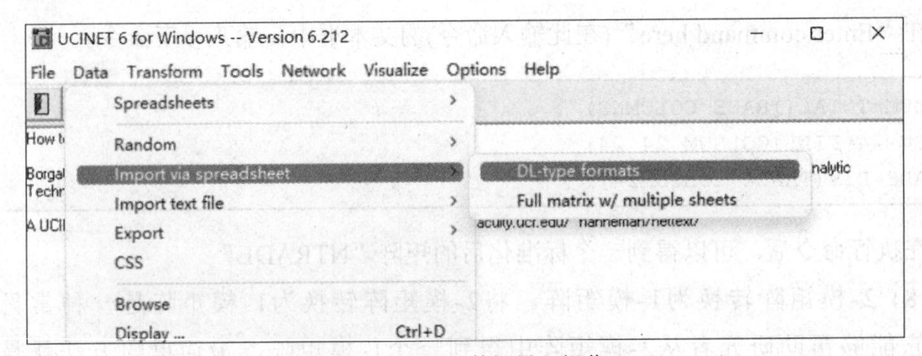

图8-21　UCINET数据导入操作(1)

(2) 打开一个Excel数据文件，或者直接复制数据粘贴到表格中，如图8-22所示。

(3) 在表格右侧选择相对应的矩阵格式，如图8-23所示，选择“Nodelist(1-mode)”[点列表(一模)]。如果导入的数据中有“ego、alter1”等表头，那么需要在“Headers”中选中“Col headings”，这样系统会自动去除这些表头，避免数据处理时出错。

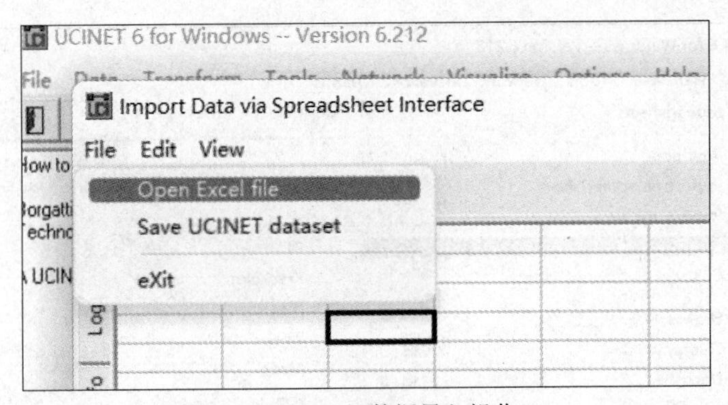

图8-22　UCINET数据导入操作(2)

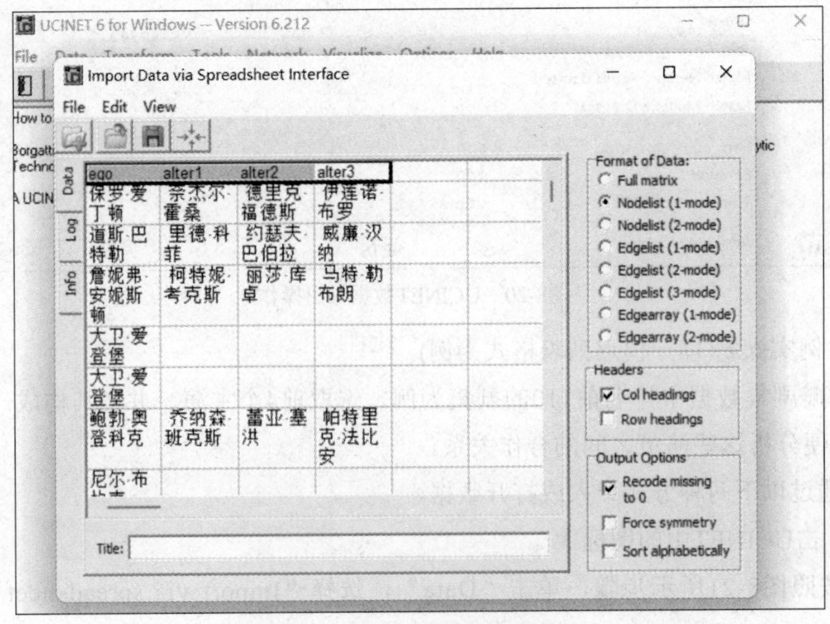

图8-23　UCINET数据处理操作

(4) 将数据保存为Ucinet可以处理的DL类型数据，如图8-24所示。

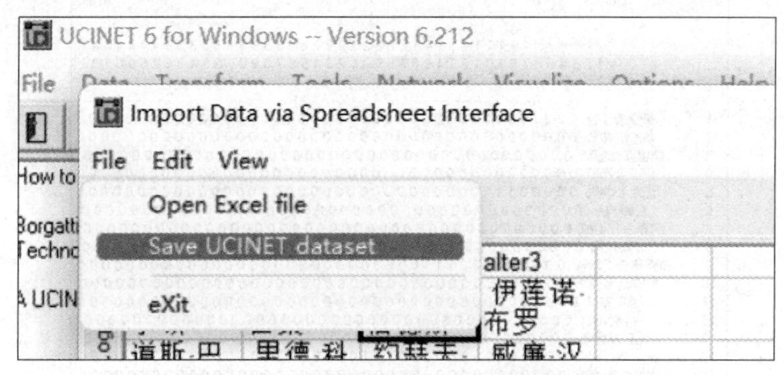

图8-24　保存数据为DL类型数据操作

(5) 打开上一步保存的DL数据，单击图8-25中的D图标。

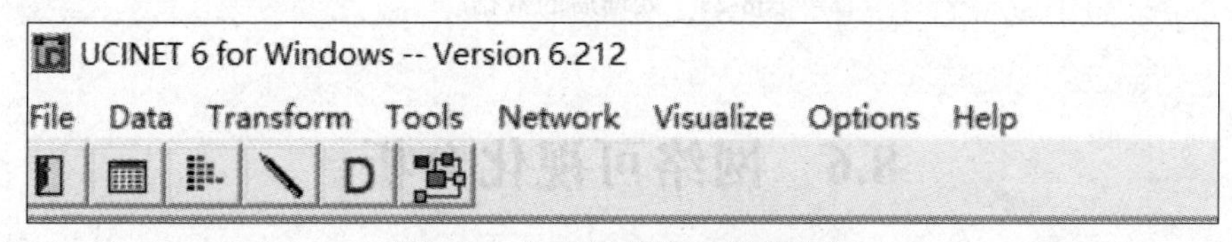

图8-25　打开保存的DL数据操作

(6) 打开保存的DL数据文件时，可能会看到两个文件：一个以.##d结尾，一个以.##h结尾，两者缺一不可，但在打开文件时，请选择图8-26中以.##h结尾的文件。

图8-26　打开文件类型

(7) 打开处理后的数据，如图8-27所示，这是一个行和列均为293的方阵，代表演员之间的合作关系。在这个案例中，本节只截取部分内容展示。

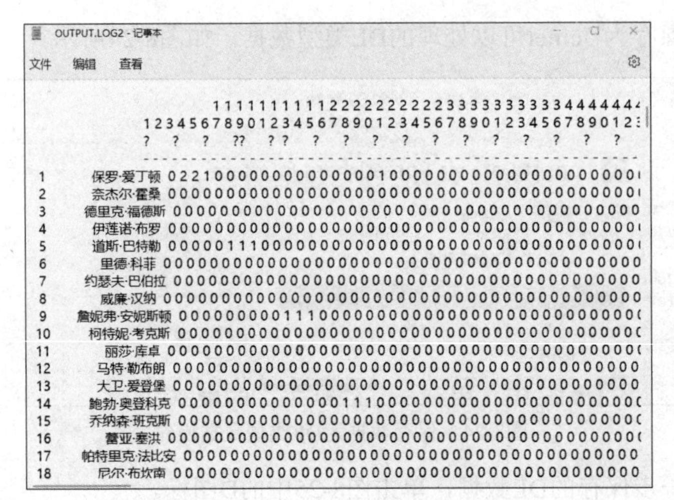

图8-27　处理后的数据

8.6　网络可视化分析

8.6.1　NetDraw

NetDraw作为UCINET软件中的一个重要模块，为研究者提供了进行网络可视化分析的便捷途径。通过NetDraw，研究者可以将复杂的网络结构转化为可视化图形，从而发现隐藏在数据中的模式、趋势和洞察力。关于具体操作流程，请读者扫描二维码获取。

NetDraw具体操作流程

8.6.2　Gephi

在可视化分析领域，除了NetDraw，Gephi也是一个常用且强大的工具。Gephi是一个开放式的图形可视化平台，被广泛认可为市场上领先的分析软件之一，同时也是最受欢迎的网络可视化分析软件之一。使用者不需要具备任何编程知识，就可轻松使用Gephi生产的高质量的可视化图表。Gephi还可以处理相对较大的图形，具体大小取决于基础结构参数，但即使涉及多达10万个节点的情况，它也能够无障碍地进行运算。

Gephi不仅是一个可视化工具，它还能够计算一些常见的网络指标，例如度数和中心性等。它是一种兼具强大可视化和分析功能的综合工具。

1. 下载与安装

研究者可以通过Gephi官网(https://Gephi.org/users/download/)下载Gephi最新版软件。由于Gephi依托于Java的环境运行，研究者需要同时下载Java，在配置好环境变量后，将Gephi的运行储存地址改为Java的安装地址，这样才可以正常使用。

2. 导入数据

打开Gephi后，出现如图8-28所示的画框。研究者可以新建一个项目或者打开现有的Gephi文件，也可以直接将已有的CSV格式文件直接拖动到Appearance界面框中(注意表格需保存为CSV格式文件)，初学者如果没有原始数据，也可以使用Gephi软件提供的案例(Samples)。

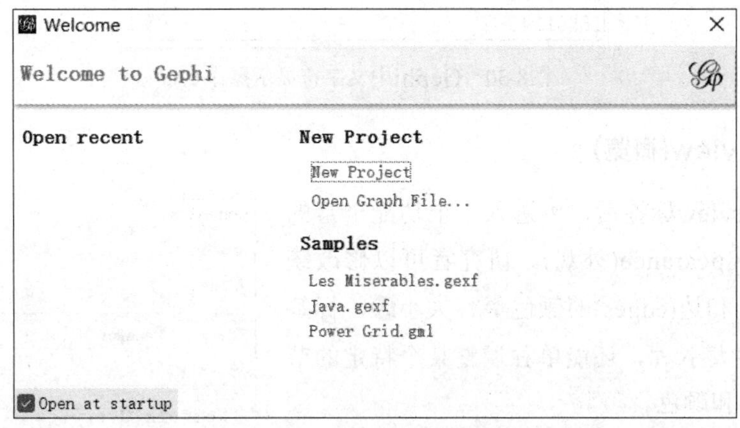

图8-28　Gephi导入数据操作

对于自行导入的数据，研究者应该根据数据的特点进行适当修改，以图8-29为例。

将中文数据导入到“Ucinet”后，可能会发现页面显示的并不完全是中文，这时研究者可以在“Charset”(字符集)中选择“GB2312”，参考图8-30，这样预览就能正常显示中文字符。

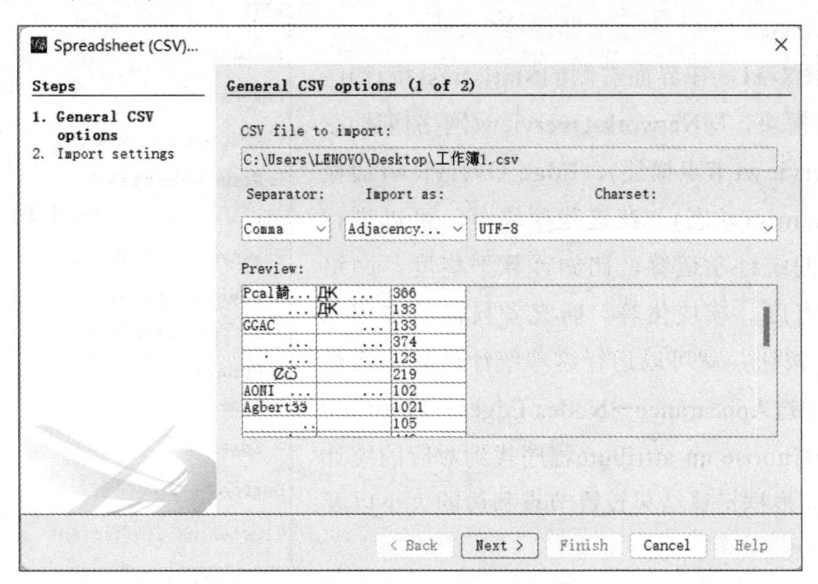

图8-29　Gephi数据处理操作

在Gephi主页面上，最上方有6个菜单栏，分别是File(文件)、Workspace(工作区)、View(视图)、Tools(工具)、Window(窗口)、Help(帮助)。第2行有3个标签，分别是Overview(概览)、Data Laboratory(数据资料)和Preview(预览)。在画布的中间，Graph的左侧有一列小标签，这些小标签主要用于对单个节点和边进行修改。

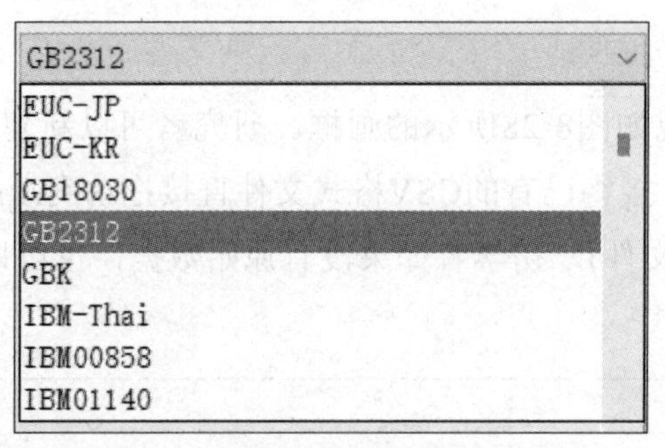

图8-30　Gephi中文字符显示操作

3. Overview(概览)

单击Overview标签后，可进入一个功能丰富的界面，名为Appearance(外观)。研究者可以修改统一节点(nodes)和边(edges)的颜色、大小，标签颜色、标签大小，还能单独调整某个特定的节点或边的大小和颜色。

完成外观的修改后，只需单击Appearance框右下角的“Apply”按钮，就能在图中看到节点和边的颜色及大小变化。在节点一栏下的Ranking选项中，研究者还可以根据点的入度和出度来调整节点的颜色和大小。

参考图8-31，在界面右侧的Statistics(统计)区域，有4个模块，即Network Overview(网络概述)、Node Overview(节点概述)、Edge Overview(边概述)和Dynamic(动态)。在这些模块中，可以进行一些简单的统计学运算，比如计算平均度、网络直径、图密度、模块化等。研究者只需单击相应的“run”按钮，就可以运行这些统计计算。运行后，还能通过Appearance→Nodes/Edges→Partition/Ranking→Choose an attribute程序找到对应的统计运算，从而根据运算结果设置节点和边的大小以及颜色。

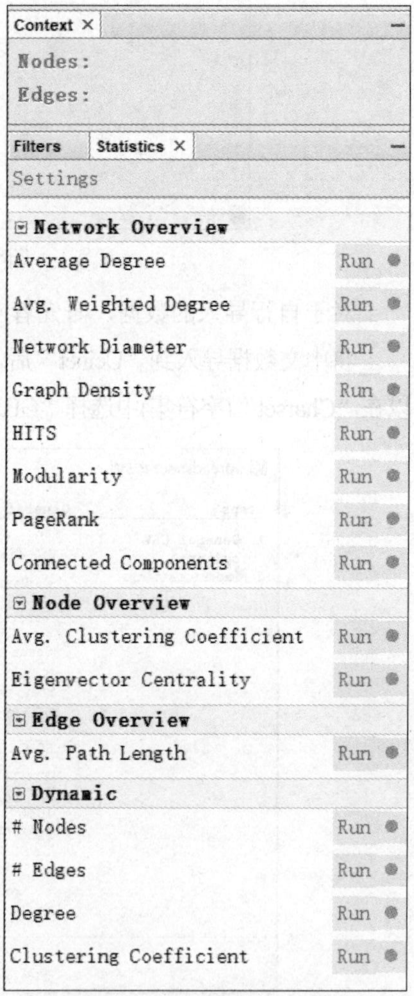

图8-31　Statistics模块图

在Appearance底部的Layout(布局)部分，研究者可以选择不同的图形布局方式(Choose a layout)，从而使最终的可视化图形更加美观。在这个过程中需要进行多次尝试，才能找到最适合的布局。以圆形布局“Fruchterman Reingold”为例，选择布局后需要单击“run”按钮来应用布局效果。图8-32展示了这个过程中呈现的样式。通过这些功能，研究者能够更好地优化网络可视化图的呈现，以凸显数据的关键特征和模式。

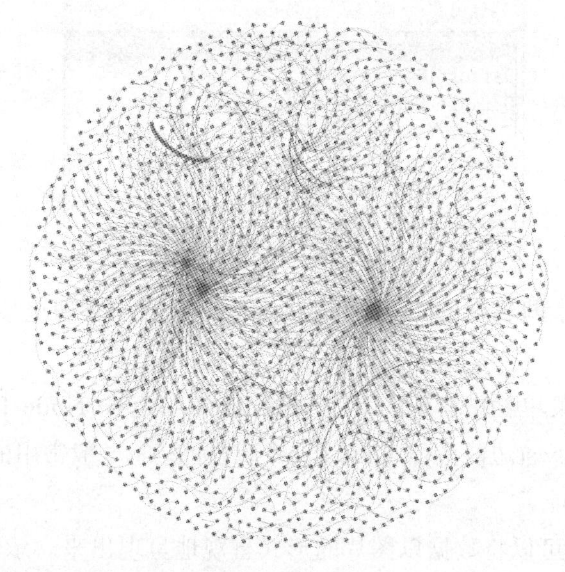

图8-32 圆形布局

应用布局效果后，Fruchterman Reingold下方会出现一个调整界面，如图8-33所示。

Fruchterman Reingold	
Area	10000.0
Gravity	10.0
Speed	1.0

图8-33 圆形布局调整细节

研究者可以调整不同值的大小来改变图的结构。

调整Area(区)：数值越小，图越紧凑；数值越大，图越疏散。

调整Gravity(重力)：数值越小，图越疏散；数值越大，图越紧凑。

调整Speed(速度)：数值越小，节点的运行速度越慢；数值越大，节点的运行速度越快。

4. Data Laboratory(数据资料)

Data Laboratory相当于导入的数据文件的工作区，通过它可以对节点和边的数据进行修改，包括名称、来源、权重值等。

5. Preview(预览)

单击Preview(预览)，左侧会展示Preview Settings(预览设置)，如图8-34所示。在Presets(预设值)中，有7个选项供选择，即Default(缺省值)、Default Curved(缺省值弯边)、Default Straight(缺省值直边)、Text outline(文本轮廓)、Black Background(背景颜色)、Edges Custom Color(自定义边颜色)、Tag Cloud(标签云)。

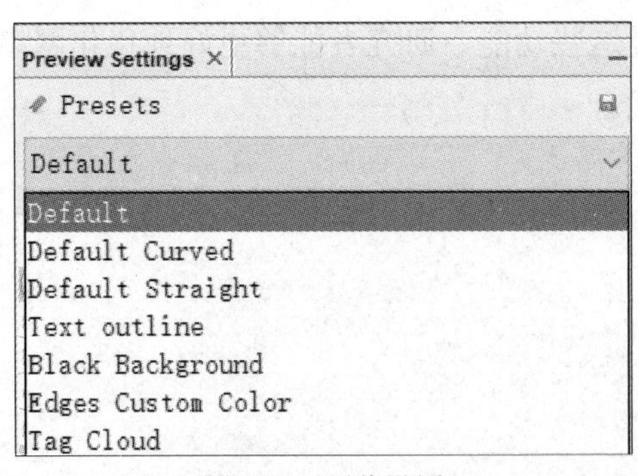

图8-34　预览设置

下方有两个按钮，即Settings(设置)和Manage renderers(管理渲染器)，这里着重介绍Settings的应用。

Settings的下级菜单栏中有5个命令，即Nodes(节点)、Node Labels(节点标签)、Edges(边)、Edge Arrows(边箭头)、Edge Labels(边标签)。一般常用的是打开标签、修改字体、调整大小等功能。

运用可视化分析可以将数据以图片的形式直观地呈现出来。示例使用了284条豆瓣剧集的中文数据(按照豆瓣评分排序)，并从中选取每部剧集的前4位主演进行合作关系的探讨。在生成的图8-35中，节点的大小代表演员出现的次数，边的深浅代表演员之间的合作次数，可以直观地看出3个最明显的节点，分别对应标签姜虎东、神谷浩史和小野大辅，这几个节点周围的边比其他的边颜色更深，反映了这3位演员与其他演员的合作关系较多。生成的结果图突出了节点大小和边的颜色深浅，读者可以在Gephi软件中灵活调整，以达到研究目的。

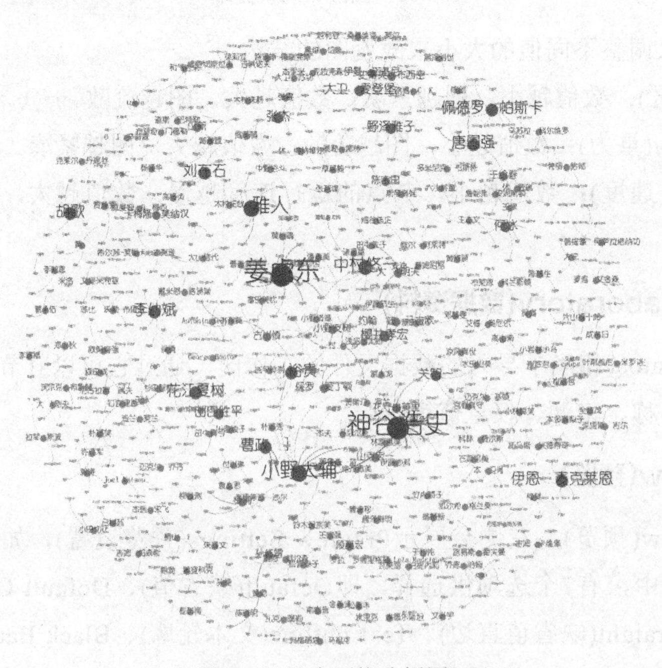

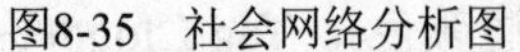
图8-35　社会网络分析图

8.6.3 导出数据

在Gephi中，研究者可以将可视化分析结果导出，以便在其他文档或演示中使用，导出数据的方法有以下两种。

(1) 单击Preview(预览)中左下角的 □□ SVG/PDF/PNG 可以导出3种格式的数据，即PDF文件、PNG文件、SVG文件。

(2) 使用菜单路径File(文件)→Export(导出)，可以找到更多导出选项，例如可导出CSV文件或Gephi项目文件等。

8.7 案例研究

在传播学的运用中，人们可以观测和收集到大量的网络数据，通过这些数据可以观察、研究并分析人类的行为模式，例如集群行为、情感波动、舆论动向等，从而扩大了传播学领域的发展空间。本节选取了几个社会网络分析的代表性案例，在案例的学习过程中，读者除了能够更好地掌握社会网络分析的原理和使用方法，还能够了解社会网络分析前沿研究动态。

8.7.1 社会网络分析在网络结构研究中的应用

在网络结构研究中，社会网络分析常被用来探究网络密度、节点中心性、网络中心度、凝聚子群等。通过分析社会网络中的微观、中观和宏观结构，以及综合多种层次结构的复杂网络模型，研究者可以深入探讨社会关系的结构特点以及社会融合问题。

一项关于健康信息传播的研究结合社会网络分析和内容分析方法，考查了新浪微博上的网络用户之间的关系模式[1]。在此之前的研究表明，关系和关系模式对个人和群体行为有着重要的影响[2]。因此，评估社交网站上用户之间的联系和关系，对于理解基于互联网的社交网络如何进行健康信息传播非常关键。

在这篇文章中，作者选取了两个时间段，分别是2011年11月21日至12月4日，以及从2011年9月15日“徐文事件”相关帖子首次发布到9月28日相关帖子数量达到高峰的两个星期。共有179名微博用户参与了这个话题的讨论。作者使用UCINET软件进行社会网络分析，对健康传播中微博平台上的V用户和非V用户(普通用户)之间的关系属性进行了分析。

---

[1] Han G，Wang W. Mapping user relationships for health information diffusion on microblogging in China：A social network analysis of Sina Weibo[J]. Asian Journal of Communication，2015，25(1)：65-83.

[2] Valente T W. Social networks and health：Models，methods，and applications[M]. Oxford University Press，2010.

研究发现，微博平台上的V用户和非V用户之间的关系呈现一种“蜘蛛网模式”，如图8-36所示。中心性的3个维度突出了一些重要的节点，这些节点几乎都是V用户，与其他节点相比，他们直接连接的节点更多。这些节点在微博上扮演着“中心”的角色，影响着内容的分享和传播，以及网络中的信息流量。同时，V用户在网络中占据核心位置或把关位置，对网络节点之间的信息流具有更多的控制权。

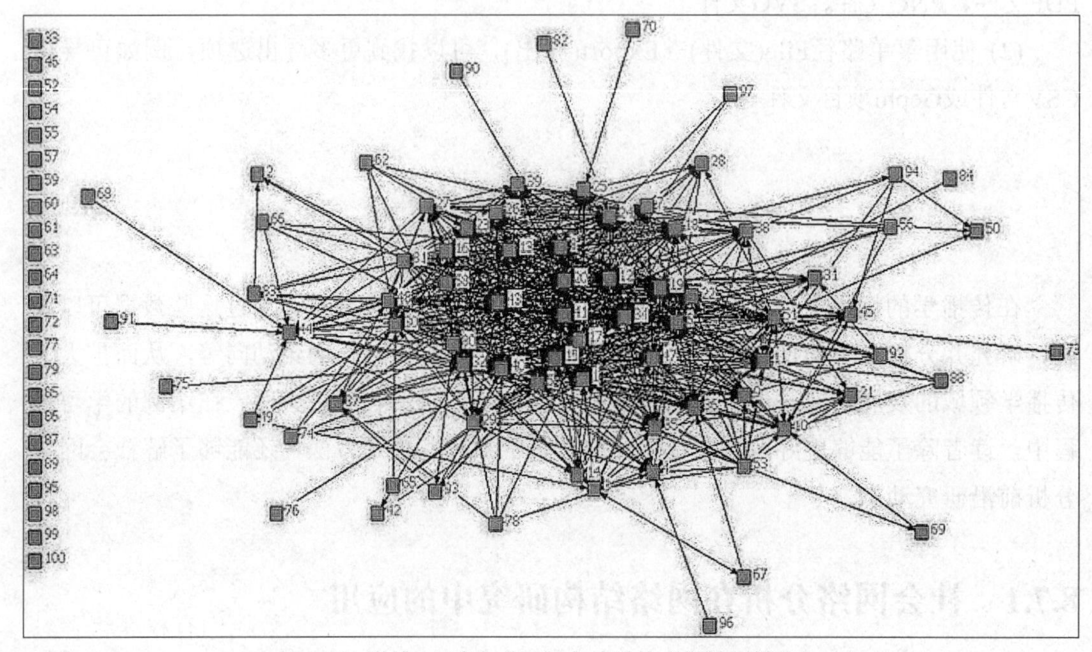

图8-36　微博V用户与非V用户关系的“蜘蛛网模式”

研究还发现，在这个网络中，V用户更倾向于关注其他V用户，而不是关注非V用户。与此相反，非V用户更倾向于关注V用户，而不是关注其他非V用户。这一模式通过其他关于意见领袖在网络中的核心作用的中心性测量得到了进一步证实。这也在一定程度上反映了普通微博用户寻求地位的意图，或者是推动网络发展的“粉丝文化”。

这项研究的结果对于社交媒体时代的健康传播者和医疗从业者具有实际意义，主要体现在以下几个方面。

首先，研究表明，在社交网站上，意见领袖或关键节点的作用更为突出。尽管社交网络中的所有节点都可能影响信息传播，但从“徐文事件”的信息流分析可以看出，由V用户控制的节点具有更大的影响力。这些V用户成为“权力的话语中心”，塑造了信息共享的内容和过程。

其次，某些健康信息能否在网络中传播以及传播的程度，在很大程度上取决于某些节点连接的节点数量、这些节点的社会影响力以及特定信息的性质。节点的关注者数量越多，其在网络中的地位就越高，因此越有可能对信息传播产生影响。

最后，研究发现，“弱连接”节点，即本研究中的非V用户，在信息传播中也发挥了作用。虽然在初始阶段这些节点可能位于信息流的边缘，但在信息传播的过程中，这些节点通过与信息起源节点的松散连接逐渐发挥作用。在信息扩散的第二步中，这些节点对强大节点传递的信息做出了回应，进而激发了其他弱连接节点的类似回应。

总体来说，这篇研究为研究者深入理解健康传播背景下网络用户之间的关系模式提供了有益的见解。对于健康传播者和医疗领域的专业人士来说，这些发现将有助于他们更有效地利用社交媒体平台传播信息，更好地应对相关机遇和挑战。

8.7.2　社会网络分析在社会资本研究中的应用

社会网络分析不仅在探讨网络结构中被广泛应用，近几年在社会资本研究中的应用也有显著增加的发展趋势。社会资本中的人际信任、关系网络和互惠规范对个人的幸福感以及城乡规划都起到重要的中介作用。当前，国内的社会网络研究主要以调查为主，很少关注网络结构与权利分配之间的关系。探究网络结构和权利分配的作用机制，可以给国内传播学的发展带来更深层次的影响。

社会资本通常与基层治理和个体心理健康发展相互关联。美国加州大学戴维斯分校传播系的学者曾展开过一项研究，考查了抑郁论坛中在线支持寻求和支持提供的社会资本和网络动态[1]。社会资本理论可以作为一个富有成效的框架来解释在线支持论坛中的基于回复关系的社交网络如何创造社会支持。社会资本被定义为实际或潜在资源的总和，这些资源的获取与一个群体内部成员之间所形成的持久网络密切相关，该网络为每个成员提供集体拥有资本的支持，这是一种“凭证”，使他们有权获得各种意义上的信用[2]。

该研究以一个名为“抑郁论坛”的在线健康支持社区中所有用户提供的信息作为研究对象，共抽取了2004年7月至2014年7月的34 554名用户的样本，根据分析重点剔除掉不活跃的论坛用户后，最终确定了2061个用户和62 274个回复用于研究。

研究发现，首先，回复模式表明在线支持论坛是建立在互惠交流的基础之上的，因此，建议在线支持论坛的用户为他人提供社会支持，以获得对自己的支持；其次，不同社会资本类型的人在回复数量、回复来源多样性和回复时长等方面的参与收益存在差异(描述性统计结果见图8-37)。根据所需支持的性质，在线健康论坛的用户应战略性地投入有限的时间和资源，与他人建立和保持不同的联系。这项研究考查了社会资本和社会支持在抑郁症论坛中的互动动态，揭示了社会支持的高度互惠性和生成性。

---

[1] Pan W，Shen C，Feng B. You get what you give：understanding reply reciprocity and social capital in online health support forums[J]. Journal of health communication，2017，22(1)：45-52.

[2] Bourdieu P，Richardson J G. Handbook of Theory and Research for the Sociology of Education[J]. The forms of capital，1986(241)：258.

Table 1. Descriptive statistics

Measure	*M*	*SD*	Range
1. In-replies	29.23	44.07	1–896
2. Out-replies	29.23	58.19	0–1187
3. In-degree	11.51	25.75	0–548
4. Out-degree	11.51	33.50	0–826
5. Blau's index (in-replies)	0.85	0.08	0.2–0.99
6. Average length of in-replies	155.81	64.68	25–686
7. Average length of out-replies	153.84	90.28	14–883
8. Betweenness	0.77	7.57	0–0.31
9. Constraint	0.05	0.02	0–0.20

图8-37　描述性统计结果

8.7.3　社会网络分析在同质性研究中的应用

在社会网络中，经常会出现一种有趣的现象，即同质性研究。这种情况相当突出，意味着拥有相同特点的人更容易成为朋友，这种现象也可以形象地称为“物以类聚，人以群分”。当两个人在某个分类体系中属于同一类别时，他们所拥有的资源、习惯等更加相似，因此更容易建立友谊。这种同质相吸机制，既适用于种族等类别，同时也适用于性别、亚文化风格等类别。值得注意的是，人们的所属类别可能是多层嵌套的，类似于社区嵌套在城市中，城市嵌套在国家中。

美国的社交网络存在明显的种族同质性特征，除了种族同质性，还存在党派同质性，这种同质性可能存在竞争性的解释机制。萨希·海亚特和塔尔·塞缪尔-阿兹兰(Tsahi Hayat&Tal Samuel-Azran)曾进行了一项研究，利用社会网络分析方法来研究2016年美国总统选举初选阶段的社交网络关系[1]。在这项研究中，他们使用“二次观看”的概念，即观众在观看电视节目时使用网络连接设备获取额外信息的行为。这一趋势在当代电视观众中非常普遍，约占80%。

这项研究调查了2016年美国总统选举期间，有线电视新闻节目中的第二轮筛选者之间的网络连接。研究案例选择了Fox News、MSNBC和CNN共3个平台中的节目进行分析。在前人的研究中，Fox News被认为具有保守倾向[2]，而MSNBC和CNN被认为具有自由主义倾向[3]。研究者之所以选择这些节目，是因为它们在Twitter上拥有大量粉丝，可以为后续的社交网络分析提供足够的样本数据。

如图8-38所示，作者使用NodeXl工具来绘制3个节目中政治参与的第二筛选者之间

[1]　Hayat T，Samuel-Azran T.“You too，second screeners?” Second screeners'echo chambers during the 2016 US elections primaries[J]. Journal of Broadcasting & Electronic Media，2017，61(2)：291-308.

[2]　Aday S，Livingston S，Hebert M. Embedding the truth：A cross-cultural analysis of objectivity and television coverage of the Iraq war[J]. Harvard International Journal of Press/Politics，2005，10(1)：3-21.

[3]　Feldman L，Maibach E W，Roser-Renouf C，et al. Climate on cable：The nature and impact of global warming coverage on Fox News，CNN，and MSNBC[J]. The International Journal of Press/Politics，2012，17(1)：3-31.

的相互作用，接着使用ORA软件包计算保守主义倾向的第二筛选者和自由主义倾向的第二筛选者的相互作用。

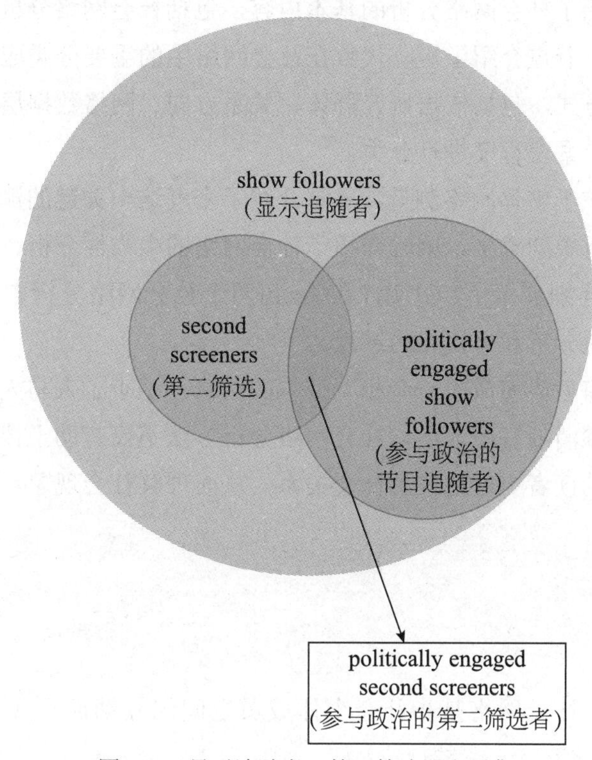

图8-38　显示追随者，第二筛选器和子集

研究结果显示，社交网络呈现意识形态上的同质性，不同政治派别之间跨阵营的互动较为有限。换句话说，在这3档节目中，第二轮筛选者之间的互动反映了回声室效应[1]，自由派和保守派之间几乎没有接触。总之，这项研究有助于研究者更好地理解政治领域中第二轮筛选者之间的同质性关系，特别是揭示了网络社区中的“回声室效应”也延伸到了第二轮筛选者的网络中。

随着社会网络分析方法的广泛应用，众多专门的分析软件应运而生。根据国际社会网络分析协会(International Network for Social Network Analysis，INSNA)的统计数据，当前至少有60种支持社会网络分析的软件产品可供选择。其中，UCINET适合支持综合数据分析，Pajek适合处理大量数据集，ORA擅长处理多元复杂关系。同时，还有可视化工具如Gephi和NetDraw等。在网络节点较少、关系相对简单的情况下，UCINET和Pajek等工具效果较好；当网络节点众多且关系复杂时，ORA是更理想的选择。这项研究采用ORA软件，与UCINET有所不同。这为读者提供了更多的选择余地，使其能够根据研究需要选用最合适的工具。

[1]　回声室效应，意指网络技术在带来便捷的同时，也在无形中给人们打造出一个封闭的、高度同质化的“回声室”。在媒体上是指在一个相对封闭的环境上，一些意见相近的声音不断重复，并以夸张或其他扭曲形式重复，令处于相对封闭环境中的大多数人认为这些扭曲的故事就是事实的全部。简言之，即信息或想法在封闭的小圈子里得到加强。

本章小结

首先，本章介绍了社会网络分析的基本内容，包括社会网络分析的基础概念、社会网络的表达形式等，着重介绍了矩阵代数在社会网络中的重要分类应用，详细介绍了社会网络的常见分类方式，包括依据研究群体、关系方向、网络数据层次、节点类型、关系紧密程度以及成员紧密程度进行分类。

其次，本章聚焦于整体网络测量，着重介绍了密度这一关键的测量指标，深入解释了它在社会网络分析中的意义。同时介绍了社会网络的中心性分析、凝聚子群的概念和应用。在实操部分详细展示了UCINET和Gephi两个社会网络分析软件的使用方法，并让读者能够亲自体验分析和可视化的过程。

社会网络分析将世界变成了一个相互交织的网络，缩小了人与人之间的距离。这种方法操作性强，步骤清晰有序。学习社会网络分析方法不仅有助于读者深入了解社会网络的结构，还能帮助读者更好地理解社会关系，从而理解社会现象，为解决社会问题进行更具深度的思考。

核心概念

(1) 社会网络。社会网络是指社会个体成员之间因互动而形成的相对稳定的关系体系。

(2) 度数。度数是衡量节点连接程度的重要指标。一个节点的度数指的是与该节点直接相连的点的个数，也称为关联度。

(3) 点入度。点入度表示有多少个节点直接指向该节点。

(4) 点出度。点出度表示该节点直接指向多少个节点。

(5) 结构洞。结构洞是网络中信息流动的“鸿沟”，是两个没有紧密联系的节点集合之间的“空地”。

(6) 桥。桥是同时属于两个或多个群体的成员，它们在连接不同群体之间起着重要的作用。

(7) 孤立点。孤立点是指在网络中没有或几乎没有连接的节点，其度数很低，与其他节点的联系较为薄弱。

(8) 中介者。中介者是指与两个或多个彼此没有连接的群体具有连接，但又不属于这个群体的行动者。

(9) 守门人。在团体中，守门人是与外界联系的关键成员，他们掌握了团体与外部信息之间的关系，对于控制信息的流入和流出起着重要作用。

(10) 边。在社会网络中，节点之间的连接由边来表示。

(11) 测地线。测地线是两点之间最短的路径。

(12) 距离。两个节点之间的测地线长度称为测地线距离。

(13) 直径。社会网络中最长的测地线称为图的直径。

(14) 方向。在有向网络中，边可以有方向，从一个节点指向另一个节点，这个方向表示信息或影响的传递方向。

(15) 频率或强度。频率或强度是指连接发生的次数或频率，它可以用来衡量节点之间的交互程度或联系紧密程度。

(16) 密度。密度指的是一个图中各个点之间联络的紧密程度。

(17) 中心性。中心性是一个重要的个人结构位置指标，它是评价一个人重要与否，衡量其职务的地位优越性或特权性以及社会声望等常用的指标。

(18) 点度中心度。点度中心度是指节点在网络中与其他节点直接连接的数量。

(19) 点度中心势。点度中心势测量的是一个网络的整体结构指标，用于衡量图中节点的影响力分布。

(20) 中间(中介)中心性。中间(中介)中心性用于衡量节点控制或影响其他节点间交往的能力。

(21) 中间(中介)中心度。中间(中介)中心度用于揭示一个节点在社会网络中充当“中间人”的程度，即其控制其他两个节点之间交往的能力，也可以称为充当媒介的能力。

(22) 中间(中介)中心势。中间(中介)中心势是指网络中中间中心性最高的节点与其他节点的中间中心性的差距。

(23) 接近中心度。接近中心度用来衡量一个行动者与社会网络中其他成员之间的接近程度。

(24) 接近中心势。接近中心势可以用来描述整个网络的趋势。

思考题

(1) 社会网络的常见分类有哪几种？

(2) 如何判断社会网络是有向网络还是无向网络？

(3) 1-模网络和2-模网络分别适用于哪些研究？请举例说明。

(4) 什么是密度测量？密度测量在社会网络分析中的作用是什么？

(5) 点度中心性、中间中心性、接近中心性和特征向量中心性有什么区别？

第9章 语义网络分析

9.1 语义网络分析概述

9.1.1 语义网络分析的基本概念

语义网络分析(semantic network analysis)是指使用网络分析技术对基于共享意义的配对关联进行分析，而不是对行为或感知通信的配对关联。彼得·R.芒戈(Peter R.Monge)和格雷戈里·N.斯特凡诺普洛斯(Gregory N. Stephanopoulos)将各种研究文章归类为语义网络分析，从使用7分制来测量重叠的二元感知，到使用自动化计算机程序的文本分析，再到使用人类编码器的传统内容分析，语义网络分析正在建立独属于自己的研究分析范式[1]。

语义网络通常使用相互连接的节点和边来表示知识。其中，节点表示对象、概念，边表示节点之间的关系。这种方法通过节点和关系链对人、物、动作、关系、属性等要素模型化，主要用于概念与事物的模拟、模型转化下的分析与推演以及解决各种矛盾问题。这种方法的基本假设是，文本首先被表示为一个单词网络以及它们之间的关系，然后通过构建语义网络将数据以网络的形式连接为一个整体，从而直观地反映评估对象之间的联系，挖掘评估对象背后潜在的、隐藏的信息。

语义网络作为一种可以通约转化的模型，有助于将多学科的技术、方法结合起来，比如系统动力学模型、结构方程模型、ANP&AHP模型、空间模型、社会行为网络模型描述了各种各样的“计算机支持的解决方案”，使研究者能够从文本中“提取概念网络”，并辨别其所代表的含义。

9.1.2 语义网络分析的流程结构

语义网络的运行过程是指将数据和目标作为要素，通过调节与整合该要素来构建语义网络模型，通过变化、运算、推理等方式得出方案模型，最终得出研究的具体方案。语义网络分析的流程结构如图9-1所示。

---

[1] Doerfel，M. L.What constitutes semantic network analysis? A comparison of research and methodologies[J]. Connections，1988，21(2)，16-26.

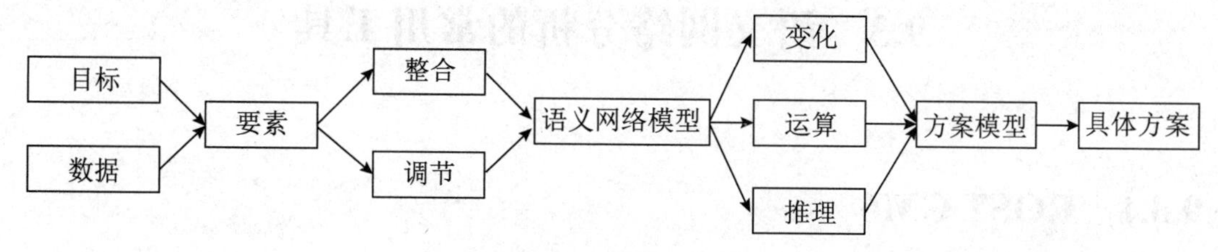

图9-1 语义网络分析流程

9.2 语义网络分析的结构特征

语义网络分析可以把问题表现得更直观、更容易理解，把复杂问题简单化，同时也可以根据研究者的需要表述更复杂的问题。从松散结构到严格结构化，语义网络分析的结构可以根据需要表示为不同形式[1]。

1. 松散结构

松散结构的语义网络采用语义网络表达要素、概念和问题，与松散的自然语言表示类似。这种结构主要是为了全面描述要素和具体现象，不具备逻辑推理功能。

2. 非形式化结构

非形式化结构的语义网络采用限制的结构化语义网络表示对象，可以明确概念或术语等，在一定程度上算是轻量级本体。非形式化结构可以消除相关专业间的语义歧义，明确和限制网元所表达的意义。

3. 半形式化结构

半形式化结构的语义网络采用明确定义的符号和语言表示语义网络。这类语义网络具有初级的逻辑能力，目的是形成机器可以识别的一阶谓词逻辑的语义网络链，能够进行相应的推理、运算，具备中级本体的能力。

4. 严格形式化结构

所有形式化的网元都具备术语功能，但需要保证语义网络的完整性和合理性。严格形式化结构的语义网络具有重量级本体的复杂逻辑推理功能，能够使系统进行更加复杂的二阶谓词逻辑推理。

---

[1] 董君. 城市语义网络——城市设计策划新方法[M]. 北京：中国建筑工业出版社，2017：38-39.

9.3 语义网络分析的常用工具

9.3.1 ROST CM6

1. 软件简介

在网络语义分析研究中，ROST CM6 (ROST content mining system)是常用的一种分析工具。ROST CM6是由武汉大学沈阳教授研发编码的辅助人文社会科学研究的社会计算平台，用于内容挖掘。ROST CM6可以实现微博分析、聊天分析、全网分析、网站分析、浏览分析、分词、词频统计、流量分析、聚类分析等一系列文本分析功能。接下来将介绍如何使用ROST CM6进行语义网络分析。

2. ROST CM6技术操作

本节以微博文本作为分析案例。

研究者通过爬虫软件抓取以“元宇宙”为关键词的微博文本信息后，新建一个文本文档，将微博所有文本信息粘贴至该文本文档，如图9-2所示。

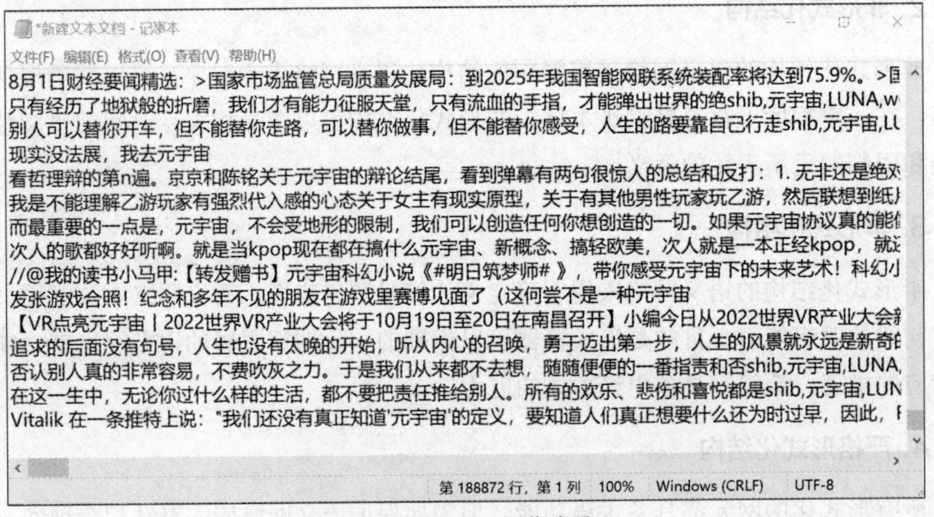

图9-2 ROST CM6操作步骤一

将该文档另存为新文本文档，命名为“元宇宙微博数据”，在编码(E)中选择ANSI格式，并将其保存至计算机。如图9-3所示。

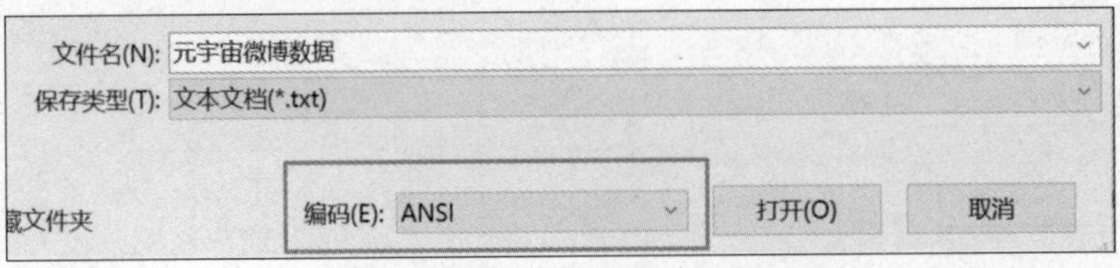

文件名(N): 元宇宙微博数据
保存类型(T): 文本文档(*.txt)
藏文件夹 编码(E): ANSI 打开(O) 取消

图9-3 ROST CM6操作步骤二

打开ROST CM6软件，在左上角的“功能性分析”选项中选择“社会网络和语义网络分析”，如图9-4所示。

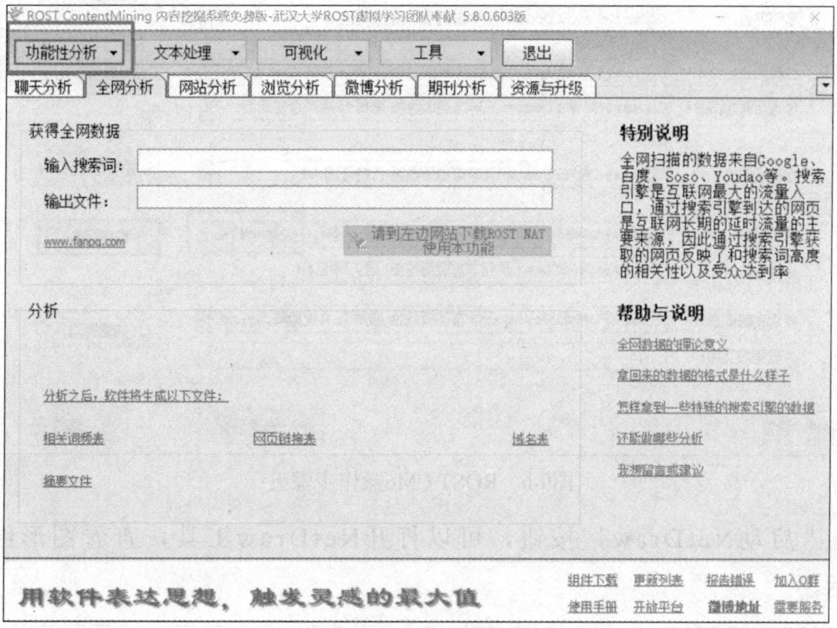

图9-4　ROST CM6操作步骤三

将文本文档“元宇宙微博数据”上传至“待处理文件”中，如图9-5所示。

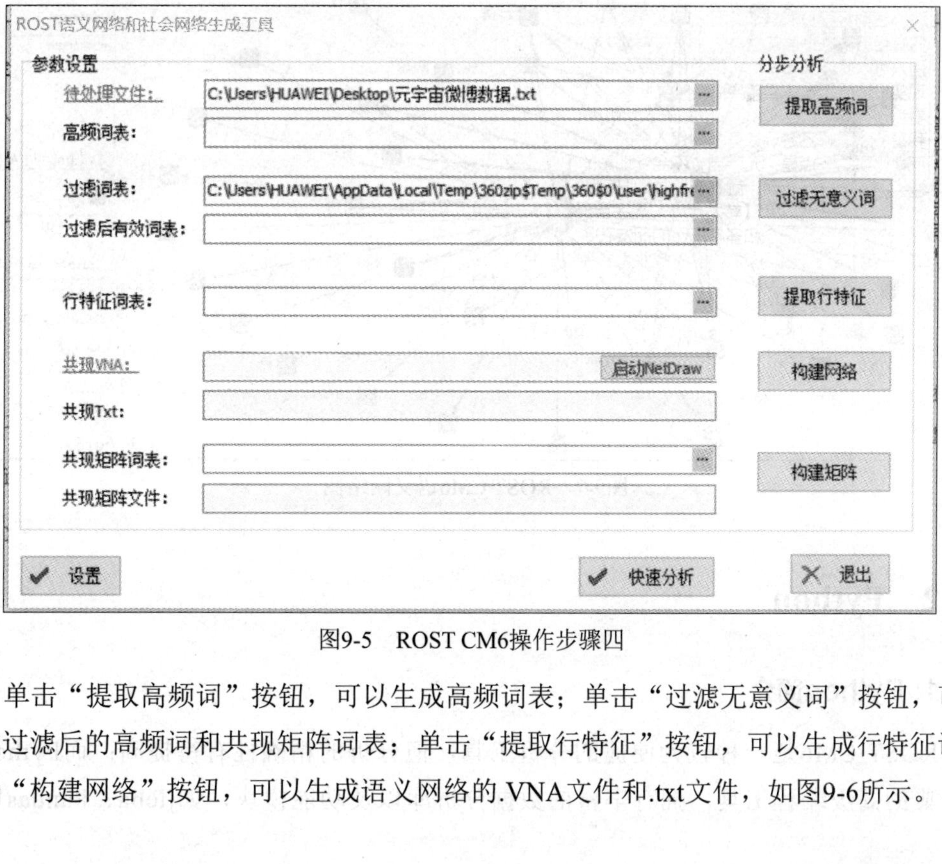

图9-5　ROST CM6操作步骤四

单击“提取高频词”按钮，可以生成高频词表；单击“过滤无意义词”按钮，可以生成过滤后的高频词和共现矩阵词表；单击“提取行特征”按钮，可以生成行特征词；单击“构建网络”按钮，可以生成语义网络的.VNA文件和.txt文件，如图9-6所示。

ROST语义网络和社会网络生成工具
参数设置
待处理文件: C:\Users\HUAWEI\Desktop\元宇宙微博数据.txt
高频词表: C:\Users\HUAWEI\Desktop\元宇宙微博数据-高频词.txt
过滤词表: C:\Users\HUAWEI\AppData\Local\Temp\360zip$Temp\360$1\user\highfr
过滤后有效词表: C:\Users\HUAWEI\Desktop\元宇宙微博数据-高频词-高频过滤后.txt
行特征词表: C:\Users\HUAWEI\Desktop\元宇宙微博数据-行特征词.txt
共现VNA: C:\Users\HUAWEI\Desktop\元宇宙微博数据--语义网络.v 启动NetDraw
共现Txt: C:\Users\HUAWEI\Desktop\元宇宙微博数据--语义网络.txt
共现矩阵词表: C:\Users\HUAWEI\Desktop\元宇宙微博数据-高频词-共现矩阵词表.txt
共现矩阵文件:
分步分析
提取高频词
过滤无意义词
提取行特征
构建网络
构建矩阵
设置
快速分析
退出

图9-6　ROST CM6操作步骤五

单击“启动NetDraw”按钮，可以打开NetDraw工具，查看图形结果，如图9-7所示。

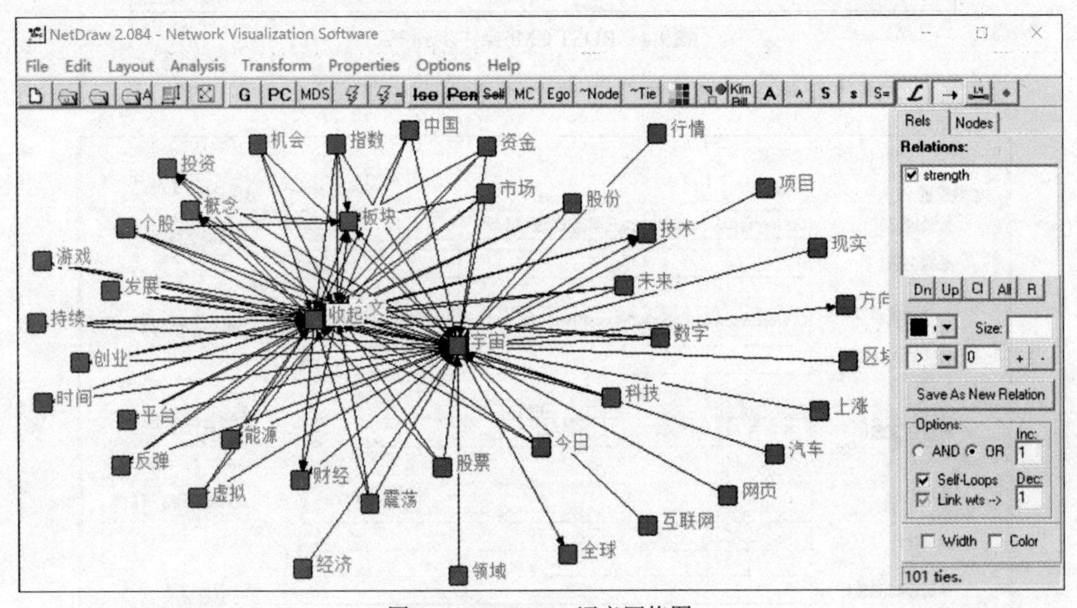

图9-7　ROST CM6语义网络图

9.3.2　Python

1. Python简介

ROST CM6是一种较为便捷的分析工具，但分析的精确性有待提高；而Python作为经典的高级编程工具，拥有丰富的数据分析库以及功能模块，如jieba、Pandas以及

NumPy等，可以更加精确地划分词。接下来将介绍如何使用Python进行语义网络分析。

2. Python技术操作

(1) 文本预处理，具体包括以下步骤。

打开PyCharm平台，建立名为“元宇宙”的文件夹，将原始数据“元宇宙.xlsx”以及通过ROST CM6制作的过滤高频词“custom_dict.txt”导入元宇宙文件夹中，单击“+”对解释器进行配置，如图9-8所示。

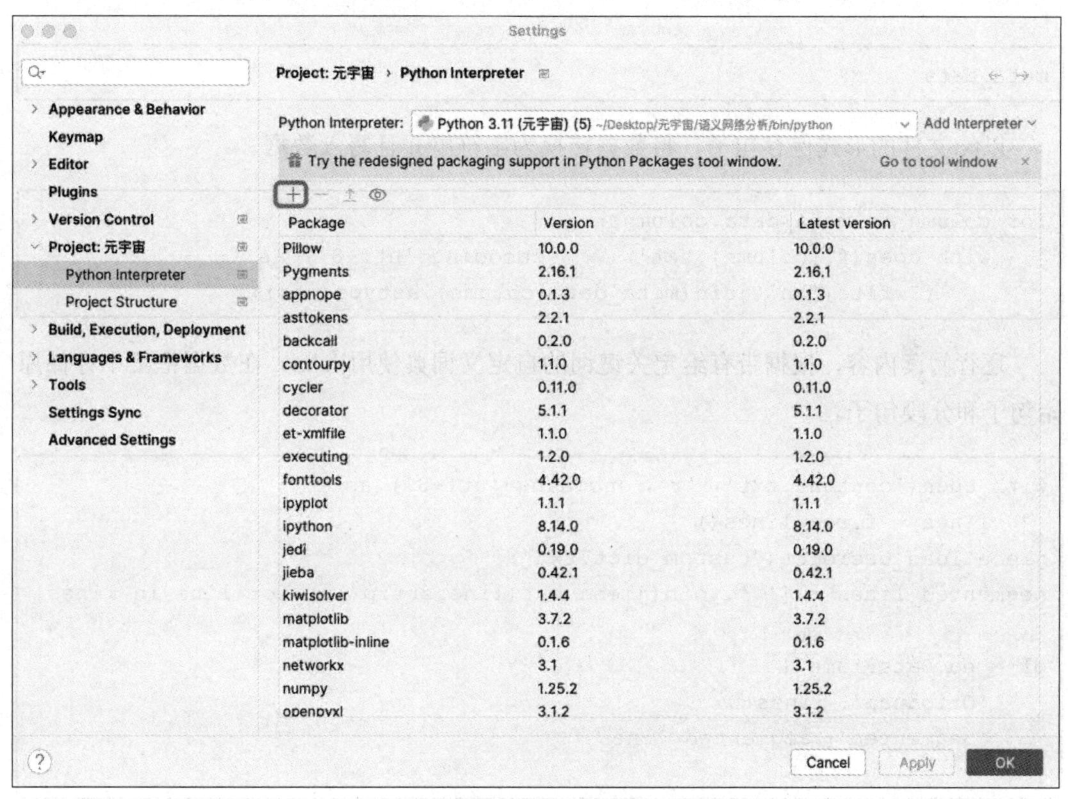

图9-8　解释器配置

完成操作配置后，在正式的语义网络分析之前，需要开展文本数据的预处理工作，并对文本进行分词和高频词处理。研究者可以导入已安装好的中文自然语言处理分词库jieba、NumPy及Pandas库等。

```
import numpy as np
import pandas as pd
import jieba
import jieba.analyse
from itertools import islice
import re
import matplotlib.pyplot as plt
import networkx as nx
```

通过Pandas库将文件保存为“csv”形式。

```
excel_file = pd.read_excel("元宇宙.xlsx", usecols="E: E")
excel_file.to_csv ("metaverse.csv", index = None, header=True)
```

利用Pandas从csv文件中读取数据帧。

```
meta_data = pd.read_csv("metaverse.csv")
```

```
meta_data
```

以txt文件的形式保存句子，将数据转换为字符串并且写入数据。

```
for column in meta_data.columns:
    with open(f'{column}.txt', 'w', encoding='utf-8') as f:
        f.write('\n'.join(meta_data[column].astype(str)))
```

逐行阅读内容，根据带有给定关键词的自定义词典使用jieba，在数据框架中存储原始句子和分段句子。

```
with open('content.txt', 'r', encoding='utf-8') as f:
    lines = f.readlines()
jieba.load_userdict("custom_dict.txt")
segmented_lines = [' '.join(jieba.cut(line.strip())) for line in lines]

df = pd.DataFrame({
    'Original': lines,
    'Segmented': segmented_lines
})
```

用分段句子加载列。

```
df_seg = df["Segmented"]
```

读取自定义字典并存储给定的关键字。

```
with open('custom_dict.txt', 'r', encoding='utf-8') as f:
    lines = f.readlines()

given_kw = [line.strip().split(" ")[0] for line in lines]
```

```
    given_kw
```

完成上述操作后，将原始数据的特殊字符、乱码、无意义词等删除。如果该词语长度为两个字及以上、不是数字并且出现在“高频词过滤后.txt”中，那么在已经存储过该词的情况下，数量+1，否则将其存在字典里并将其出现次数初始化为1，从而得到过滤后的关键词。完成关键词过滤后，对关键词出现的频率进行统计分析。

```
word_dict = {}
for line in df_seg:
    line = re.sub(r'[^\w\s]', '', line)
    words_list = line.split(" ")
    for ch in words_list:
        if len(ch) >= 2 and ch.isdigit() == False and ch in given_kw:
            if ch in word_dict:
                word_dict[ch] += 1
            else:
                word_dict[ch] = 1
word_dict = {k: v for k, v in sorted(word_dict.items(), key=lambda
item: item[1], reverse=True)}
```

选取出现频率最高的前50个词。

```
freq_word = dict(islice(word_dict.items(), 50))
```

```
freq_word
```

(2) 建立共现矩阵，具体包括以下步骤。

使用NumPy构建共现语义的初始矩阵。

```
matrix = np.zeros((len(freq_word)+1) * (len(freq_word)+1)).
reshape((len(freq_word)+1), (len(freq_word)+1)).astype(str)
matrix[0][0] = ""
matrix[1: , 0] = matrix[0, 1: ] = list(freq_word.keys())
```

```
matrix
```

选择矩阵关键词。

```
key_word = list(freq_word.keys())
```

```
original_list = [line for line in df["Original"]]
original_list
```

计算单词对出现的频率。

```
for i, w1 in enumerate(key_word):
    for j, w2 in enumerate(key_word):
        count = 0
        for line in original_list:
            if w1 in line and w2 in line:
                if abs(line.index(w1) - line.index(w2)) <= len(line):
                    count += 1
        matrix[i+1][j+1] = count
```

```
matrix
```

```
kw_data = pd.DataFrame(data=matrix[1: ], columns=matrix[0])
kw_data.set_index(kw_data.columns[0], inplace=True)
kw_data.to_csv("key_word_matrix.csv", index=False, header=None,
encoding='utf-8-sig')
kw_data.astype(float).fillna(9).astype(int)
```

使用熔体函数，删除数据框的诊断。按照降序排序，选择具有奇数索引的行(AB和BA是同一对)，构建完整共现矩阵。

```
kw_data_melt = pd.melt(kw_data.reset_index(), id_vars="", value_vars=key_
word)
kw_data_melt.columns = ["kw1", "kw2", "value"]
kw_data_melt = kw_data_melt[kw_data_melt["kw1"] != kw_data_melt["kw2"]]
kw_data_melt["value"] = kw_data_melt["value"].astype(float).fillna(0).
astype(int)
kw_data_melt = kw_data_melt.sort_values(by="value", ascending=False, ignore_
index=True)
kw_data_melt = kw_data_melt.iloc[1: : 2].reset_index(drop=True)
```

```
kw_data_melt
```

选择出现频率最高的50个词对。

```
kw_data_melt_short = kw_data_melt[: 50]
```

```
kw_data_melt_short
```

(3) 绘制语义网络分析图，具体包括以下步骤。

设置字体。

```
plt.rcParams["font.sans-serif"]=["Arial Unicode MS"]
```

假设数据被加载到kw_data_melt_short中，从DataFrame中添加边线，确定所有节点的位置，按照重量缩放边缘宽度，调整字体和节点至合适大小，进行画图。

```
plt.figure(figsize=(20, 20))
G = nx.Graph()

for _, row in kw_data_melt_short.iterrows():
    G.add_edge(row['kw1'], row['kw2'], weight=row['value'])

pos = nx.spring_layout(G)
edges = G.edges(data=True)

nx.draw_networkx_nodes(G, pos, node_size=1300)
nx.draw_networkx_edges(G, pos, width=[d['weight'] * 0.0001 for _, _, d in
edges])
nx.draw_networkx_labels(G, pos, font_size=13)

plt.title("Word Network")
plt.plot()
```

9.3.3 结果探讨

通过ROST CM6以及Python对“元宇宙”微博文本信息的分析，最后得到的语义网络分析图(见图9-9)可以展现出微博关于元宇宙的探讨中各词语和“元宇宙”之间的相连关系以及分布趋势。从层级结构来看，语义网络图呈现“核心—边缘”的特点，图中重要节点周围形成了一层或多层子群。词语距离中心节点(核心节点)越近，与中心节点词语的联系就越紧密。线条的疏密代表共现频率的高低，线条越密，表明共现次数越多。

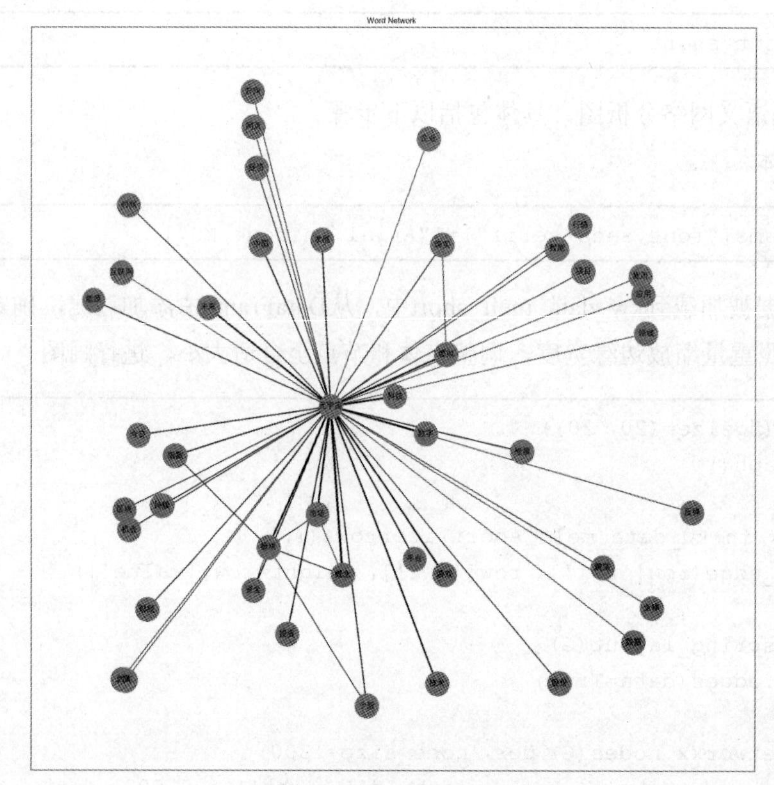

图9-9 Python语义网络图

9.4 研究案例

在大数据时代，对于新闻传播研究来说，对海量的信息数据进行整理分析，使其反映词组在特定意义上的联系以及文本深层次的结构关系尤为重要。语义网络分析能通过构建概念和语义关系的网络图来直观展现各个要素之间的关系[1]，提供更加具象的视角。本节将通过案例分析的方式，探讨语义网络分析在新闻传播领域的应用，为读者提供更加全面、更加具有实践性的视角，展示语义分析网络的潜在应用价值。

9.4.1 语义网络分析在学科发展领域的应用

在新闻传播领域，语义网络分析能够通过历时研究和对比分析的方式来梳理特定时期的理论演变，相较于传统的定性文献综述，语义网络分析能够以图解的方式更加清晰地展示学科研究重点以及学科领域研究方向的演变。接下来以两篇文章为例，来展示语义网络分析是如何运用于学科发展领域的。

[1] 王超，骆克任. 基于网络舆情的旅游包容性发展研究：以湖南凤凰古城门票事件为例[J]. 经济地理，2014，34(1)：161-167.

Tracking public relations scholarship trends：*Using semantic network analysis on PR Journals from 1975 to 2011*[1](《跟踪公共关系学术趋势：1975—2011年公关期刊语义网络分析》)的作者采用语义网络分析的研究方法，通过对《公共关系评论》和《公共关系研究杂志》发表的研究题目中的关键词进行语义网络分析，确定1975—2011年公共关系学术研究中的突出关键词，探索公共关系领域的学术发展情况。

在数据分析技术方面，文章对所选期刊发表的论文题目中的关键词所形成的语义网络进行分析。研究者对网络进行了定量分析，确定了最突出的关键词和关键词关联。研究者首先对《公共关系评论》(PRR)和《公共关系研究杂志》(JPRR)两本期刊中的关键词进行频率分析，发现在1970—2011年，这两本期刊最常强调的关键词为“PR”“com-munication”“corporation”“practitioner”和“public”，如图9-10所示。

Table 1
Frequency of top ten keywords for each period in both journals.

Public relations review						Journal of public relations research			
1975–1989		1990–1999		2000–2011		1989–1999		2000–2011	
Frequency	Keyword	Frequency	Keyword	Frequency	Keyword	Frequency	Keyword	Frequency	Keyword
152	PR	157	PR	357	PR	84	PR	116	PR
29	Communication	21	Communication	101	Crisis	21	Communication	36	Effect
23	Research	20	Crisis	99	Communication	19	Study	29	Relation
22	Study	20	Practitioner	62	Corporation	19	Theory	23	Communication
19	Corporation	18	Education	58	Effect	16	Organization	23	Strategy
18	Practitioner	18	Ethics	52	Analysis	16	Public	23	Theory
18	Role	17	Public	52	Strategy	15	Practitioner	22	Corporation
16	Education	17	Use	52	Study	15	Role	21	Crisis
16	Public	15	Corporation	51	Practitioner	14	Research	19	Model
15	Effect	14	Issue	51	Public	13	Corporation	18	Public
		14	Management	51	Relation	13	Effect		

图9-10　两本杂志各时期十大关键词[2]

研究结果显示，相较于PRR，JPRR在关键词的选择上更加专注和有针对性，并且展现出更加多样化的研究趋势。在对JPRR的关键词进行共现分析时，研究结果显示，“PR-practitioner”和“PR-theory”是在20世纪90年代和21世纪初持续存在的最突出的关联。在PRR的关键词频率分析中，无论是在哪个时期，“PR”都是最常见的关键词，而“crisis”这个关键词在20世纪90年代和21世纪初的重要性有显著增长。此外，该研究还指出，在21世纪，互联网相关的关键词如“website”“web”“online”“social media”“blog”和“internet”开始出现在排名中。

在最后的结论中，文章通过比较两本期刊的关键词发现，JPRR比PRR更加强调理论导向，PRR在20世纪70年代和20世纪80年代更加注重研究，在20世纪90年代强调教育，在21世纪初转向危机沟通的研究。总体而言，该文章指出，在这一时期的公共关系研究中，“公关从业者”的关键词关联始终是最突出的。这一发现突出了公关从业者在公共关系领域的重要性，并提供了对在特定年份公共关系学术研究的焦点和趋势的见

[1]　Kim S Y，Choi M I，Reber B H，Kim，D. Tracking public relations scholarship trends：Using semantic network analysis on PR Journals from 1975 to 2011[J]. Public Relations Review，2014，40(1)，116-118.

[2]　Kim S Y，Choi M I，Reber B H，Kim，D. Tracking public relations scholarship trends：Using semantic network analysis on PR Journals from 1975 to 2011[J]. Public Relations Review，2014，40(1)，116-118.

解。该文章有助于研究者更好地理解公共关系研究的关键主题和主题，并突出了该领域某些关键词的持续相关性，对公共关系领域的学术研究提供了有价值的见解。

另一篇文章*Mapping the field of communication technology research in Asia*：*content analysis and text mining of SSCI journal articles 1995–2014*[1]（《绘制亚洲通信技术研究领域：SSCI期刊文章的内容分析和文本挖掘1995—2014》)同样采用了内容分析和基于文本挖掘的语义网络分析方法，对1995—2014年发表于SSCI通信期刊的272篇亚洲通信技术论文进行了综述，通过研究亚洲通信技术研究的技术—环境关系、东西方研究者在这方面的观点差异、亚洲通信技术研究对理论发展的贡献以及亚洲通信技术研究中使用最频繁的关键词(见图9-11)来探索近20年来亚洲通信技术研究样态。

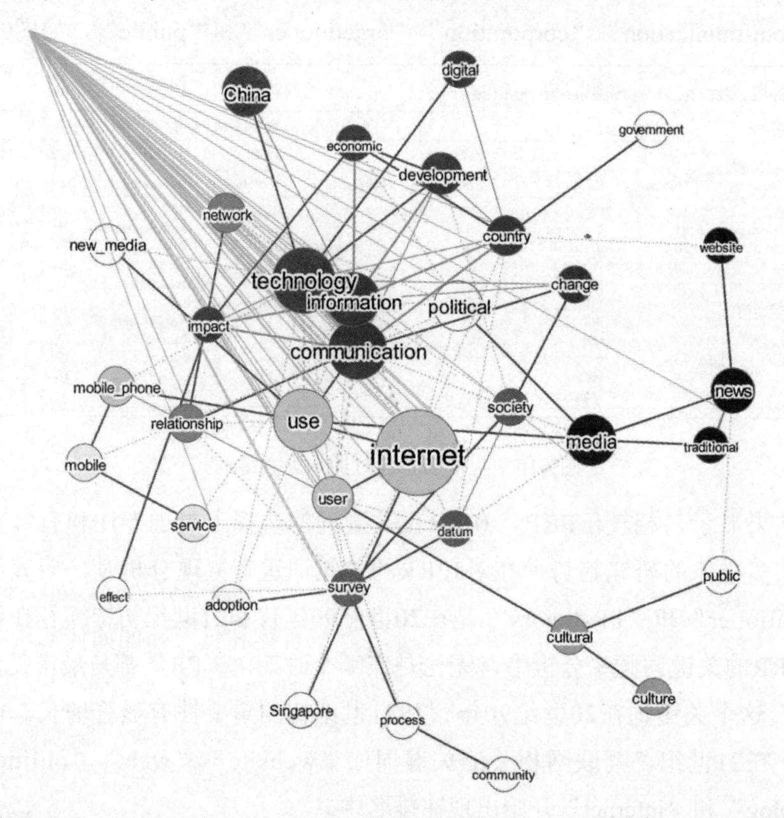

Figure 4. Co-occurrence of network of words relating to Asian new media technology research from 1995 to 2014. Note: Number of nodes = 36, number of edges = 100, density of network = .159, Min. Jaccard coefficient = .079.

图9-11　1995—2014年亚洲新媒体技术相关的网络词汇[2]

研究结果显示，东亚是通信技术领域最受关注、被研究最多的地区。互联网是最受相关研究关注的关键词，其次是手机、信息通信技术和社交媒体。研究范围主要集中在

[1] Zheng P，Liang X，Huang G，Liu X. Mapping the field of communication technology research in Asia：Content analysis and text mining of SSCI journal articles 1995–2014[J]. Asian Journal of Communication，2016，26(6)，511-531.

[2] Zheng P，Liang X，Huang G，Liu X. Mapping the field of communication technology research in Asia：Content analysis and text mining of SSCI journal articles 1995–2014[J]. Asian Journal of Communication，2016，26(6)，511-531.

微观层面，主要研究技术的使用和感知、个人和社会及政治对技术的影响，与此同时，中观和宏观层面的研究也在逐渐增加。在技术与环境关系方面，大多数研究倾向于采取技术决定论的观点。亚洲学者更倾向于技术决定论，更容易将技术视为亚洲的变革力量；而西方学者更多地将亚洲环境视为过滤器，并将研究范围扩展到宏观层面。

研究结果显示，在亚洲相关通信技术研究的理论贡献方面，大多数文章没有讨论理论贡献，而是提出了在亚洲背景下独特的现象或问题，并没有参考理论。还有超过三分之一的文章证实了现有理论在亚洲背景下的适用性，较少部分文章采用现有文献中的某些理论框架或概念，并得出这些理论不足以解释亚洲背景下的问题的结论，利用语义网络分析图制作出和亚洲新媒体相关的理论框架。

文章结论表明，亚洲背景可以帮助扩展、丰富或界定现有理论边界。该研究对亚洲通信技术研究的景观进行了全面的调查和分析，揭示了该领域的一些关键趋势和研究特点。此外，该研究还深入探讨了技术与环境之间的关系，以及亚洲地区与西方地区的研究偏好差异，为未来的研究提供了理论和方法上的指导。

这两篇文章均采用语义网络分析的方法，为读者提供了研究学科领域发展的框架，新闻与传播专业作为一个与时俱进的学科，语义网络分析方法有助于研究其学科领域的转变、发展以及研究重点的转向等，为新闻学者提供了很好的借鉴范例。

9.4.2 语义网络分析在媒体报道分析层面的应用

在对媒体的报道分析中，语义网络分析常用于将媒体报道进行对比分析，通过分析媒体使用的词频，自上而下地构建不同媒体报道策略背后的原因以及可能产生的影响。

例如，*Hero on Twitter*，*traitor on news*：*How social media and legacy news frame Snowden*[1](《推特上的英雄，新闻上的叛徒：社交媒体和传统新闻如何陷害斯诺登》)就探讨了以下问题：爱德华·斯诺登(Edward Snowden)是英雄还是叛徒？社交媒体和传统新闻在报道斯诺登事件方面的立场有何不同？社交媒体的框架与传统新闻之间存在哪些差异？研究者采用话题标签和语义网络分析方法作为新的框架工具，代替传统框架分析方法来回答以上几个问题，目的是探究社交媒体和传统新闻在报道Edward Snowden事件时的框架差异。

文章的语义网络分析过程包括以下几个步骤。

(1) 选择数据库和搜索引擎。研究者使用SenseBot和Google作为数据库和搜索引擎。

(2) 提取种子词。研究者选择与“Snowden”相关的词语作为种子词，在数据库中搜索这些词语，并获取与之共现的其他词语。

---

[1] Qin J. Hero on Twitter，traitor on news：How social media and legacy news frame Snowden[J]. The International Journal of Press/Politics，2015，20(2)，166-184.

(3) 扩展网络。研究者通过逐个搜索新的词语，获取更多与“Snowden”相关的词语，并逐步扩展网络。

(4) 评估网络的表面效度(the face validity)。在每一轮扩展之后，评估网络的表面效度，判断新获取的词语与“Snowden事件”的相关性。

(5) 交叉验证结果。使用SenseBot和Google两个数据库进行交叉验证，确保结果的准确性。

通过以上步骤，研究者收集和分析了大量的社交媒体帖子和新闻报道，建立了与“Snowden事件”相关的语义网络，分析社交媒体和传统新闻中有关Edward Snowden的话语和框架，识别和理解不同话语之间的关联性和重要性，同时还介绍了“Snowden事件”的语义网络分析过程，比较了社交媒体和传统新闻在报道“Snowde事件”时的差异。

研究结论显示，社交媒体和传统新闻在报道“Snowden事件”方面存在明显的框架差异。在分析“Snowden事件”的语义网络时，只有15个词出现在两个语义网络中，这表明社交媒体和传统新闻在报道“Snowden事件”时所选择的框架是不同的。社交媒体用户更倾向将“Snowden事件”与其他告密者、两党问题和个人隐私问题联系在一起，而专业记者将“Snowden事件”与国家安全和国际关系问题联系在一起。社交媒体的框架将Edward Snowden描绘为英雄，而传统新闻将其视为叛徒。该研究进一步指出了两者在词语选择和词语显著性方面存在差异。此外，该研究还对社交媒体背景下的框架分析提出了挑战，并对该领域的理论和实践做出了贡献。

首先，在概念化方面，通过网络视角来概念化社交媒体框架。社交媒体框架被概念化为由各种框架设备组成的网络，比如hashtag、关键词等。与现有的二元概念化相比，这种新的概念化在两个方面都具有创新性。一方面，它采用了自下而上的视角，与现有的媒体或个人框架的自上而下视角相对立；另一方面，它揭示了不同框架设备之间的联系，这在现有研究中被忽视了。

其次，在框架过程机制方面，该研究提出了基于网络视角的两个新的度量方法。其中，词选择指的是包括在网络中的框架设备，而词显著度是通过每个框架设备在网络中的中心度来衡量的。

最后，在操作化方面，该研究引入了hashtag作为社交媒体上的新的框架设备，还提出了一种自下而上的方法作为学者中心方法的替代，以尽量减少过度解释的风险，为社交媒体框架分析研究做出了重要的理论贡献。

文章*The cultural competence of health journalists*：*Obesity coverage in four urban news organizations*[1](《健康记者的文化能力：4个城市新闻机构的肥胖报道》)采用语义网络分析对670篇新闻报道进行分析，分析对象为两家主流报纸和两家为非洲裔美国人

---

[1] Garyantes D M， Murphy P. The cultural competence of health journalists：Obesity coverage in four urban news organizations[J]. Health Communication，34(2)，191-200.

和西班牙裔社区服务的民族报纸，确定并分析其新闻报道中的主题和模式。该研究还进行了卡方检验，以研究不同报纸在肥胖症相关话题报道上的差异。通过语义网络分析，可以了解不同媒体的报道重点和潜在模式，从而更好地理解这些媒体在文化胜任方面的表现。

各报纸对主题集群的贡献如图9-12所示。

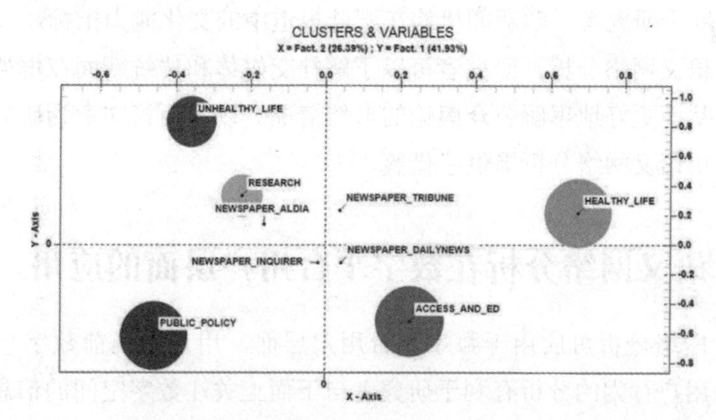

图 9-12　各报纸对主题集群的贡献[1]

研究结果显示，这4家新闻机构在肥胖症报道方面呈现5个主题的共同趋势，即不健康的生活方式、食物获取与教育、健康的生活方式、公共政策和研究。主流报纸倾向于关注公共政策解决方案，民族报纸则强调自我效能。在这4家报纸中，文化胜任指标存在差异。在划定改善肥胖的责任时，民族报纸更加强调自我效能——个人吃得更好、锻炼得更多，而主流报纸的报道则偏向汽水税、专家研究或基金会拨款等政策举措。然而，卡方检验结果显示，为非洲裔美国人服务的报纸对肥胖症的讨论少于预期，大都市日报直接提及肥胖风险群体的次数少于预期。

这篇文章的理论贡献主要体现在将语义网络分析方法应用于探索文化能力的新领域，揭示了不同新闻机构在肥胖报道中的文化能力指标和报道特点。该研究为进一步研究文化能力在健康新闻报道中的影响提供了实证基础。

首先，文章采用语义网络分析的方法探索了新闻报道中文化能力的指标。该方法采用量化单词的组合方式，而不是简单地将单词归类，从而避免了过度归类或将语义降低到简单的类别化的问题。同时，这一方法对于研究局部定义的新概念非常有优势，因为它没有预设的假设，可以全面地分析文本并识别主题。

其次，通过语义网络分析，文章探索了4家新闻机构在肥胖报道中的文化能力指标，并发现了一些特定的特征。城市的民族报纸在某些领域表现出特别的文化适应能力，能够更加准确、可信地传递信息，表现出基于社区的消息来源、直接提到肥胖风险

[1] Garyantes D M，Murphy P. The cultural competence of health journalists：Obesity coverage in four urban news organizations[J]. Health Communication，2019，34(2)，191-200.

群体以及避免使用医学术语等特点。然而，文章也发现，市区的非洲裔报纸在肥胖报道中的覆盖率低于预期，并且全新闻中直接提到肥胖风险群体的频率也低于预期。

最后，分析揭示了4家费城新闻机构在肥胖报道中的5个主题，分别是不健康的生活方式、食品获取与教育、健康的生活方式、公共政策和研究。传统主流报纸更关注公共政策解决方案和官方消息源，而民族报纸则强调个人能力和基于社区的消息来源。这些报道有助于研究者了解新闻机构在肥胖报道中的文化能力指标。

通过语义网络分析，研究者可以了解社交媒体和传统新闻在框架选择和报道方式上的差异，从而更好地理解公众舆论的自然情况。以上两篇文章为研究媒体在分析报道层面如何运用语义网络分析提供了借鉴。

9.4.3 语义网络分析在数字平台用户层面的应用

语义网络分析可应用于数字平台用户层面。用户是当前数字平台中不可或缺的一方，针对用户行为的分析有利于研究者自下而上关注数字空间的信息传播模式，研究者可以更好地从用户视角切入。

在*Hashtag activism and the configuration of counterpublics*：*Dutch animal welfare debates on Twitter*[1]（《标签激进主义和反公众的配置：推特上的荷兰动物福利辩论》）中，美国伊萨卡学院新闻系、威斯康星大学麦迪逊分校和中国香港城市大学的学者探讨了社交媒体平台上数字反公共如何与参与者和平台的特定功能相互作用，以及这些因素对数字反公共领域的构建和影响。该研究采用自动化网络分析和内容分析相结合的方法，从参与者对自己身份的定位以及参与者如何使用hashtag、提及其他参与者以及转发的方式出发，目的是分析关于动物福利问题的辩论。

研究结果表明，在Twitter用户中，普通公民和环保组织形成了一个共同的群集，而媒体行为者形成了自己的子群集。这些结果强调了普通公民对数字反公共领域形成的核心作用。此外，研究还强调了标签在语义和关系方面的作用，标签活动也被认为是提高用户意识和促进讨论的手段。

该文章通过分析Twitter上的话题、参与者和标签的互动关系来识别和研究数字反公共这一群体，并综合了自动化网络分析和手动内容分析的方法，提供了一种对在线活动和辩论进行分析的思路。

在另一篇文章“*Where's the outrage??*”：*An analysis of #black lives matter and #black trans lives matter Twitter counterpublics*[2]（《“愤怒在何处？？”：对 #BlackLivesMatter

---

[1] Wonneberger A，Hellsten I R，Jacobs S H J. Hashtag activism and the configuration of counterpublics：Dutch animal welfare debates on Twitter[J]. Information，Communication & Society，2021，24(12)，1694-1711.

[2] Dunklin M，Jennings P. “Where's the outrage??”：An analysis of #black lives matter and #black trans lives matter Twitter counterpublics[J]. Journalism & Mass Communication Quarterly，2022，99(3)，763-783.

和 #BlackTransLivesMatter Twitter反公共的分析》)中，作者探究了Twitter上#BlackTransLivesMatter运动相比于#BlackLivesMatter运动的较低影响力。该研究关注2020年5月一周内有关George Floyd(一位非跨性别黑人男性)和Tony McDade(一位跨性别黑人男性)之死的推文。研究采用了综合方法，通过语义网络分析以及批判性的话语分析，来确定卫星公众[1]在运动话语中的功能。研究发现在#BlackLivesMatter和#BlackTransLivesMatter Twitter两个网络之间存在断裂，研究者构建了一篇桥梁推文，讨论两个网络之间对于跨性别问题教育在话语层面缺乏关注的问题，填补了这两个网络之间的断裂。

该研究采用混合方法，结合定性和定量分析，通过收集Twitter数据并使用语义网络分析和批判性话语分析，来理解Twitter上的活动和话语。语义网络分析用于研究推文之间的关系，以揭示不同网络之间的联系。批判性话语分析用于分析Twitter上的话语，以了解关于跨性别问题教育缺乏的讨论情况。该文章的流程如下。

(1) 数据收集。收集包含特定标签的推文，如#BlackLivesMatter和#BlackTrans-LivesMatter，并根据标签对数据进行分类和整理。

(2) 数据预处理。使用Leximancer软件对数据进行预处理，包括移除表情符号、特殊字符和停用词。将类似的词汇进行合并，以消除可能存在的重复主题。

(3) 主题生成。使用Leximancer软件进行语义网络分析，将推文中的关键词和短语进行可视化操作。根据出现的频率和相关性生成热度图，来表示各个主题的重要性。

(4) 文本分析。通过对完整推文的深入分析，了解关键词和短语的使用方式和意图。分析推文中的语言和社会实践，揭示其在社会变革中的权力作用和意义构建。

(5) 结论形成。仔细阅读和分析桥接推文，理解不同个体是如何通过相似的语言选择来扩大话题影响力的。对推文发布者和接收者之间的社交和言语实践进行分析，得出由社交实践和话语实践构成的结论。

研究发现，相比于#BlackLivesMatter运动，#BlackTransLivesMatter运动的影响力较低。研究还揭示了两个网络之间的断裂，并通过构建关于跨性别问题教育缺乏的桥梁推文，建立了两个网络之间的联系。这表明社会运动中存在对跨性别问题的教育缺乏。

该研究通过比较不同运动的影响力，对社会运动和网络活动的影响因素进行了深入探讨。该研究使用综合方法，并结合语义网络分析和批判性话语分析，来揭示Twitter上不同运动之间的差异和断裂，这为进一步理解和促进社会运动的发展提供了理论贡

---

[1] 卫星公众是指在特定社交媒体平台(如Twitter)上形成的次级集会，作为反公共领域的一种延伸存在。在这个概念中，卫星公众和主要反公共形成了互相关联的关系，但仍然与主流舆论和公共领域相分离。卫星公众通常由具有特定身份认同的群体组成，而且他们的对话和活动主要集中在这个身份认同上。然而，卫星公众往往需要与其他反公共产生联系和互动，这样才能更有效地影响主流舆论和公众意见。

献。在研究Twitter上的反公共[1]领域与卫星公共领域之间的关系方面，引入了“桥接推文”[2]的概念，并分析了这些推文对于支持和推动支持黑人跨性别群体权益的作用，同时还使用了Fairclough的批判性话语分析方法对推文进行定性分析，探讨了语言作为社会变革的权力工具的使用，揭示了卫星公共领域与反公共领域之间的断裂和分离，探讨了卫星公共领域与反公共领域加入更大公共领域遇到的障碍，强调了在面临紧张的社会问题时和危机时期，社交媒体对社会变革和意义构建的重要性。

这两篇文章在分析数字平台用户层面都采用了语义网络分析和其他定性、定量研究方法相结合的方式，由于语义网络分析存在一定的局限性，不能很好地解释网络中的社会和话语实践，需要辅以定性分析方法来更全面地理解话语的社会背景和实践，这也为新闻与传播界研究数字平台的用户提供了新思路。

语义网络分析法可以提高计算机在语义理解、信息抽取、推理推断和自然语言生成等方面的处理能力，从而实现降低成本、提高效率和改进处理效果的目标。与传统的分析方法相比，例如在内容分析中，研究者通常先使用几个框架，然后匹配文本。但这种方法存在忽视一些基本机制、过度操纵甚至错误解读的风险。与内容分析相比，语义网络分析更适合处理互联网上大规模的个性化内容，它能够自主生成框架，并通过多个框架之间的关联来扩展研究范围。此外，语义网络分析还能够降低成本，提高效率，因为它依赖计算机和软件进行分析，相对于人工编码来说，更加节省时间和金钱。除了采访或实验之外，语义网络分析还提供了一种替代方案来检测单个框架。

然而，这种新方法也存在一些问题，例如数据集是否足够覆盖所有新闻报道，以及数据是否代表了整体样本。虽然一些研究支持这种方法的有效性，但研究者仍需进行更多的验证测试，探索更多的应用。

本章小结

本章探讨了语义网络分析在大数据分析中的重要性和应用，首先介绍了语义网络分析的基本概念，其次通过图示介绍了语义网络分析的一般流程。在案例部分，本章重点强调了语义网络分析法在新闻传播研究中对于不同主体的应用价值，从学科发展领域、媒体报道分析以及数字平台用户层面分别进行了介绍。

本章涉及的关键软件ROST CM6是由武汉大学沈阳教授研发编码的辅助人文社会科学研究的社会计算平台，是较为常用的一个内容挖掘工具。ROST CM6内容挖掘系统可

---

[1] 反公共是指那些在公共领域外形成独立讨论和公众舆论的领域。弗雷泽(Fraser)在对哈贝马斯(Habermas)基础理论的批判中引入了反公众概念。文中还提到了黑人推特(Black Twitter)作为一个反公众空间的例子，黑人推特是一个由黑人女性维护的社区空间，主要关注黑人身份，并提醒人们对于种族和公平议题的关注。黑人推特能够通过黑人群体个人故事的表达和黑人群体间的对话，提高该群体在互联网上的可见度，改变主流叙述并展示反叙事。

[2] 桥接推文是指在Twitter上使用两个或更多标签(如#BlackLivesMatter和#BlackTransLivesMatter)以连接不同社群的推文。这些推文旨在促进交流、加强支持，并试图在不同社群间建立更加包容的社区。

以实现微博分析、聊天分析、全网分析、网站分析、浏览分析、分词、词频统计、流量分析、聚类分析等一系列文本分析功能。

核心概念

(1) 语义网络分析。语义网络分析是指使用网络分析技术对基于共享意义的配对关联进行分析，而不是对行为或感知通信的配对关联。

(2) ROST CM6。ROST CM6是由武汉大学沈阳教授研发编码的辅助人文社会科学研究的社会计算平台，是较为常用的一个内容挖掘工具，ROST CM6内容挖掘系统可以实现微博分析、聊天分析、全网分析、网站分析、浏览分析、分词、词频统计、流量分析、聚类分析等一系列文本分析功能。

(3) 卫星公众。卫星公众是指在特定社交媒体平台(如Twitter)上形成的次级集会，作为反公共领域的一种延伸而存在。在这个概念中，卫星公众和主要反公共形成了互相关联的关系，但仍然与主流舆论和公共领域相分离。卫星公众通常由具有特定身份认同的群体组成的，他们的对话和活动主要集中在身份认同上。然而，卫星公众往往需要与其他反公共产生联系和互动，这样才能更有效地影响主流舆论和公众意见。

(4) 反公共。反公共是指那些在公共领域外形成的独立讨论和形成公众舆论的领域。弗雷泽(Fraser)在对哈贝马斯(Habermas)基础理论的批判中引入了反公众概念。文中还提到了黑人推特(Black Twitter)作为一个反公众空间的例子，黑人推特是一个由黑人女性维护的社区空间，主要关注黑人身份，并提醒人们对于种族和公平议题的关注。黑人推特能够通过个人故事的表达和黑人群体间对话，提高该群体在互联网上的可见性，改变主流叙述并展示反叙事。

(5) 桥接推文。桥接推文是指在推特上使用两个或更多标签(如#BlackLivesMatter和#BlackTransLivesMatter)以连接不同社群的推文。这些推文旨在促进交流、加强支持，并试图在不同社群间建立更加包容的社区。

思考题

(1) 简述语义网络分析的基本流程。

(2) 语义网络分析方法如何帮助研究者揭示新闻传播界的关注焦点和话题演变？你认为当下有哪些新闻热点可以采用此方法来分析？

(3) 在使用ROST CM6和Python进行语义网络分析时，需要考虑哪些因素？两者的优缺点是什么？

(4) 除了文中提到的语义网络分析和内容分析以及批判性话语分析结合的研究方法，你认为还有哪些方法可以与其相结合，以加强对传播内容的分析和理解？

(5) 语义网络分析和社会网络分析相比，两者在应用层面有哪些区别和相似之处？

第10章　虚拟仿真

10.1　虚拟仿真概述

10.1.1　虚拟仿真的基本概念

虚拟仿真(virtual simulation，virtual reality)是通过计算机技术创建虚拟环境，以模拟真实世界的过程。自20世纪40年代以来，虚拟仿真伴随着计算机技术的发展而逐步形成[1]。虚拟仿真的核心思想是在计算机中进行各种模拟和实验，以便研究者更好地理解真实世界中的情况。简单来说，它就像在计算机中建立一个虚拟世界，包括各种事物和场景，用户可以在其中进行互动。

例如，在现实生活中，研究传染病的传播概率和感染趋势可能需要大规模的调研和推演，但在虚拟世界中，只需几个简单的指令，就可以轻松获取这些答案。本章后半部分将以SIR(susceptible、infective、recovered)传染病模型(仿真模拟中的一种经典模型)作为案例，做出具体阐释。通过虚拟仿真技术可以创建飞行模拟器，让人们像真正驾驶飞机一样体验飞行。借助这样的虚拟仿真训练，飞行员可以提高飞行技能。医生可以应用虚拟仿真技术进行手术模拟和培训，以提高医生的操作技能。建筑工程师可以利用虚拟仿真来预测和评估建筑结构的性能。在游戏行业，虚拟仿真也被广泛应用，以创建逼真的游戏世界。

张江曾说过，“给我一台计算机，我能模拟整个宇宙”[2]。这种虚拟的体验可以帮助我们学习和了解真实世界，并在多个领域中发挥重要作用。

虚拟仿真建模中有两个重要概念，即ABM(agent-based model)建模和EBM(equation-based modeling)建模。ABM建模是一种基于个体代理人的方法，它将系统中的每个个体看作独立的决策者，这些个体根据一组规则和策略行动，并与其他个体互动。这种微观层次的互动逐渐涌现成宏观效应，也就是无数个体的相互作用导致整个系统的行为和变化。通过模拟这些个体之间的互动，研究者可以观察整个系统的行为。EBM建模是基于方程和数学模型的方法，使用数学方程来描述系统的行为。这些方程可以基于物理定律、统计模型或其他数学原理，例如常微分方程、泛函微分方程和微分方程等。通过解

---

[1]　郭燕秋，朱远征，程平，等. 虚拟仿真技术的应用进展[J]. 科技创新与应用，2020，293(1)：149-151.

[2]　张江著. netlogo多主体建模入门[M]. 北京：中国工信出版集团，人民邮电出版社，2021.

这些方程，研究者可以预测系统的行为和变化。EBM主要应用于理论和工学领域的研究，例如空气动力学仿真、材料性能仿真等。

尽管ABM和EBM在建模方法上有所不同，但它们之间同样存在一些联系。首先，它们都是用来研究和理解复杂系统的工具，其主要目标是模拟和预测系统的行为；其次，ABM和EBM可以相互协同工作。有时，ABM可用于模拟和研究个体之间的行为和互动，而EBM可用于捕捉整个系统的动态和宏观特征。本章将重点介绍ABM仿真模拟的相关内容。

10.1.2　ABM的发展和应用

早在1971年，美国经济学家托马斯•谢林(Thomas C. Schelling)就以基于ABM的隔离模型(segregation model)研究而一举成名，2005年，托马斯•谢林因在社会、政治、经济以及合作与冲突领域的ABM建模研究而荣获诺贝尔经济学奖，并掀起了该领域的研究热潮。当前，ABM仿真模拟在众多行业有广泛应用，包括交通、生态、电力、农业等，涵盖自然资源管理、风险管理、流行病学、城市规划、生态学、人类环境科学、土地系统科学、社会学和政治学等多个领域。ABM仿真模拟提供了深入了解复杂系统的工具，有助于研究者更好地理解和预测这些系统的行为和互动。

具体来看，在社会学领域，ABM仿真模拟主要用于研究社会系统、群体行为和社会现象，如社会网络、意见形成、社会规范、决策过程等。在生态学层面，ABM仿真模拟多用于模拟生态系统的动态过程、物种相互作用、生物多样性、生态系统服务等。在经济学领域中，ABM仿真模拟被用于研究市场机制、经济行为、资源分配、金融风险等经济现象。此外，ABM仿真模拟还可以用于模拟城市的发展和演化过程，研究人口流动、交通拥堵、土地利用等城市问题。在医学和流行病学领域，ABM仿真模拟被用来模拟传染病的传播过程、流行病的蔓延以及疾病控制策略，为人类的健康事业做出了巨大贡献。

在传播学领域，ABM仿真模拟同样具有广泛的应用价值，能够帮助研究者深入理解信息传播和社会互动的复杂性。在传播学研究中，ABM仿真模拟可具体应用于以下4个方面。

(1) 信息传播和社交媒体。模拟代理个体之间的信息传播过程，研究信息的传播路径、速度和影响力，分析社交媒体平台上的用户行为和信息传播。

(2) 社交网络分析。模拟社交网络的形成、演化和结构特征，研究网络拓扑结构对信息传播和影响力的影响。

(3) 社会影响力研究。模拟个体之间的相互作用和行为演化，揭示社会影响力的传播过程和影响因素，研究群体行为的产生机制。

(4) 观众研究。通过建立代理个体模型，模拟观众的信息获取、评估和选择过程，研究观众对不同媒体内容和传播策略的反应和偏好等。

总的来说，ABM仿真模拟可以帮助研究者理解复杂系统、预测未来行为，支持研究者的决策制定，并促进研究者对新想法和假设的探索。它是一种强大的工具，为解决现实中各个领域的问题提供有力支持。因此，了解和掌握仿真模拟对于深入研究和实践都非常重要。

10.1.3 ABM建模

ABM建模方法源自复杂性科学[1]，它致力于理解那些充满异质子系统、自治实体、非线性关系以及它们之间的多重相互作用的复杂系统[2]~[5]。这些复杂系统包括各种互相关联的部分，而ABM的基本范式是将这些部分看作代理(通常存在于不同层次结构中)，并运用灵活的规则来模拟复杂的相互关系和互动，这种方法完美满足了理解复杂系统的需求，可以说是解开复杂系统之谜的“钥匙”。

ABM是一种微观模型，通过模拟多个智能体同时的行动和相互作用来再现和预测复杂现象。例如，大规模传染病暴发是一个宏观现象，但病毒并不是自上而下地降临到每个人身上的，而是通过成千上万具体的人与人之间的接触和传播逐步扩散的，也就是一个自下而上的过程。这正是ABM可以有效模拟的情境。

联想到编程，ABM对应的建模思路为“面向对象”(object oriented，OO)，即以对象为中心，该方法认为，一切事物都可以被抽象成对象，通过面向对象的方式来对复杂系统进行分析、设计和编程。例如，如果用面向对象的方式来看待一位学生的日常，那么学生是一个对象，宿舍是一个对象，教室是一个对象，上课这件事也是一个对象，每个对象都有自己的行为，这种方式通常在编程语言中被称为方法。这些对象之间的交互主要通过调用各自的方法来实现。

与“面向对象”相对应的建模思路为“面向过程”(procedure-oriented，OP)，即以过程为中心，该方法侧重于分析解决问题的步骤，用函数一步一步地验证这些步骤，在使用时可逐个调用这些函数。例如，学生去上课需要经过一系列过程，比如离开宿舍、前往教学楼、找到上课教室，这个过程实现了上课这一“功能”。

---

[1] An Li，Grimm V，Turner E B L II. Editorial：Meeting Grand Challenges in Agent-Based Models[J]. JASSS-the Journal of Artifcial Societies and Social Simulation，2020，23 (1)：13-21.

[2] Arthur W B. Complexity and the Economy[J]. Science，1999(284)：107-109.

[3] Axelrod R M，Axelrod R，Cohen M D. Harnessing Complexity：Organizational Implications of a Scientific Frontier[M]. New York：The Free Press，2001：105-106.

[4] Crawford T W，Messina J P，Manson S M，et al. Complexity Science，Complex Systems，andLand-Use Research[M]. London：Sage，2005.

[5] Levin S，Xepapadeas T，Crépin A S，et al. Socialecological systems as complex adaptive systems：Modeling and policy implications[J]. Environment and Development Economics，2013，18(2)：111-132.

ABM的“面向对象”方法的主要优势在于提高了程序的可复用性。研究者不需要为每个个体编写独立的程序，只需要分别定义“类”(类似对象的模板)，然后可以重复使用这些类来定义不同类型的主体。这种方式使得编程更加模块化和可维护，研究者可以通过类来定义主体的通用特征和行为，在此基础上实例化不同的对象，以代表各个具体的个体。

10.1.4　ABM的核心概念

1. 社会突现

社会突现(social emergence)是指社会的整体特征，它并不是这个社会中所有个体特征的简单相加，而是由个体特征之间的互动所引起的结果。个体之间的互动往往导致社会整体特征与个体特征大相径庭。这种个体行为和互动上升到社会总体特征的过程，被称为社会的突现[1]。

一个经典的例子是交通拥堵。在城市中，车辆和司机都是社会中的个体，两者的目标都是在规定的时间内从一个地方到达另一个地方。每个司机都会根据自己的需求、行为和目标来做出决策，例如何时出门、选择哪条路线、以何种速度行驶等。然而，当许多司机在同一时段内都试图在同一条拥挤的道路上行驶时，交通拥堵往往会突然出现。这种拥堵不是单个司机的行为造成的，而是由许多个体之间的复杂互动所导致的整体特征。每辆车的速度和位置会受到其他车辆的影响，而且交通信号、道路状况、司机驾驶习惯等因素都会影响整体交通流。

由此可见，交通拥堵现象并不是单个司机的错，而是众多个体之间互动和决策的结果。这种现象需要通过建模和仿真来理解，并且可以采取措施来缓解拥堵，但这需要考虑到整体系统的性质，而不仅仅是个体行为。

2. “代理人”

“代理人”，即ABM中的A(agent)，这是ABM的核心要素之一。在建模过程中，建模人员通过对微观个体属性和行为的分析建立多Agent模型，试图描述个体Agent和系统的两个层次，系统层次的变化是多Agent模型自底向上涌现的结果，它能够基于个体Agent行为，自底向上预测更高层次的现象。“代理人”具有以下8个特性。

(1) 离散性(discrete)。代理是独立的、具有可辨别边界的个体。

(2) 情境性(situated)。代理存在于环境之中，并与环境交互。该环境包含其他代理，也可能包含其他非代理的资源和危险等。

---

[1]　张珍. 社会科学哲学的突现整体主义——索耶的社会突现理论探析[J]. 自然辩证法研究，2016，32(10)：98-103.

(3) 嵌入性(embodied)。代理可以是表征性的(如机器人)，也可以完全是由软件模拟的存在，后者更为常见。

(4) 主动性(active)。代理不仅会被动地受环境影响，还具有一整套主动改变环境的行为模式。

(5) 信息受限(limited information)。代理并不是无所不知的，它只能从离自己最近的环境中获取信息。这意味着代理只能看到附近的其他代理和它们自己的行为，而无法获得全面的内部状态和目标等信息。

(6) 目标自主(autonomous goals)。代理拥有自己的目标，并且会独立做出行为决策以实现这些目标，而不是像受某种集中指挥的士卒一样。

(7) 有限理性(bounded rationality)。代理只能根据一些简单的规则来收集信息和制定行为，而不能进行全面的计算以实现最大化利益。

(8) 适应性(adaptation)。有些模型假定代理仅使用固定的、预设的规则来产生行为；而在另一些模型中，代理可以根据经验调整行为。

10.1.5 ABM方法的优点

1. 理解复杂系统

ABM仿真模拟可以帮助研究者理解复杂系统，例如城市交通、社交网络、生态系统等。通过建立代理人并观察他们的行为和互动，研究者可以模拟整个系统的行为和变化[1]。这有助于研究者研究系统中各个部分之间的相互影响，以及如何产生整体系统的特征和趋势。

2. 预测和决策支持

ABM仿真模拟可以帮助研究者预测系统的未来行为，并支持决策制定。通过模拟多种情景和策略，研究者可以评估各种决策的潜在结果。ABM可以广泛应用于城市规划、交通管理、公共政策等领域，不仅可以帮助研究者做出更明智的决策，还可以优化系统的效率和可持续性。

3. 探索新想法和假设验证

ABM仿真模拟是一种实验性的工具，可以用于探索新的想法和验证假设。通过调整代理人的行为规则和交互方式，研究者可以观察到系统的响应和变化。这对于科学研究和创新非常有帮助，可以帮助研究者理解复杂现象背后的机制，并为进一步研究提供线索。

---

[1] An Li，Grimm V，Turner E B L II. Editorial：Meeting Grand Challenges in Agent-Based Models[J]. JASSS-theJournal of Artifcial Societies and Social Simulation，2020，23 (1)：13-21.

10.2 NetLogo

NetLogo是一个强大的工具，它专门用于构建多主体模型，模拟各种复杂系统的行为和互动。本节主要介绍如何使用NetLogo软件来创建和运行代理模型。

10.2.1 基本编程概念

在使用NetLogo软件进行建模和仿真时，需要先了解一些基本的编程概念。这些概念用于构建代理模型并定义其行为规则。

1. 变量与数据类型

变量是指编程语言中用来存储和表示数据的标识符。变量在编程中扮演着重要的角色，通常有局部变量和全局变量之分。在建模过程中，可以根据需求为变量赋值，这有助于存储和管理模型中的信息。数据类型包括数值、字符串、布尔值、数组、空值等，它们用于描述不同类型的数据。

2. 条件判断

条件判断是编程中的一种控制结构，通常以if-else语句的形式表现，可以根据特定条件决定程序的执行路径，使程序根据不同的情况采取不同的行动。

3. 循环

循环是指程序设计语言中反复执行某些代码的一种计算机处理过程。在具体操作时，通常使用while循环或者通过执行指定次数来实现。循环非常有用，特别是在需要重复执行某些操作的情况下，如模拟代理的多次行为。

4. 函数

函数是一种封装特定操作的方式，以便以后能够复用这些操作。函数通常需要输入值(参数)并返回输出值。通过定义函数，可以将一组操作打包成一个单元，以便于多次使用。函数的使用使代码更加模块化和可维护。

5. 类

顾名思义，类(class)可以简单理解为类型，它是实现面向对象编程的基础，可以将类视为一种抽象的对象。例如，传染病患者可以被视为一个类，尽管每个患者的症状可能不同，但他们共享某些相似的特征。通过定义一个类，研究者可以将这些共同特征提取出来，创建一个抽象的“传染病患者”类，每个具体的患者则成为该类的一个实例。“面向对象”编程的核心思想就是将一切事物抽象成类，并通过类之间的关系来描述程序的逻辑，而不是基于过程或动作来定义整个程序的流程。

6. 内置函数

内置函数是指编程语言中预先定义的函数。编程语言通常提供许多内置函数，用于执行常见的任务。这些内置函数可以简化编程过程，提高编程效率。不同的编程语言提供不同的内置函数，有些语言还支持语法糖(syntactic sugar)，能够降低代码的复杂度。研究者想要学习这些内置函数，通常需要查阅相关编程语言的文档，因为目前没有通用的标准。在学习编程语言时，掌握内置函数有助于研究者提高编程技能，更轻松地执行各种任务。

10.2.2 认识NetLogo

1. 软件下载并安装模拟环境

建议研究者从NetLogo官方网站(见图10-1)下载软件，官方网站提供的安装包包含模拟环境的设置，下载网址为“https://ccl.northwestern.edu/netlogo/”。

此外，研究者还可以直接运行NetLogo的Web程序，打开Web页面后会看到如图10-2所示的运行界面。

2. 熟悉NetLogo页面

这里以NetLogo 6.3版本为例演示，打开软件会看到一个简洁的页面，分为3个主要部分，如图10-3所示。工具栏位于顶部，包含各种工具功能，可直观地帮助用户执行不同的操作。中间黑色的屏幕是模拟世界运行的舞台，每一个场景设置都会在这里模拟呈现，用户可以在这里观察模型的行为和变化。命令中心和观察者则位于底部，允许用户以“上帝视角”输入指令并查看相应的结果。命令中心是用户与模拟环境互动的地方，观察者则用于查看模拟的状态和结果。

3. 了解NetLogo主体

在NetLogo中，世界由各种主体(agent)构成，主体是可以执行指令的个体单位，每个主体都独立执行其自身的行为。NetLogo中存在4种主体类型，即海龟(turtles)、瓦片(patches)、链(links)和观察者(observer)。

(1) 瓦片。瓦片是静止的、构成网格的元素，它们组成了NetLogo的基础结构。

(2) 海龟。海龟能够在网格上移动，执行各种指令来模拟它们的行为。

NetLogo

Home
Download
Help
Forum
Resources
Extensions
FAQ
NetLogo Publications
Contact Us
Donate

Models:
Library
Community
Modeling Commons

Beginners Interactive
NetLogo Dictionary (BIND)
NetLogo Dictionary

User Manuals:
Web
Printable
Chinese
Czech
Farsi / Persian
Japanese
Spanish
(intro)
(tutorial #1) (#2) (#3)
(guide)
(dictionary)

Donate

NetLogo is a multi-agent programmable modeling environment. It is used by many hundreds of thousands of students, teachers, and researchers worldwide. It also powers HubNet participatory simulations. It is authored by Uri Wilensky and developed at the CCL. You can download it free of charge. You can also try it online through NetLogo Web.

Download NetLogo

Go to NetLogo Web

Getting Started with NetLogo

Are you new to NetLogo or programming in general? We have resources to help!

- The **NetLogo tutorials** guide you through all the basics, from loading and using models, to interacting with models with NetLogo code, and finally programming a model from scratch.
- The **Beginner's Interactive NetLogo Dictionary** has articles and videos on introductory topics, including a getting started page. The videos include multiple examples of making models from scratch. You also might want to check out "What is a primitive?" and "The First 11 Primitives to Learn" which let you interactively try out NetLogo code primitives as you learn about them.
- We also have a short (2 minute) **introduction to NetLogo video** that covers the basic concepts and capabilities of the software.

When you're ready to dive deeper into NetLogo programming, check out the full NetLogo manual. Of particular note are:

- The interface tab guide, info tab guide, and code tab guide which include many more details on all the core features of the software.
- The programming guide contains lots of information on writing NetLogo code and using advanced NetLogo features.
- The NetLogo primitive dictionary which describes how to use all the built-in programming primitives in the NetLogo language.
- The manual also contains descriptions and instructions for the different features, extensions, and applications that come bundled with NetLogo.

We also have an online forum you can join to ask questions of other users and keep up to date with NetLogo.

NetLogo Models

NetLogo comes with a large library of sample models. Click on some examples below.

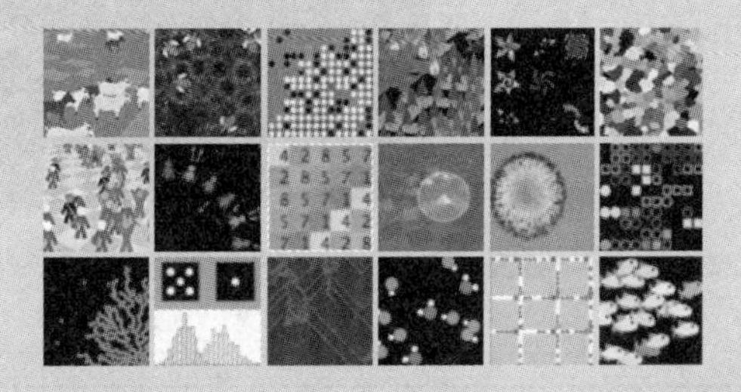

NetLogo News (via Twitter)

Tweets by @NetLogo

图10-1　NetLogo官网

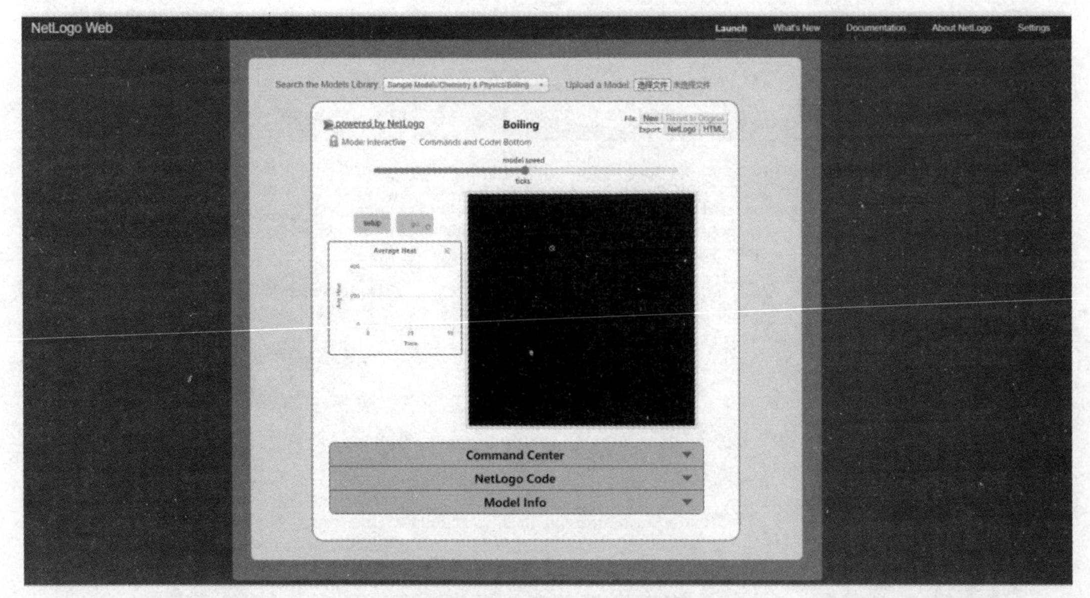

图10-2　NetLogo Web界面

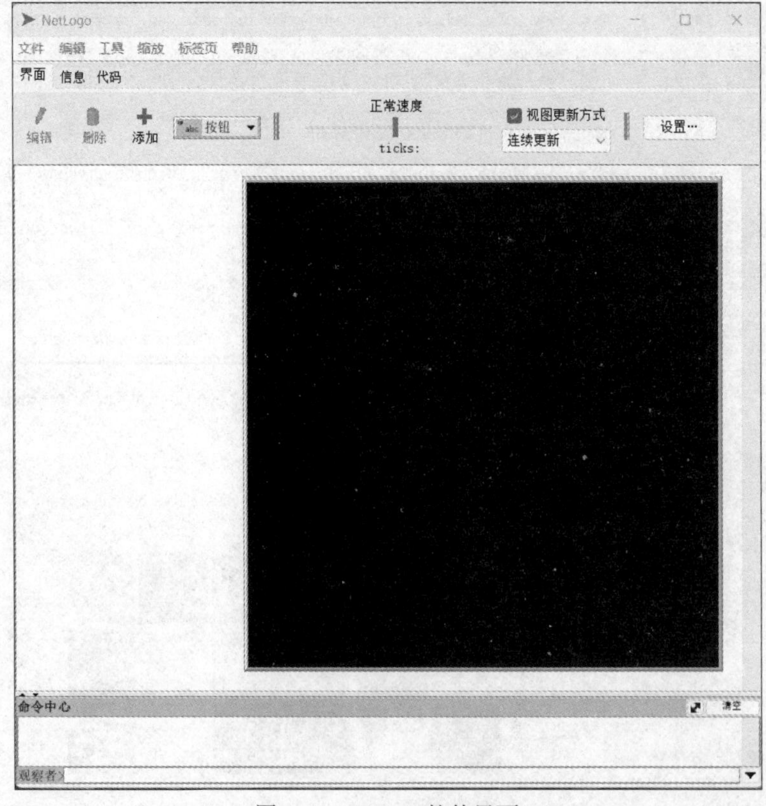

图10-3　NetLogo软件界面

(3) 链。链用来连接两个海龟，表示它们之间的关系。比如，可以使用链来表示社交网络中的友情关系。

(4) 观察者。观察者是一种特殊的主体，拥有俯视整个模拟世界的能力，可以执行一些海龟、瓦片和链接无法执行的任务。

这4种主体类型都能够执行NetLogo的命令。其中，前3种主体类型还可以运行例程(procedures)，这是一系列NetLogo命令的组合，可以将它们定义为一个新的命令或函数，这些主体类型就可以简单理解为前文提到的类，但NetLogo不是一种通用编程语言，它只支持这几种特定的主体类型。这种限制使得NetLogo对于初学者来说更易于上手。

主体集合可以由海龟、瓦片或链组成，但每个主体集合只能包含一种类型的主体。用户可以构造由某些海龟、瓦片或链组成的集合。例如，turtles表示包含所有海龟的主体集合，patches表示包含所有瓦片的主体集合，links表示包含所有链接的主体集合。

创建了主体集合后，用户可以做许多事情，以下为示例：

使用“ask”让主体集合中的主体做事。

使用“any?”查看主体集合是否为空。

使用“all?”检查主体集合中的每个主体是否都满足条件。

使用“count”得到主体集合中主体的数量等。

需要注意的是，NetLogo允许定义不同种类(breeds)的海龟或链。这意味着用户可以给不同种类的主体赋予不同的行为和属性，从而更精细地控制模拟中的各个部分。例如，用户可以定义两个不同的海龟种类，如羊(sheep)和狼(wolves)，然后模拟狼吃羊的行为；或者定义不同种类的链，如马路和人行道，使人在人行道上行走，车辆在马路上行驶。

在例程页使用breed关键字定义海龟种类，定义必须放在所有例程之前。下面向读者展示一个使用种类的小例子[1]。

```
breed [mice mouse]
breed [frogs frog]
mice-own [cheese]
to setup
clear-all
create-mice 50
[ set color white
set cheese random 10 ]
create-frogs 50
[ set color green ]
end
```

4. NetLogo特点

(1) NetLogo的最大特点是方便、简单、易上手。当前，NetLogo最新版本可直接在

[1]　集智俱乐部. NetLogo多主体建模入门[M]. 北京：人民邮电出版社，2021.

Web上使用，无须安装，页面设置简洁，让人一目了然。

(2) NetLogo的“面向对象”的语言语法独特，不同于C、C++等编程语言，程序流程简单易操作。

(3) NetLogo具有强大的输出能力，可输出文件、视频、音频等。

(4) NetLogo自带学习资源，即模型库(model library)，如图10-4所示，模型库里包含按照领域分类的目录，每一个条目对应一个模拟程序，且所有程序自带代码，以方便用户根据模型库里的程序学习编写NetLogo代码。

例如，用户在Networks目录下找到Team Assembly(见图10-5)并打开，这是一个关于团队协作的网络模型，说明了个人在为短期项目组建小团队时的行为，随着时间的推移，会产生各种各样的大规模网络结构。用户直接单击“go”按钮可运行该模型，单击“代码”按钮则会看到这个程序的代码，如图10-6所示。

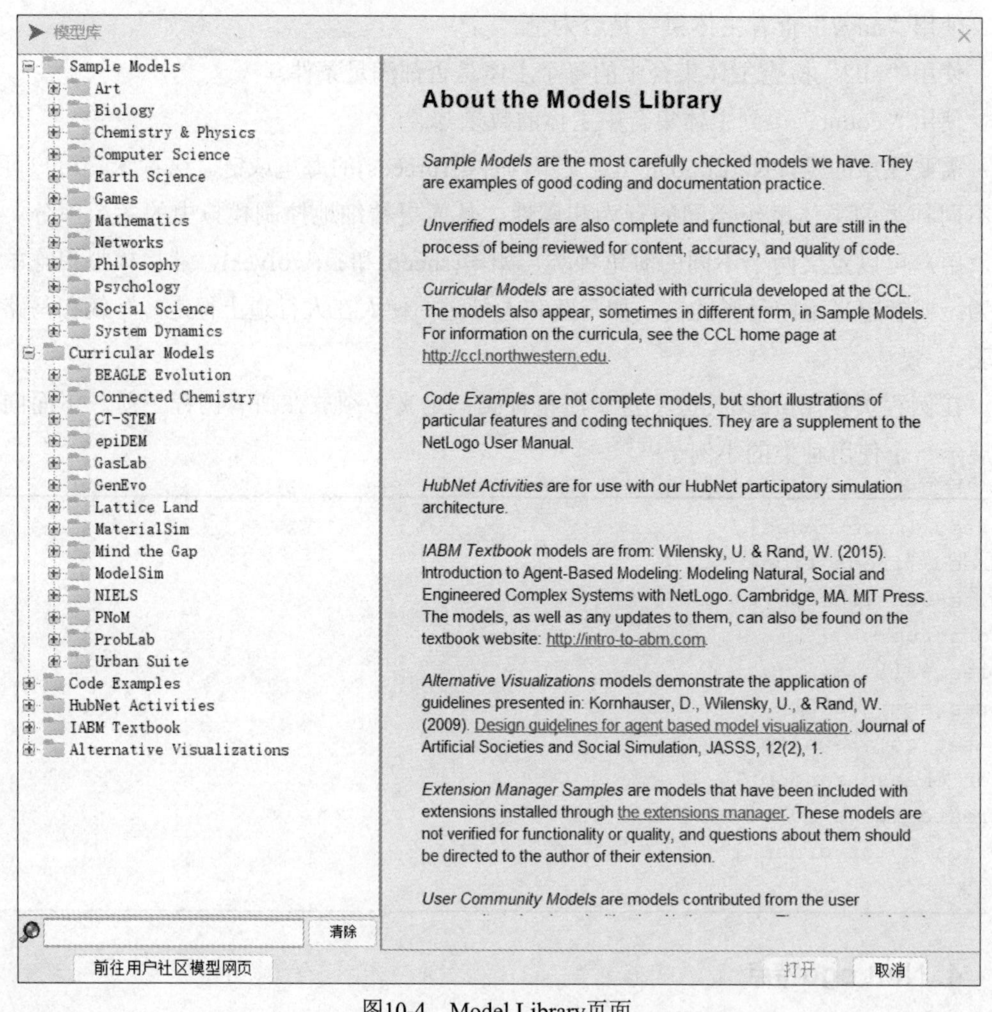

图10-4　Model Library页面

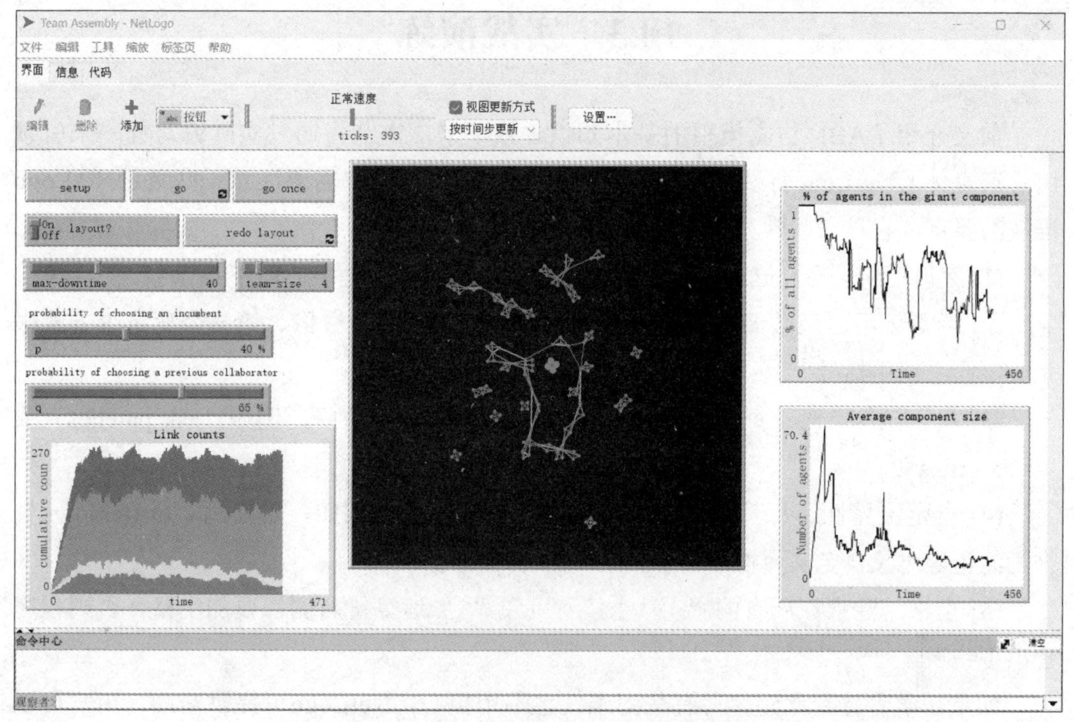

图10-5 模型库自带模型Team Assembly

Team Assembly - NetLogo
文件 编辑 工具 缩放 标签页 帮助
界面 信息 代码
查找… 检查 例程 自动缩进 Code Tab in separate window

```
globals
[
  newcomer              ;; an agent who has never collaborated
  component-size        ;; current running size of component being explored
  giant-component-size  ;; size of largest connected component
  components            ;; list of connected components
]

turtles-own
[
  incumbent?   ;; true if an agent has collaborated before
  in-team?     ;; true if an agent belongs to the new team being constructed
  downtime     ;; the number of time steps passed since the agent last collaborated
  explored?    ;; used to compute connected components in the graph
]

links-own
[
  new-collaboration?  ;; true if the link represents the first time two agents collaborated
]


;;;;;;;;;;;;;;;;;;;;;;;;
;;; Setup Procedures ;;;
;;;;;;;;;;;;;;;;;;;;;;;;

to make-newcomer
  create-turtles 1
  [
    set color blue + 1
    set size 1.8
    set incumbent? false
    set in-team? false
    set newcomer self
    set downtime 0
    set explored? false
```

图10-6 Team Assembly模型代码

10.3 实战演练

前文介绍了ABM仿真模拟的基本知识。接下来，本节将通过实际编写程序来引领用户亲身体验NetLogo打造的虚拟世界。在此过程中，用户需要注意一些关于NetLogo语法的要点，它与一些常见编程语言如Python或C有所不同。

(1) 赋值语句。在NetLogo中，赋值语句使用“set”关键字，而不是“=”。

(2) 函数调用。函数调用通过函数名、空格、变量名、空格、第二个变量等方式来完成，而不使用括号。

(3) 集合操作。对于每一类集合，使用“ask”命令来访问，例如“ask patches”或“ask turtles”。

(4) 自定义属性。每一个对象都可以进行属性定义。例如，可使用“turtles-own”来为海龟等对象自定义属性。

(5) 空格。注意在所有的“<”“>”“+”“-”运算符两侧都要加空格，否则程序会出现错误。

如果初学者感到代码编写有些困难，也不用担心，NetLogo可提供帮助。用户可以在软件主页顶部单击“帮助”，进入NetLogo Dictionary(见图10-7)。Dictionary包含所有命令和关键词的详细说明，可帮助用户系统地学习和掌握NetLogo的语法和功能。

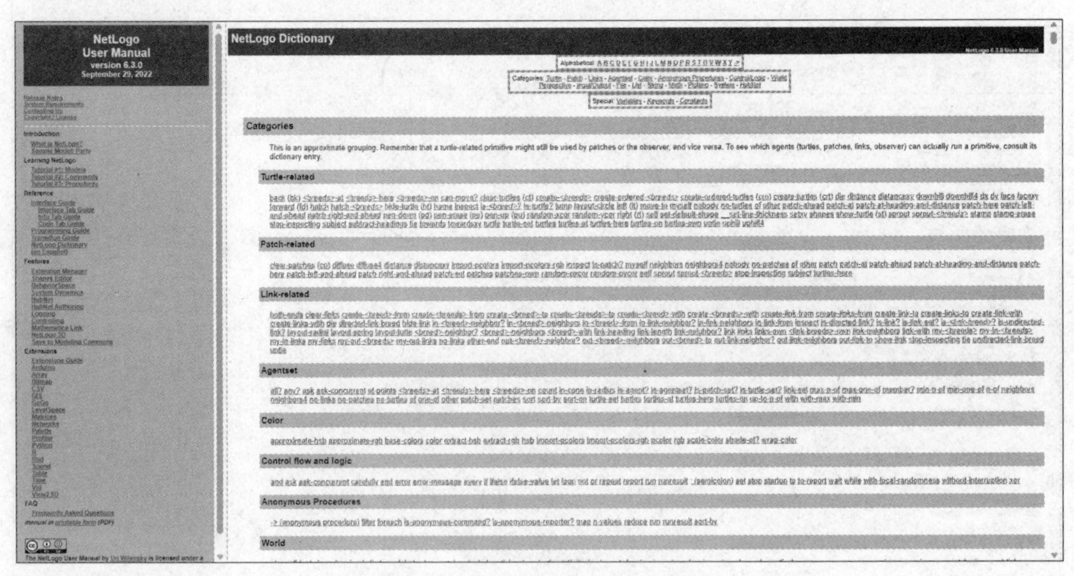

图10-7 NetLogo Dictionary页面

10.3.1 模拟程序的流程

ABM仿真模拟是从构建虚拟社会运行的想象出发的，而不是从已知结果进行反向推理。这种方法更符合个体的直觉和本能，它的逻辑可以总结为以下流程[1]。

(1) 思维预想。仿真模拟的过程就是将思维中的设想付诸实际操作。

(2) 场景预演。将场景通过NetLogo搭建出来，实现预演，场景或情境预设是仿真模拟的前提。

(3) 机制设计(mechanism design) 。机制设计是核心工作，即为场景的运行制定一定的规则，具体包括个体行为规则和策略更新规则等。

(4) 条件假设。对相关变量参数的分布特征进行特定假设，例如正态分布、偏态分布、连续型或离散型假设等。仿真模拟的结果基于这些假设进行呈现。

(5) 穷尽可能。仿真模拟的重要任务是穷尽模型纳入的参数与变量的所有取值谱系，即考查所有因素、变量与参数的所有可能性，对其影响效果进行谱系化系统呈现。

(6) 结果解读。根据记录的仿真模拟相关变量数据，计算它们之间的函数关系，以解读目标社会现象。重点之一是揭示现象的过程演化机制，重点之二是解释由此过程导致的特定结果或现象。

(7) 再次循环。对相应的指令进行多次循环，以得到在想要的时间区间内可能发生的对应结果。

为了使读者能有更直观、更全面的印象，可将逻辑流程具象化，如图10-8所示。事实上，大部分计算机的模拟程序都会有类似的循环流程。

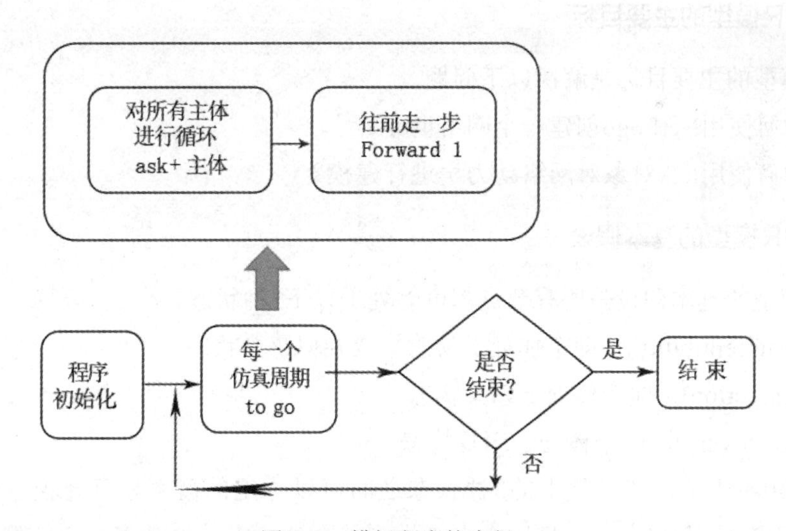

图10-8　模拟程序的流程

按照图10-8所示的流程，首先是程序初始化，用户通过“set up”按钮可实现该功能，这就相当于用户在打游戏时先搭建场景并加载装备。程序初始化之后，开始进入游戏循环，这时候需要单击“go”按钮，这个循环会不断持续。在每一个循环周期里，“go”的作用就是不断激活“to go”的代码。接下来，程序会进行判断，即“是否结

[1]　吕鹏. ABM仿真模拟方法漫谈[J]. 贵州师范大学学报(社会科学版)，2016(6)：43-45.

束？”。用户可以通过再次单击“go”按钮或在“界面”选择“工具”—“停止”来结束循环，如果不结束循环，程序就会继续运行。为了使读者更加深入理解这个流程，本节将通过SIR模型来具体说明。

10.3.2 SIR模型

病毒传播SIR(susceptible—infected—recovered，易感—感染—康复)模型[1]是一个经典的数学模型，用于研究流行病学中的疾病传播。这个模型最早由柯尔曼·麦卡锡(W.O.Kermack)和麦克肯德里克(A. G. Mckendrick)于1927年发表，后来逐渐发展成为最成功和最著名的传染病传播模型之一。各国的卫生机构基于SIR模型，开发了不同的升级版本，用于研究各种流行病的传播特点，这些模型的预测结果在流行病预防和控制决策中具有重要参考价值。

在现实生活中，许多疾病的传播与病毒的传播和扩散有关。为了研究疾病传播，需要建立传播者、传播渠道和受感染者之间的关系，以了解病毒传播和扩散的趋势。同时，需要从个体状态出发，创建模型的场景设置。在病毒传播过程中，个体可能处于容易感染状态、已感染状态或已康复状态，这对应SIR模型的3种状态(即易感、感染、康复)。

1. SIR模型的主要目标

SIR模型的主要目标是解决以下问题。

(1) 如何使用NetLogo创建一个网络世界？

(2) 如何使用link对象对网络动力学进行建模？

2. SIR模型的基本假设

SIR模型的基本假设是所有节点都可能处于以下3种状态。

(1) S(susceptibility)，即个体处于易感染或疑似感染状态。

(2) I(infection)，即个体处于感染状态。

(3) R(recovery)，即个体处于康复状态。

如图10-9所示，该模型中的3种状态之间可以一定的概率相互转换。假设现在有一个人处于S(易感)状态，一旦这个人接触到一个感染者，他就有一定的概率被感染；假设这个人处于I(感染)状态，那么他就有一定的概率会康复，进入R(恢复)状态；经由模型设定，个体一旦恢复后则不会被再次感染，因此变成R状态的人不可能再变成S和I状态。

接下来把SIR模型放入网络里，每个节点表示一个人，每一条边表示这个人可能

---

[1] 集智俱乐部. NetLogo多主体建模入门[M]. 北京：人民邮电出版社，2021.

接触到的社交关系。感染的逻辑(见图10-10)为：假设某一个人处于S状态，且有一个处于I状态的朋友，那么接下来他被感染转化成I状态的概率为α；如果这个人当前处于I状态，那么他变成R状态的概率为β，他转化为R状态后不会再被感染。

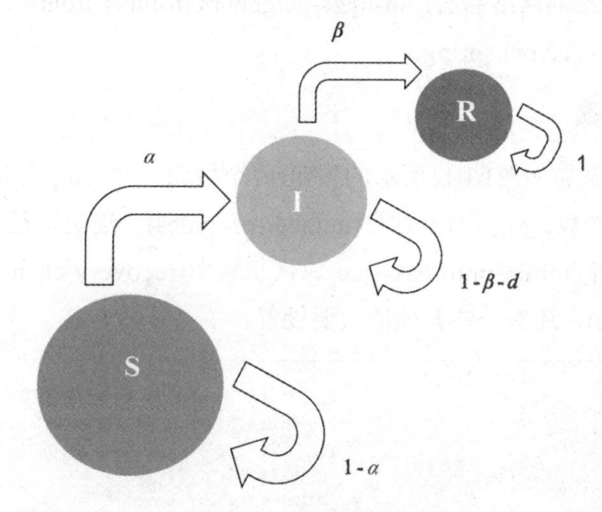

图10-9　SIR模型3种状态

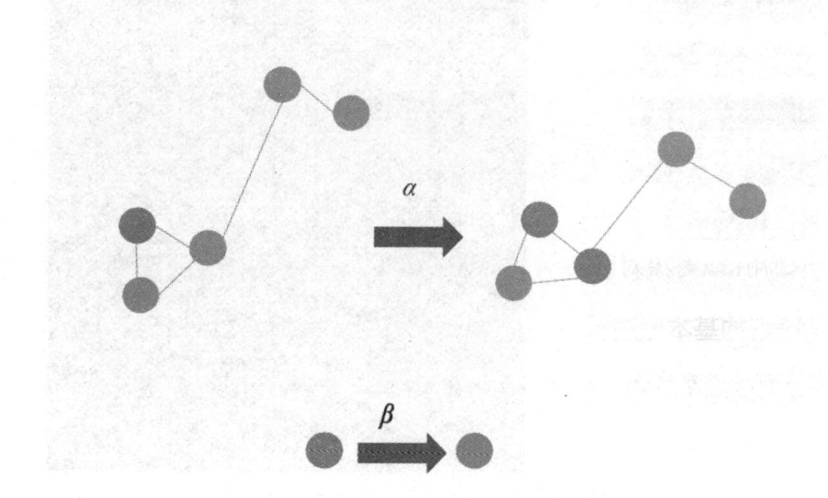

图10-10　网络上的SIR模型

3. links集合

SIR模型假设节点之间的相互作用网络采用拓扑结构(固定不变)，接下来可以把SIR模型代入到NetLogo软件中，同时构建网络上的病毒传播模型。

这里需要用到links集合这个全局变量，这个集合中的每一个对象都是link对象(一种特殊的对象，每一个link对象又有很多属性)。

研究者可以直接通过操作link对象，实现网络构建。link对象属性包括：end1和end 2属性，表示link的前后两个节点；每个link都有一个邻居(link-neighbors)，也就是节点的集合turtles。

此外，link还有一些自带的函数，常见的有以下几种。

(1) 创建links：create-links-from/create-links-to。

(2) 获得相互连接的网络邻居：in-links-neighbors/in-links-from。

(3) 可视化网络：layout/spring。

4. 软件操作步骤

用户在界面上添加如图10-11所示的按钮(两个按钮，“setup”和“go”)和滑块。滑块表示可调节的参数，包括节点数量(number-of-nudes)、连边半径大小(link-radius)、初始被感染节点数量(initial-outbreak-size)、恢复概率(recovery-chance)、病毒传播概率(virus-spread-chance)，还有一些其他的次要设置。

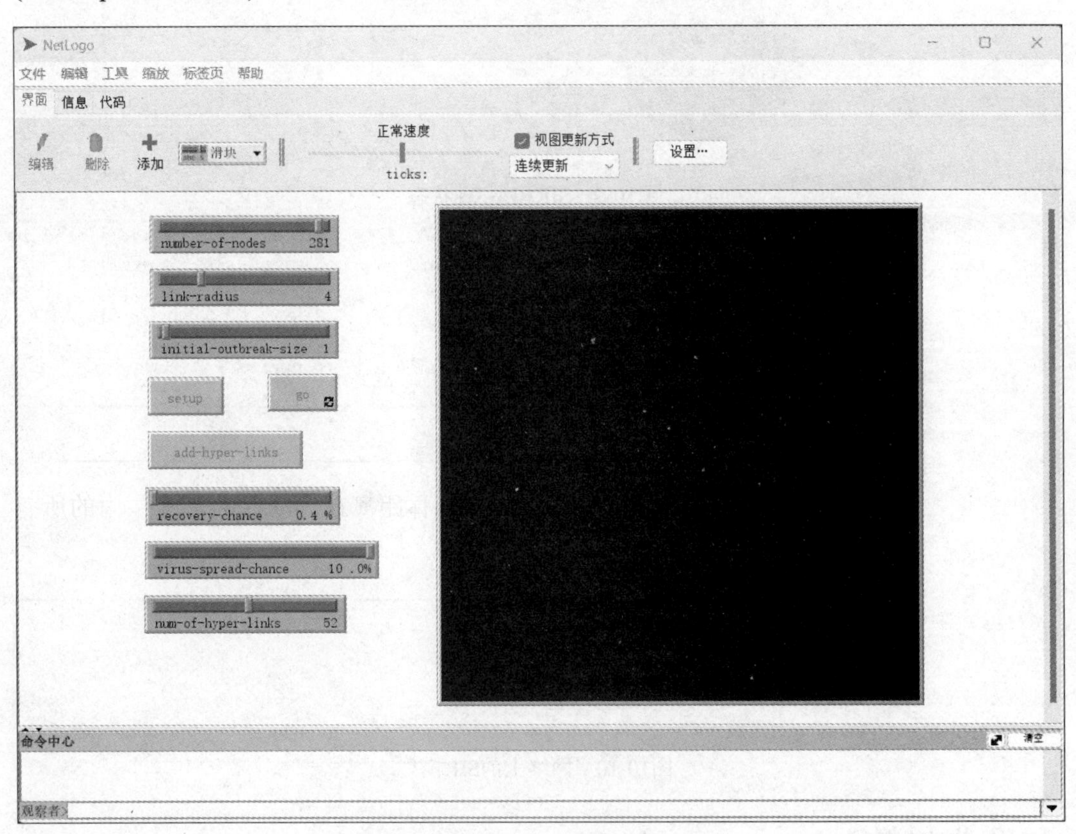

图10-11 利用NetLogo添加按钮和滑块

为turtle设置state属性，不同的属性表示该节点当前处于SIR的哪一种状态。其中，0表示S(易感)状态；1表示I(感染)状态；2表示R(恢复)状态。

清空之前模拟实验的设置，把“turtle”样式置换成“circle”，创建turtle，数量为“number of nodes”，由滑块控制数量，并且对每一个节点设置初始坐标。例如，设置在0.95倍的宽度、高度以内的区域内放置这些turtle。

```
random-xcor * 0.95, random-ycor * 0.95
```

调整自定义函数“become-susceptible”，将节点的状态“state”设置为0，将颜色设置为蓝色。这样设置是因为在初始情况下，大多数节点都处于易感状态。

开始初始化网络，调用函数“setup-network”建立网络连接，完成网络的可视化。

“setup-network”函数实际上分为两部分：第一部分是根据随机几何图的规则来建立网络连接；第二部分是通过调用弹簧算法来改善网络的可视化效果。

对于第一部分来说，对于所有的turtle，查找当前已建立的节点时，应确保其与它连接的邻居集合一同存放在变量“potential”中，用“create-links-with”命令与集合中所有元素建立连边。

那么，应该如何获得“potential”集合呢？可以使用以下代码。

```
let potential other turtles in-radius link-radius with [not link-
neighbor?myself]
```

值得注意的是，这里需要同时满足以下两个条件。

条件一：other turtles in radius link-radius。这部分代码会查找并返回当前节点周围距离不超过“link-radius”的所有其他节点。这个条件是在指定半径范围内寻找潜在的邻居节点。“link-radius”就是界面中滑块可调的连边半径大小。

在第一个条件中，需要重点理解“in-radius”命令，其基本语法如下所示。

```
agentset in-radius number
```

它的含义是返回“agentset”中的元素与当前主体距离在“number”范围内的所有“agentset”集合(包括当前主体)。

```
ask turtles [
   ask pathches in radius 3 [
      set pcolor red
   ]
```

该例子表示遍历所有的turtle，并将与距其3公里范围内的所有patch设置成红色。

条件二：[not link-neighbor? myself]。这一部分旨在进一步筛选条件，确保非当前节点以外的节点被纳入“potential”集合。这是为了排除当前节点本身，因为节点不会与自己建立连接。“link-neighbor?”为NetLogo自带的命令，返回布尔型结果(true或者false)。

在这里，需要向读者介绍一个关键词——myself。在NetLogo软件中有两个特别容易混淆的关键词，即self和myself。

self指代当前语境中的对象，例如：

```
ask turtles [
print self    ; ; self指打印当前循环到其中的turtle
  ]
```

myself指代上一层的对象，例如：

```
ask turtles[
   let potential other turtles in-radius link-radius with [ not link-
neighbor? myself]
   ; ; myself指代当前ask的对象
   Create-links-with potential
   ]
```

理解这两个关键词后，用户能相对容易地理解整段代码的作用就是不重复地创建连边，且每条连边都能满足两点之间的距离小于或等于link-radius这个常数。

下面这段代码的作用是执行一种名为“弹簧布局”的网络节点的可视化算法，以确保网络的可视化呈现更加有序和清晰。

```
Repeat 10
   [
     layout-spring turtles links 0.3(world-with/(sqrt number-of-
nodes))1
   ]
End
```

代码中的“Repeat 10”表示将下面的代码块执行10次。在每次执行的代码块中，“layout-spring”函数被调用。“layout-spring”是一种用于调整节点在可视化空间中的位置的算法，以确保网络呈现一种有序的结构。

这个算法的核心思想是模拟物理力学中的弹簧系统。在这里，网络中的节点被看作小球，而节点之间的连接被视为弹簧。小球之间的排斥力与弹簧的拉力相互作用，以产生节点的运动。这个过程会使网络的节点排列得更加整齐和清晰，以提供更好的可视化效果。

最终，按照步骤建立的源代码[1]如下所示。

[1] 集智俱乐部. NetLogo多主体建模入门[M]. 北京：人民邮电出版社，2021.

```
Turtles-own
[
   State ;0表示易感，1表示感染，2表示康复
]
to setup
   clear-all
   ;初始化节点
   set-default-shape turtles"circle"
   create-turtles number-of-nodes
   [
      Setxy(random-xcor * 0.95)(random-ycor*0.95)
      become-susceptible
   ]

   ;初始化网络
   setup-network
   ask n-of initial-outbreak-size turtles
      [ become-infected ]
   ask links [ set color white]
   reset-ticks
end

to setup-network
;建立网络连接
ask turtles[
    let potential other turtles in radius link-radius with [not link-
neighbor? myself]
        create-links-with-potential
]
;利用弹簧算法进行可视化
repeat 10
[
   layout-spring turtles link 0.3(world-width/(sqrt number-of-nodes))1
]
end

to edd-hyper-links
;增加远程连边，并且按照偏好依附规则
ask n-of num-of-hyper-links turtles[
    let attached [one-of both-ends]of one-of links
    if not link-neighbor?attached and not (self=attached)[
```

```
 create-link-with attached
  ]
]
repeat 100
[
   layout-spring turtles links 0.3(world-width/sqrt number-of-nodes))1
]
ask links [ set color white ]
end

to go
;以一定的概率康复
ask turtles with [state = 1][
     if random-float 100 < recovery-chance[
       become-recovery
     ]
]

;开始病毒传播
ask turtles with [state = 1][
   [ask link-neighbors with [state = 0]
      [if random-float 100 < virus-spread-chance
         [become-infected]]]

tick
end

to become -inflected
set state 1
set color red
end

to become-susceptible
set state 0
set color blue
end

to become-recovery
     set state 2
     set color gray
     ask my-links [ set color gray-2]

end
```

最后，单击“setup”按钮，程序会根据上述构造随机几何图的法则把网络排布好，运行出初始化网络图，如图10-12所示。

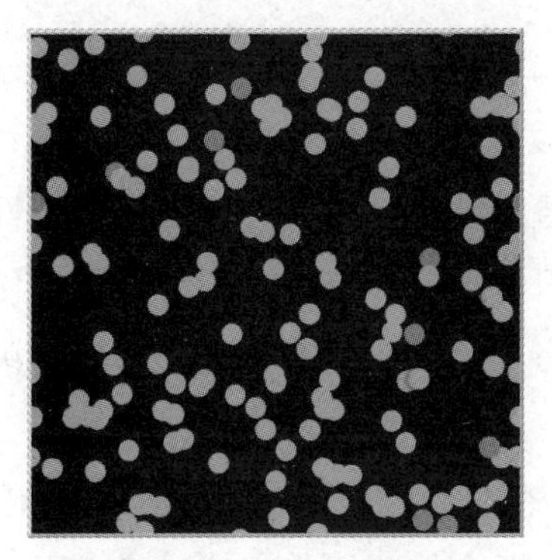

图10-12 初始化网络

需注意的是，“to go”代码的主要作用是构建传染病SIR模型中的主要逻辑。“to go”代码可以分成两个主要部分：一部分负责按照一定概率把一些已经感染的节点转变为恢复状态；另一部分则负责运行病毒在网络中的传播机制。

在第一个部分中，turtles with[state=1]，这段代码的作用是筛选状态为感染(state=1)的节点，然后对这些感染节点执行一系列操作。对于每一个感染节点，程序使用random-float 100来生成一个0到100的随机数，如果这个随机数小于recovery-chance(恢复概率)，那么节点将调用自定义函数“become-recovery”。“become-recovery”函数的主要功能是将节点的状态设置为2，即恢复状态，颜色设置为gray(灰色)，然后访问节点的所有连边，将这些连边的颜色设置为gray-2，即比灰色稍浅的颜色。

在“to go”代码的最后，程序会执行代码运行，开始模拟传染病的传播过程。通过这些操作，用户可以看到在模拟过程中感染者逐渐康复，同时病毒会在网络中传播，如图10-13所示。

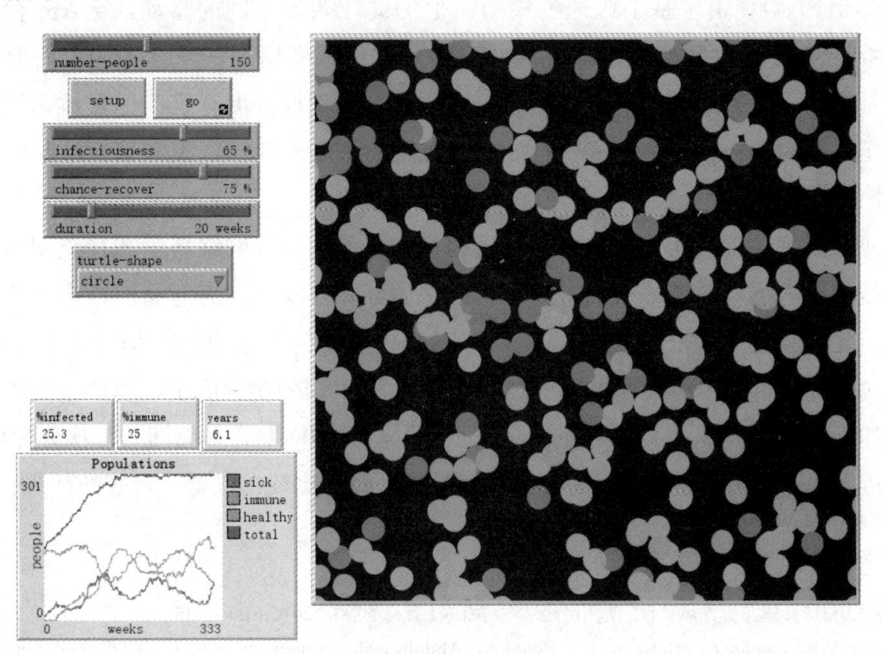

图10-13 运行结果

10.4 案例分析

大数据时代使得信息传播和社会互动具有一定的复杂性，仿真模拟成为越来越重要的研究方法。相较于关注面积、角度、方位、趋势、可视化的数理统计，仿真模拟的优势在于可以从更高的维度考虑主体(agent)的心情、状态、决策、动机等，从而更好地去探寻其间的因果关系。

正是因为仿真模拟在维度刻画上的优势，使其可以揭示动态演变的过程。多主体建模分析从微观入手，模拟代理个体的行为，通过最大限度地刻画个体行为特征来预测社会宏观现象。在个体画像、行为预测、系统剖析与政策预演等方面，社会科学仿真模拟方法发挥着重要作用[1]。假设的特征值在决策树中的作用是用来进行数据的分割和分类，以便达到最终的分类结果。

10.4.1 ABM仿真模拟的两个研究方向

ABM仿真模拟在传播学领域的应用场景仍在探索之中，研究主要集中在两个方向：一是对善意传播行为的生成路径和影响进行研究；二是对恶意传播行为路径的追溯和诞生机制进行研究。

例如，有学者在研究移动约会软件对年轻人社交行为的影响时，在文章*Comparative agent-based simulations on levels of multiplicity using a network regression*: *A mobile dating use-case*[2](《利用网络回归进行基于代理的多重比较模拟：以移动约会用户为案例》)中使用了基于代理的模型。他们关注两款不同的移动约会App软件，如Tinder和Hinge，通过仿真模拟探究这些应用是如何改变用户社交行为的。研究的目标是理解社交网络机制如何影响这些约会应用软件的受欢迎程度和推广。具体来说，研究者分析了这些约会应用程序的多样性如何通过网络回归对代理匹配和聚合匹配的结果产生具体影响。

这项研究突破前人研究，在开展仿真模拟的基础上结合网络科学和社交网络分析，探讨在线约会的推荐系统、在线去抑制、择偶偏好和自我呈现等方面。该研究从社交主体出发，通过基于代理的系统化建模，将每个代理视为约会对象，即使用约会软件的人，通过软件对群体中的代理进行统一的属性分配，如图10-14所示，以链接功能表示代理之间的互动情况，演示了标准社交网络分析技术(网络回归、多元回归二次分配程序)的使用流程，同时在两个软件之间进行原则性且可解释的比较，取得了较好的结果。

---

[1] 吕鹏. ABM仿真模拟方法漫谈[J]. 贵州师范大学学报(社会科学版)，2016(6)：43-45.

[2] Shaheen JAE，Henley C，McKenna L，Hoang S，Abdulwahab F. Comparative agent-based simulations on levels of multiplicity using a network regression：A mobile dating use-case[J]. Applied Sciences-Basel，2022(4).

Input	Variable Type	Assignment
Gender ($\mathcal{G}$)	Discrete Binary	$\{M, F\}$: [0.68, 0.32]
Ethnicity ($\mathcal{E}$)	Discrete Uniform	$U[0,1,2,3]$
Age ($\mathcal{A}$)	Continuous Uniform	$U[18,65]$
Physical Attractiveness ($\mathcal{P}$)	Continuous Uniform	$U[0,1]$
Compatibility Threshold ($\mathcal{C}$)	Constant	$\mathcal{C}_M$: 0.3 $\mathcal{C}_F$: 0.4

图10-14　跨所有模拟模型分配代理属性

具体的程序运行原理如图10-15所示。

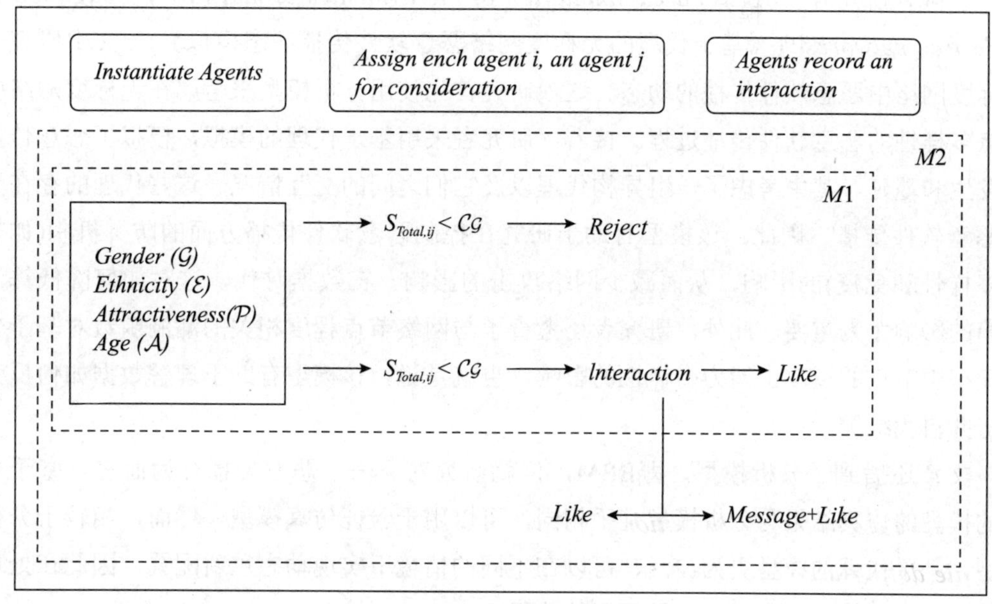

图10-15　程序运行原理

研究分析部分涉及Python编程语言和NetworkX模块的运用，这部分内容相对复杂，本书不做深入探讨。研究结果显示，即使引入一个附加功能，也可能导致不同的输出结果。这项研究描述了提高在线约会应用程序的多样性如何改变约会应用系统的潜在社会效应，使用户更容易匹配到更多的约会对象。

另一个例子是关于“沉默的螺旋”这一社会现象的研究。在《社交网络中沉默的真相？——基于主体仿真建模的沉默的螺旋研究》[1]一文中，作者使用基于主体建模的方法，利用NetLogo软件进行模拟仿真。作者使用NetLogo中的“海龟”(turtles)来代表不同类型的网络用户，包括普通网民、中坚分子和意见领袖，同时使用一定数量的“瓦片”(patches)来代表主流媒体。通过为每个个体设置意见值、意见派别以及交互规则，模拟他们在社交环境中的意见受到的影响以及是否会公开表达意见。

例如，模型显示，当有足够的邻居与网民意见一致时，网民才会公开表达意见。经过100次迭代的结果显示，并没有产生“沉默的螺旋”现象，相反，出现了“反沉默”

[1]　叶婷婷. 社交网络中沉默的真相？[D]. 上海：上海外国语大学，2022.

的情况，网民意见趋于一致，导致舆论呈现“众声喧哗，但舆论寡头化”的趋势。通过仿真模拟，研究者成功演示和分析了“沉默的螺旋”现象，这为人们深入理解社交现象提供了有益的见解。这种方法通过将复杂的社会交互关系可视化，帮助人们探索并预测不同社交行为的可能结果。

再举一个反向研究的例子。例如，如何对网络恶意传播行为进行溯源。在研究过程中，应探讨个体如何引发群体效应。ABM仿真模拟从结果出发，反向推导事件形成的过程，从而归因，在此类传播行为研究中发挥了极大的作用。

有国外研究者在*Agent-based simulation of the dynamics of malware propagation in scale-free networks*[1](《基于代理的无标度网络恶意软件传播动态模拟》)一文中研究了无标度网络中恶意软件传播的动态。这项研究首先使用分析模型来考虑在无标度网络中节点多样性的恶意软件传播过程。接着，研究者采用基于代理的模拟，模拟了恶意传播的发生和蔓延，其中考虑了一组异构代理以及它们之间的交互情况。这些代理的存在允许恶意软件传播，因此，该模型有助于研究在控制恶意软件传播方面的防御机制(如软件多样性和免疫)的影响，从而减少网络攻击的影响，在数据时代，这对如何降低算法黑箱的影响尤为重要。此外，研究者还考查了与网络节点程度相关的漏洞函数对基于代理模型中节点的反攻击能力多样性的影响，也就是说，该模型有助于理解数据如何反弹攻击并自我维护。

文章还提到了分析模型，即EBM，但就研究对象——恶意传播行为而言，基于代理的模型的仿真结果与分析模型几乎相同，可以用于验证仿真模型。然而，相较于分析模型，基于代理的模型更为灵活，可以在不同的情境下实现动态重新配置，因此在处理更加灵活、多维的研究内容时是更好的选择。

10.4.2 ABM仿真模拟在信息传播和社交媒体中的应用

前文提到了ABM在传播学领域的两大研究方向，这是从纵向分析的，接下来本节将从横向切入点进行分析，即根据不同的研究对象来区分。国内学者以品牌传播中的口碑传播为例，国外学者则以社交媒体Twitter上的信息传播为例。

在国内，学者通过研究餐饮类论坛，进行了关于口碑传播的实证研究和仿真模拟，代表文章有《餐饮类论坛中口碑再传播现象的实证研究与仿真模拟》[2]《基于Agent仿真的在线口碑传播网络形成机制研究》[3]。口碑扩散的中间环节通常受到个体(也就是“代理人”)的主观因素影响，包括偏好、态度、情绪、消费动机等。基于此，传统的

---

[1] Hosseini S，Abdollahi Azgomi M，Rahmani Torkaman A. Agent-based simulation of the dynamics of malware propagation in scale-free networks[J]. Simulation，2016；92(7)：709-722.

[2] 钱斌. 餐饮类论坛中口碑再传播现象的实证研究与仿真模拟[D]. 杭州：浙江大学，2008.

[3] 蒋帅. 基于多Agent仿真的在线口碑传播网络形成机制研究[D]. 杭州：浙江大学，2010.

数理分析方法难以深入主观角度，无法准确地探寻这些因素之间的因果关系。因此，在口碑传播的微观领域，需要深入研究口碑传播者个体，而并非仅从网络和系统的角度来考查由口碑扩散形成的社会网络。

第一篇文章针对再传播现象进行了研究，选取了餐饮类论坛为研究对象。在实证部分，研究者通过对不同餐饮类论坛的浏览者进行调研，获得了数据样本，并运用因子分析、多元回归分析等统计方法对概念模型进行验证。随后，在仿真部分，研究者运用复杂适应系统理论[1]，使用基于代理的建模方法，首先根据实证部分的结果确定了代理人的属性和行为规则，然后运用计算机仿真技术模拟了由网络口碑再传播行为形成的社会网络。通过建立社会网络模型，模拟了社会环境的运行，并通过代理人来呈现个体在再传播现象中可能出现的行为。

研究结果显示，口碑网络中，极少数主体的属性值的微小变化就足以引发整个系统长期的巨大连锁反应，从而导致网络整体上呈现极大的差异性。也就是说，口碑传播中的个体起到了至关重要的作用。值得注意的是，在口碑再传播网络中，关键节点通常具有较高的利他动机和自我提升动机，特别是在有满意度感知体验的样本中，关键节点对先前的消费满意度感知通常要高于其他人。无论是利他动机还是自我提升动机，个体的动机对口碑再传播现象的影响只有通过ABM仿真模拟才能在建模中得以具象化，实现传播过程的推导和演变的模拟。

第二篇文章主要从复杂网络的角度出发，将个体和论坛视为在线口碑传播的两类参与主体，并分析了个体传播概率和激活概率的差异。在详细描述在线口碑传播机制的基础上，建立了多模型来模拟在线口碑传播网络的形成过程，主要集中在信息传播的机制推导上。这种方法丰富了研究在线口碑传播网络的理论，并为企业在实际应用，尤其是在线口碑营销方面提供了具体的建议。

在论文*The effect of message repetition on information diffusion on Twitter*：Using *an agent-based approach*[2](《信息重复对Twitter上信息扩散的影响：基于代理的方法分析》)中，国外几位学者以Twitter这一传播平台为例，通过研究如何实现高度信息传播，提出了一种基于代理的信息传播模拟模型，该模型用于衡量重复推文传播的效果。模型经过多次迭代的结果表明，在该行为对消费者产生负面影响之前，企业应该发送相同的推文以实现高度信息传播。这时，品牌追随者是实现高信息传播的关键。但在第6次重复之后，相关信息就会对消费者失去吸引力。此类研究可以为实现高效的信息传播提供具体的建议，帮助企业更好地利用社交媒体平台进行营销。

---

[1] 复杂适应系统(complex adaptive system，CAS)理论是美国霍兰(John Holland)教授于1994年，在Santa fe研究所成立十周年时正式提出的。该理论认为，系统演化的动力本质上来源于系统内部，微观主体的相互作用生成宏观的复杂性现象，其研究思路着眼于系统内在要素的相互作用。

[2] Manuela López，Carmen Hidalgo-Alcázar，Leger P . The effect of message repetition on information diffusion on Twitter：Using an Agent-based Simulation[C]//16th International Conference on Research in Advertising (ICORIA2017)，At Ghent，Belgium，2017.

当然，以上阐释的只是个别传播现象或者行为，若是发生影响范围较大的网络舆情事件，ABM是否仍能发生作用呢？学者张刚在《轻工业网络舆情生命周期仿真与应急管理研究》[1]一文中对此做出了解答，该文章采用更加完善和丰富的ABM仿真模型，来研究轻工业舆情生命周期是在哪些动力因素作用下产生的，进而探究不同动力因素发挥怎样的作用、微观行动规则如何导致宏观现象以及多事件集之间的相互关系等。这种方法可以帮助人们理解更广泛的社会现象和事件。

ABM仿真模拟在信息传播和社交媒体中的应用远不止如此。它不局限于特定社会现象、社交平台或舆情事件的研究，还在维护网络信息安全和加强社交媒体网络安全机制等方面发挥了巨大作用。ABM提供了一种多维的方法，能够更好地理解和预测各种复杂的社会互动和信息传播现象。

10.4.3 ABM仿真模拟在健康传播中的应用

近年来，气候急剧变化和大规模传染病暴发等对人类健康和医疗领域提出了严峻的考验。在国内的健康传播研究领域，研究方法多采用内容分析，关注用户或患者在健康信息搜索和获取方面的行为，当然也包括一些心理层面的研究。然而，由于人群的高度异质性与健康决策的不确定性等因素[2]，常规的统计方法难以准确预测和跟踪健康传播的效果。在此背景下，ABM仿真模拟在健康传播研究领域崭露头角，已经成为极具探索力和潜力的研究热点。

在复杂的健康系统中，代理人(agent)会受到其他主体的状态、属性、社会关系和环境变量的影响。ABM这种基于演化博弈论的系统性思维研究方法，比传统统计分析方法研究的问题更加宽泛、研究的维度更加复杂，为健康医疗问题以及医疗政策效果模拟提供了新的线索，因而逐渐被重视且广泛应用于政府对公众的健康治理以及医疗卫生的政策干预之中。

在*Development of an agent-based model(ABM) to simulate the immune system and integration of a regression method to estimate the key ABM parameters by fitting the experimental data*[3](《开发基于代理的模型(ABM)模拟免疫系统，并整合回归方法：通过拟合实验数据来估算ABM的关键参数》)一文中，作者开发了一个集成的ABM回归模型(IABMR)，该模型结合了ABM和微分方程(DE)的优势，利用ABM模拟具有各种表型和类型细胞的多尺度免疫系统，有助于推进疾病的预防和治疗工作。

---

[1] 张刚. 轻工业网络舆情生命周期仿真与应急管理研究[D]. 西安：陕西科技大学，2022.

[2] 刘芷含，王桢钰. ABM在公共健康政策研究中的应用进展与趋势展望——基于CiteSpace文献计量分析[J]. 兰州学刊，2022(12)：68-83.

[3] Xuming T，Jinghang C， Hongyu M，et al. Development of an agent-basedmodel (abm) to simulate the immune system and integration of a regression method to estimate the key abm parametersby fitting the experimental data[J]. Plos One，2015，10(11)：e0141295.

ABM仿真模拟在健康传播领域的应用大致经历了3个发展阶段，即萌芽期、发展期和成熟期。萌芽期始于1990年，相关研究逐渐崭露头角。2005年，健康政策和社交网络等早期研究热点开始出现，研究者开始探索将ABM方法应用于健康政策和社会模拟的研究。发展期始于2007年，学术界开始对ABM方法在传染病模拟和预防政策效果方面表现出浓厚兴趣。2011年到2014年，研究焦点更加具体，包括食品安全和不健康习惯的政策干预，如饮酒和吸烟等。2015年，研究重点扩展到公共政策领域。2016年，建模软件如NetLogo、免疫算法和多主体模型等开始广泛应用于相关研究之中。

如图10-16所示，随着慢性疾病患病率全球上升，ABM仿真模拟进入了成熟期。虽然传染病控制的相关研究早在2007年左右就已兴起，但医疗健康领域作为人类社会发展的重要组成部分一直备受学界和业界的关注。ABM仿真模拟的研究方法也越来越受到重视。尽管其研究焦点仍然主要集中在传染病领域，但相信未来会有更多研究成果涌现。

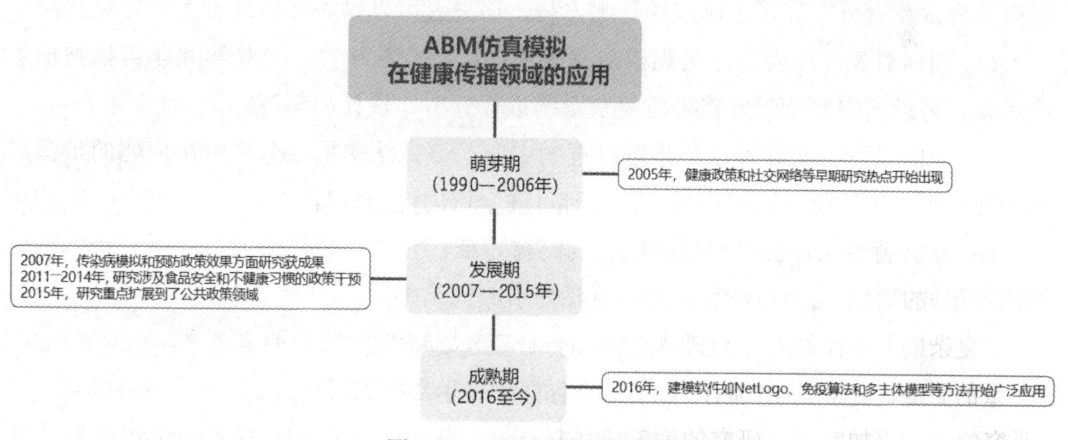

图10-16 ABM仿真模拟发展

本章小结

本章深入探讨了ABM仿真模拟在大数据分析中的重要性和应用。首先，本章介绍了仿真模拟的基本原理，包括相关概念和涉及的数学建模原理，特别强调了该方法的3个优点，即理解复杂系统、预测和决策支持、探索新想法和假设验证；其次，本章介绍了ABM仿真模拟方法的工具，即NetLogo软件，重点介绍了基本编程概念和软件界面；最后，本章通过实际操作典型模型，帮助读者熟悉多主体建模的基本流程。

通过ABM仿真模拟，我们能够在虚拟世界中构建现实生活中难以实现的场景，并全程监督其事态的演变，从而进行相应的统计推断。这种方法强调主体建模的思想，更加关注多个主体对整体局势的影响，也就是微观对宏观的影响。

在案例部分，本章重点强调了ABM仿真模拟在新闻传播研究中的应用价值。这一领域有两个主要研究方向，研究对象涉及广泛，包括但不限于信息传播和社交媒体、健康传播等。值得注意的是，ABM仿真模拟在处理高维信息、过程机制演化、因果关系检验、变量参数谱系和持续动态优化等方面具有显著的优势[1]，但它也永远揭示可能性与或然性，而非绝对真理的局限性，这也许是当前乃至今后都无法解决的问题。

核心概念

(1) 虚拟仿真。虚拟仿真是通过计算机技术创建虚拟环境，以模拟真实世界的过程。

(2) ABM建模。ABM建模是一种基于个体代理人的方法，它将系统中的每个个体看作独立的决策者，这些个体根据一组规则和策略行动，并与其他个体互动。

(3) EBM建模。EBM建模是基于方程和数学模型的方法，使用数学方程来描述系统的行为。这些方程可以基于物理定律、统计模型或其他数学原理，例如常微分方程、泛函微分方程和微分方程等。通过解这些方程，研究者可以预测系统的行为和变化。

(4) 面向对象。面向对象是指以对象为中心。该方法认为，一切事物都可以被抽象成对象，通过面向对象的方式来对复杂系统进行分析、设计和编程。

(5) 面向过程。面向过程是指以过程为中心，该方法侧重于分析解决问题的步骤，用函数一步一步地验证这些步骤，使用时可逐个调用这些函数。

(6) 社会突现。社会突现是指社会的整体特征，它并不是这个社会中所有个体特征的简单相加，而是由个体特征之间的互动所引起的结果。

(7) 代理人。代理人即ABM中的A(agent)，这是ABM的核心要素之一。

(8) 变量。变量是指编程语言中用来存储和表示数据的标识符。

(9) 条件判断。条件判断是编程中的一种控制结构，通常以if-else语句的形式表现，可以根据特定条件决定程序的执行路径。

(10) 循环。循环是指程序设计语言中反复执行某些代码的一种计算机处理过程。

(11) 函数。函数是一种封装特定操作的方式，以便以后能够复用这些操作。

(12) 类。类可以简单理解为类型，它是实现面向对象编程的基础，可以将类视为一种抽象的对象。

(13) 内置函数。内置函数是指编程语言中预先定义的函数。

思考题

(1) 简述ABM仿真模拟运用于大数据分析的逻辑流程。

(2) 多主题建模如何帮助研究者研究宏观事物的动态演变？相较于基于方程建模，ABM有什么优势？存在哪些局限性？

---

[1] 吕鹏. ABM仿真模拟方法漫谈[J]. 贵州师范大学学报(社会科学版)，2016(6)：43-45.

(3) 如何运用ABM仿真模拟来研究社交媒体平台的信息传播效果？是否可以与传播算法结合起来研究？

(4) ABM仿真模拟在研究传染病的传播扩散过程时，其模型建构的核心逻辑是一致的吗？模型建构的核心逻辑是否会因为传染病种类及特性的不同而产生差异？

(5) 多主体建模在受众研究领域具有独特优势，结合当下热点，你能想到哪些具体的研究主题？又该如何将ABM仿真模拟与研究主题相结合？